2024年版

共通テスト
過去問研究

化 学
化学基礎

共通テストってどんな試験？

　大学入学共通テスト（以下，共通テスト）は，大学への入学志願者を対象に，高校における基礎的な学習の達成度を判定し，大学教育を受けるために必要な能力について把握することを目的とする試験です。一般選抜で国公立大学を目指す場合は原則的に，一次試験として共通テストを受験し，二次試験として各大学の個別試験を受験することになります。また，私立大学も9割近くが共通テストを利用します。そのことから，共通テストは50万人近くが受験する，大学入試最大の試験になっています。以前は大学入試センター試験がこの役割を果たしており，共通テストはそれを受け継いだものです。

 ### どんな特徴があるの？

　共通テストの問題作成方針には「思考力，判断力，表現力等を発揮して解くことが求められる問題を重視する」とあり，「思考力」を問うような出題が多く見られます。たとえば，日常的な題材を扱う問題や複数の資料を読み取る問題が，以前のセンター試験に比べて多く出題されています。特に，授業において生徒が学習する場面など，学習の過程を意識した問題の場面設定が重視されています。ただし，高校で履修する内容が変わったわけではありませんので，出題科目や出題範囲はセンター試験と同じです。

どうやって対策すればいいの？

　共通テストで問われるのは，高校で学ぶべき内容をきちんと理解しているかどうかですから，普段の授業を大切にし，教科書に載っている基本事項をしっかりと身につけておくことが重要です。そのうえで出題形式に慣れるために，過去問を有効に活用しましょう。共通テストは問題文の分量が多いので，過去問に目を通して，必要とされるスピード感や難易度を事前に知っておけば安心です。過去問を解いて間違えた問題をチェックし，苦手分野の克服に役立てましょう。

　また，共通テストでは思考力が重視されますが，思考力を問うような問題はセンター試験でも出題されてきました。共通テストの問題作成方針にも「大学入試センター試験及び共通テストにおける問題評価・改善の蓄積を生かしつつ」と明記されています。本書では，共通テストの内容を詳しく分析し，過去問を最大限に活用できるよう編集しています。

　本書が十分に活用され，志望校合格の一助になることを願ってやみません。

Contents

共通テストの基礎知識……………………………………………………… 003
共通テスト対策講座……………………………………………………… 011
共通テスト攻略アドバイス……………………………………………… 047
解答・解説編
問題編（別冊）
　　マークシート解答用紙 2 回分

●過去問掲載内容
＜共通テスト＞
　　本試験　化学　　　　3 年分（2021〜2023 年度）
　　　　　　化学基礎　　3 年分（2021〜2023 年度）
　　追試験　化学　　　　1 年分（2022 年度）
　　　　　　化学基礎　　1 年分（2022 年度）
　　第 2 回　試行調査　化学
　　　　　　試行調査　化学基礎
　　第 1 回　試行調査　化学
＜センター試験＞
　　本試験　化学　　　　4 年分（2017〜2020 年度）
　　　　　　化学基礎　　4 年分（2017〜2020 年度）

＊ 2021 年度の共通テストは，新型コロナウイルス感染症の影響に伴う学業の遅れに対応する選
　択肢を確保するため，本試験が以下の 2 日程で実施されました。
　第 1 日程：2021 年 1 月 16 日（土）および 17 日（日）
　第 2 日程：2021 年 1 月 30 日（土）および 31 日（日）
＊ 第 2 回試行調査は 2018 年度に，第 1 回試行調査は 2017 年度に実施されたものです。
＊ 化学基礎の試行調査は，2018 年度のみ実施されました。

共通テストについてのお問い合わせは…
独立行政法人 大学入試センター
志願者問い合わせ専用（志願者本人がお問い合わせください）03-3465-8600
9：30〜17：00（土・日曜，祝日，5 月 2 日，12 月 29 日〜1 月 3 日を除く）
https://www.dnc.ac.jp/

共通テストの
基礎知識

> 本書編集段階において，2024年度共通テストの詳細については正式に発表されていませんので，ここで紹介する内容は，2023年3月時点で文部科学省や大学入試センターから公表されている情報，および2023年度共通テストの「受験案内」に基づいて作成しています。変更等も考えられますので，各人で入手した2024年度共通テストの「受験案内」や，大学入試センターのウェブサイト (https://www.dnc.ac.jp/) で必ず確認してください。

 共通テストのスケジュールは？

A 2024年度共通テストの本試験は，1月13日(土)・14日(日)に実施される予定です。
「受験案内」の配布開始時期や出願期間は未定ですが，共通テストのスケジュールは，例年，次のようになっています。1月なかばの試験実施日に対して出願が10月上旬とかなり早いので，十分注意しましょう。

9月初旬	「受験案内」配布開始	志願票や検定料等の払込書等が添付されています。
10月上旬	出願	(現役生は在籍する高校経由で行います。)
1月なかば	共通テスト 自己採点	2024年度本試験は1月13日(土)・14日(日)に実施される予定です。
1月下旬	国公立大学の個別試験出願	私立大学の出願時期は大学によってまちまちです。各人で必ず確認してください。

共通テストの出願書類はどうやって入手するの？

A 「受験案内」という試験の案内冊子を入手しましょう。

「受験案内」には，志願票，検定料等の払込書，個人直接出願用封筒等が添付されており，出願の方法等も記載されています。主な入手経路は次のとおりです。

現役生	高校で一括入手するケースがほとんどです。出願も学校経由で行います。
過年度生	共通テストを利用する全国の各大学の窓口で入手できます。 予備校に通っている場合は，そこで入手できる場合もあります。

個別試験への出願はいつすればいいの？

A 国公立大学一般選抜は「共通テスト後」の出願です。

国公立大学一般選抜の個別試験（二次試験）の出願は共通テストのあとになります。受験生は，共通テストの受験中に自分の解答を問題冊子に書きとめておいて持ち帰ることができますので，翌日，新聞や大学入試センターのウェブサイトで発表される正解と照らし合わせて**自己採点**し，その結果に基づいて，予備校などの合格判定資料を参考にしながら，出願大学を決定することができます。

私立大学の共通テスト利用入試の場合は，出願時期が大学によってまちまちです。大学や試験の日程によっては**出願の締め切りが共通テストより前**ということもあります。志望大学の入試日程は早めに調べておくようにしましょう。

受験する科目の決め方は？

A 志望大学の入試に必要な教科・科目を受験します。

次ページに掲載の6教科30科目のうちから，受験生は最大6教科9科目を受験することができます。どの科目が課されるかは大学・学部・日程によって異なりますので，受験生は志望大学の入試に必要な科目を選択して受験することになります。

共通テストの受験科目が足りないと，大学の個別試験に出願できなくなります。第一志望に限らず，出願する可能性のある大学の入試に必要な教科・科目は早めに調べておきましょう。

● **科目選択の注意点**

地理歴史と公民で2科目受験するときに，選択できない組合せ

共通テストの基礎知識　005

● 2024 年度の共通テストの出題教科・科目（下線はセンター試験との相違点を示す）

教　科	出題科目	備考（選択方法・出題方法）	試験時間（配点）
国　語	『国語』	「国語総合」の内容を出題範囲とし，近代以降の文章（2問100点），古典（古文（1問50点），漢文（1問50点））を出題する。	80 分（200 点）
地理歴史	「世界史A」「世界史B」「日本史A」「日本史B」「地理A」「地理B」	10科目から最大2科目を選択解答（同一名称を含む科目の組合せで2科目選択はできない。受験科目数は出願時に申請）。『倫理，政治・経済』は，「倫理」と「政治・経済」を総合した出題範囲とする。	1 科目選択60 分（100 点）2 科目選択*1解答時間 120 分（200 点）
公　民	「現代社会」「倫理」「政治・経済」『倫理, 政治・経済』		
数学 ①	「数学Ⅰ」『数学Ⅰ・数学A』	2科目から1科目を選択解答。『数学Ⅰ・数学A』は，「数学Ⅰ」と「数学A」を総合した出題範囲とする。「数学A」は3項目（場合の数と確率，整数の性質，図形の性質）の内容のうち，2項目以上を学習した者に対応した出題とし，問題を選択解答させる。	<u>70 分</u>（100 点）
数学 ②	「数学Ⅱ」『数学Ⅱ・数学B』『簿記・会計』『情報関係基礎』	4科目から1科目を選択解答。『数学Ⅱ・数学B』は，「数学Ⅱ」と「数学B」を総合した出題範囲とする。「数学B」は3項目（数列，ベクトル，確率分布と統計的な推測）の内容のうち，2項目以上を学習した者に対応した出題とし，問題を選択解答させる。	60 分（100 点）
理科 ①	「物理基礎」「化学基礎」「生物基礎」「地学基礎」	8科目から下記のいずれかの選択方法により科目を選択解答（受験科目の選択方法は出願時に申請）。A　理科①から2科目B　理科②から1科目C　理科①から2科目および理科②から1科目D　理科②から2科目	【理科①】2 科目選択*260 分（100 点）【理科②】1 科目選択60 分（100 点）2 科目選択*1解答時間 120 分（200 点）
理科 ②	「物理」「化学」「生物」「地学」		
外国語	『英語』『ドイツ語』『フランス語』『中国語』『韓国語』	5科目から1科目を選択解答。『英語』は，「コミュニケーション英語Ⅰ」に加えて「コミュニケーション英語Ⅱ」および「英語表現Ⅰ」を出題範囲とし，「リーディング」と「リスニング」を出題する。「リスニング」には，聞き取る英語の音声を2回流す問題と，<u>1回流す</u>問題がある。	『英語』*3【リーディング】80 分（<u>100 点</u>）【リスニング】解答時間 30 分*4（<u>100 点</u>）『英語』以外【筆記】80 分（200 点）

* 1 「地理歴史および公民」と「理科②」で 2 科目を選択する場合は、解答順に「第 1 解答科目」および「第 2 解答科目」に区分し各 60 分間で解答を行うが、第 1 解答科目と第 2 解答科目の間に答案回収等を行うために必要な時間を加えた時間を試験時間（130 分）とする。
* 2 「理科①」については、1 科目のみの受験は認めない。
* 3 外国語において『英語』を選択する受験者は、原則として、リーディングとリスニングの双方を解答する。
* 4 リスニングは、音声問題を用い 30 分間で解答を行うが、解答開始前に受験者に配付した IC プレーヤーの作動確認・音量調節を受験者本人が行うために必要な時間を加えた時間を試験時間（60 分）とする。

理科や社会の科目選択によって有利不利はあるの？

A 科目間の平均点差が 20 点以上の場合、得点調整が行われることがあります。

共通テストの本試験では次の科目間で、原則として、「20 点以上の平均点差が生じ、これが試験問題の難易差に基づくものと認められる場合」、得点調整が行われます。ただし、受験者数が 1 万人未満の科目は得点調整の対象となりません。

● 得点調整の対象科目

地理歴史	「世界史 B」「日本史 B」「地理 B」の間
公　　民	「現代社会」「倫理」「政治・経済」の間
理 科 ②	「物理」「化学」「生物」「地学」の間

得点調整は、平均点の最も高い科目と最も低い科目の平均点差が 15 点（通常起こり得る平均点の変動範囲）となるように行われます。2023 年度は理科②で、2021 年度第 1 日程では公民と理科②で得点調整が行われました。

2025 年度の試験から、新学習指導要領に基づいた新課程入試に変わるそうですが、過年度生のための移行措置はありますか？

A あります。2025 年 1 月の試験では、旧教育課程を履修した人に対して、出題する教科・科目の内容に応じて、配慮を行い、必要な措置を取ることが発表されています。

「受験案内」の配布時期や入手方法、出願期間などの情報は、大学入試センターのウェブサイトで公表される予定です。各人で最新情報を確認するようにしてください。

WEB もチェック！〔教学社 特設サイト〕
共通テストのことがわかる！
http://akahon.net/k-test/

試験データ

※ 2020年度まではセンター試験の数値です。

最近の共通テストやセンター試験について，志願者数や平均点の推移，科目別の受験状況などを掲載しています。

● 志願者数・受験者数等の推移

	2023年度	2022年度	2021年度	2020年度
志願者数	512,581人	530,367人	535,245人	557,699人
内，高等学校等卒業見込者	436,873人	449,369人	449,795人	452,235人
現役志願率	45.1%	45.1%	44.3%	43.3%
受験者数	474,051人	488,384人	484,114人	527,072人
本試験のみ	470,580人	486,848人	482,624人	526,833人
追試験のみ	2,737人	915人	1,021人	171人
再試験のみ	—	—	10人	—
本試験＋追試験	707人	438人	407人	59人
本試験＋再試験	26人	182人	51人	9人
追試験＋再試験	1人	—	—	—
本試験＋追試験＋再試験	—	1人	—	—
受験率	92.48%	92.08%	90.45%	94.51%

※ 2021年度の受験者数は特例追試験（1人）を含む。
※ やむを得ない事情で受験できなかった人を対象に追試験が実施される。また，災害，試験上の事故などにより本試験が実施・完了できなかった場合に再試験が実施される。

● 志願者数の推移

008　共通テストの基礎知識（試験データ）

● 科目ごとの受験者数の推移（2020〜2023 年度本試験）　　　　　（人）

教　科	科　目	2023 年度	2022 年度	2021 年度①	2021 年度②	2020 年度
国　　語	国　　　　語	445,358	460,967	457,305	1,587	498,200
地 理 歴 史	世　界　史　A	1,271	1,408	1,544	14	1,765
	世　界　史　B	78,185	82,986	85,690	305	91,609
	日　本　史　A	2,411	2,173	2,363	16	2,429
	日　本　史　B	137,017	147,300	143,363	410	160,425
	地　　理　　A	2,062	2,187	1,952	16	2,240
	地　　理　　B	139,012	141,375	138,615	395	143,036
公　　民	現　代　社　会	64,676	63,604	68,983	215	73,276
	倫　　　　理	19,878	21,843	19,955	88	21,202
	政 治・経 済	44,707	45,722	45,324	118	50,398
	倫理,政治・経済	45,578	43,831	42,948	221	48,341
数学①	数　　学　　I	5,153	5,258	5,750	44	5,584
	数 学 I・A	346,628	357,357	356,493	1,354	382,151
数学②	数　　学　　II	4,845	4,960	5,198	35	5,094
	数 学 II・B	316,728	321,691	319,697	1,238	339,925
	簿 記・会 計	1,408	1,434	1,298	4	1,434
	情 報 関 係 基 礎	410	362	344	4	380
理科①	物　理　基　礎	17,978	19,395	19,094	120	20,437
	化　学　基　礎	95,515	100,461	103,074	301	110,955
	生　物　基　礎	119,730	125,498	127,924	353	137,469
	地　学　基　礎	43,070	43,943	44,320	141	48,758
理科②	物　　　　理	144,914	148,585	146,041	656	153,140
	化　　　　学	182,224	184,028	182,359	800	193,476
	生　　　　物	57,895	58,676	57,878	283	64,623
	地　　　　学	1,659	1,350	1,356	30	1,684
外 国 語	英　語（R※）	463,985	480,763	476,174	1,693	518,401
	英　語（L※）	461,993	479,040	474,484	1,682	512,007
	ド　イ　ツ　語	82	108	109	4	116
	フ ラ ン ス 語	93	102	88	3	121
	中　　国　　語	735	599	625	14	667
	韓　　国　　語	185	123	109	3	135

・2021 年度①は第 1 日程，2021 年度②は第 2 日程を表す。
※英語の R はリーディング（2020 年度までは筆記），L はリスニングを表す。

● 科目ごとの平均点の推移（2020～2023 年度本試験）　　　　　　　（点）

教　科	科　目	2023 年度	2022 年度	2021 年度①	2021 年度②	2020 年度
国　　　語	国　　　　　語	52.87	55.13	58.75	55.74	59.66
地 理 歴 史	世　界　史　A	36.32	48.10	46.14	43.07	51.16
	世　界　史　B	58.43	65.83	63.49	54.72	62.97
	日　本　史　A	45.38	40.97	49.57	45.56	44.59
	日　本　史　B	59.75	52.81	64.26	62.29	65.45
	地　　理　　A	55.19	51.62	59.98	61.75	54.51
	地　　理　　B	60.46	58.99	60.06	62.72	66.35
公　　　民	現　代　社　会	59.46	60.84	58.40	58.81	57.30
	倫　　　　　理	59.02	63.29	71.96	63.57	65.37
	政　治・経　済	50.96	56.77	57.03	52.80	53.75
	倫理, 政治・経済	60.59	69.73	69.26	61.02	66.51
数 学 数学①	数　　学　　I	37.84	21.89	39.11	26.11	35.93
	数　学　I・A	55.65	37.96	57.68	39.62	51.88
数学②	数　　学　　II	37.65	34.41	39.51	24.63	28.38
	数　学　II・B	61.48	43.06	59.93	37.40	49.03
	簿　記・会　計	50.80	51.83	49.90	－	54.98
	情 報 関 係 基 礎	60.68	57.61	61.19	－	68.34
理 科 理科①	物　理　基　礎	56.38	60.80	75.10	49.82	66.58
	化　学　基　礎	58.84	55.46	49.30	47.24	56.40
	生　物　基　礎	49.32	47.80	58.34	45.94	64.20
	地　学　基　礎	70.06	70.94	67.04	60.78	54.06
理科②	物　　　　　理	63.39	60.72	62.36	53.51	60.68
	化　　　　　学	54.01	47.63	57.59	39.28	54.79
	生　　　　　物	48.46	48.81	72.64	48.66	57.56
	地　　　　　学	49.85	52.72	46.65	43.53	39.51
外 国 語	英　語（R※）	53.81	61.80	58.80	56.68	58.15
	英　語（L※）	62.35	59.45	56.16	55.01	57.56
	ド　イ　ツ　語	61.90	62.13	59.62	－	73.95
	フ　ラ　ン　ス　語	65.86	56.87	64.84	－	69.20
	中　　国　　語	81.38	82.39	80.17	80.57	83.70
	韓　　国　　語	79.25	72.33	72.43	－	73.75

・各科目の平均点は 100 点満点に換算した点数。
・2023 年度の「理科②」, 2021 年度①の「公民」および「理科②」の科目の数値は, 得点調整後のものである。
　得点調整の詳細については大学入試センターのウェブサイトで確認のこと。
・2021 年度②の「－」は, 受験者数が少ないため非公表。

010 共通テストの基礎知識（試験データ）

● 数学①と数学②の受験状況（2023年度）　　　　　　　　　（人）

受験科目数	数　学　①		数　学　②				実受験者
	数学Ⅰ	数学Ⅰ・数学A	数学Ⅱ	数学Ⅱ・数学B	簿記・会計	情報関係基礎	
1科目	2,729	26,930	85	346	613	71	30,774
2科目	2,477	322,079	4,811	318,591	809	345	324,556
計	5,206	349,009	4,896	318,937	1,422	416	355,330

● 地理歴史と公民の受験状況（2023年度）　　　　　　　　　（人）

受験科目数	地理歴史						公　民				実受験者
	世界史A	世界史B	日本史A	日本史B	地理A	地理B	現代社会	倫理	政治・経済	倫理，政経	
1科目	666	33,091	1,477	68,076	1,242	112,780	20,178	6,548	17,353	15,768	277,179
2科目	621	45,547	959	69,734	842	27,043	44,948	13,459	27,608	30,105	130,433
計	1,287	78,638	2,436	137,810	2,084	139,823	65,126	20,007	44,961	45,873	407,612

● 理科①の受験状況（2023年度）

区分	物理基礎	化学基礎	生物基礎	地学基礎	延受験者計
受験者数	18,122 人	96,107 人	120,491 人	43,375 人	278,095 人
科目選択率	6.5%	34.6%	43.3%	15.6%	100.0%

・2科目のうち一方の解答科目が特定できなかった場合も含む。
・科目選択率＝各科目受験者数／理科①延受験者計×100

● 理科②の受験状況（2023年度）　　　　　　　　　　　　　（人）

受験科目数	物理	化学	生物	地学	実受験者
1科目	15,344	12,195	15,103	505	43,147
2科目	130,679	171,400	43,187	1,184	173,225
計	146,023	183,595	58,290	1,689	216,372

● 平均受験科目数（2023年度）　　　　　　　　　　　　　　（人）

受験科目数	8科目	7科目	6科目	5科目	4科目	3科目	2科目	1科目
受験者数	6,621	269,454	20,535	22,119	41,940	97,537	13,755	2,090

平均受験科目数
5.62

・理科①（基礎の付された科目）は，2科目で1科目と数えている。

・上記の数値は本試験・追試験・再試験の総計。

共通テスト 対策講座

ここでは，これまでに実施された試験をもとに，共通テストについてわかりやすく解説し，具体的にどのような対策をすればよいか考えます。

- ❤ **どんな問題が出るの？** 012
  - 共通テスト「化学基礎」とは？ 012
  - 共通テスト「化学」とは？ 015
- ❤ **形式を知っておくと安心** 019
- ❤ **ねらいめはココ！** 028
- ❤ **センター過去問の上手な使い方** 044

どんな問題が出るの？

まずは，大学入試センターから発表されている資料から，作問の方向性を確認しておきましょう。

 ## 共通テスト「化学基礎」とは？

大学入試センターから発表されている，共通テスト「化学基礎」の問題作成の方針をみてみると，次の点が示されています。

- 日常生活や社会との関連を考慮し，科学的な事物・現象に関する基本的な概念や原理・法則などの理解と，それらを活用して科学的に探究を進める過程についての理解などを重視する。
- 問題の作成に当たっては，身近な課題等について科学的に探究する問題や，得られたデータを整理する過程などにおいて数学的な手法を用いる問題などを含めて検討する。

それでは，共通テスト「化学基礎」では具体的にはどのような問題が出題されるのでしょうか。これまでの共通テストでは，問題作成の方針にそって，次のような問題が出題されました。

① 教科書の基本事項の理解とそれをもとにした探究の過程を重視する問題
② 与えられた身近な現象，物質の観察・実験結果などの場面を想定した思考力を求める問題
③ 与えられた反応・現象を量的に考察し，表やグラフおよび法則や原理を適用する数学的処理や表現力を求める問題
④ リード文で与えられた考え方を，身近な物質についてあてはめて考察する問題

基本的な知識や理解を問う問題に加え，特に④のような思考力を問われる問題が出題されています。

以下，共通テストの出題内容について，より詳細にみていきましょう。

共通テスト対策講座　013

🔍 出題科目・解答方法・試験時間・配点

共通テストの試験時間・配点などは次のとおりです。

出題科目・選択方法	「物理基礎」「化学基礎」「生物基礎」「地学基礎」の4科目から2科目を選択
解答方法	全問マーク式
試験時間	2科目60分（＝1科目あたり30分程度）
配点	2科目100点（1科目50点）

🔍 大問数と問題の分量

これまでの共通テスト（本試験）の大問数および設問数は次のとおりです。

試　験	大問数	設問数
2023年度　本試験	2	16
2022年度　本試験	2	15
2021年度　本試験（第1日程）	2	14
2021年度　本試験（第2日程）	2	15

　共通テストは大問2題の出題で，設問数は15個前後となっています。試験時間に対して1問2分程度で解くことになりますが，計算問題や問題文の長いものもあるので，時間的には少し厳しいといえるでしょう。

🔍 出題内容

　共通テストでは，大問1が**小問集合形式**となっており，「化学基礎」の全範囲の内容から幅広く出題されています。計算問題や「化学と人間生活」など学習が手薄になりがちな内容も出題されているので，教科書のすみずみまで抜けがないように学習しておきましょう。大問2は1つのテーマが与えられ，それに関する様々な分野の内容を問う**総合問題**となっています。これまでに出題されたテーマは次のとおりです。

試　験	テーマ
2023年度　本試験	しょうゆに含まれる$NaCl$の定量
2022年度　本試験	エタノール水溶液の蒸留
2021年度　本試験（第1日程）	陽イオン交換樹脂を用いた実験
2021年度　本試験（第2日程）	イオン結晶の性質

これらの問題は，リード文から与えられた情報をもとに解答を導くもので，グラフの読み取りが必要であるなど，思考力が試される問題となっています。暗記に頼る学習では太刀打ちできないので，問題集などで演習を積んでおく必要があるでしょう。

🔍 出題形式

大問 1 は小問集合形式，大問 2 は 1 つのテーマについてリード文を読んで答える問題ですが，それぞれの小問は**正誤判定問題**，**組合せ問題**，**計算問題**，**実験問題**などとなっています（→p. 019〜027）。また，共通テストの問題作成方針によると連動型の問題（連続する複数の問いにおいて，前問の答えとその後の問いの答えを組み合わせて解答させ，正答となる組合せが複数ある形式）を出題する場合があるとされています。これまでのところはそのような問題はみられませんでしたが，今後出題される可能性があるので注意が必要です。

🔍 難易度

これまでに行われた共通テストの平均点は次のとおりです。

試　験	平均点
2023 年度　本試験	29.42 点
2022 年度　本試験	27.73 点
2021 年度　本試験（第 1 日程）	24.65 点
2021 年度　本試験（第 2 日程）	23.62 点

年度によって多少ばらついていますが，これまでのところは 25 点前後となっています。共通テストは 1 問あたりの配点が 2 〜 4 点となっており，油断するとすぐに点数が下がってしまいます。取りこぼしのないように，十分に対策をすることが必要です。

以上のように，共通テスト「化学基礎」には，いくつかの注目すべき点があります。大学入試センター公表の共通テストの問題作成方針によると，基本的な考え方として**「これまで評価・改善を重ねてきた良問の蓄積を受け継ぎつつ，高等学校教育を通じて大学教育の入口段階までにどのような力を身に付けていることを求めるのかをより明確にしながら問題を作成する」**と示されています。まずは，過去問を研究することで共通テストの傾向をつかみ，自分の勉強に必要なものは何かを分析することで共通テストの対策をしていきましょう。

共通テスト「化学」とは？

　大学入試センターから発表されている，共通テスト「化学」の問題作成の方針をみてみると，次の点が示されています。

- 科学の基本的な概念や原理・法則に関する深い理解を基に，基礎を付した科目との関連を考慮しながら，自然の事物・現象の中から本質的な情報を見いだしたり，課題の解決に向けて主体的に考察・推論したりするなど，科学的に探究する過程を重視する。
- 問題の作成に当たっては，受験者にとって既知ではないものも含めた資料等に示された事物・現象を分析的・総合的に考察する力を問う問題や，観察・実験・調査の結果などを数学的な手法を活用して分析し解釈する力を問う問題などとともに，科学的な事物・現象に係る基本的な概念や原理・法則などの理解を問う問題を含めて検討する。

　それでは，共通テスト「化学」では具体的にどのような問題が出題されるのでしょうか。これまでの共通テストでは，問題作成の方針にそって，次のような問題が出題されました。

---

① 自然科学の原理・法則についての理解をもとに，現象に関する数的処理や，値を求める問題
② 提示された実験結果や情報を既得の知識と合わせて物事を推測したり，観察・実験を解釈したりする力を問う問題
③ 自然の現象について新たに得た情報をもとに，課題を考察し，解決する力を問う問題

　基本的な知識や理解を問う問題に加え，特に③のような思考力や応用力が必要となる問題が出題されています。
　以下，共通テストの出題内容について，より詳細にみていきましょう。

🔍 出題科目・解答方法・試験時間・配点

共通テストの試験時間・配点などは次のとおりです。

出題科目・選択方法	「物理」「化学」「生物」「地学」の4科目から1科目または2科目を選択
解答方法	全問マーク式
試験時間	1科目 60 分または 2 科目 120 分
配点	1科目 100 点または 2 科目 200 点

🔍 大問数と問題の分量

これまでの共通テスト（本試験）の大問数および設問数は次のとおりです。

試　験	大問数	設問数
2023 年度　本試験	5	28
2022 年度　本試験	5	28
2021 年度　本試験（第 1 日程）	5	27
2021 年度　本試験（第 2 日程）	5	26

共通テストでは，これまでのところ大問5題の出題で，設問数は 26〜28 個となっています。試験時間に対して 1 問 2 分程度で解くことになりますが，計算問題も多く，問題文をよく読む必要があるものもあり，時間的にはかなり厳しくなっています。

🔍 出題内容

これまでの共通テストは次ページの表のように，理論分野が2題，無機・理論分野が1題，有機・高分子分野が1題，テーマ型の総合問題が1題出題され，それぞれの配点は 20 点となっています。無機分野は単独ではなく，理論分野と融合した形で出題され，総合問題のようになっています。また，高分子分野についても，共通テストでは有機分野と合わせて1つの大問中で扱われています。

問題番号	分　野	配点
第1問	理論（物質の状態と平衡が中心）	20点
第2問	理論（物質の変化と平衡が中心）	20点
第3問	無機・理論	20点
第4問	有機・高分子	20点
第5問	総合問題	20点

🔍 出題形式

　共通テストでは一問一答型の小問に加え，小問がさらに分かれているものや，大問で1つのテーマを扱い，複数の分野の知識が必要な総合問題が出題されています。それぞれの問題は，正誤判定問題や組合せ問題，計算問題に実験問題などとなっています（→p. 019～027）。

　また，計算問題では，数値を直接マークする形式も出題されています。例えば，計算結果が $5.7×10^4$ であれば，問題に与えられている「$\boxed{1}$．$\boxed{2}$ ×10$^{\boxed{3}}$」の，$\boxed{1}$ に5，$\boxed{2}$ に7，$\boxed{3}$ に4をそれぞれマークすることになります。

　なお，2017・2018年度に実施された試行調査（プレテスト）では，正解を1つマークする形式に加えて，「二つ選べ」や「すべて選べ」といった複数の選択肢をマークする形式がみられました。しかし，複数の選択肢をマークする形式は技術的な問題で採点が難しいことから，「すべて選べ」のタイプの問題は当面は出題しないとされています。

　今後は，連動型の問題（連続する複数の問いにおいて，前問の答えとその後の問いの答えを組み合わせて解答させ，正答となる組合せが複数ある形式）が出題されることも考えられます。連動型の問題では，前の問題が解けないと後の問題も解けず，大きく点数を落としてしまうため注意が必要です。

018 化学／化学基礎

🔍 難易度

これまでに行われた共通テストの平均点は次のとおりです。

試　験	平均点
2023 年度　本試験	54.01 点※
2022 年度　本試験	47.63 点
2021 年度　本試験（第 1 日程）	57.59 点※
2021 年度　本試験（第 2 日程）	39.28 点

※得点調整後の数値

　多少ばらつきがありますが，決して易しいものではないことがわかると思います。計算問題も多く出題されるので，すばやく計算できるように十分に演習をしておく必要があります。また，本番で初めて見るタイプの問題が出ると過度に難しく感じてしまう可能性があります。どのようなタイプの問題が出ても冷静に対処できるように，共通テストの過去問に加え，センター試験で出題されていた思考力を問う問題（→p.044〜046），場合によっては二次試験対策の問題集などを用いて多くの問題で演習し，読解力・思考力・応用力を養っておきましょう。

　以上のように，共通テスト「化学」には，いくつかの注目すべき点があります。「化学」で問われるのは「質的・実体的な視点」が養われているかどうかです。試行調査では，この力を問う問題が，これまでにない新しいタイプの問題として出題されました。共通テストでも，この傾向が引き継がれています。大学入試センター公表の共通テストの問題作成方針によると，基本的な考え方として，「**これまで評価・改善を重ねてきた良問の蓄積を受け継ぎつつ**，高等学校教育を通じて大学教育の入口段階までにどのような力を身に付けていることを求めるのかをより明確にしながら問題を作成する」と示されています。まずは，過去問を研究することで共通テストの傾向をつかみ，自分の勉強に必要なものは何かを分析することで共通テストの対策をしていきましょう。

形式を知っておくと安心

　共通テスト「化学基礎」「化学」で出題される形式について，解き方を詳細に解説！　問題のどこに着目して，どのように解けばよいのかをマスターすることで，共通テストに対応できる力を鍛えましょう。

　共通テストでは，主に次の形式の問題が出題されています。

- 正誤判定問題
- 組合せ問題
- 実験問題
- 計算問題

　さらに，これまでの本試験ではみられませんでしたが，今後は次のような，試行調査でみられた新たなタイプの出題も考えられます。

- 連動型問題
  連続する複数の問いにおいて，前問の答えとその後の問いの答えを組み合わせて解答させ，正答となる組合せが複数ある形式

　それぞれの形式の特徴を知って，しっかり対策していきましょう。

正誤判定問題

> **例題** 光が関わる化学反応や現象に関する記述として下線部に誤りを含むものはどれか。最も適当なものを，次の①〜④のうちから一つ選べ。
> ① 塩素と水素の混合気体に強い光（紫外線）を照射すると，<u>爆発的に反応して塩化水素が生成する</u>。
> ② オゾン層は，太陽光線中の紫外線を<u>吸収して</u>，地上の生物を保護している。
> ③ 植物は光合成で糖類を生成する。二酸化炭素と水からグルコースと酸素が生成する反応は，<u>発熱反応である</u>。
> ④ 酸化チタン(Ⅳ)は，光（紫外線）を照射すると，有機物などを分解する<u>触媒として作用する</u>。
> （共通テスト　2021年度　化学　本試験（第1日程）　第2問　問1）

4〜6個の選択肢の記述内容を1つ1つ検討して正誤を判定する問題です。多くは現象の各論的知識と化学理論を組み合わせて考えることによって，解答を導くタイプのものになります。単なる知識や，ただ1つの理論にだけ照らして答えを選ぶものとは異なり，レベルが一段高く，そのぶん配点も高くなっています。

対策　知識と理論を関係づけて学習する

選択肢を慎重に読み，**分析的かつ総合的に判断する**必要があります。日ごろの勉強で，物質の性質や反応などを丸暗記するだけではなく，**理論と関係づけて学習する**とともに，日常生活での経験や常識的な感覚を養うことも大切です。

（正解は③）

共通テスト対策講座　021

組合せ問題

例題　グルコースに，ある酸化剤を作用させるとグルコースが分解され，水素原子と酸素原子を含み，炭素原子数が 1 の有機化合物 Y・Z が生成する。この反応でグルコースからは，Y・Z 以外の化合物は生成しない。この反応と Y・Z に関する次の問いに答えよ。

Y はアンモニア性硝酸銀水溶液を還元し，銀を析出させる。Y は還元剤としてはたらくと，Z となる。Y・Z の組合せとして最も適当なものを，次の ①～⑥ のうちから一つ選べ。

	有機化合物 Y	有機化合物 Z
①	CH_3OH	$HCHO$
②	CH_3OH	$HCOOH$
③	$HCHO$	CH_3OH
④	$HCHO$	$HCOOH$
⑤	$HCOOH$	CH_3OH
⑥	$HCOOH$	$HCHO$

（共通テスト　2021 年度　化学　本試験（第 1 日程）　第 5 問　問 3　a）

共通テスト化学に特徴的な出題形式で，問われた複数の事項について，正確な理解がなければ得点に結びつきません。例題はグルコースに関する設問で，リード文で与えられた有機化合物 Y と Z の関係を正しく理解することで，それぞれの化学式を推定することができます。また，物質の性質と反応について，論理的に考察する能力も求められています。組み合わせる解答の 1 つが計算問題の場合もあるので，難度が高い形式です。

対策 過去問を解いて，独特の形式に慣れる

組合せ問題の形式は共通テストだけではなく，センター試験でも出題されていました。独特の形式に慣れるためにも，まずは過去問で練習しましょう。また，正誤判定問題のところでも述べたように，物質の性質や反応は丸暗記するだけでなく，「なぜそうなるのか」を常に考え，理論と関係づけるようにすることが大切です。難度が高い問題も多いので，ぬかりなく対策をしておきましょう。　　　　　　　（正解は ④）

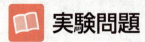

実験問題

例題 クロマトグラフィーに関する次の文章を読み，下の問いに答えよ。

　シリカゲルを塗布したガラス板（薄層板）を用いる薄層クロマトグラフィーは，物質の分離に広く利用されている。この手法ではまず，分離したい物質の混合物の溶液を上記の薄層板につけて乾燥させる。その後，図1のように薄層板の一端を有機溶媒に浸すと，有機溶媒が薄層板を上昇する。この際，適切な有機溶媒を選択すると，主にシリカゲルへの吸着のしやすさの違いにより，混合物を分離できる。

　図1には，3種類の化合物A～Cを同じ物質量ずつ含む混合物の溶液をつけ，溶媒を蒸発させて取り除いた薄層板を2枚用意し，有機溶媒として薄層板1にはヘキサンを，また薄層板2にはヘキサンと酢酸エチルを体積比9：1で混合した溶媒（酢酸エチルを含むヘキサン）を用いて分離実験を行った結果を示している。

　図1の実験結果とその考察に関する次の記述（Ⅰ・Ⅱ）について，正誤の組合せとして最も適当なものを，下の①～④のうちから一つ選べ。

Ⅰ　Aの方がBよりもシリカゲルに吸着しやすい。
Ⅱ　BとCを分離するための有機溶媒としては，酢酸エチルを含むヘキサンが，ヘキサンよりも適している。

	Ⅰ	Ⅱ
①	正	正
②	正	誤
③	誤	正
④	誤	誤

共通テスト対策講座 023

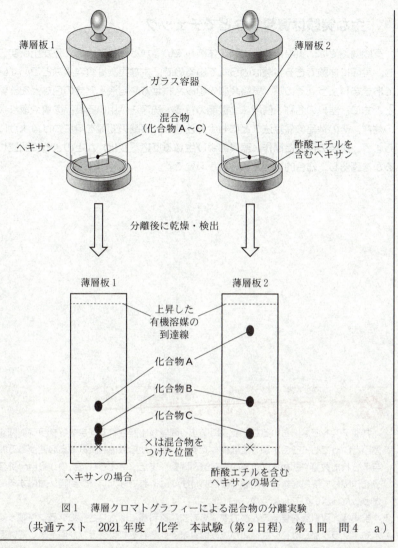

図1　薄層クロマトグラフィーによる混合物の分離実験

（共通テスト　2021年度　化学　本試験（第2日程）　第1問　問4　a）

　共通テストでは，実験に関する問題が必出となっています。センター試験のときも毎年必ず実験問題が出題されていたことから，この傾向は今後も続くと思われます。過去の出題からみると，テーマとしては，「中和滴定」「気体の発生と捕集」「有機化合物の合成・分離」がよく出されています。
　実験問題では得点率が低めなことも多く，これは実験をする機会が少なく，基本的な理解が不十分な受験生が多いためと思われます。

024 化学／化学基礎

対策 主な実験は資料集などでチェック

　実験問題では，実際にその実験を体験しているかどうかで大きく差が出ます。しかし，実際に体験できる実験は限られているので，主な実験は資料集などで必ず確認しておきましょう。その際，実験装置の組み合わせ方や溶液・気体の色などを確認するとともに，器具の名称・使用法・機能の特徴・洗浄法，用いる薬品の量や取り扱い上の注意，その薬品の保存法などにも十分注意し，実験の知識を身につけるようにしましょう。実験の目的と操作，器具および生じる反応（変化）がどのように関連しているかを確認し，総合的に捉えることが必要です。

（正解は③）

✅ グラフ問題を攻略しよう！

　共通テストではいろいろなグラフに関する問題が出題されています。グラフに関する問題といっても，その出題方法は様々です。グラフから数値を読み取る必要がある問題，与えられた数値や式からグラフの形を選ぶ問題，また，与えられた数値から自分でグラフを作成して解答を求める問題などがあります。それでは，グラフ問題に対応するにはどうしたらよいのでしょうか。

　まずは，資料集を見ることがおすすめです。資料集にはたくさんのグラフが載っています。グラフからは様々な情報が読み取れます。それぞれのグラフが何を表しているか，縦軸と横軸は何の値なのかを注意してみてみましょう。直線的なグラフでは，その傾きや縦軸・横軸との切片が何を表しているのか，曲線的なグラフでは，グラフの次数および漸近線の有無の可能性やそれらの意味するところなどを考察してみるのもよいでしょう。グラフは着目する反応の特性を視覚的に表しています。起きている変化をグラフから読み取れるようになれば，問題を解く力もついていきます。

　グラフに慣れてきたら，実際に問題を解いてみましょう。共通テストの過去問だけではなく，センター試験の過去問にもグラフ問題は出題されています。たくさんの問題を解くことで，グラフ問題を攻略しましょう！

📖 計算問題

> **例題** 補聴器に用いられる空気亜鉛電池では,次の式のように正極で空気中の酸素が取り込まれ,負極の亜鉛が酸化される。
>
> 正極　$O_2 + 2H_2O + 4e^- \longrightarrow 4OH^-$
>
> 負極　$Zn + 2OH^- \longrightarrow ZnO + H_2O + 2e^-$
>
> この電池を一定電流で 7720 秒間放電したところ,上の反応により電池の質量は 16.0 mg 増加した。このとき流れた電流は何 mA か。最も適当な数値を,次の ①～④ のうちから一つ選べ。ただし,ファラデー定数は 9.65×10^4 C/mol とする。
>
> ① 6.25　　　② 12.5　　　③ 25.0　　　④ 50.0
>
> （共通テスト　2021 年度　化学　本試験（第 1 日程）　第 2 問　問 2）

　計算問題は共通テストの中でもかなりの数が出題されています。出題される分野としては,「反応の量的関係」や「反応熱」「中和滴定」「酸化還元反応」「電気分解とファラデーの法則」「化学平衡」などがあげられます。また,元素分析を中心に重合度や平均分子量など,有機・高分子分野でも計算問題が出題されています。

対策 数多くの練習問題にあたる

　実際の試験では時間に余裕がなく,見直しができないことも多いでしょう。計算問題を取りこぼさないために,**計算を早く,正確にできる**ように練習しておきましょう。上記の例題では,見慣れない電極反応の反応式から,電極の質量変化と電子の物質量の関係を導く論理的思考力が求められています。

　また,計算結果を選ぶ形式では,**計算式を正しく立てる**ことができれば,概算でも正解を得ることができますが,計算問題の得点率は低い傾向にあります。共通テストやセンター試験の過去問だけでなく,標準レベルの問題集を用いて,いろいろなタイプの問題で十分練習しておきましょう。

（正解は③）

連動型問題

例題 カセットコンロ用のガスボンベ（カセットボンベ）は，図1のような構造をしており，アルカンXが燃料として加圧，封入されている。気体になった燃料はL字に曲げられた管を通して，吹き出し口から噴出するようになっている。

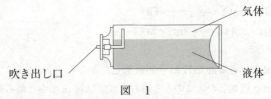

図　1

表1に，5種類のアルカン（ア～オ）の分子量と性質を示す。ただし，燃焼熱は生成するH_2Oが液体である場合の数値である。

表1　アルカンの分子量と性質

アルカン	分子量	$1.013×10^5$Paにおける沸点〔℃〕	燃焼熱〔kJ/mol〕	20℃における蒸気圧〔Pa〕
ア	16	−161	891	$2.4×10^7$
イ	30	−89	1561	$3.5×10^6$
ウ	44	−42	2219	$8.3×10^5$
エ	58	−0.5	2878	$2.1×10^5$
オ	72	36	3536	$5.7×10^4$

問1 カセットボンベの燃料としては，次の条件（a・b）を満たすことが望ましい。

a　20℃，$1.013×10^5$Pa付近において気体であり，加圧により液体になりやすい。

b　容器の変形や破裂を防ぐため，蒸気圧が低い。

　ア～オのうち，常温・常圧でカセットボンベを使用するとき，燃料として最も適当なアルカンXはどれか。次の①～⑤のうちから一つ選べ。　1
①　ア　　②　イ　　③　ウ　　④　エ　　⑤　オ

問2 前問で選んだアルカン X の生成熱は何 kJ/mol になるか。次の熱化学方程式を用いて求めよ。

C (黒鉛) + O_2 (気) = CO_2 (気) + 394 kJ

H_2 (気) + $\dfrac{1}{2}O_2$ (気) = H_2O (液) + 286 kJ

X の生成熱の値を有効数字 2 桁で次の形式で表すとき，$\boxed{2}$ 〜 $\boxed{4}$ に当てはまる数字を，下の①〜⓪のうちから一つずつ選べ。ただし，同じものを繰り返し選んでもよい。

$\boxed{2}$. $\boxed{3}$ × $10^{\boxed{4}}$ kJ/mol

① 1　② 2　③ 3　④ 4　⑤ 5
⑥ 6　⑦ 7　⑧ 8　⑨ 9　⓪ 0

(第 2 回試行調査　化学　第 1 問　A)

問 1 の答えを用いて，問 2 に答える問題です。問 2 は，問 1 で選んだ解答に応じた組合せで解答した場合も点数が与えられますが，問 1 が解けないと，問 2 も解答できないため，大きな失点につながる問題となっています。

対策 読解力をつけよう

連動型問題は問題文が長く，難易度が高くみえます。しかし，それぞれの問題をみると，1 つ 1 つの問題は教科書で学習したことのある内容ばかりです。問題を読み解く力をつければ，連動型問題にもきちんと対応できるでしょう。

(問 1　$\boxed{1}$　正解は④

　問 2 *　$\boxed{2}$　正解は①　$\boxed{3}$　正解は③　$\boxed{4}$　正解は②)

*は，解答番号 1 で④を解答し，かつ，全部正解の場合に点を与える。ただし，解答番号 1 の解答に応じ，解答番号 2 〜 4 を以下のいずれかの組合せで解答した場合も点を与える。

・解答番号 1 で①を解答し，かつ，解答番号 2 で⑦，解答番号 3 で⑤，解答番号 4 で①を解答した場合
・解答番号 1 で②を解答し，かつ，解答番号 2 で⑧，解答番号 3 で⑤，解答番号 4 で①を解答した場合
・解答番号 1 で③を解答し，かつ，解答番号 2 で①，解答番号 3 で①，解答番号 4 で②を解答した場合
・解答番号 1 で⑤を解答し，かつ，解答番号 2 で①，解答番号 3 で⑤，解答番号 4 で②を解答した場合

ねらいめはココ！

　共通テストでは「化学基礎」「化学」ともに，各分野から偏りなく出題されています。今後もこの傾向が続くことが予想されるので，すべての分野をバランスよく学習し，苦手な分野を作らないようにしましょう。

化学と人間生活

✓ 基礎・基本問題が中心

　「化学と人間生活」の分野は，主に「化学基礎」の出題範囲です。人間生活にみられる化学の成果と役割についてや，物質の分類，元素の概念，さらには熱運動と三態変化などについて出題されています。

　扱われる項目としては，混合物と純物質の性質の違い，混合物の分離方法，元素と単体と化合物の違い，化合物中の成分元素の確認方法，物質の三態変化と熱運動との基本的関係などがあります。「人間生活の中の化学」「化学とその役割」では，身近な物質や最近の話題を取り上げて，性質や役割などについて問われることもあります。

✓ 基礎・基本の整理および身近な物質に幅広い関心を

　化学の基礎・基本の分野になるので，物質の分類や成分元素についてきちんと整理することが大切です。その上で，身近な物質や最近話題になった物質などについても，その性質や役割について関心をもち，調べておくとよいでしょう。

> ●対策のポイント
> ・単体と化合物の違いを元素の概念を用いて理解し，具体的な物質について識別できる。
> ・純物質と混合物の性質の違いを理解し，具体的な物質について識別できる。
> ・混合物の分離方法としての，ろ過，蒸留，抽出，再結晶，クロマトグラフィーなどについて具体的な操作や器具について理解し説明できる。
> ・元素の確認方法としての炎色反応，沈殿反応について説明できる。
> ・分子の熱運動について理解し，それがもたらす具体的現象としての圧力，拡散，状態変化について説明できる。
> ・物質の三態とその変化における熱の出入りについて説明できる。
> ・身近な物質の性質や役割，さらには保存方法を調べて整理し理解する。

● 出題年度一覧
（共通テスト 本試験・追試験・試行調査，センター試験 本試験）

年　度			化学と人間生活とのかかわり		物質の探究	
			人間生活の中の化学	化学とその役割	単体・化合物・混合物	熱運動と物質の三態
共通テスト	本試験	2023	基Ⅰ7	Ⅴ3		基Ⅰ4
		2022	基Ⅰ4，基Ⅱ1		基Ⅱ2	基Ⅱ2
		2021 (1)	基Ⅱ2		基Ⅰ1	
		2021 (2)	基Ⅰ8		Ⅰ4	基Ⅰ4
	追	2022				基Ⅰ1
	試行	第2回	基Ⅰ3〜5		Ⅴ1	
		第1回	Ⅱ3			
センター試験	本試験	2020	基Ⅰ7		基Ⅰ5	基Ⅰ4
		2019	基Ⅰ7	基Ⅱ5	基Ⅰ2・4	
		2018	基Ⅰ7		基Ⅰ5	基Ⅰ6
		2017	基Ⅰ7		基Ⅰ1，Ⅲ3	基Ⅰ5

Ⅰ・Ⅱ・Ⅲ…は大問番号，1・2・3…は小問番号を示す。
「基」がついているものは「化学基礎」，ついていないものは「化学」の出題を示す。
※(1)は第1日程，(2)は第2日程を表す。

🔍 物質の構成

✅ 基本事項が問われる

「物質の構成」は化学の基礎にあたる部分であり，反復学習の成果が問われる分野です。主に「化学基礎」の出題範囲になりますが，内容によっては「化学」での出題もあります。

原子の構成，電子配置と元素の周期律・周期表，同位体，イオンの生成とイオン化エネルギー・電子親和力，イオン結合と組成式，共有結合と分子式，分子の形，電気陰性度と結合の極性，極性分子，分子結晶，共有結合の結晶，配位結合と錯イオン，金属結合，結合の種類と物質の性質などから満遍なく出題されます。

また，内容的にはこの分野以降の展開の基礎になっているので，理解が不確かな状態であると全体に影響することになります。

✅ 日ごろの学習の積み重ねが大切

出題頻度にかかわらず，すべての項目についてあいまいな箇所がないように，日ごろから整理して基本事項を確認しておくことが大切です。イオン，分子，金属についての学習は，人間生活と関連する物質をより詳しく知ることにつながるので，そのような観点も養っておきましょう。

> ●対策のポイント
> - 原子を構成する粒子の数的な関係と性質の違いを説明できる。
> - 同位体の定義とその性質を説明できる。
> - 原子の電子配置と元素の周期律の関係を理解する。
> - イオン化エネルギー，電子親和力の定義とその周期性を説明できる。
> - 結合の種類とその仕組みを説明できる。
> - 電気陰性度を用いて結合や分子の極性を理解する。
> - 結合の種類による物質の性質の違いを説明し，身近な物質にあてはめることができる。
> - 配位結合と錯イオンについて説明できる。
> - 化学式による物質の表示方法について理解する。

● 出題年度一覧
（共通テスト 本試験・追試験・試行調査，センター試験 本試験）

年　度			物質の構成粒子		物質と化学結合		
			原子の構造	電子配置と周期表	イオンとイオン結合	金属と金属結合	分子と共有結合
共通テスト	本試験	2023	基Ⅰ1	基Ⅰ3			基Ⅰ2·5, Ⅰ1
		2022		基Ⅰ2, Ⅰ1			基Ⅰ1, 基Ⅱ1
		2021 (1)	基Ⅰ3		基Ⅰ4	基Ⅰ4	基Ⅰ4
		2021 (2)		基Ⅰ1	基Ⅱ1		基Ⅰ3·5, Ⅰ1
	追試行	2022	基Ⅰ2, 基Ⅱ1	基Ⅰ4			基Ⅰ3, Ⅰ1
		第2回	基Ⅰ2, Ⅰ5	Ⅰ6, Ⅱ4	Ⅱ5		基Ⅱ1
		第1回					
センター試験	本試験	2020		基Ⅰ1·2			基Ⅰ3
		2019	基Ⅰ1	基Ⅰ5	基Ⅰ7		基Ⅰ6, Ⅰ1
		2018	Ⅰ1	基Ⅰ2	基Ⅰ1·3, Ⅰ1		基Ⅰ1·3
		2017	基Ⅰ2		基Ⅰ4		基Ⅰ3·4·6, Ⅰ1

Ⅰ・Ⅱ・Ⅲ…は大問番号，1・2・3…は小問番号を示す。
「基」がついているものは「化学基礎」，ついていないものは「化学」の出題を示す。
※(1)は第1日程，(2)は第2日程を表す。

032 化学／化学基礎

物質の変化

✓ 総合問題として出題されることが多い

　「物質の変化」の分野は理論分野の柱の1つで，「化学基礎」「化学」に共通する出題範囲になります。他の分野と関連づけて出題されたり，総合問題として出題されることも多く，思考力が必要とされる分野です。

　原子量，分子量，アボガドロ定数，物質量の概念が化学反応式を扱う上で必須であり，アボガドロの法則や溶液の濃度も関係してきます。そして，化学反応式の具体的な書き方とその意味について，物質量，質量，気体の体積などとの関係を理解する必要があります。その上で，酸と塩基の定義，中和反応や塩の生成の量的関係，pH，中和滴定，滴定曲線，酸化数と酸化剤・還元剤，電子の授受と酸化還元反応，酸化還元滴定，電池の原理，金属の製錬などが具体的反応や量的関係の事例として扱われることになります。

　歴史的な化学の基本法則についても，原子や分子の考え方との関係で扱われています。

✓ 計算を中心にした問題演習を

　「計算問題」「グラフ問題」の出題率が高いので，それらに慣れておくために，徹底して演習を積んでおく必要があります。グラフについては，資料集などを活用し，そのグラフが何を表しているかが読み取れるようにしておきましょう。

● **対策のポイント**
- 原子量，分子量の定義を理解する。
- アボガドロ定数の意味を理解し，質量・物質量・気体の体積との関係を説明できる。
- 酸と塩基の定義を整理し，中和反応の量的関係について計算ができる。
- 中和滴定とその実験操作・器具の扱いについて理解する。
- 滴定曲線の意味と中和点，指示薬などの関係を説明できる。
- 塩の水溶液の性質を整理し理解する。
- 酸化数の計算に習熟する。
- 酸化剤・還元剤の判定が確実にできる。
- 電子を含む反応式を用いて酸化還元の反応式を書ける。
- 酸化還元滴定の量的関係について計算ができる。
- イオン化列を用いて金属の性質の違いを整理し理解する。
- 電池の原理について理解する。
- 金属の製錬について理解する。

● 出題年度一覧
（共通テスト 本試験・追試験・試行調査，センター試験 本試験）

年　度			物質量と化学反応式		化学反応	
			物質量	化学反応式	酸・塩基と中和	酸化と還元
共通テスト	本試験	2023	基Ⅰ6	基Ⅱ1・3〜5，Ⅲ3	基Ⅰ9，基Ⅱ2・3	基Ⅰ3・7・8，基Ⅱ1，Ⅴ2
		2022	基Ⅰ3，基Ⅱ3，Ⅰ2，Ⅱ4，Ⅲ2・3		基Ⅰ5〜7	基Ⅰ8〜10
		2021(1)	基Ⅰ2・7	基Ⅱ2，Ⅲ3	基Ⅱ1・2	基Ⅰ5・6，Ⅲ2・3
		2021(2)	基Ⅰ1	基Ⅰ9，基Ⅱ2，Ⅲ2	基Ⅰ6，Ⅴ1・2	基Ⅰ7，Ⅲ4
	追試験	2022	基Ⅰ9，基Ⅱ1	基Ⅱ2，Ⅳ4	基Ⅰ5・6	基Ⅰ7・8，Ⅲ3
		第2回	基Ⅰ1，基Ⅲ3，Ⅲ5	基Ⅱ3，基Ⅲ4，Ⅱ1	基Ⅲ1・2	基Ⅱ1・2，Ⅲ3
		第1回				Ⅳ1〜3
センター試験	本試験	2020	基Ⅰ6，基Ⅱ1・2		基Ⅱ3・4	基Ⅱ5・6
		2019	基Ⅰ3，基Ⅱ1	基Ⅱ2，Ⅲ4，Ⅳ2	基Ⅱ3・4	基Ⅱ6
		2018	基Ⅰ4，基Ⅱ1〜3	Ⅲ5	基Ⅱ4・5，Ⅱ3	基Ⅱ6・7
		2017	基Ⅱ1・2，Ⅲ4	基Ⅱ3・7，Ⅲ5	基Ⅱ4・5	基Ⅱ6，Ⅱ6

Ⅰ・Ⅱ・Ⅲ…は大問番号，1・2・3…は小問番号を示す。
「基」がついているものは「化学基礎」，ついていないものは「化学」の出題を示す。
※(1)は第1日程，(2)は第2日程を表す。

🔍 物質の状態と平衡

✅ 思考力・計算力が問われる

　「物質の状態と平衡」の分野は物質の状態変化と性質を扱う理論分野で,「化学」の出題範囲です。「計算問題」「グラフ問題」の出題率が高く,論理的思考力や計算力が要求されます。

　状態変化と熱,分子間力と融点・沸点,気液平衡と蒸気圧,沸騰と沸点,ボイル・シャルルの法則,気体の状態方程式,分圧の法則,理想気体と実在気体,溶解平衡と濃度・溶解度,溶解度曲線,気体の溶解度,沸点上昇と凝固点降下,冷却曲線と分子量,浸透圧と分子量測定,コロイドとその性質,金属・イオン・分子結晶,および共有結合の結晶の構造と密度,アモルファスなど扱われる項目は多岐にわたっています。

✅ 問題演習を大切に

　グラフや図にはそれぞれ特徴的な見方,読み取り方があります。これらは数をこなすことで身につきます。過去問や問題集でよく練習して,計算に結びつける方法を習得することが大切です。ただし,それらの基礎になる理論概念の基本的な理解もおろそかにしないようにしましょう。

> ●対策のポイント
> - 状態変化と熱量計算の方法に習熟する。
> - ボイル・シャルルの法則の適用方法に習熟する。
> - 気体反応における状態方程式・分圧の法則の活用方法に習熟する。
> - 気体反応における蒸気圧の扱いに習熟する。
> - 理想気体と実在気体の違いが説明できる。
> - 結晶水を含む物質の溶解度の扱いに習熟する。
> - ヘンリーの法則の意味と計算方法に習熟する。
> - 希薄溶液の沸点上昇・凝固点降下と質量モル濃度・溶質の分子量の関係を計算で示すことができる。
> - 希薄溶液の性質に対する,溶質としての電解質の影響を説明できる。
> - 冷却曲線から溶液の濃度や溶質の分子量を計算する方法に習熟する。
> - 浸透圧と溶質の分子量との関係が説明できる。
> - コロイドの性質が説明できる。
> - 結晶構造の特徴と密度の関係が説明でき,さらに計算で密度,アボガドロ数などを求めることができる。

● 出題年度一覧
（共通テスト 本試験・追試験・試行調査，センター試験 本試験）

年　度			物質の状態とその変化			溶液と平衡	
			状態変化	気体の性質	固体の構造	溶解平衡	溶液と その性質
共通テスト	本試験	2023		Ⅰ 3	Ⅰ 4		Ⅰ 2
		2022		Ⅰ 3	Ⅰ 4	Ⅰ 5	
		2021 (1)	Ⅰ 4, Ⅱ 3	Ⅰ 4	Ⅰ 2, Ⅱ 3	Ⅰ 3	Ⅰ 3
		2021 (2)		Ⅰ 2			Ⅰ 3
	追試行	2022	Ⅰ 3	Ⅰ 2			Ⅰ 4, Ⅴ 2·3
		第 2 回	Ⅳ 4	Ⅰ 1, Ⅳ 1			Ⅲ 6
		第 1 回	Ⅴ 3	Ⅰ 1			
センター試験	本試験	2020	Ⅰ 2·4	Ⅰ 3			Ⅰ 5·6
		2019	Ⅰ 3	Ⅰ 4·6	Ⅰ 2	Ⅰ 5	
		2018	Ⅰ 4·6		Ⅰ 3		Ⅰ 5
		2017	Ⅰ 4	Ⅰ 3·5	Ⅰ 1·2		Ⅰ 6

Ⅰ・Ⅱ・Ⅲ…は大問番号，1・2・3…は小問番号を示す。
「基」がついているものは「化学基礎」，ついていないものは「化学」の出題を示す。
※(1)は第 1 日程，(2)は第 2 日程を表す。

036 化学／化学基礎

🔍 物質の変化と平衡

✅ 理解力と思考力が問われる

「物質の変化と平衡」の分野は主に「化学」の出題範囲であり，グラフや図を用いて設問が提示されることが多く，その意味するところを正確に把握し，その後の変化の様子をイメージすることが要求されます。「グラフ問題」「計算問題」の出題頻度が高く，発展的な総合問題として扱われることも考えられる分野です。

項目は，反応熱の種類，熱化学方程式，ヘスの法則と生成熱，結合エネルギー，イオン化傾向と電池，各種電池の構造と性質，燃料電池，電気分解の仕組みと電極の性質，ファラデーの法則，銅・アルミニウムの電解精錬，NaOH の製造，反応速度の表し方，反応速度を決める要因，活性化エネルギーと触媒，化学平衡の法則と平衡定数，平衡の移動とルシャトリエの原理，弱酸・弱塩基の電離平衡と pH，塩の加水分解などきわめて多岐にわたり，理論に関する総合力が求められます。

✅ 個別の理論の整理の上に総合的理解を

理論分野の集大成という意味合いが強い分野といえます。個別の理論をしっかり学習し，それらが化学反応を考える上で相互にどのように関わっているかを理解しましょう。このことは，無機物質，有機化合物や高分子化合物を学ぶ上でも大きな地力となります。

●対策のポイント
- 熱化学方程式の意味を理解し，それを用いた表現に習熟する。
- ヘスの法則を活用して反応熱を求める計算に習熟する。
- 反応熱と生成熱や結合エネルギーの関係を理解し計算に習熟する。
- 各種電気分解における電極での反応を理解し量的に扱うことができる。
- 各種電池の仕組みと動作原理を理解し説明できる。
- 代表的な電池の電極の反応物質量と電流値との関係を理解し計算に習熟する。
- 反応速度の要因について説明できる。
- 活性化エネルギーと触媒の関係を説明できる。
- 化学平衡の法則を説明し平衡定数を計算できる。
- 平衡移動の要因と移動方向について，ルシャトリエの原理を用いて説明できる。
- 酸・塩基の電離平衡と pH，塩の加水分解，弱酸・弱塩基の遊離，緩衝液，溶解度積，イオンの電離と共通イオン効果について説明し，計算することができる。

● 出題年度一覧
（共通テスト 本試験・追試験・試行調査，センター試験 本試験）

年度			化学反応とエネルギー			化学反応と化学平衡		
			化学反応と熱・光	電気分解	電池	反応速度	化学平衡とその移動	電離平衡
共通テスト	本試験	2023	Ⅱ1	Ⅱ2		Ⅱ4	Ⅱ3，Ⅴ1	
		2022	Ⅱ1，Ⅴ2		Ⅱ4	Ⅱ3，Ⅴ2		Ⅱ2
		2021 (1)	Ⅱ1·3	Ⅲ1	基Ⅰ8，Ⅱ2		Ⅴ1	
		2021 (2)	Ⅱ3	Ⅱ1	Ⅱ1	Ⅱ3	Ⅱ3	Ⅱ2，Ⅲ4，Ⅴ2
	追試験	2022	Ⅱ4	Ⅱ2	Ⅲ3	Ⅱ1	Ⅱ3·4	
	試行	第2回	Ⅰ2	Ⅰ7		Ⅰ3·4		Ⅳ2·3
		第1回	Ⅰ2				Ⅰ3	Ⅰ4，Ⅱ1
センター試験	本試験	2020	Ⅱ1·2		Ⅲ5	Ⅱ3	Ⅱ4	Ⅱ5
		2019	Ⅱ1·5	Ⅱ4			Ⅱ2	Ⅱ3
		2018	Ⅱ1		Ⅱ4	Ⅱ2		Ⅱ5
		2017	Ⅱ1	Ⅱ5	Ⅲ6	Ⅱ3	Ⅱ2	Ⅱ4

Ⅰ・Ⅱ・Ⅲ…は大問番号，1・2・3…は小問番号を示す。
「基」がついているものは「化学基礎」，ついていないものは「化学」の出題を示す。
※(1)は第1日程，(2)は第2日程を表す。

無機物質の性質と利用

✓ 基礎理論と融合した問題や「組合せ問題」に注意

「無機物質の性質と利用」の分野は「化学」の出題範囲です。毎年連続して出題されている題材は少なく，1～2年の間隔を置きながら，周期的に出題される傾向にあります。ハロゲン・窒素・硫黄・酸素などの非金属の単体とその化合物，気体の発生，アルミニウム・亜鉛・銅・銀・鉄などの金属とその化合物，金属イオンの反応などがよく出題されています。

また，アンモニアソーダ法，ハーバー・ボッシュ法，オストワルト法など工業的な製法と「無機物質と人間生活」が関連づけて出題されたり，実験の操作や装置についても問われています。

酸と塩基，酸化と還元（電池・電気分解を含む）などの基礎理論と融合した形で出題されたり，正確な知識と理解を必要とする「正誤判定問題」や「組合せ問題」として出題されたりすることも考えられます。

✓ 理論と関連づけた学習と人間生活との関連への関心を

教科書の展開に合わせて，周期表にそって物質の性質や反応についてノートにまとめておきましょう。そのあと，問題演習を通して明らかになった学習の不十分な箇所について，理論と関連づけて再整理することが大切です。また，実験の操作や器具についても，資料集などを用いて整理しておくとよいでしょう。

●対策のポイント
- 物質の性質や反応を覚える前に，酸と塩基，酸化と還元などの基礎理論を確認する。
- 典型金属元素の性質と反応を周期表に基づいて整理し理解する。
- 遷移元素（特に銅・銀・鉄）の単体と化合物の性質を整理し理解する。
- 過剰のアンモニア水による錯イオンの生成について整理し理解する。
- 過剰の水酸化ナトリウム水溶液に溶ける物質を整理し理解する。
- 液性の違いによる硫化物の沈殿生成の有無を整理し理解する。
- 陽イオンの分離のための反応を整理し理解する。
- 物質の保存方法を整理し理解する。
- アンモニアソーダ法，ハーバー・ボッシュ法，オストワルト法などの工業的な製法を，触媒なども含めて整理し理解する。
- 気体の発生反応を，平衡の移動（弱酸塩と強酸，揮発性酸と不揮発性酸など），酸化還元反応などに分類して整理し理解する。
- 実験の操作や器具の扱いについて理解する。
- 無機物質と人間生活の関わりについて関心をもち，理解する。

共通テスト対策講座　039

● **出題年度一覧**
　（共通テスト　本試験・追試験・試行調査，センター試験　本試験）

年　度			無機物質		無機物質と人間生活
			典型元素	遷移元素	無機物質と人間生活
共通テスト	本試験	2023	Ⅲ 1・3，Ⅴ 1	Ⅲ 2	
		2022	Ⅲ 1・3		
		2021 (1)	Ⅰ 1	Ⅲ 3	
		2021 (2)	Ⅲ 1・3・4	Ⅲ 1・3	Ⅲ 1
	追試	2022	Ⅲ 1	Ⅲ 2	
	試行	第 2 回	Ⅱ 2・6		
		第 1 回		Ⅱ 2	
センター試験	本試験	2020	Ⅰ 1，Ⅲ 4	Ⅲ 2・3	Ⅲ 1
		2019	Ⅲ 2・4	Ⅲ 3・5	Ⅲ 1
		2018	Ⅰ 2，Ⅲ 2〜4	Ⅰ 2	Ⅲ 1
		2017		Ⅲ 2・4・5	Ⅲ 1

Ⅰ・Ⅱ・Ⅲ…は大問番号，1・2・3…は小問番号を示す。
「基」がついているものは「化学基礎」，ついていないものは「化学」の出題を示す。
※(1)は第1日程，(2)は第2日程を表す。

有機化合物の性質と利用

✅ 構造と性質・反応の関係が柱

「有機化合物の性質と利用」の分野は「化学」の出題範囲です。異性体，脂肪族炭化水素，アルコール，アルデヒド，カルボン酸とエステル，油脂，芳香族化合物の性質と反応および分離などがよく出題されています。センター試験では，「無機物質の性質と利用」の場合と異なり，毎年連続して出題されるものも多いのが特徴でした。

元素分析や分子式の決定などの構造決定の問題では，計算だけでなく，ヨードホルム反応や銀鏡反応などの様々な検出反応や立体構造，幾何異性体・光学異性体の存在なども利用されるので注意しましょう。また，エチレン，アセチレン，ベンゼンなどを出発物質とする反応経路や誘導体について問われることも多くあります。実験操作や装置についての問題もよくみられます。

✅ 系統図での理解を進めよう

有機化合物の反応性は系統図をつくることで整理することができます。ノートに書いてみることで，理解の不十分な箇所が明らかになります。さらに，実験の操作や器具についても物質の性質に即して整理するのが有効です。セッケンやアゾ染料などの工業製品についても，人間生活との関連で関心をもって調べておくとよいでしょう。

●対策のポイント
- 脂肪族炭化水素の構造と性質の関係を整理し理解する。
- 脂肪族化合物の反応系統図を作成し理解する。
- ベンゼンを出発物質とする反応系統図を作成し理解する。
- 官能基の反応特性と生成物について整理し理解する。
- フェノールの製法および誘導される物質の系統図を作成し理解する。
- アニリンの製法および誘導される物質の系統図を作成し理解する。
- 幾何異性体の構造特性および光学異性体と不斉炭素原子の関係を理解し説明できる。
- 特有の検出反応を整理し理解する。
- 芳香族化合物の分離操作を理解し説明できる。
- 油脂や染料などの身のまわりの物質について整理し理解する。
- 実験の操作や器具の扱いについて理解する。
- 有機化合物と人間生活の関わりについて関心をもち，整理し理解する。

共通テスト対策講座　041

● 出題年度一覧
（共通テスト 本試験・追試験・試行調査，センター試験 本試験）

年　度			有機化合物			有機化合物と人間生活
			炭化水素	官能基をもつ化合物	芳香族化合物	有機化合物と人間生活
共通テスト	本試験	2023		Ⅳ 1·4	Ⅳ 2	
		2022	Ⅳ 1，Ⅴ 1	Ⅳ 4，Ⅴ 2	Ⅳ 2	
		2021 (1)		Ⅳ 2·3	Ⅳ 1	
		2021 (2)		Ⅳ 1·2	Ⅳ 3	
	追試験	2022	Ⅳ 1	Ⅳ 3	Ⅳ 2，Ⅴ 1	
	試行	第 2 回	Ⅲ 1	Ⅲ 2·3	Ⅲ 4	
		第 1 回	Ⅲ 2	Ⅲ 1·3，Ⅴ 2	Ⅲ 4	
センター試験	本試験	2020	Ⅳ 1	Ⅳ 2·4·5	Ⅳ 3	
		2019	Ⅳ 5	Ⅳ 2·4	Ⅳ 1·3	
		2018	Ⅳ 2	Ⅳ 1·3·4	Ⅳ 5	
		2017	Ⅳ 1·4	Ⅳ 2·5	Ⅳ 3	

Ⅰ・Ⅱ・Ⅲ…は大問番号，1・2・3…は小問番号を示す。
「基」がついているものは「化学基礎」，ついていないものは「化学」の出題を示す。
※(1)は第 1 日程，(2)は第 2 日程を表す。

高分子化合物の性質と利用

✅ 確実な知識と整理が問われる

「高分子化合物の性質と利用」の分野は主に「化学」の出題範囲です。扱われる項目としては,重合反応や高分子化合物の一般的特徴,熱可塑性樹脂の単量体と構造,熱硬化性樹脂の単量体と構造,合成繊維の単量体と構造・性質,合成ゴムの単量体と構造,代表的な単糖類・二糖類・多糖類の構造と性質,アミノ酸の構造と双性イオン,等電点と特徴的反応,タンパク質の構造と呈色反応,酵素の反応特性,核酸の構造と役割などがあります。

また,高分子化合物と人間生活での利用について,最近の話題をもとに出題されることも考えられます。

有機化学の正確な理解が必要な分野であり,手をつけるのが遅くなりがちですが,しっかり演習などをして,力をつけておく必要があります。

✅ 高分子化合物の分類ごとの整理を徹底する

高分子化合物はいくつかに分類されており,その分類ごとに構造や性質に特徴があります。それらを十分に理解して整理しておくことが学習の基本となります。

> ●対策のポイント
> - 重合反応の種類と高分子化合物の特徴を整理し理解する。
> - プラスチックの分類と単量体の関係を整理し理解する。
> - 合成繊維の分類と単量体の関係を整理し理解する。
> - ゴムの分類と単量体の関係を整理し理解する。
> - 代表的な単糖類・二糖類の構造と性質を整理し理解する。
> - 代表的な多糖類の構造と性質を整理し理解する。
> - アミノ酸の構造と双性イオンの生成について理解する。
> - アミノ酸の特徴的反応と等電点について理解する。
> - ペプチドのアミノ酸配列の数や反応の特性を理解する。
> - タンパク質の構造と呈色反応および酵素の反応特性について整理し理解する。
> - 核酸の構造と性質について理解する。
> - 高分子化合物と人間生活の関わりについて関心をもち,整理し理解する。
> - 高分子化合物の反応と量的関係について理解し,計算できる。

● 出題年度一覧
（共通テスト 本試験・追試験・試行調査，センター試験 本試験）

<table>
<tr><th colspan="2" rowspan="2">年　度</th><th colspan="2">高分子化合物</th><th>高分子化合物と人間生活</th></tr>
<tr><th>合成高分子
化合物</th><th>天然高分子
化合物</th><th>高分子化合物と
人間生活</th></tr>
<tr><td rowspan="6">共通テスト</td><td rowspan="4">本試験</td><td>2023</td><td>Ⅳ 3</td><td>Ⅳ 3</td><td></td></tr>
<tr><td>2022</td><td>Ⅰ 4，Ⅳ 3</td><td>Ⅳ 3</td><td></td></tr>
<tr><td>2021 (1)</td><td>Ⅳ 4</td><td>Ⅳ 5，Ⅴ 1〜3</td><td>基Ⅱ 1</td></tr>
<tr><td>2021 (2)</td><td>Ⅳ 4</td><td>Ⅳ 5</td><td></td></tr>
<tr><td>追試験</td><td>2022</td><td>Ⅳ 4</td><td></td><td></td></tr>
<tr><td rowspan="2">試行</td><td>第 2 回</td><td></td><td>Ⅴ 2〜4</td><td></td></tr>
<tr><td></td><td>第 1 回</td><td>Ⅴ 4</td><td>Ⅴ 1</td><td></td></tr>
<tr><td rowspan="4">センター試験</td><td rowspan="4">本試験</td><td>2020</td><td>Ⅴ 1，Ⅵ 1・2</td><td>Ⅴ 2，Ⅶ 1・2</td><td></td></tr>
<tr><td>2019</td><td>Ⅴ 1，Ⅵ 1・2</td><td>Ⅶ 1・2</td><td>Ⅴ 2</td></tr>
<tr><td>2018</td><td>Ⅴ 1・2，Ⅵ 1・2</td><td>Ⅴ 2，Ⅶ 1・2</td><td></td></tr>
<tr><td>2017</td><td>Ⅴ 1・2，Ⅵ 1・2</td><td>Ⅴ 1・2，Ⅶ 1・2</td><td></td></tr>
</table>

Ⅰ・Ⅱ・Ⅲ…は大問番号，1・2・3…は小問番号を示す。
「基」がついているものは「化学基礎」，ついていないものは「化学」の出題を示す。
※(1)は第 1 日程，(2)は第 2 日程を表す。

**水にぬれても大丈夫！
スキマ時間を有効活用！**

水をはじく特殊な紙を使用。
いつでもどこでも使えます。
赤本をもとに抽出した化学基礎＋化学の
重要事項を100個のBasic Pointにまとめ
ました。入試直前の総確認にも最適！

詳しくはこちら

センター過去問の上手な使い方

　センター試験においても，思考力を問う問題は出題されてきました。ここでは，センター試験の過去問の中から，とりわけ共通テスト対策として役立つ問題を紹介します。共通テストに変わったとはいえ，習得すべき内容や大学入学までに身につけておくべき学力が大きく変わるわけではありません。テストの変化に対応できる力を養うために，センター試験の過去問も大いに有効活用しましょう！

試験時間を少し短めに設定して解いてみる！

　共通テストでは，センター試験に比べて問題文の分量が多くなり，思考力が必要な問題が出題されています。したがって，センター試験の過去問に取り組む際には，試験時間を短めに設定して解く練習をしてみましょう（例えば，「化学基礎」は20〜25分程度，「化学」は50分程度）。あるいは，センター試験の「化学」には選択問題があるので，60分で選択問題を2題とも解答してみてください。このような練習を繰り返せば，短い時間で問題を正確に読み取れるようになるでしょう。

苦手分野を知る！

　共通テストは，教科書のすべての内容が出題範囲です。したがって，苦手分野をつくらないことが重要となります。問題を解いてみて，間違えた箇所を本書の**ねらいめはココ！**（→p. 028〜043）を利用して確認すれば，どの分野が苦手なのかを客観的に把握することができます。苦手分野が見つかったら，教科書に立ち返って，その分野を重点的に学習しましょう。高得点を目指すためには，コツコツと苦手分野を潰すことが必要です。

「思考力問題」に注目！

　思考力問題とは，問題を分析し，必要な知識を判断したり，仮説を立てて検討したりと，論理的思考力が求められる問題です。具体的には，グラフや表から必要なデータを読み取ったり，実験によって得られた結果を考察して結論を導くなど，もっている知識をうまく応用することを求められることが多いです。センター試験でも思考力が必要な問題は多く出題されていました。以下に，実際にセンター試験で出題された計算問題，実験問題，グラフ問題について，思考力が必要な問題の一部を紹介しますので，取り組んでみてください。

 計算問題

【センター試験 2020年度 化学 本試験 第3問 問5】
　ニッケル水素電池の蓄電量についての問題です。見慣れない電池の反応式を，酸化還元反応の観点で推測すること，普段使わない電気量の単位〔A・h〕の意味を正しく理解することの両方が求められています。定式化された計算ではなく，提示された内容を理論的に捉え，量的関係を見出すことが必要な問題です。

【センター試験 2018年度 化学 本試験 第3問 問5】
　金属の硫酸塩について，熱分解の結果から，水和水の数と，金属の種類を決定する問題です。グラフを読み取り，質量の変化の比から水和水の数を求め，さらに金属の原子量を求める必要があり，めずらしいタイプの問題となっています。

【センター試験 2017年度 化学 本試験 第2問 問3】
　H_2O_2 の分解反応の量的関係と反応速度に関する問題です。正しい反応式が書けることはもちろん，2つのグラフから，それぞれ必要な数値を読み取って計算する必要があり，複数の要素を含んだ思考力が必要な問題となっています。

046 化学／化学基礎

✅ 実験問題

【センター試験 2020 年度 化学 本試験 第 3 問 問 3】
　定型的な陽イオンの分離操作ではなく，操作Ⅱは沈殿，ろ液の両方に当てはまるものでなくてはならないところに目新しさがあります。陽イオンとその化合物の性質を総合的に理解・整理しておくことが必要です。

【センター試験 2017 年度 化学基礎 本試験 第 2 問 問 5】
　中和滴定の問題で，滴定に用いた水溶液を選ぶ問題です。水溶液の色の変化から指示薬の変色域に基づき滴定曲線をイメージする必要があり，他ではみられない工夫がなされています。

✅ グラフ問題

【センター試験 2020 年度 化学 本試験 第 2 問 問 3】
　与えられたグラフが対数グラフであることに，まず戸惑うのではないでしょうか。しかし，そこで何が表現されているかを落ち着いて見抜くことが大切です。図 2 は v が［A］に比例すること，図 3 は v が［B］の 2 乗に比例することを表しており，これらに気づく必要があります。

【センター試験 2019 年度 化学 本試験 第 7 問 問 2】
　アミノ酸および生成したジペプチドの元素組成（質量パーセント）から，ジペプチドの構成アミノ酸を求める問題です。特定の成分元素の有無や，ある元素に着目し，その大小関係から，構成アミノ酸として不可能なものを除いていく作業が必要で，グラフから何が読み取れるか，つまりグラフの読解力が試される問題です。

共通テスト
攻略アドバイス

ここでは，共通テストで高得点をマークした先輩方に，その秘訣を伺いました。実体験に基づく貴重なアドバイスの数々。これをヒントに，あなたも攻略ポイントを見つけ出してください！

✅ まずは基礎固め！

大学入試センター発表の「問題作成のねらい」をみると，共通テストは教科書を基礎とし，分野に偏りなく出題するとされています。試験範囲の中で抜け落ちている知識や理解できていない分野はありませんか？ **網羅的かつ正確な知識・理解は問題を解くための土台になります。**まずは教科書や資料集を使って，基礎を固めましょう。

教科書を隅々まで読み，暗記しなければならない内容は確実に覚えるようにしてください。また，一見複雑そうな計算問題も，誘導に乗って落ち着いて解けば，基本的な考え方で正解出来ることが多いので，教科書をベースとした基礎固めを行ってほしいです。　　　Y. M. さん・名古屋大学（法学部）

共通テストになってから，公式をただただ暗記しただけではいい点数を取れません。公式を覚えるというよりは，なぜそのような公式が成り立つのかなどを考えて，勉強しましょう。　　　K. Y. さん・大阪大学（工学部）

✅ 問題演習で実力アップ！

　知識を定着させ，理解を深めるために，問題演習に取り組みましょう。実際に問題を解くことで，**自分の苦手な分野**や，**勉強が足りない部分の確認**ができます。また，**問題をたくさん解くことで自信をつける**ことも大切です。

> 　計算問題は多く出題されるし，できるようになれば得点が安定しやすくなるので，問題集や過去問を使って確実に解けるようにしましょう。問題の文章量が多いので，要点をつかんで問われていることに正確に答えられるようにすることも練習しておくとよいと思います。
> 　　　　　　　　　　　　　　　F. M. さん・明治大学（農学部）

> 　グラフや表から読み取る問題があるので，過去問などで演習しておく必要があります。日頃の勉強では，知識の抜けが無いように意識するとよいと思います。
> 　　　　　　　　　　　　　K. H. さん・東京農工大学（工学部）

✅ 思考力を要する問題に立ち向かうには？

　共通テストの特徴として，思考力問題があげられます。**思考力は一朝一夕では身につきません**。共通テストの過去問やセンター試験で出題されていた「思考力問題」（→p. 044～046）などの問題をこなすことで，確かな実力を身につけましょう。

> 　共通テスト特有の問題が多いので，学校の教科書，赤本を使って実験方法や社会利用などの分野を特に意識して勉強するとよいと思います。あとは，普段の勉強を活用できるとよいでしょう。
> 　　　　　　　　　　　M. S. さん・金沢大学（医薬保健学域）

> 　日常生活で見るようなものを化学的に考察する問題が出されます。内容はとても難しいですが，問題文さえしっかり理解できれば解くことはできると思います。また，計算量の多い問題もあるため，計算を早くできるようにしておくことは必須です。　　S. S. さん・自治医科大学（医学部）

解答・解説編

<共通テスト>
- 2023 年度　化学　本試験　　　　化学基礎　本試験
- 2022 年度　化学　本試験・追試験　化学基礎　本試験・追試験
- 2021 年度　化学　本試験（第 1 日程）化学基礎　本試験（第 1 日程）
- 2021 年度　化学　本試験（第 2 日程）化学基礎　本試験（第 2 日程）
- 第 2 回　試行調査　化学
  　第 2 回　試行調査　化学基礎
- 第 1 回　試行調査　化学

<センター試験>
- 2020 年度　化学　本試験　　　　化学基礎　本試験
- 2019 年度　化学　本試験　　　　化学基礎　本試験
- 2018 年度　化学　本試験　　　　化学基礎　本試験
- 2017 年度　化学　本試験　　　　化学基礎　本試験

 解答・配点に関する注意

　本書に掲載している正解および配点は，大学入試センターから公表されたものをそのまま掲載しています。

化学 本試験

2023年度

問題番号 (配点)	設　問	解答番号	正解	配点	チェック
第1問 (20)	問1	1	③	3	
	問2	2	⑥	3	
	問3	3	②	4	
	問4	4	②	2	
		5	①	2	
		6	②	3	
		7	②	3*	
		8	①		
第2問 (20)	問1	9	⑥	3	
	問2	10 - 11	③ - ④	4 (各2)	
	問3	12	④	4	
	問4	13	④	3	
		14	⑥	3	
		15	⑤	3	
第3問 (20)	問1	16	④	4	
	問2	17 - 18	③ - ⑤	4*	
	問3	19	⑤	2	
		20	②	2	
		21	③	4	
		22	④	4	

問題番号 (配点)	設　問	解答番号	正解	配点	チェック
第4問 (20)	問1	23	②	3	
	問2	24	②	4	
	問3	25	④	4	
	問4	26	⓪		
		27	②	3*	
		28	⓪		
		29	③	3	
		30	④	3	
第5問 (20)	問1	31	②	4	
		32	①	4	
	問2	33	③	4	
	問3	34	③	4	
		35	④	4	

(注)
1 ＊は，全部正解の場合のみ点を与える。
2 －(ハイフン)でつながれた正解は，順序を問わない。

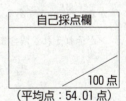

自己採点欄

100点
(平均点：54.01点)

第1問 化学結合，コロイドの種類，水蒸気圧と物質量，硫化カルシウムの結晶の配位数・単位格子の体積・イオン半径と結晶の安定性

問1 1 正解は③

①～③の構造式は次のとおりであり，④$BaCl_2$ はイオン結合による物質である。したがって，すべて単結合からなる物質は③Br_2 である。

① H–C(H)(H)–C(=O)(H)　　② H–C≡C–H　　③ Br–Br

問2 2 正解は⑥

(a) 流動性のあるコロイド溶液を**ゾル**といい，流動性を失い固まったものを**ゲル**という。

(b) ゲルを乾燥させたものを**キセロゲル**という。

問3 3 正解は②

圧縮前後の空気に含まれていた水蒸気の物質量をそれぞれ x〔mol〕，y〔mol〕とすると，気体の状態方程式より

　　圧縮前：$3.0×10^3×24.9=x×8.3×10^3×300$　　$x=0.030$〔mol〕
　　圧縮後：$3.6×10^3×8.3=y×8.3×10^3×300$　　$y=0.012$〔mol〕

よって，圧縮後に生じた液体の水の物質量は

$$0.030-0.012=\mathbf{0.018}\text{〔mol〕}$$

問4 a 4 正解は②　　5 正解は①

ア　図2より，CaS は NaCl 型のイオン結晶であり，1つのイオンは前後，左右，上下に反対符号のイオンが接しているので，配位数は **6** である。

イ　図2より，単位格子の一辺の長さは $2(R_S+r_{Ca})$ であるから，その体積 V は

$$V=\{2(R_S+r_{Ca})\}^3=\mathbf{8(R_S+r_{Ca})^3}$$

b 6 正解は②

メスシリンダーに加えられた CaS の結晶 40g の物質量は CaS の式量が 72 であるから，$\dfrac{40}{72}$ mol である。その体積は 15mL であり，単位格子には陽イオン，陰イオンがそれぞれ4個含まれているから，結晶の単位格子の体積 V〔cm³〕は

$$\dfrac{V}{4}×6.0×10^{23}×\dfrac{40}{72}=15\quad V=\mathbf{1.8×10^{-22}}\text{〔cm}^3\text{〕}$$

c 7 正解は②   8 正解は①

半径が大きいイオンどうしが接すると，図2の正方形の対角線の長さは $4R$ となる。また，このとき半径が大きいイオンどうしに加えて，陰イオンと陽イオンも接しているので，正方形の一辺の長さ $2(R+r)$ と対角線の関係は

$$4R = \sqrt{2} \times 2(R+r) \qquad R = (\sqrt{2}+1)r$$

したがって，R がこれより大きくなると半径が大きいイオンどうしは接するが，陰イオンと陽イオンが離れた状態になり，結晶構造が不安定になる。

第2問 尿素合成の反応熱，直列回路の電気分解，気体反応の平衡，過酸化水素の分解反応の反応速度

問1 9 正解は⑥

反応熱＝(生成物の生成熱の総和)－(反応物の生成熱の総和) より

$$Q = (333 + 286) - (394 + 46 \times 2) = 133 \text{ (kJ)}$$

問2 10 ・ 11 正解は③・④

電極AとCが陰極，BとDが陽極であり，2つの電解槽は直列につながれている。各電極での反応は次のとおり。

電極A：$Ag^+ + e^- \longrightarrow Ag$

電極B：$2H_2O \longrightarrow 4H^+ + O_2 + 4e^-$

電極C：$2H_2O + 2e^- \longrightarrow H_2 + 2OH^-$

電極D：$2Cl^- \longrightarrow Cl_2 + 2e^-$

① (正) 電極Bでの反応で H^+ が生じるので，水素イオン濃度が増加する。

② (正) 電極Aでは，銀イオン Ag^+ が還元されて銀 Ag が析出する。

③ (誤) 電極Bでは，水 H_2O が酸化されて酸素 O_2 が発生する。

④ (誤) 電極Cではナトリウムイオン Na^+ ではなく，水 H_2O が還元されて水素 H_2 が発生する。

⑤ (正) 電極Dでは塩化物イオン Cl^- が酸化されて塩素 Cl_2 が発生する。

問3 12 正解は④

容器Xでの平衡定数 K は，容器Xの容積を V (L) とすると

$$K = \frac{[HI]^2}{[H_2][I_2]} = \frac{\left(\dfrac{3.2}{V}\right)^2}{\dfrac{0.40}{V} \times \dfrac{0.40}{V}} = 64$$

一方，容器Yの平衡状態では，HI の $2x$ (mol) が分解し，ともに x (mol) の H_2 と I_2 が生成していると考えると，容器Yの容積は $0.5V$ (L) で，容器Yと容器Xの

温度は同じなので平衡定数は一定であることから

$$\frac{\left(\dfrac{1.0-2x}{0.5V}\right)^2}{\dfrac{x}{0.5V}\times\dfrac{x}{0.5V}}=64 \qquad x=0.10\,(\text{mol})$$

よって，平衡状態の HI の物質量は

$$1.0-2\times0.10=0.80\,(\text{mol})$$

問4　a　　13　　正解は④

① （正）　塩化鉄(Ⅲ) $FeCl_3$ 水溶液も H_2O_2 の分解反応の触媒作用を示す。

② （正）　酵素カタラーゼは H_2O_2 の分解反応の触媒となる。

③ （正）　一般に，温度が高いほど反応速度は大きくなる。

④ （誤）　MnO_2 は触媒であり反応前後で変化しないから，Mn の酸化数は変化しない。

b　　14　　正解は⑥

反応開始後 1.0 分から 2.0 分の間の O_2 の発生量は

$$(0.747-0.417)\times10^{-3}=0.33\times10^{-3}\,(\text{mol})$$

したがって，この 1.0 分間で分解した H_2O_2 は

$$0.33\times10^{-3}\times2=0.66\times10^{-3}\,(\text{mol})$$

よって，1.0 分から 2.0 分の間における H_2O_2 の分解反応の平均反応速度は

$$\frac{0.66\times10^{-3}\times\dfrac{1000}{10.0}}{2.0-1.0}=6.6\times10^{-2}\,(\text{mol}/(\text{L}\cdot\text{min}))$$

c　　15　　正解は⑤

別の反応条件では反応速度定数が 2.0 倍であるから，反応開始から 1.0 分経過（反応初期）での O_2 の発生量は約 2.0 倍であると推測できる。また，図 2 での実験と同じ濃度と体積の過酸化水素水を用いていることから，反応開始後 10 分経過すると分解反応はほぼ終了しているとみなせる（反応終期）。よって，この時点での O_2 の発生量は図 2 での実験よりやや多い程度だと考えられる。

以上より，最も適当なグラフは⑤である。

第3問 フッ化水素の反応と性質，金属イオンの分離，化学反応と量的関係，混合物の分析

問1 16 正解は ④
① （正） HF は分子間で水素結合を生じるため，水溶液中での電離度が小さく，弱酸である。
② （正） AgF は水によく溶けるため，沈殿は生じない。
③ （正） HF は分子間に水素結合を形成して見かけの分子量が大きくなるため，他のハロゲン化水素よりも沸点が高い。
④ （誤） F_2 は I_2 より酸化力が強いので，I_2 が HF 中の F 原子を酸化することはない。

問2 17 ・ 18 正解は ③・⑤
各操作によって，次のことがわかる。
- 操作Ⅰ：塩化物の沈殿が生じなかったことから，Ag^+ は含まれない。
- 操作Ⅱ：酸性溶液中で得られた硫化物の沈殿は CuS であり，Cu^{2+} が含まれる。
- 操作Ⅲ：水酸化物の沈殿が得られなかったことから，Al^{3+} と Fe^{3+} は含まれない。
- 操作Ⅳ：塩基性溶液中で得られた硫化物の沈殿は ZnS であり，Zn^{2+} が含まれる。

以上より，水溶液 A に含まれていたイオンは，③ Cu^{2+} と ⑤ Zn^{2+} である。

問3 a 19 正解は ⑤ 20 正解は ②

1族元素を V，2族元素を W とすると，HCl および H_2O との反応式はそれぞれ次のようになる。

$$2V + 2HCl \longrightarrow 2VCl + H_2$$
$$2V + 2H_2O \longrightarrow 2VOH + H_2$$
$$W + 2HCl \longrightarrow WCl_2 + H_2$$
$$W + 2H_2O \longrightarrow W(OH)_2 + H_2$$

図2より，40mg の金属 X は 37.5mL の水素を発生している。X を1族元素または2族元素と仮定し，その原子量を x とすると

$$\text{1族元素の場合：} \frac{40 \times 10^{-3}}{x} \times \frac{1}{2} = \frac{37.5 \times 10^{-3}}{22.4} \quad x = 11.9$$

$$\text{2族元素の場合：} \frac{40 \times 10^{-3}}{x} = \frac{37.5 \times 10^{-3}}{22.4} \quad x = 23.8$$

したがって，X は2族元素の ⑤ Mg（原子量24）と考えられる。
同様に，40mg の金属 Y は 19mL の水素を発生しているから，その原子量を y とすると

6   2023年度：化学/本試験〈解答〉

$$1 族元素の場合：\frac{40 \times 10^{-3}}{y} \times \frac{1}{2} = \frac{19 \times 10^{-3}}{22.4} \qquad y = 23.5$$

$$2 族元素の場合：\frac{40 \times 10^{-3}}{y} = \frac{19 \times 10^{-3}}{22.4} \qquad y = 47.1$$

したがって，Y は 1 族元素の ② Na（原子量 23）と考えられる。

b   21   正解は③

有機化合物の元素分析と同様に考える。ソーダ石灰は H_2O と CO_2 の両方を吸収してしまうため，H_2O と CO_2 の混合気体を別々に吸収するには，まず H_2O のみを吸収する塩化カルシウム管に通し，その後ソーダ石灰管に通して CO_2 を吸収すればよい。

c   22   正解は④

加熱後に残った $2.00\,g$ の MgO の物質量は，MgO $= 40$ より

$$\frac{2.00}{40} = 0.050 \,[mol]$$

また，反応管での反応は次のとおりである。

$$Mg(OH)_2 \longrightarrow MgO + H_2O$$
$$MgCO_3 \longrightarrow MgO + CO_2$$

したがって，混合物中の $Mg(OH)_2$ および $MgCO_3$ が反応して生じた MgO の物質量は，$H_2O = 18$，$CO_2 = 44$ より

$$\frac{0.18}{18} + \frac{0.22}{44} = 0.015 \,[mol]$$

よって，混合物 A に含まれていたマグネシウムのうち，MgO として存在していたマグネシウムの物質量の割合は

$$\frac{0.050 - 0.015}{0.050} \times 100 = 70 \,[\%]$$

第4問 標準 アルコールの構造と反応，芳香族化合物，高分子化合物と水素結合，トリグリセリドの構造と加水分解

問1   23   正解は②

ア　ヨードホルム反応を示さないことより，アルコールは $CH_3-CH(OH)-$ の構造をもたないので，①は不適である。

イ　②〜④のアルコールを脱水し臭素を付加したときの生成物は，それぞれ次のとおり（C^* は不斉炭素原子）。

② $CH_3-\overset{*}{C}H-CH_2-Br$ ③ $CH_3-\overset{\underset{|}{CH_3}}{\underset{|}{\underset{Br}{C}}}-CH_2-Br$ ④ $CH_3-\overset{\underset{|}{CH_3}}{\underset{|}{\underset{Br}{C}}}-CH_2-Br$

　　　　　$\underset{Br}{|}$

したがって，②のアルコールが条件を満たす。

問2　24　正解は②

① （正）　フタル酸はベンゼン環の隣り合う炭素原子にカルボキシ基が結合しているから，加熱すると脱水反応が起こり，無水フタル酸を生じる。

　　　　フタル酸　　　　　　　無水フタル酸

② （誤）　アニリンは弱塩基であるから塩酸には塩となって溶けるが，水酸化ナトリウム水溶液には溶けない。

③ （正）　ジクロロベンゼンはベンゼンの塩素二置換体であり，オルト，メタ，パラの異性体が存在する。

④ （正）　アセチルサリチル酸にはフェノール性のヒドロキシ基がないから，塩化鉄(Ⅲ)水溶液を加えても呈色しない。

問3　25　正解は④

① （正）　セルロースでは，分子内の多数のヒドロキシ基が分子内や分子間で水素結合を形成する。

② （正）　DNA は，分子内で塩基間の水素結合によって塩基対を形成し，二重らせん構造をとる。

③ （正）　タンパク質のポリペプチド鎖は，分子内のペプチド結合間で水素結合することによって二次構造が形成される。

④ （誤）　ポリプロピレンには，水素結合を形成するための官能基が存在しない。

$$\left[\!\!CH_2-\underset{\underset{CH_3}{|}}{CH}\!\!\right]_n$$

　　　　　ポリプロピレン

問4　a　26　正解は⓪　　27　正解は②　　28　正解は⓪

1 mol のトリグリセリド X（分子量 882）は 4 mol の C=C 結合を含むから，4 mol の H_2 と反応する。よって，44.1 g の X を用いたときに消費される水素の物質量は

$$\frac{44.1}{882}\times4=0.20\,〔mol〕$$

b $\boxed{29}$ 正解は③

脂肪酸A，Bは，過マンガン酸カリウムと反応したので，いずれもC=C結合をもつことがわかる。また，Xは分子内にC=C結合を4個もち，構成成分のAとBの物質量比は1:2であることから，4個のC=C結合はAに2個，Bに1個存在すると考えられる。Aの炭素数は18であるから，Aとして適当なものは③である。

c $\boxed{30}$ 正解は④

Xの部分的な加水分解によって，A，BおよびYが物質量比1:1:1で生成し，XはBを2つ含むことから，$\boxed{ア}$，$\boxed{イ}$にはHまたは$\overset{\text{O}}{\overset{\|}{\text{C}}}-R^B$のいずれかが当てはまる。さらに，Yには鏡像異性体が存在しないことから，不斉炭素原子をもたないため，$\boxed{ア}$がHであることがわかり，$\boxed{イ}$が$\overset{\text{O}}{\overset{\|}{\text{C}}}-R^B$と決まる。

第5問 （標準）硫黄Sを含む化合物の反応，平衡と反応速度，H_2Sの酸化還元滴定，紫外線の透過率を用いたSO_2の濃度測定

問1 a $\boxed{31}$ 正解は②

① （正）弱酸の遊離反応である。
$$FeS + H_2SO_4 \longrightarrow FeSO_4 + H_2S$$

② （誤）硫酸ナトリウムNa_2SO_4に希硫酸を加えても反応しない。亜硫酸ナトリウムNa_2SO_3に希硫酸を加えるとSO_2が発生する。
$$Na_2SO_3 + H_2SO_4 \longrightarrow Na_2SO_4 + H_2O + SO_2$$

③ （正）酸化還元反応である。　$2H_2S + SO_2 \longrightarrow 3S + 2H_2O$

④ （正）中和反応である。　$2NaOH + SO_2 \longrightarrow Na_2SO_3 + H_2O$

b $\boxed{32}$ 正解は①

① （誤）ルシャトリエの原理により，平衡は総分子数が増加する左へ移動する。

② （正）ルシャトリエの原理により，平衡は吸熱反応である左へ移動する。

③ （正）反応速度式は反応式中の係数ではなく，実験によって決まる。

④ （正）正反応と逆反応の反応速度が等しい状態を平衡状態という。

問2 $\boxed{33}$ 正解は③

この実験では，I_2が酸化剤，H_2Sと$Na_2S_2O_3$が還元剤である。水に溶けているH_2SにI_2を含むKI水溶液を加えたときに起きる反応は，式(2)・(3)より
$$I_2 + H_2S \longrightarrow 2HI + S$$
反応せずに残ったI_2を$Na_2S_2O_3$水溶液で滴定する反応は式(3)・(4)より

$$I_2 + 2Na_2S_2O_3 \longrightarrow 2NaI + Na_2S_4O_6$$

したがって，気体試料Aに含まれていた H_2S の体積を V〔mL〕とすると

$$\frac{0.127}{254} \times 2 = \frac{V \times 10^{-3}}{22.4} \times 2 + 5.00 \times 10^{-2} \times \frac{5.00}{1000} \qquad V = 8.40 〔mL〕$$

問3　a　34　正解は ③

透過率 $T = 0.80$ について

$$\log_{10} T = \log_{10} 0.80 = \log_{10}(2^3 \times 10^{-1}) = 3\log_{10} 2 - 1 = 3 \times 0.30 - 1 = -0.10$$

一方，表1をグラフで表すと下図のようになり，$\log_{10} T = -0.100$ となる SO_2 の濃度を読み取ると，その値は 3.0×10^{-8} mol/L となる。

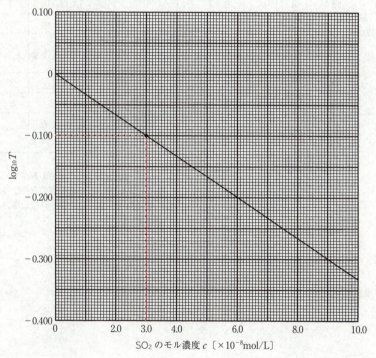

b　35　正解は ④

$\log_{10} T$ は c および L と比例関係であることから，次のように表すことができる。

$$\log_{10} T = kcL \quad (k は比例定数)$$

密閉容器を二つ直列に並べると容器の長さは $2L$ となるので，このときの透過率を T' とすると

$$\log_{10} T' = 2kcL = 2\log_{10} T \qquad T' = T^2 = 0.80^2 = \mathbf{0.64}$$

化学基礎 本試験

問題番号 （配点）	設 問	解答番号	正解	配点	チェック
第1問 (30)	問1	1	②	3	
	問2	2	③	3	
	問3	3	④	3	
	問4	4	⑥	3	
	問5	5	④	3	
	問6	6	④	4	
	問7	7	③	3	
	問8	8	③	4	
	問9	9	②	4	

問題番号 （配点）	設 問	解答番号	正解	配点	チェック
第2問 (20)	問1	10	②	3*1	
		11	②		
		12	①		
		13	④	3	
	問2	14	②	3	
	問3	15 - 16	②-⑤	4 (各2)	
	問4	17	①	3	
	問5	18	⑤	2	
		19	②	2*2	
		20	⑤		

(注)
1 ＊1は，全部正解の場合のみ点を与える。
2 ＊2は，両方正解の場合のみ点を与える。
3 －（ハイフン）でつながれた正解は，順序を問わない。

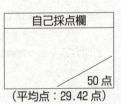

自己採点欄

50点

（平均点：29.42点）

第1問 中性子の数，無極性分子，ハロゲン，三態変化，二酸化炭素とメタン，混合気体の組成，アルミニウム，イオン化傾向，中和滴定

問1 　1　　正解は ②

ナトリウム原子 $^{23}_{11}Na$ は，原子番号（陽子の数）が 11，質量数（陽子の数と中性子の数の合計）が 23 の原子である。よって，中性子の数は

$$23 - 11 = 12 \text{ 個}$$

問2 　2　　正解は ③

分子の形は，NH_3 は三角錐形，H_2S は H_2O と同じ折れ線形であり，C_2H_5OH は親水基の OH 基をもつため，いずれも**極性分子**である。一方，O_2 は同じ原子による 2 原子分子で**無極性分子**である。

問3 　3　　正解は ④

① （誤）　ハロゲン原子の価電子の数はいずれも **7 個**である。
② （誤）　**原子番号が大きいほど，最外殻電子と原子核との距離が大きくなるため，原子のイオン化エネルギーは小さくなる。**
③ （誤）　電気陰性度の大きさは Cl>H であるので，共有電子対は塩素原子の方に偏っている。
④ （正）　ヨウ素 I_2 と硫化水素 H_2S の反応は次のとおり。

$$\underset{0}{I_2} + H_2S \longrightarrow 2H\underset{-1}{I} + S$$

I 原子の酸化数が 0 から −1 へと減少しているので，I_2 は**酸化剤**としてはたらいているとわかる。

問4 　4　　正解は ⑥

ア （誤）　A では純物質 X は固体であり，分子は熱運動をしている。
イ （正）　B の温度は**融点**で，純物質 X の融解が起こっており，液体と固体が共存している。
ウ （誤）　C では純物質 X は液体のみであり，分子は互いの位置を変えながら不規則な熱運動をしており，その配列には規則性はない。
エ （正）　D の温度は**沸点**で，純物質 X は**沸騰**しているので，液体の表面での蒸発だけでなく，内部からも気体が発生している。
オ （誤）　E では純物質 X は気体のみであり，C の液体のみの状態と比べると，分子間の平均距離はより大きくなっている。

12　2023年度：化学基礎／本試験〈解答〉

問5　5　正解は④
① （正）　二酸化炭素は無極性分子であり，3個の原子は O=C=O のように直線状に結合している。
② （正）　メタンは正四面体の重心の位置に炭素原子，各頂点に水素原子が配置された構造をしている。
③ （正）　二酸化炭素とメタンは，ともに非金属元素の原子で構成されており，原子間の結合は共有結合からなる。
④ （誤）　常温・常圧ではともに気体であるから，その密度は分子量の大きい二酸化炭素の方が大きい。

問6　6　正解は④
混合気体 1.00 mol の質量が 10.0 g であるので，平均分子量は 10.0 とみなせるから，混合気体に含まれる He の物質量の割合を x〔％〕とすると，He = 4.0，N_2 = 28 より

$$4.0 \times \frac{x}{100} + 28 \times \frac{100-x}{100} = 10.0 \qquad x = 75 〔\%〕$$

問7　7　正解は③
① （正）　ジュラルミンは Al と銅 Cu などの合金であり，飛行機の機体に利用されている。
② （正）　Al のリサイクルに必要とする電気エネルギーは，鉱石を製錬するときの約3％である。
③ （誤）　アルミナ Al_2O_3 での Al の酸化数を x とすると，O の酸化数は -2 であるから

$$2x + (-2) \times 3 = 0 \qquad x = +3$$

④ （正）　Al は濃硝酸と反応すると，表面に緻密な酸化被膜が形成されて不動態となる。

問8　8　正解は③
イオン化傾向の大きさは，大きい順に Zn＞Sn＞Pb＞Cu＞Ag である。イオン化傾向の大きい金属片を，イオン化傾向の小さい金属のイオンを含む水溶液に浸すと，イオン化傾向の小さい金属が析出する。③では Pb＞Cu であり，イオン化傾向が小さい金属片をイオン化傾向が大きい金属イオンを含む水溶液に浸しているため，反応は起こらず金属は析出しない。

2023年度：化学基礎/本試験〈解答〉　13

問9　　9　　正解は②

2価の強酸を H_2A とすると，NaOH との中和反応は次のとおり。
$$H_2A + 2NaOH \longrightarrow Na_2A + 2H_2O$$
したがって，水溶液A中の強酸のモル濃度を z〔mol/L〕とすると
$$2 \times z \times \frac{5}{1000} = 1 \times x \times \frac{y}{1000} \qquad z = \frac{xy}{10}$$

第2問　標準　沈殿滴定によるしょうゆに含まれる塩化ナトリウムの定量

問1　a　　10　　正解は②　　11　　正解は②　　12　　正解は①

両辺のHの数に着目すると　イ　は2となる。次に，両辺の Cr の数に着目して，ア　を2と仮定すると，ウ　は1となり，このとき両辺のOの数も8となり一致する。したがって，式(1)は次のとおり。
$$2CrO_4{}^{2-} + 2H^+ \longrightarrow Cr_2O_7{}^{2-} + H_2O$$

b　　13　　正解は④

$CrO_4{}^{2-}$ と $Cr_2O_7{}^{2-}$ における Cr の酸化数をそれぞれ x，y とすると
$$CrO_4{}^{2-} : x + (-2) \times 4 = -2 \qquad x = +6$$
$$Cr_2O_7{}^{2-} : y \times 2 + (-2) \times 7 = -2 \qquad y = +6$$
よって，酸化数は +6 のまま変化していない。

問2　　14　　正解は②

操作IV・Vは滴下量をはかる操作であるから，②のビュレットを用いる。

問3　　15　・　16　　正解は②・⑤

① （正）　ホールピペットではかり取った水溶液を純水で希釈する操作であるから，メスフラスコの内面が純水でぬれていてもよい。

② （誤）　操作IIIで指示薬として Ag_2CrO_4 を少量加えると AgCl の沈殿が少量生成するが，操作IVで KNO_3 を加えても AgCl の沈殿は生じないから，正しい滴定結果は得られない。

③ （正）　KCl の Cl^- は，NaCl の Cl^- と同様に AgCl の沈殿を生じるので，KCl が含まれていると NaCl のモル濃度は正しい値よりも高く計算される。

④ （正）　操作IIではかり取ったしょうゆCの体積が 5.00mL であれば，操作V での $AgNO_3$ 水溶液の滴下量は 13.70mL の半分の 6.85mL になると考えられる。したがって，しょうゆBと比べると

14　2023年度：化学基礎/本試験〈解答〉

$$\frac{6.85}{15.95} \fallingdotseq 0.429$$

よって，しょうゆCのCl⁻のモル濃度は，しょうゆBのCl⁻のモル濃度の半分以下となる。

⑤　(誤)　しょうゆA～Cの操作Ⅱでの体積をすべて5.00mLとして考えると，操作Ⅴでの滴下量はB>A>Cの順となるから，Cl⁻のモル濃度が最も高いのはしょうゆBである。

問4　　17　　正解は①

操作Ⅳにより，$AgNO_3$水溶液を滴下すると$AgCl$の沈殿を生じるが，a〔mL〕滴下すると，試料に含まれるCl^-の全量が$AgCl$の沈殿となる。よって，それ以上$AgNO_3$の水溶液の滴下を続けても新たな$AgCl$の沈殿は生じず，試料溶液中にはAg^+が増加していく。したがって，$AgCl$の沈殿量はa〔mL〕までは滴下量に比例して増加するが，それ以降は変化しないので①のグラフが適している。

問5　a　　18　　正解は⑤

Cl^-は$AgNO_3$水溶液中のAg^+と次のように反応する。

$$Cl^- + Ag^+ \longrightarrow AgCl$$

したがって，しょうゆAに含まれるCl^-のモル濃度をx〔mol/L〕とすると

$$x \times \frac{5.00}{250} \times \frac{5.00}{1000} = 0.0200 \times \frac{14.25}{1000} \qquad x = 2.85 \text{〔mol/L〕}$$

b　　19　　正解は②　　　20　　正解は⑤

$NaCl = 58.5$であることから

$$2.85 \times \frac{15}{1000} \times 58.5 = 2.50 \fallingdotseq 2.5 \text{〔g〕}$$

化学 本試験

問題番号(配点)	設問	解答番号	正解	配点	チェック
第1問(20)	問1	1	②	3	
	問2	2	②	3	
	問3	3	④	4	
	問4	4	④	3	
	問5	5	②	3	
		6	③	4	
第2問(20)	問1	7	③	3	
	問2	8	③	3	
	問3	9	①	3	
	問4	10	④	4	
		11	④	3	
		12	④	4	
第3問(20)	問1	13	③	3	
	問2	14	①	4	
	問3	15	⑤	4	
		16	①	4	
		17	②	4	

問題番号(配点)	設問	解答番号	正解	配点	チェック
第4問(20)	問1	18	④	3	
	問2	19	②	2	
		20	②	2	
	問3	21	⑤	4	
	問4	22	②	2	
		23	⑤	3	
		24	④	4*1	
第5問(20)	問1	25	③	4	
		26	④	4	
		27	③	4	
	問2	28	③	4*2	
		29	②		
		30	⑧		
		31	②	4*2	
		32	⑤		
		33	⑤		

(注)
1 *1は，③を解答した場合は 2 点を与える。
2 *2は，全部正解の場合のみ点を与える。

自己採点欄 /100点

（平均点：47.63 点）

第1問 電子配置，肥料の窒素含有率，混合気体の分圧と密度の関係，非晶質，混合気体の溶解度とヘンリーの法則

問1 1 正解は②

L殻に電子を3個もつ元素では，K殻に2個の電子が存在する。したがって，この原子は原子番号 2+3=5 のホウ素Bである。

問2 2 正解は②

与えられた窒素化合物の窒素含有率は次のとおり。

① $\dfrac{14}{53.5}$ ② $\dfrac{14}{60}\times 2 = \dfrac{14}{30}$

③ $\dfrac{14}{80}\times 2 = \dfrac{14}{40}$ ④ $\dfrac{14}{132}\times 2 = \dfrac{14}{66}$

したがって，②(NH_2)$_2$CO の窒素含有率が最も高い。

問3 3 正解は④

原子量がA<Bであることから，Aの分圧が p_0 のとき（つまり，すべてAの気体）の密度は，Aの分圧が0のとき（つまり，すべてBの気体）の密度より小さいと考えられる。したがって，正解は④または⑤である。次に，Aの分圧が $\dfrac{p_0}{2}$ のときにAとBの物質量比は1：1であることから，この混合気体の密度はAとBの密度の平均値になると考えられる。したがって，正解は④と決まる。

問4 4 正解は④

① （正） ガラスは非晶質であり，一定の融点を示さない。
② （正） 融解状態の金属を急激に冷却すると，凝固の過程で金属原子の配列が不規則な固体になる。これをアモルファス金属やアモルファス合金という。
③ （正） 光ファイバーに用いられる石英ガラスは，二酸化ケイ素を融解してつくられる。
④ （誤） ポリエチレンは，非晶質の部分の割合が増えると，**やわらかく透明**になる。

問5 a 5 正解は②

1.0×10^5 Pa での O_2 の溶解度は，10℃で 1.75×10^{-3} mol/1L 水，20℃で 1.40×10^{-3} mol/1L 水である。したがって，温度を10℃から20℃にすると溶解量は減少し，O_2 が水20Lに接しているときに減少する O_2 の溶解量は

$(1.75\times 10^{-3} - 1.40\times 10^{-3})\times 20 = \mathbf{7.0\times 10^{-3}}$ 〔mol〕

b 　6　 正解は③

空気の全圧が 5.0×10^5 Pa のとき，N_2 の分圧は 4.0×10^5 Pa であるから，20℃で 1.0L の水に溶解している N_2 の物質量は

$$0.70 \times 10^{-3} \times \frac{4.0 \times 10^5}{1.0 \times 10^5} = 2.8 \times 10^{-3} \,(\text{mol})$$

また，ピストンを引き上げて空気の全圧が 1.0×10^5 Pa になったとき，N_2 の分圧は 0.80×10^5 Pa であるから，20℃で 1.0L の水に溶解している N_2 の物質量は

$$0.70 \times 10^{-3} \times \frac{0.80 \times 10^5}{1.0 \times 10^5} = 0.56 \times 10^{-3} \,(\text{mol})$$

したがって，遊離した N_2 の 0℃，1.013×10^5 Pa における体積は

$$(2.8 \times 10^{-3} - 0.56 \times 10^{-3}) \times 22.4 \times 10^3 = 50.1 \fallingdotseq 50 \,(\text{mL})$$

第2問　やや難　状態変化と反応熱，弱酸の遊離と水素イオン濃度，化学平衡と反応速度，水素吸蔵合金と燃料電池

問1　 7　 正解は③

① 燃焼反応は発熱反応である。

② 中和反応は発熱反応である。

③ **溶解熱には発熱**の場合も**吸熱**の場合もある。例えば，NaOH の溶解は発熱反応，KNO_3 の溶解は吸熱反応である。

④ 凝固では，融解熱に等しい大きさの凝固熱を発熱する。

問2　 8　 正解は③

酢酸ナトリウム CH_3COONa と塩酸 HCl を混合すると，弱酸の遊離反応が生じる。

$$CH_3COONa + HCl \longrightarrow CH_3COOH + NaCl$$

酢酸ナトリウムと塩酸の物質量が等しく，NaCl の水溶液は中性なので，生じた酢酸の水溶液中での水素イオン濃度を考えればよい。生じた酢酸のモル濃度は

$$[CH_3COOH] = \frac{0.060 \times 0.050}{0.100} = 0.030 \,(\text{mol/L})$$

よって，水溶液中の水素イオン濃度は，酢酸のモル濃度 c と電離定数 K_a より

$$[H^+] = \sqrt{cK_a} = \sqrt{0.030 \times 2.7 \times 10^{-5}} = \sqrt{81 \times 10^{-8}} = 9.0 \times 10^{-4} \,(\text{mol/L})$$

問3　 9　 正解は①

平衡状態での ［B］ を $x\,(\text{mol/L})$ とすると，平衡前後での各モル濃度は次のとおり。

$$A \rightleftharpoons B + C$$

	A	B	C	
反応前	1	0	0	〔mol/L〕
変化量	$-x$	$+x$	$+x$	〔mol/L〕
平衡時	$1-x$	x	x	〔mol/L〕

4 2022年度：化学/本試験〈解答〉

平衡状態では，$v_1 = v_2$ であるから

$$k_1[\text{A}] = k_2[\text{B}][\text{C}]$$

$$\frac{k_1}{k_2} = \frac{[\text{B}][\text{C}]}{[\text{A}]}$$

$$\frac{1 \times 10^{-6}}{6 \times 10^{-6}} = \frac{x \times x}{1 - x}$$

$$6x^2 + x - 1 = 0$$

$$(3x - 1)(2x + 1) = 0$$

ここで，$0 < x < 1$ であるので　　$x = \dfrac{1}{3}$〔mol/L〕

問4　a　　10　　正解は④

水素吸蔵合金Xに貯蔵できる H_2 の体積は

$$\frac{248}{6.2} \times 1200 = 4.8 \times 10^4 \text{〔mL〕}$$

したがって，Xに貯蔵できる H_2 の物質量は

$$\frac{4.8 \times 10^4}{22.4 \times 10^3} = 2.14 \fallingdotseq \textbf{2.1}\text{〔mol〕}$$

b　　11　　正解は④

リン酸型燃料電池の各電極での反応は次のとおり。

$$\text{負極：} H_2 \longrightarrow 2H^+ + 2e^-$$

$$\text{正極：} O_2 + 4H^+ + 4e^- \longrightarrow 2H_2O$$

図1の e^- の流れる向きから，左側の電極が負極，右側の電極が正極である。したがって，供給する物質**ア**は H_2，供給する物質**イ**は O_2 である。また，排出される物質**ウ**は未反応の H_2，排出される物質**エ**は生じた H_2O と未反応の O_2 と考えられる。

c　　12　　正解は④

燃料電池の全体の反応は次のとおり。

$$2H_2 + O_2 \xrightarrow{\;4e^-\;} 2H_2O$$

したがって，2.00 mol の H_2 と 1.00 mol の O_2 は過不足なく反応して，4.00 mol の電子が流れる。よって，流れた電気量は

$$9.65 \times 10^4 \times 4.00 = \textbf{3.86} \times 10^5 \text{〔C〕}$$

第3問 ミョウバンとNaClの識別，金属酸化物の組成，アンモニアソーダ法

問1 13 正解は③

ア ミョウバン $AlK(SO_4)_2 \cdot 12H_2O$ の水溶液では $Al(OH)_3$ の白色沈殿が生じるが，NaCl水溶液では沈殿が生じない。

イ ミョウバンの水溶液では $CaSO_4$ の白色沈殿が生じるが，NaCl水溶液では沈殿が生じない。

ウ ミョウバンの水溶液では Al^{3+} が加水分解するため弱い酸性を示し，NaClの水溶液は中性を示すので，いずれもフェノールフタレインによって変色しない。

エ ミョウバンの水溶液では水の電気分解が起こるため，陽極から無色の O_2 が発生する。NaCl水溶液の電気分解では陽極で黄緑色の Cl_2 が発生する。

問2 14 正解は①

Mの物質量が 2.00×10^{-2} mol のとき生成する酸化物の質量は最大になり，O_2 と過不足なく反応したことがわかる。このときに用いられた O_2 の物質量は 1.00×10^{-2} mol，つまり酸素原子Oの物質量は 2.00×10^{-2} mol となるので，物質量比はM：O＝1：1で，酸化物の組成式はMOとなる。

問3 a 15 正解は⑤

CO_2 は酸性酸化物であり，水に溶けてその水溶液は酸性を示す。また，Na_2CO_3 は弱酸と強塩基からなる正塩なので水溶液は塩基性を示し，NH_4Cl は強酸と弱塩基からなる正塩なので水溶液は酸性を示す。したがって，CO_2 と NH_4Cl が当てはまる。

b 16 正解は①

① （誤）$NaHCO_3$ の溶解度が NH_4Cl より小さいことから水溶液中で先に析出し，Na_2CO_3 の原料となる。

② （正）酸性酸化物の CO_2 を溶かしやすくするために，まず NH_3 を通じて水溶液を塩基性にした後，CO_2 を通じる。

③ （正）アンモニアソーダ法では触媒を用いない。

④ （正）$NaHCO_3$ は次のように熱分解する。
$$2NaHCO_3 \longrightarrow Na_2CO_3 + H_2O + CO_2$$

c 17 正解は②

アンモニアソーダ法全体の反応式は次のとおり。

$$2NaCl + CaCO_3 \longrightarrow Na_2CO_3 + CaCl_2$$

したがって，2 mol の NaCl が反応するのに 1 mol の CaCO$_3$ が必要であるので，58.5 kg の NaCl が反応するのに必要な CaCO$_3$ の質量は，NaCl＝58.5，CaCO$_3$＝100 より

$$\frac{58.5 \times 10^3}{58.5} \times \frac{1}{2} \times 100 = 5.00 \times 10^4 \,[\mathrm{g}] = \mathbf{50.0}\,[\mathrm{kg}]$$

第4問　やや難　ハロゲン原子を含む有機化合物，フェノールのニトロ化，高分子化合物，ジカルボン酸の還元反応

問1　**18**　正解は④

① （正）　CH$_4$ の H 原子が徐々に Cl 原子に置換される。

② （正）　ブロモベンゼンは極性分子で，分子量がベンゼンより大きいので，分子間力がベンゼンより強く，沸点が高い。

③ （正）　クロロプレンは合成ゴムであるクロロプレンゴムの単量体である。

$$\left[\mathrm{CH_2-\underset{\underset{Cl}{|}}{C}=CH-CH_2} \right]_n$$

クロロプレンゴム

④ （誤）　プロピン 1 分子に臭素 2 分子を付加して得られる生成物は，1,1,2,2-テトラブロモプロパンである。

$$\mathrm{CH \equiv C-CH_3 + 2Br_2 \longrightarrow \underset{\underset{Br\ Br}{|\ \ |}}{\overset{\overset{Br\ Br}{|\ \ |}}{H-C-C-CH_3}}}$$

1,1,2,2-テトラブロモプロパン

問2　**19**　正解は②　**20**　正解は②

2,4,6-トリニトロフェノールは，2 つのオルト位および 1 つのパラ位がニトロ化されている。

2,4,6-トリニトロフェノール

したがって，ニトロフェノールの異性体はオルト位またはパラ位のニトロ化による 2 種類，ジニトロフェノールの異性体は 2 つのオルト位またはオルト位とパラ位のニトロ化による 2 種類が考えられる。

ニトロフェノールの異性体
（2種類）

ジニトロフェノールの異性体
（2種類）

問3 　21　 正解は⑤

① （正）　タンパク質の二次構造は分子内のペプチド結合間の水素結合が，三次構造は置換基 R 間のジスルフィド結合やイオン結合が担っている。

② （正）　タンパク質の変性は，強酸，重金属イオン，加熱などが原因となり高次構造が変化することによって生じる。

③ （正）　トリアセチルセルロースを部分的に加水分解することで，アセトンに可溶なジアセチルセルロースが生じる。これを紡糸すると，アセテート繊維が得られる。

④ （正）　天然ゴムは，分子中の二重結合が空気中の酸素によって酸化されることで弾性を失う。

⑤ （誤）　ポリ乳酸を加水分解すると乳酸が得られるが，ポリエチレンテレフタラートを加水分解するとエチレングリコールとテレフタル酸が生じる。

問4　a　 22　 正解は②

反応時間 0 では全量がジカルボン酸であるので，Aがジカルボン酸である。また，反応の進行とともにヒドロキシ酸と 2 価アルコールはいずれも増加するが，ヒドロキシ酸は中間生成物であるから，途中から減少に転じる。したがって，Cがヒドロキシ酸，Bが 2 価アルコールである。

　b　 23　 正解は⑤

Yは銀鏡反応を示さないことからホルミル基（アルデヒド基）をもたず，$NaHCO_3$ 水溶液を加えても CO_2 を生じないことからカルボキシ基ももたない。また，86 mg のYに含まれる各原子の質量は，$CO_2 = 44$，$H_2O = 18$ より

$$C : \frac{176}{44} \times 12 = 48 \, \text{(mg)}$$

$$H : \frac{54}{18} \times 2.0 = 6.0 \, \text{(mg)}$$

$$O : 86 - 48 - 6.0 = 32 \, \text{(mg)}$$

したがって，Yの組成式を $C_x H_y O_z$ とすると

$$x : y : z = \frac{48}{12} : \frac{6.0}{1.0} : \frac{32}{16} = 2 : 3 : 1$$

Yは炭素原子を4個もつので，Yの分子式はC₄H₆O₂となる。

以上より，上記の条件を満たすYの構造式は⑤と決まる。

c ┃24┃ 正解は④ （③で部分正解）

ア 4種類のジカルボン酸を還元して生成するヒドロキシ酸は次の5種類である。

HO－CH₂－CH₂－CH₂－CH₂－COOH　　CH₃－C*H－CH₂－COOH
　　　　　　　　　　　　　　　　　　　　　　　｜
　　　　　　　　　　　　　　　　　　　　　　CH₂－OH

CH₃－C*H－CH₂－CH₂－OH　　CH₃－CH₂－C*H－COOH
　　　｜　　　　　　　　　　　　　　　　　　｜
　　COOH　　　　　　　　　　　　　　　　CH₂－OH

　　　COOH
　　　　｜
CH₃－C－CH₃
　　　　｜
　　CH₂－OH

イ 上記の構造のうち，不斉炭素原子 C* をもつものは3種類である。

第5問 （やや難）脂肪族不飽和炭化水素，アルケンのオゾン分解による生成物・反応熱・反応速度・反応速度定数

問1 ┃25┃ 正解は③

① （正）エチレン CH₂＝CH₂ の二重結合は自由に回転できない。

② （正）シクロアルカンの一般式は CₙH₂ₙ であるから，シクロアルケンの一般式は CₙH₂ₙ₋₂ である。

③ （誤）1-ブチンの三重結合を形成する炭素原子とその炭素原子に直接結合している炭素原子（右から2番目の炭素原子）は一直線上にある（　の部分の炭素原子）が，一番右の －CH₃ の炭素原子は同一直線上にはない。

$$CH \equiv C - CH_2 - CH_3$$

④ （正）ポリアセチレンの構造式は次のとおりであり，分子中に二重結合をもつ高分子化合物である。

$$\text{┼CH=CH┚}_n$$
ポリアセチレン

問2　a ┃26┃ 正解は④

Bはヨードホルム反応を示さないことから，R¹ は H または CH₃CH₂ のいずれかである。また，Cはヨードホルム反応を示すことから，R²，R³ の少なくとも1つは CH₃ である。さらに，BとCの炭素原子数の合計は6であることから，これらを満たす組合せは④である。

b $\boxed{27}$ 正解は③

反応熱＝(生成物の生成熱の和)－(反応物の生成熱の和) より，式(3)において，SO_2 (気)，SO_3 (気) の生成熱をそれぞれ Q_1〔kJ/mol〕，Q_2〔kJ/mol〕 とすると

$$99 = Q_2 - Q_1$$

したがって，式(2)において

$$Q = (186 + 217 + Q_2) - \{67 + (-143) + Q_1\} = 479 + (Q_2 - Q_1)$$
$$= 479 + 99 = 578 \text{〔kJ〕}$$

c $\boxed{28}$ 正解は③　$\boxed{29}$ 正解は②　$\boxed{30}$ 正解は⑧

アルケン A のモル濃度は，反応開始後 1.0 秒で 4.4×10^{-7} mol/L，6.0 秒で 2.8×10^{-7} mol/L である。したがって，アルケン A が減少する平均の反応速度 v〔mol/(L·s)〕は

$$v = -\frac{2.8 \times 10^{-7} - 4.4 \times 10^{-7}}{6.0 - 1.0} = 3.2 \times 10^{-8} \text{〔mol/(L·s)〕}$$

d $\boxed{31}$ 正解は②　$\boxed{32}$ 正解は⑤　$\boxed{33}$ 正解は⑤

実験1と3を比較すると，$[O_3]$ が3倍になると，v も3倍になっているので，v は O_3 の濃度の1乗に比例し，$b = 1$ となる。次に，実験1と2を比較すると，$[A]$ が4倍，$[O_3]$ が $\frac{1}{2}$ 倍となると，v は2倍になっている。ここで，$b = 1$ を考慮すると

$$4^a \times \left(\frac{1}{2}\right)^1 = 2 \qquad a = 1$$

よって，アルケン A と O_3 の反応の反応速度定数は，実験1の値を用いると

$$5.0 \times 10^{-9} = k \times 1.0 \times 10^{-7} \times 2.0 \times 10^{-7} \qquad k = 2.5 \times 10^5 \text{〔L/(mol·s)〕}$$

化学基礎 本試験

問題番号 (配点)	設 問	解答番号	正解	配点	チェック
第1問 (30)	問1	1	①	3	
	問2	2	③	3	
	問3	3	②	3	
	問4	4	④	3	
	問5	5	④	3	
	問6	6	②	3	
	問7	7	③	3	
	問8	8	①	3	
	問9	9	⑤	3	
	問10	10	②	3	

問題番号 (配点)	設 問	解答番号	正解	配点	チェック
第2問 (20)	問1	11	①	4	
	問2	12	④	4	
	問3	13	①	4	
		14	③	4	
		15	③	4	

自己採点欄

50 点

(平均点：27.73 点)

第1問 オキソニウムイオン,貴ガス,同位体,洗剤,酸の定義,酸の電離と中和,中和滴定,酸化の防止,化学反応の量的関係,電池の原理

問1 　1　　正解は①

① (誤)　H_3O^+ は3個の水素原子,1個の酸素原子でできているので,電子の総数は $1×3+8=11$ 個である。H_3O^+ は1価の陽イオンであるから,イオン1個がもつ電子の数は $11-1=10$ 個となる。

② (正)　H_3O^+ の電子式は次のとおりであり,非共有電子対を1組もつ。

$$\left[\begin{array}{c} H:\overset{..}{O}:H \\ \overset{..}{H} \end{array}\right]^+$$

③ (正)　H_2O と H^+ との**配位結合も共有結合の一種**であり,他の共有結合と区別することはできない。

④ (正)　H_3O^+ 中のO原子の電子配置は,NH_3 中のN原子と同様である。したがって,H_3O^+ は NH_3 と同様に三角錐形の構造をしている。

問2 　2　　正解は③

① (正)　He,Ne,Arはいずれも貴ガスであり,常温・常圧では単原子分子の気体である。

② (正)　最外殻がより外側にある原子ほど原子半径は大きいから,原子半径は $He<Ne<Ar$ の順に大きくなる。

③ (誤)　最外殻が原子核に近いほど,電子がより強い引力を受けイオン化エネルギーは大きくなるため,イオン化エネルギーは $Ar<Ne<He$ の順に大きくなる。

④ (正)　貴ガスであるHeの原子量は約4で,空気より軽く,燃えない。

問3 　3　　正解は②

① (正)　臭素に限らず,原子量とは同位体の相対質量と存在比から求めた平均値である。

② (誤)　同位体の化学的性質はほぼ同じである。

③ (正)　同位体は,原子番号(陽子の数)が等しく,中性子の数が異なる。

④ (正)　^{79}Br と ^{81}Br の存在比はほぼ等しいから,分子内における原子の組み合わせ $^{79}Br^{79}Br$,$^{79}Br^{81}Br$,$^{81}Br^{79}Br$,$^{81}Br^{81}Br$ の存在比もほぼ等しい。したがって,分子量が異なる3種類の分子の存在比は

$$^{79}Br^{79}Br : {}^{79}Br^{81}Br : {}^{81}Br^{81}Br = 1:2:1$$

問4 　4　　正解は④

(a) (正)　界面活性剤の油になじみやすい部分が油汚れなどを包み込む。

(b) （正） 界面活性剤の濃度が低いと分子が集合した粒子が形成されないので，洗浄作用が十分にはたらかない。

(c) （正） 一定量の水中に形成できる，界面活性剤の分子が集合した粒子の数には限界があるので，適量を超える洗剤を用いても洗浄効果は高くならない。

(d) （誤） セッケンの水溶液は pH が 9〜10 で，弱い塩基性を示す。

問5 5 正解は④

H^+ を相手に与える物質を酸，H^+ を相手から受け取る物質を塩基とする**ブレンステッド・ローリーの定義**を用いる。

ア　$CO_3{}^{2-}$ は H_2O から H^+ を受け取っているので塩基である。

イ　H_2O は CH_3COO^- に H^+ を与えているので酸である。

ウ　$HSO_4{}^-$ は H_2O に H^+ を与えているので酸である。

エ　H_2O は $NH_4{}^+$ から H^+ を受け取っているので塩基である。

問6 6 正解は②

水溶液Ａと水溶液Ｂのそれぞれのモル濃度は，$HNO_3 = 63$，$CH_3COOH = 60$ より

$$水溶液Ａ：1.0 \times 1000 \times \frac{0.10}{100} \times \frac{1}{63} \times \frac{1}{1.0} = \frac{1.0}{63}\,〔mol/L〕$$

$$水溶液Ｂ：1.0 \times 1000 \times \frac{0.10}{100} \times \frac{1}{60} \times \frac{1}{1.0} = \frac{1.0}{60}\,〔mol/L〕$$

HNO_3 の電離度は 1.0，CH_3COOH の電離度は 0.032 であるため，モル濃度はＡ＜Ｂであるが，1.0 L の水溶液中で電離している酸の物質量はＡ＞Ｂとなる。一方，それぞれの酸はともに 1 価の酸なので NaOH と物質量比 1：1 で中和し，酸の強弱には関係しないことから，中和に必要な NaOH 水溶液の体積はＡ＜Ｂとなる。

問7 7 正解は③

水酸化ナトリウム NaOH と硫酸 H_2SO_4 の中和反応は次のとおり。

$$2NaOH + H_2SO_4 \longrightarrow Na_2SO_4 + 2H_2O$$

したがって，求める NaOH 水溶液Ａのモル濃度を x〔mol/L〕とすると

$$1 \times x \times \frac{8.00}{1000} = 2 \times 0.0500 \times \frac{10.0}{1000} \qquad x = 0.125\,〔mol/L〕$$

問8 8 正解は①

① 鉄 Fe の表面を亜鉛 Zn でめっきしたものはトタンである。イオン化傾向は Zn＞Fe なので，表面の Zn が酸化されることで内部の Fe の酸化を防ぐ。

② Cl_2 は強い酸化力をもち，殺菌作用がある。

③ CaO は乾燥剤として用いられる。

④ NaHCO₃ を加熱すると次の反応により CO_2 が発生するため，生地がふくらむ。

$$2NaHCO_3 \longrightarrow Na_2CO_3 + H_2O + CO_2$$

問9 　9　 正解は⑤

式(1)より，1 mol の Fe_2O_3 から 2 mol の Fe が得られることがわかる。したがって，Fe_2O_3 の含有率が 48.0 % の鉄鉱石 1000 kg から得られる Fe の質量は，$Fe_2O_3 = 160$ より

$$1000 \times 10^3 \times \frac{48.0}{100} \times \frac{1}{160} \times 2 \times 56 = 3.36 \times 10^5 \, [g] = 336 \, [kg]$$

問10 　10　 正解は②

式(2)より，各金属の板での反応は次のとおり。

$$金属Aの板：A \longrightarrow A^{2+} + 2e^-$$

$$金属Bの板：B^{2+} + 2e^- \longrightarrow B$$

① （正） Aは B^{2+} に電子を与えて自身は酸化されていることから，負極である。

② （誤） 1 mol の金属Aが反応したときに 2 mol の電子が流れるので，2 mol の Aが反応すると 4 mol の電子が流れる。

③ （正） B^{2+} は電子を受け取っていることから，還元されている。

④ （正） Aは A^{2+} となって溶け出すので，金属Aの板の質量は減少する。

第2問 　標準　 エタノールの性質，エタノール水溶液の蒸留と温度変化，蒸留液の組成と質量パーセント濃度

問1 　11　 正解は①

① （誤） エタノールの水溶液は中性を示す。

② （正） 水とは異なり，多くの物質と同様，固体の密度は液体より大きい。

③ （正） エタノールの構成元素は炭素，水素，酸素なので，完全燃焼によって二酸化炭素と水が生じる。

④ （正） アルコールランプ，酒類，注射時の皮膚消毒などに用いられる。

問2 　12　 正解は④

① （正） 40℃までの温度上昇にかかる加熱時間は水の方が長いので，必要な熱量は水の方がエタノールよりも大きい。

② （正） エタノールが残存していないとすると，t_1 以降は温度が上昇せず一定となるはずであるが，温度が上昇していることから，水溶液の濃度が変化している

14   2022年度：化学基礎/本試験〈解答〉

と考えられる。したがって，エタノールは水溶液中に残存している。

③　（正）　純物質の沸点は，図1で明らかなように物質固有の値を示す。

④　（誤）　同じ質量で比べるとエタノールの方が水より短時間で蒸発することから，蒸発させるのに必要な熱量はエタノールの方が水よりも小さい。

問3　a　　13　　正解は①

原液Aは質量パーセント濃度が10％であるから，原液A 1000g中に含まれるエタノールは

$$1000 \times \frac{10}{100} = 100 \, [g]$$

したがって，原液A中に含まれる水は　　$1000 - 100 = 900 \, [g]$

よって，①が適当である。

b　　14　　正解は③

1000gの原液Aについて，操作Ⅱで得られる蒸留液は100g，残留液は900gである。蒸留液中のエタノールの質量は　　$100 \times \frac{50}{100} = 50 \, [g]$

したがって，残留液中のエタノールの質量は　　$100 - 50 = 50 \, [g]$

よって，残留液中のエタノールの質量パーセント濃度は

$$\frac{50}{900} \times 100 = 5.55 \fallingdotseq 5.6 \, [\%]$$

c　　15　　正解は③

蒸留液1のエタノールの質量パーセント濃度は50％であるから，原液Eと同じ濃度である。したがって，蒸留液2のエタノールの質量パーセント濃度は，図2のEのグラフより78％となる。

化学 追試験

2022年度

問題番号 (配点)	設問	解答番号	正解	配点	チェック
第1問 (20)	問1	1	①	3	
	問2	2	③	4	
	問3	3	⑦	4	
	問4	4	④	3*	
		5	⓪		
		6	③	3	
		7	③	3	
第2問 (20)	問1	8	④	3	
	問2	9	②	3	
	問3	10	②	4	
	問4	11	①	3	
		12	⑤	3	
		13 - 14	③ - ⑤	4 (各2)	
第3問 (20)	問1	15	①	4	
	問2	16	①	2	
		17	②	2	
	問3	18	④	4	
		19	④	4	
		20	④	4	

問題番号 (配点)	設問	解答番号	正解	配点	チェック
第4問 (20)	問1	21	③	4	
	問2	22	②	4	
	問3	23	③	4	
	問4	24	③	3	
		25	②		
		26	④	2*	
		27	②		
		28	②	3	
第5問 (20)	問1	29	④	4	
		30 - 31	② - ⑥	4 (各2)	
	問2	32	②	4	
	問3	33	③	4	
		34	①	4	

(注)
1 ＊は，全部正解の場合のみ点を与える。
2 －（ハイフン）でつながれた正解は，順序を問わない。

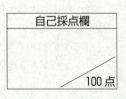

第1問 分子の構造，実在気体の体積，気液平衡と沸騰，有機溶媒中の安息香酸の会合度と凝固点降下

問1　1　正解は①

それぞれの分子の構造は次のとおり。

① H−C≡N　② F−F　③ H−N−H　④ シクロヘキセン（六員環、二重結合あり）
　　　　　　　　　　　　　　|
　　　　　　　　　　　　　　H

①シアン化水素が三重結合をもつ。②フッ素と③アンモニアは単結合のみ，④シクロヘキセンは二重結合をもつ。

問2　2　正解は③

与えられた Z の式（式(1)）を変形すると

$$V = Z\frac{nRT}{P}$$

理想気体では $Z=1$ であるから，**実在気体の体積は理想気体の Z 倍**であることがわかる。ここで，1.0×10^7 Pa での理想気体の体積を V_0 とすると，5.0×10^7 Pa での理想気体の体積は，ボイルの法則より $\dfrac{V_0}{5}$ である。また，CH_4 の 1.0×10^7 Pa，5.0×10^7 Pa での Z の値は，図1よりそれぞれ 0.86，1.18 であるから，それぞれの圧力下における CH_4 の体積は，$0.86V_0$ および $1.18\times\dfrac{V_0}{5}$ となる。したがって，求める体積の比は

$$\frac{1.18\times\dfrac{V_0}{5}}{0.86V_0} = 0.274 \fallingdotseq \mathbf{0.27\ 倍}$$

問3　3　正解は⑦

ア（正） (a)は**気液平衡**の状態であり，シクロヘキサン分子の蒸発速度と凝縮速度は等しい。

イ（正） 沸騰とは飽和蒸気圧が外圧（大気圧）に等しくなったときに生じる現象で，液体の内部からもシクロヘキサンが蒸発している。

ウ（正） 室温の水での冷却により，容器内の気体のシクロヘキサンの圧力 P は 81℃での飽和蒸気圧（＝大気圧）よりも低くなる。(c)の状態では，液体のシクロヘキサンの温度低下は気体ほど激しくはなく，その温度で液体が示す飽和蒸気

圧は P よりも大きいので再び沸騰が起こる。

問4　a　　4　　正解は④　　5　　正解は⓪

非電解質の希薄溶液の凝固点降下度 Δt は，**溶質の種類に無関係で，質量モル濃度** m〔mol/kg〕**に比例する。**

$$\Delta t = K_{\mathrm{f}}m \quad (K_{\mathrm{f}}：モル凝固点降下〔K \cdot kg/mol〕)$$

図2より，質量モル濃度が 0.8 mol/kg での凝固点は 143℃ であるから，溶媒Aのモル凝固点降下は

$$175 - 143 = K_{\mathrm{f}} \times 0.8 \qquad K_{\mathrm{f}} = 40〔K \cdot kg/mol〕$$

b　　6　　正解は③

安息香酸をB，安息香酸の溶液の質量モル濃度を c〔mol/kg〕とすると，二量体の形成に伴う溶質粒子の質量モル濃度は次のとおり。

	2B	$\rightleftharpoons$	B_2	合計
会合前	c		0	c
変化量	$-c\beta$		$+\dfrac{1}{2}c\beta$	
会合後	$c(1-\beta)$		$\dfrac{1}{2}c\beta$	$c\left(1-\dfrac{1}{2}\beta\right)$

凝固点降下度は全粒子の濃度に比例するので

$$\Delta T_{\mathrm{f}} : \Delta T_{\mathrm{f}}' = c : c\left(1 - \frac{\beta}{2}\right) = 4 : 3 \qquad \beta = 0.50$$

c　　7　　正解は③

bより，二量体を形成していない安息香酸分子の数 m に対する二量体の数 n の比は

$$\frac{n}{m} = \frac{\dfrac{1}{2}c\beta}{c(1-\beta)} = \frac{\beta}{2(1-\beta)}$$

第2問 標準 反応速度，$CuSO_4$ 水溶液の電気分解，溶解度積，平衡移動と反応熱

問1　　8　　正解は④

① （正）　反応物の濃度が高いほど，反応速度は大きくなる。

② （正）　反応温度が高いほど，反応速度は大きくなる。

③ （正）　固体が関係する反応では，固体の表面積を大きくするほど，反応速度は大きくなる。

④ （誤）　触媒を加えると**活性化エネルギーが小さくなるので**，反応速度が大きくなる。

問2　　9　　正解は②

$CuSO_4$ 水溶液を電気分解した際の，各極での反応は次のとおり。

$$陽極：2H_2O \longrightarrow 4H^+ + O_2 + 4e^-$$

$$陰極：Cu^{2+} + 2e^- \longrightarrow Cu$$

したがって，生成する H^+ と e^- の物質量は等しいことから，電流を流した時間を t〔s〕とすると

$$(1.00 \times 10^{-3} - 1.00 \times 10^{-5}) \times \frac{200}{1000} = \frac{0.100 \times t}{9.65 \times 10^4}$$

$$t = 191 \fallingdotseq 1.9 \times 10^2 〔s〕$$

問3　　10　　正解は②

AgCl は水溶液中で次の溶解平衡が成立している。

$$AgCl（固） \rightleftharpoons Ag^+ + Cl^-$$

したがって，与えられた温度における AgCl の溶解度積 K_{sp} は

$$K_{sp} = [Ag^+][Cl^-] = (1.4 \times 10^{-5})^2 (mol/L)^2$$

よって，加えた NaCl の濃度を x〔mol/L〕とすると

$$K_{sp} = [Ag^+][Cl^-] = \left(1.0 \times 10^{-5} \times \frac{25}{25+10}\right) \times \left(x \times \frac{10}{25+10}\right) = (1.4 \times 10^{-5})^2$$

$$x = 9.60 \times 10^{-5} \fallingdotseq 9.6 \times 10^{-5} 〔mol/L〕$$

問4　a　　11　　正解は①

ア　温度の上昇に伴って体積が急増しているので，平衡は総分子数が増加する左向きへ移動したことがわかる。

CHECK　平衡の移動がないものとして，30℃の体積から90℃の体積をシャルルの法則を用いて計算すると，次のようになり，実測値の 560 mL より小さいことがわかる。

$$350 \times \frac{273+90}{273+30} = 419.3 \fallingdotseq 419 〔mL〕$$

イ　**ルシャトリエの原理**より，**加熱すると平衡は吸熱反応の方向へ移動する**。式(1)の逆反応が吸熱反応であるので，式(1)の正反応は発熱反応である。

b　　12　　正解は⑤

60℃での気体の総物質量は，気体の状態方程式より

$$\frac{1.0 \times 10^5 \times 0.450}{8.3 \times 10^3 \times (273+60)} = 1.628 \times 10^{-2} \fallingdotseq 1.63 \times 10^{-2} 〔mol〕$$

初期のNO₂のうち, x〔mol〕がN₂O₄に変化したとすると

$$(2.0\times10^{-2}-x)+\frac{x}{2}=1.63\times10^{-2} \quad x=0.74\times10^{-2}〔mol〕$$

よって,変化したNO₂の割合は

$$\frac{0.74\times10^{-2}}{2.0\times10^{-2}}\times100=37〔\%〕$$

c 13 ・ 14   正解は③・⑤

式(1)の正反応の反応熱をQ〔kJ〕とすると,熱化学方程式は次のとおり。

$$2NO_2(気)=N_2O_4(気)+Q〔kJ〕$$

この反応について,反応熱と活性化エネルギーの関係は次の図のように表される。

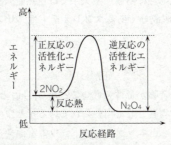

したがって,③式(1)の正反応および逆反応の活性化エネルギーから反応熱を求めることができる。また,反応熱は次のように求められる。

反応熱＝生成物の生成熱の和－反応物の生成熱の和

ここで,NOの生成熱Q_1〔kJ/mol〕およびNOの燃焼熱Q_2〔kJ/mol〕より,NO₂の生成熱Q_3〔kJ/mol〕が求められる。

$$\frac{1}{2}N_2(気)+\frac{1}{2}O_2(気)=NO(気)+Q_1〔kJ〕 \quad \cdots\cdots①$$

$$NO(気)+\frac{1}{2}O_2(気)=NO_2(気)+Q_2〔kJ〕 \quad \cdots\cdots②$$

①＋② より $\quad \frac{1}{2}N_2(気)+O_2(気)=NO_2(気)+Q_3〔kJ〕$

よって,⑤N₂O₄とNOの生成熱および反応 $2NO+O_2 \longrightarrow 2NO_2$ の反応熱より,式(1)の正反応の反応熱を求めることができる。

第3問 リン，金属の性質と利用，金属の混合物の分離，イオン化傾向と電池の起電力

問1　15　正解は ①
① （誤）　リン酸 H_3PO_4 のリン原子 P の酸化数を x とすると
$$(+1) \times 3 + x + (-2) \times 4 = 0 \quad x = +5$$
② （正）　十酸化四リン P_4O_{10} は吸湿性の強い酸性酸化物であるから，酸性の気体の乾燥に適している。逆に，塩基性の NH_3 などとは中和反応を生じるので，適さない。
③ （正）　過リン酸石灰は，$Ca(H_2PO_4)_2 \cdot H_2O$ と $CaSO_4$ の混合物で，リン酸肥料として用いられる。
④ （正）　黄リンは反応性に富み，空気中では自然発火するため，水中に保存する。
⑤ （正）　DNA の構成成分であるヌクレオチドは，リン酸エステルとしての構造をもっている。

問2　16　正解は ①　　17　正解は ②
Ⅰ　アとイの単体や化合物が毒性をもつことから，Hg と Pb が当てはまる。
Ⅱ　二次電池の正極活物質として用いられているイとウの化合物は，鉛蓄電池の正極活物質である PbO_2 とニッケル・カドミウム電池やニッケル・水素電池の正極活物質である $NiO(OH)$ が考えられる。
Ⅲ　融点が最も低いアは常温で液体の Hg，融点が最も高いエは W である。
以上より，ア．Hg，イ．Pb，ウ．Ni，エ．W となる。

問3　a　18　正解は ④
① （不適）　温水で洗うと $MgCl_2$ は溶けるが，Ag と AgCl は溶けないので，Ag は分離できない。
②・③ （不適）　NaOH 水溶液で洗うと，$MgCl_2$ は $Mg(OH)_2$ となって沈殿するが，Ag，AgCl のいずれも NaOH 水溶液に溶けないので，Ag は分離できない。
④ （適当）　水で洗うと $MgCl_2$ が溶ける。その後アンモニア水で洗うと，AgCl 中の Ag は $[Ag(NH_3)_2]^+$ となって溶解し，Ag はアンモニア水に溶けないので，Ag のみを取り出すことができる。

b　19　正解は ③
実験Ⅰで Mg と AgCl は次のように反応する。
$$2AgCl + Mg \longrightarrow 2Ag + MgCl_2$$
よって，取り出された単体の Ag の質量は

$$\frac{0.12}{24} \times 2 \times 108 = 1.08 \fallingdotseq 1.1 〔g〕$$

c 20 正解は④

電池の起電力は，正極と負極のイオン化傾向の差が大きくなるほど大きくなる。イオン化傾向は，Mg＞Zn＞Sn＞Cu であるから，Mg を用いた起電力 x〔V〕は Zn を用いた起電力 1.07 V より大きくなる。

第4問 エチレンの実験室的製法，芳香族化合物の異性体，けん化と重合体の分子量，塩化ビニルの工業的製法

問1 21 正解は③

① （正）　エチレンは無極性分子であり，水に溶けにくいため，水上置換により捕集する。

② （正）　何らかの原因でフラスコ内の圧力が低下すると，水槽の水が逆流する可能性があるので，安全瓶を用いてフラスコへ水が入るのを防ぐ。

③ （誤）　この反応は 160℃～170℃で行う必要があるが，水浴では 100℃より高温にできないため，水浴ではなく**油浴**を用いる。

④ （正）　エタノールを一度に多量に加えると反応溶液の温度が低下し，エタノールの分子間脱水反応によりジエチルエーテルが生じる可能性があるため，反応溶液の温度が下がらないように少しずつ加える。

問2 22 正解は②

分子式が $C_8H_{10}O$ のベンゼン環を一つもつ化合物には，一置換体，二置換体，三置換体があり，アルコール，フェノール類，エーテルがあるが，ナトリウムと反応しない化合物はエーテルのみである。したがって，当てはまる化合物は次の**5種類**である。

問3 23 正解は③

この重合体の分子量は　　$59 + 43 + (14 \times 4 + 16) \times x = 72x + 102$

また，重合体のけん化反応は次のとおり。

$$H_3C-\overset{\overset{\displaystyle O}{\|}}{C}-O-\!\!\!\left(CH_2\right)_4\!-O\!\!-\!\!\overset{\overset{\displaystyle O}{\|}}{C}-CH_3 + 2KOH$$

$$\longrightarrow HO-\!\!\left(CH_2\right)_4\!-O\!\!-\!\!H + 2CH_3COOK$$

重合体 1 mol をけん化するには 2 mol の KOH が必要である。重合体 966 g をけん化するのに KOH を 112 g 消費したことから

$$\frac{966}{72x+102} \times 2 = \frac{112}{56} \qquad x=12$$

問4 a | 24 | 正解は ③

① （正） ポリ塩化ビニルは，次のように塩化ビニルの付加重合で合成される。

$$n\;{}^{H}_{H}\!\!>\!\!C\!=\!C\!<^{H}_{Cl} \longrightarrow \left(CH_2-CHCl\right)_n$$

② （正） ポリ塩化ビニルは，鎖状構造をもつことから熱可塑性樹脂である。

③ （誤） 塩化ビニルには，構造異性体は存在しない。

④ （正） アセチレンに 1 分子の HCl を付加させると，塩化ビニルが合成できる。

$$CH\equiv CH + HCl \longrightarrow CH_2=CHCl$$

b | 25 | 正解は ② | 26 | 正解は ④ | 27 | 正解は ②

与えられた化学反応式を次のようにおく。

$$aCH_2=CH_2 + bHCl + O_2 \longrightarrow aCH_2Cl-CH_2Cl + cH_2O$$

O 原子の数より $\quad c=2$

H 原子の数より $\quad 4a+b=4a+2c$

Cl 原子の数より $\quad b=2a$

よって $\quad a=2,\; b=4,\; c=2$

したがって，全体の反応式は次のようになる。

$$2CH_2=CH_2 + 4HCl + O_2 \longrightarrow 2CH_2Cl-CH_2Cl + 2H_2O$$

c | 28 | 正解は ②

1 mol の $CH_2=CH_2$ から 1 mol の H 原子が取り除かれ O_2 と反応することで，H_2O が生成する。また，O_2 は H_2O 以外の化合物の生成に関与していない。さらに，このとき取り除かれた H 原子の代わりに，Cl 原子が結合して塩化ビニルとなる。したがって，全体の反応は次のように示すことができる。

$$4CH_2=CH_2 + O_2 + 2Cl_2 \longrightarrow 4CH_2=CHCl + 2H_2O$$

よって，消費される O_2 の物質量は 1 mol である。

第5問 やや難 錯体の生成による金属イオンの定量

問1 a 29 **正解は④**

サリチル酸とメタノールによるメチルエステルの生成反応であるから，**触媒として濃硫酸**を用いる。

b 30 ・ 31 **正解は②・⑥**

化合物Aの左側のベンゼン環（アミノフェノール由来）に結合している O 原子（OH 基由来）のパラ位は 2 番，右側のベンゼン環（サリチル酸メチル由来）に結合している OH 基のパラ位は 6 番の炭素原子である。

問2 32 **正解は②**

式(1)より，Cu^{2+} と化合物Aの物質量の比は 1：2 であるから，0.0040 mol の化合物Aで沈殿させることができる Cu^{2+} の最大量は 0.0020 mol である。よって，③と④は不適である。次に，化合物Bの分子量は，$211 \times 2 + 64 - 2 = 484$ だから，得られる化合物Bの最大質量は

$$484 \times 0.0020 = 0.968 \, [g]$$

したがって，②のグラフが適当である。

問3 a 33 **正解は③**

それぞれの水溶液の pH は次のとおり。

ア $[OH^-] = 0.1 \, mol/L$ より，pH = 13 である。

イ 弱塩基の NH_3 と弱塩基と強酸による塩 NH_4Cl の混合溶液（緩衝液）であるから，弱い塩基性を示すと考えられるので，pH > 7 である。

ウ 弱酸 CH_3COOH と弱酸と強塩基による塩 CH_3COONa の混合溶液（緩衝液）であるから，弱い酸性を示すと考えられるので，pH < 7 である。

エ $[H^+] = 0.1 \, mol/L$ より，pH = 1 である。

図2より，Cu^{2+} のみが完全に沈殿する pH の範囲は 4 〜 6 と読み取れるので，最も適当な溶液は**ウ**である。

b 34 **正解は①**

化合物B（分子量 484）に含まれる Cu^{2+} の質量は

$$\frac{6.05}{484} \times 64 = 0.80 \, [g]$$

したがって，合金C中の Cu の含有率は

$$\frac{0.80}{2.00} \times 100 = 40 \, [\%]$$

化学基礎 追試験

問題番号 (配点)	設 問	解答番号	正解	配点	チェック
第1問 (30)	問1	1 - 2	① - ⑥	3	
	問2	3	③	3	
	問3	4	④	3	
	問4	5	④	3	
	問5	6	①	3	
		7	⑤	3	
	問6	8	②	3	
	問7	9	③	3	
	問8	10	④	3	
	問9	11	⑤	3	

問題番号 (配点)	設 問	解答番号	正解	配点	チェック
第2問 (20)	問1	12	⑧	2	
		13	⓪	2	
		14	②	3	
		15	⑧	4*	
		16	④		
	問2	17	⑥	2	
		18	③	3	
	問3	19	②	4	

(注)
1 ＊は，両方正解の場合のみ点を与える。
2 －（ハイフン）でつながれた正解は，順序を問わない。

2022年度：化学基礎/追試験〈解答〉 25

第1問 標準 状態変化，半減期，単体の性質，周期表と元素，中和反応と濃度，弱酸と弱塩基の遊離，酸化還元反応，銅と亜鉛，ビタミンCの反応量

問1 1 ・ 2 正解は① ・ ⑥

① （適当） 屋内の水蒸気が，低温の窓ガラスによって冷やされて**凝縮**し，気体から液体へと**状態変化**した。

② （不適） ろ過によって，液体の水と濁り成分の固体が分離された。

③ （不適） 銅が空気や雨水中の成分と化学反応して緑青と呼ばれるサビを生じた。

④ （不適） 紅茶の着色成分が，レモンに含まれる酸性の成分と化学反応して変化した。

⑤ （不適） 鉛筆の芯の成分が，紙の表面などの他の場所に移動した。

⑥ （適当） 固体の防虫剤が，**昇華**して固体から気体へと**状態変化**し，タンス中に拡散した。

問2 3 正解は③

半減期が 30 年である放射性同位体は，t 年後には元の量の $\left(\dfrac{1}{2}\right)^{\frac{t}{30}}$ 倍になる。

したがって，$t=90$ では $\dfrac{1}{8}$ 倍，$t=120$ では $\dfrac{1}{16}$ 倍となるから，元の量の $\dfrac{1}{10}$ になる期間は，③ 90 年以上 120 年未満となる。

問3 4 正解は④

① （不適） 電気をよく通すのはカルシウムのみである。

② （不適） カルシウムは金属結合しており，共有結合をもたない。

③ （不適） カルシウムは常温の水と容易に反応する。

④ （適当） 常温・常圧で，いずれも固体である。なお，カルシウムは金属結晶，ケイ素は共有結合の結晶，ヨウ素は分子結晶に分類される。

問4 5 正解は④

① （正） 同一周期内では，17 族元素（F，Cl）の原子の電子親和力が最も大きい。

② （正） 同一周期内では，1 族元素（Li，Na）の原子のイオン化エネルギーが最も小さい。

③ （正） 14 族元素（C，Si）の原子の価電子の数は 4 個である。

④ （誤） 13 族元素（B，Al）のうち，B は非金属元素，Al は金属元素である。

問5 a 6 正解は①

水酸化ナトリウム NaOH と塩酸 HCl の中和反応は次のとおり。

$$NaOH + HCl \longrightarrow NaCl + H_2O$$

NaOH と HCl は物質量比 1：1 で反応して NaCl を生成するから，NaOH 水溶液のモル濃度を求めるためには，加える HCl の物質量が NaOH の物質量以上でなければならない。過剰の HCl は揮発性であるため，ガスバーナーで加熱することによって NaCl と分離できる。

実験に用いた NaOH の物質量は

$$1.0 \times \frac{50.0}{1000} = 5.0 \times 10^{-2} \text{〔mol〕}$$

一方，①の HCl の物質量は

$$0.70 \times \frac{60.0}{1000} = 4.2 \times 10^{-2} \text{〔mol〕}$$

したがって，①では水溶液 A に含まれる NaOH のすべてを HCl で中和することができないので，水溶液 A のモル濃度を正しく求めることができない。なお，②～④の HCl の物質量はいずれも 5.0×10^{-2} mol より大きいため，水溶液 A のモル濃度を求めることができる。

b 　[7] 　正解は⑤

水溶液 A のモル濃度を x〔mol/L〕とすると

$$x \times \frac{50.0}{1000} = \frac{3.04}{58.5} \qquad x = 1.039 \fallingdotseq 1.04 \text{〔mol/L〕}$$

問6 　[8] 　正解は②

塩 A は，強酸・強塩基のいずれとも反応して，それぞれ弱酸と弱塩基が生じたと考えられる。したがって，塩 A は弱酸と弱塩基からなる塩と考えられる。

① （不適）　硫酸アンモニウム $(NH_4)_2SO_4$ は，強酸である硫酸 H_2SO_4 と弱塩基であるアンモニア NH_3 からなる塩である。

② （適当）　酢酸アンモニウム CH_3COONH_4 は，弱酸である酢酸 CH_3COOH と弱塩基である NH_3 からなる塩である。したがって，塩酸を加えると CH_3COOH が生じ，水酸化ナトリウム水溶液を加えると NH_3 が生じる。

③ （不適）　酢酸ナトリウム CH_3COONa は，弱酸である CH_3COOH と強塩基である水酸化ナトリウム $NaOH$ からなる塩である。

④ （不適）　炭酸ナトリウム Na_2CO_3 は，弱酸である炭酸 H_2CO_3 と強塩基である $NaOH$ からなる塩である。

⑤ （不適）　塩化カリウム KCl は，強酸である塩酸 HCl と強塩基である KOH からなる塩である。

2022年度：化学基礎/追試験〈解答〉　**27**

問7　$\boxed{9}$　正解は③

① ボーキサイトの主成分は Al_2O_3 であり，これを還元して Al を得る。

② 都市ガスを燃焼させるとは，都市ガスを空気中の酸素によって酸化することである。

③ 氷砂糖はショ糖の結晶であり水によく溶けるが，この変化は**溶解**であり酸化還元反応ではない。

④ フルーツ電池は酸化還元反応を利用している。

問8　$\boxed{10}$　正解は④

① （誤）　銅は酸化作用のない希硫酸には溶けない。

② （誤）　亜鉛を希塩酸に溶かすと，水素が発生する。

$$Zn + 2HCl \longrightarrow ZnCl_2 + H_2$$

③ （誤）　亜鉛は銅よりイオン化傾向が大きいので，銅板の表面に析出しない。

④ （正）　銅と塩素が反応して，塩化銅（Ⅱ）が生じる。

$$Cu + Cl_2 \longrightarrow CuCl_2$$

問9　$\boxed{11}$　正解は⑤

求めるビタミンCの変化率を x 〔%〕とすると

$$\frac{1.76}{176} \times \frac{100 - x}{100} = 9.0 \times 10^{-2} \times \frac{100}{1000} \qquad x = 10 \,〔\%〕$$

第2問　標準　アボガドロの法則，定比例の法則と原子量，物質の組成の決定

問1　a　$\boxed{12}$　正解は⑧　$\boxed{13}$　正解は⓪

貴ガス（希ガス）原子の最外殻電子の数は，He のみ2個で，それ以外はすべて8個であり，他の原子と反応したり結合をつくったりしにくいことから，価電子の数は0個とみなされる。

b　$\boxed{14}$　正解は②

実験Ⅰで用いた 1.00 g の Ne の物質量は，Ne = 20 より

$$\frac{1.00}{20} = 5.00 \times 10^{-2} \,〔mol〕$$

アボガドロの法則より，Ne と Kr の物質量は等しいから，0℃，1.013×10^5 Pa での Kr の体積は

$$22.4 \times 5.00 \times 10^{-2} = 1.12 \,〔L〕$$

28 2022年度：化学基礎/追試験〈解答〉

c **15** 正解は⑧　**16** 正解は④
実験Ⅰより，このとき用いた Kr の質量は

$$1.00 + 3.20 = 4.20 〔g〕$$

したがって，Kr の原子量を m とすると

$$4.20 = m \times 5.00 \times 10^{-2} \qquad m = 84$$

問2　a　**17**　正解は⑥
ウ　質量保存の法則より，分解する $SrCO_3$ の質量は，生じる SrO と CO_2 の質量
　　の和と等しい。したがって，分解する $SrCO_3$ と生じる SrO の質量の差が，発生
　　する CO_2 の質量に等しい。
エ　式(1)より，$SrCO_3$ の分解によって生じる SrO と CO_2 の物質量は等しいから，
　　その質量比は両者の式量の比に等しく，分解する $SrCO_3$ の量にかかわらず一定
　　となる。

b　**18**　正解は③
Sr の原子量を x とすると，SrO の式量は $x + 16$ と表される。表1について，加熱
後に残った固体は SrO であり，生じた SrO と CO_2 の質量比は一定になることから，
$CO_2 = 44$ より

$$0.400 : (0.570 - 0.400) = (x + 16) : 44 \qquad x = 87.5 ≒ 88$$

問3　**19**　正解は②
試料A中の $MgCO_3$ と $CaCO_3$ の物質量の合計は，加熱によって生じた CO_2 の物
質量に等しいから，$CO_2 = 44$ より

$$n_{Mg} + n_{Ca} = \frac{14.2 - 7.6}{44} = 0.15 〔mol〕$$

したがって，$MgCO_3$ の物質量 n_{Mg}〔mol〕および $CaCO_3$ の物質量 n_{Ca}〔mol〕は

$$84 \times n_{Mg} + 100 \times (0.15 - n_{Mg}) = 14.2 \qquad n_{Mg} = 0.050 〔mol〕$$

$$n_{Ca} = 0.15 - 0.050 = 0.10 〔mol〕$$

よって，Mg と Ca の物質量の比は

$$n_{Mg} : n_{Ca} = 0.050 : 0.10 = 1 : 2$$

化学 本試験（第1日程）

問題番号 （配点）	設　問	解答番号	正解	配点	チェック
第1問 (20)	問1	1	①	4	
	問2	2	⑤	4	
	問3	3	②	4	
	問4	4	④	4*	
		5	②		
		6	①	4	
第2問 (20)	問1	7	③	4	
	問2	8	③	4	
	問3	9	①	4	
		10	②	4	
		11	④	4	
第3問 (20)	問1	12	③	4	
	問2	13	③	2	
		14	④	2	
	問3	15	③	4	
		16	①	4	
		17	④	4	

問題番号 （配点）	設　問	解答番号	正解	配点	チェック
第4問 (20)	問1	18	①	4	
	問2	19	③	3	
	問3	20	③	3	
		21	②	3	
	問4	22	①	3	
	問5	23	②	4	
第5問 (20)	問1	24	④	4	
		25	②	3	
		26	④	3	
	問2	27	①	3	
	問3	28	④	4	
		29	①	3	

（注）　*は，両方正解の場合のみ点を与える。

自己採点欄

100点

（平均点：57.59点）

第1問 標準 金属元素の性質，結晶の密度，溶解と分子間力，蒸気圧と状態変化

問1 ☐1☐ 正解は①

ア 周期表では，Mg と Ba は 2 族，Al は 13 族，K は 1 族に属する。したがって，2 価の陽イオンになりやすいのは 2 族の元素である Mg と Ba である。

イ Mg と Ba の硫酸塩 $MgSO_4$ と $BaSO_4$ のうち，水に溶けやすい硫酸塩は $MgSO_4$ である。

したがって，両方に当てはまる金属元素は① Mg である。

問2 ☐2☐ 正解は⑤

体心立方格子の単位格子には 2 個の原子が含まれている。したがって，与えられた結晶の密度 d は

$$d = \frac{\dfrac{M}{N_A} \times 2}{L^3}$$

よって，アボガドロ定数 N_A は

$$N_A = \frac{2M}{L^3 d} \, (/\mathrm{mol})$$

問3 ☐3☐ 正解は②

Ⅰ （正） ヘキサン分子は極性が小さく，極性溶媒である水にほとんど溶けない。

Ⅱ （正） ナフタレン分子どうし，ヘキサン分子どうし，およびナフタレン分子とヘキサン分子の間にはたらく分子間力がほぼ等しいため，互いによく混ざり合うことができる。

Ⅲ （誤） 液体の分子間にはたらく分子間力が大きいほど，液体の**沸点**は高くなる。

問4 a ☐4☐ 正解は④ ☐5☐ 正解は②

90℃のままで体積を 5 倍にしたときの圧力は，ボイルの法則にしたがって $\dfrac{1}{5}$ 倍となるため

$$1.0 \times 10^5 \times \frac{1}{5} = 0.2 \times 10^5 \, (\mathrm{Pa})$$

したがって，この圧力を保ちながら温度を下げると，蒸気圧が $0.2 \times 10^5 \mathrm{Pa}$ となる温度で凝縮が始まる。よって，図 1 の蒸気圧曲線より，凝縮が始まる温度は 42℃である。

b 6 正解は①

体積を一定にして液体の温度を上げていくと，液体の蒸発は激しくなるが，液体が存在する限りは気体の圧力は蒸気圧曲線に沿って変化する。すなわち，圧力は点Aから蒸気圧曲線に沿って大きくなる。液体の全量が気体になってからは，温度T〔K〕と圧力P〔Pa〕の関係は，気体の状態方程式にしたがう。このときの圧力Pはその温度での蒸気圧より小さい。

100℃のとき，0.024 molのC_2H_5OHがすべて気体であると仮定して，その圧力を求めると

$$P \times 1.0 = 0.024 \times 8.3 \times 10^3 \times (100 + 273)$$
$$P = 0.743 \times 10^5 ≒ 0.74 \times 10^5 \text{〔Pa〕}$$

この値は，100℃での蒸気圧（1.0×10^5 Paよりはるかに大きい）より小さいことから，100℃ではC_2H_5OHすべてが気体であることがわかり，その状態は点Gである。よって，気体の圧力と温度の経路は点Aと点Gを通るから①が正解となる。

CHECK 図2の温度範囲でC_2H_5OHがすべて気体であると仮定すると，そのときのPとTの関係は，気体の状態方程式より

$$P \times 1.0 = 0.024 \times 8.3 \times 10^3 \times T \quad \cdots\cdots ①$$

0℃のときのPの値を求めると

$$P = 0.024 \times 8.3 \times 10^3 \times 273 = 0.543 \times 10^5 ≒ 0.54 \times 10^5 \text{〔Pa〕}$$

となり，この値は点Fである。したがって，式①は点Fと点Gを通る直線であることがわかる。このことから，式①と蒸気圧曲線の交点は点Cであり，点Cでの温度に達したときに液体の全量が気体になることがわかる。また，気体の圧力は，その温度での蒸気圧より大きくなることはないから，図2において，点Cより左側では式①の圧力が蒸気圧より大きいので，実際の圧力は蒸気圧であり，点Cより右側では式①の圧力のほうが小さいので，実際の圧力は式①の圧力となる。よって，温度と圧力の経路は，A→B→C→Gとなる。

第2問 化学反応と光，空気亜鉛電池の反応，氷の昇華と水素結合・昇華熱

問1 7 正解は③

① （正）　塩素と水素は反応しやすく，常温で混合気体に光を照射すると爆発的に反応して塩化水素を生じる。

$$Cl_2 + H_2 \xrightarrow{\text{光}} 2HCl$$

② （正）　オゾン層中のオゾンは，紫外線を吸収して自らは酸素に変化する。

$$2O_3 \xrightarrow{\text{光}} 3O_2$$

③ （誤）　光合成では，太陽のエネルギーを吸収して，二酸化炭素と水からグルコースが生じるから，吸熱反応である。

$$6CO_2 + 6H_2O = C_6H_{12}O_6 + 6O_2 - 2803 \text{ kJ}$$

④ (正) TiO₂ は光が当たると触媒作用を示す光触媒である。

問2　8　正解は③

反応式より，質量の増加は Zn と化合した O 原子によるものであることがわかる。1 mol の O 原子が Zn と化合すると 2 mol の電子が流れるため，流れた電流を x〔mA〕とすると

$$\frac{x \times 10^{-3} \times 7720}{9.65 \times 10^{4}} \times \frac{1}{2} \times 16 = 16.0 \times 10^{-3} \quad x = 25.0 \text{〔mA〕}$$

問3　a　9　正解は①

水の状態図は下の図のとおり。三重点より低温かつ低圧の状態にある氷（点A）を昇華させるためには，(1)のように**温度を保ったまま減圧**するか，また(2)のように**圧力を保ったまま加熱**する必要がある。

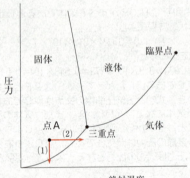

b　10　正解は②

図1より，水素結合1本あたり2個の水分子が関与していることから，1個の水分子は水素結合1本あたり 0.5 本分寄与していると考えられる。1個の水分子は4個の水分子と水素結合しているから，1個の水分子の水素結合の数は 4×0.5＝2 本とみなせる。したがって，1 mol の氷には 2 mol の水素結合が存在することになり，氷の昇華熱は 2 mol の水素結合を切るエネルギーに等しい。よって，水素結合 1 mol を切るのに必要なエネルギーは $\frac{1}{2}Q$〔kJ/mol〕である。

c　11　正解は④

0℃における氷の昇華熱 Q〔kJ/mol〕は，図2およびヘスの法則を用いると，次の4つの熱量（(1)～(4)）の和に等しいことがわかる。

2021年度：化学/本試験〈第Ⅰ日程〉〈解答〉　5

(1)　0℃の氷の融解熱：6 kJ/mol

(2)　0℃の水を25℃に上昇させるのに必要な熱量：0.080×25 kJ/mol

(3)　25℃の水の蒸発熱：44 kJ/mol

(4)　25℃の水蒸気を0℃の水蒸気に冷却するときに放出する熱量：0.040×25 kJ/mol

したがって，0℃における氷の昇華熱 Q〔kJ/mol〕は

$$Q = 6 + 0.080 \times 25 + 44 + (-0.040 \times 25) = 51 \text{〔kJ/mol〕}$$

第3問　標準　溶融塩電解，金属元素の性質，錯イオンの反応と量的関係

問1　12　正解は③

① （正）　NaClの融点は鉄の融点より低いので，陰極に鉄を用いることができる。また，陽極には Cl_2 が発生するが，黒鉛とは反応性が低いため，黒鉛を用いることができる。

② （正）　各電極での反応は次のとおりである。

陽極：$2Cl^- \longrightarrow Cl_2 + 2e^-$　　陰極：$Na^+ + e^- \longrightarrow Na$

③ （誤）　1 mol の電子が流れると Na が 1 mol 生成し，Cl_2 は 0.5 mol 発生する。

④ （正）　NaCl の水溶液を電気分解すると，Na のイオン化傾向が大きく，陰極では H_2O が還元されるため，Na ではなく H_2 が発生する。

$$2H_2O + 2e^- \longrightarrow H_2 + 2OH^-$$

問2　13　正解は③　　14　正解は④

Ⅰ　希硫酸に溶けるのは Sn と Zn であり，溶けにくいのは Ag と Pb である。Pb は希硫酸に対して不溶性の $PbSO_4$ が生じ，反応が内部へ進行しないため希硫酸に溶けにくい。

Ⅱ　冷水にはほとんど溶けず，熱水には溶ける2価の塩化物は $PbCl_2$ であるので，**ウ**は Pb，**エ**は Ag となる。

Ⅲ　与えられた金属のうち，同族元素であるのは14族の Sn と Pb であるので，**ア**が Sn，**イ**が Zn となる。

問3　a　15　正解は③

① （誤）　水溶液中に存在する Fe^{3+} は H_2S によって還元されて Fe^{2+} となるため，Fe^{2+} が含まれていることを確かめることはできない。

② （誤）　サリチル酸は Fe^{3+} と反応して赤紫色を呈する（フェノール性 −OH の検出）が，Fe^{2+} とは呈色反応を示さない。

③ (正) Fe^{2+} を含む水溶液に $K_3[Fe(CN)_6]$ 水溶液を加えると，ターンブルブルーの濃青色沈殿が生じる。この反応は Fe^{2+} の検出反応である。

④ (誤) Fe^{3+} は KSCN 溶液と錯イオンを生じ血赤色の溶液となるが，Fe^{2+} とは反応しない。

b 16 正解は ①

1.0 mol の $[Fe(C_2O_4)_3]^{3-}$ が式(1)にしたがって完全に反応すると，1.0 mol の $[Fe(C_2O_4)_2]^{2-}$，0.5 mol の $C_2O_4^{2-}$，1.0 mol の CO_2 が生じる。$C_2O_4^{2-}$ の酸化反応は次のとおりである。

$$C_2O_4^{2-} \longrightarrow 2CO_2 + 2e^-$$

したがって，0.5 mol の $C_2O_4^{2-}$ が酸化されて，1.0 mol の CO_2 が発生したことになる。

c 17 正解は ④

0.0109 mol の $[Fe(C_2O_4)_3]^{3-}$ に含まれる $C_2O_4^{2-}$ の物質量は

$$0.0109 \times 3 = 0.0327 \,[\text{mol}]$$

一方，沈殿した $CaC_2O_4 \cdot H_2O$ に含まれる $C_2O_4^{2-}$ の物質量は

$$\frac{4.38}{146} = 0.0300 \,[\text{mol}]$$

したがって，CO_2 へと酸化された $C_2O_4^{2-}$ の物質量は

$$0.0327 - 0.0300 = 0.0027 \,[\text{mol}]$$

であるから，生じた CO_2 と $[Fe(C_2O_4)_2]^{2-}$ の物質量はそれぞれ

$$0.0027 \times 2 = 0.0054 \,[\text{mol}]$$

よって，$[Fe(C_2O_4)_2]^{2-}$ に変化した $[Fe(C_2O_4)_3]^{3-}$ の割合は

$$\frac{0.0054}{0.0109} \times 100 = 49.5 \fallingdotseq 50.0 \,[\%]$$

第4問 標準 芳香族炭化水素，油脂，アルコールの構造と反応，合成高分子化合物，らせん状ポリペプチド鎖の長さ

問1 18 正解は ①

① (誤) 生成物は o-キシレンではなく，無水フタル酸である。

ナフタレン　→（O_2, V_2O_5 酸化）→ 無水フタル酸

② （正）　ベンゼンのハロゲン化の一種である。

$$\text{ベンゼン} + Cl_2 \xrightarrow{\text{Fe}} \text{クロロベンゼン} + HCl$$

③ （正）　ベンゼンのスルホン化である。

$$\text{(ベンゼン)} + H_2SO_4 \xrightarrow{\text{高温}} \text{ベンゼンスルホン酸}(SO_3H) + H_2O$$

④ （正）　ベンゼンへの水素の付加反応である。

$$\text{(ベンゼン)} + 3H_2 \xrightarrow[\text{高温・高圧}]{\text{Ni}} \text{シクロヘキサン}$$

問2 　19　 正解は③

① （正）　油脂1molをけん化するのに必要なKOHは3molである。したがって，けん化価が大きいほど，油脂1gが含む物質量が大きいことになり，油脂の平均分子量は小さくなる。

② （正）　乾性油はC=Cを多く含み，このC=Cが酸素などに酸化されるため空気中で固化しやすい。ヨウ素は油脂中のC=Cに付加するため，油脂中のC=Cが多いとヨウ素価が大きくなる。

③ （誤）　硬化油は，C=Cを多く含む液体の油脂に，水素を付加させて固体にした生成物である。水素が付加する反応なので還元反応である。

④ （正）　油脂はグリセリンと高級脂肪酸によるトリエステルである。

問3 　a　 20　 正解は③

適切な酸化剤を作用させて，アルデヒドが生成するのは第1級アルコール，ケトンが生成するのは第2級アルコールである。したがって，ケトンが生成するのは，第2級アルコールであるイ，ウ，エの3種類である。

b　 21　 正解は②

ア～エから生じるアルケンを示すと次のようになる。

8 2021年度：化学/本試験〈第Ⅰ日程〉〈解答〉

ア　　　　　CH_3
　　　　　　　|
　　　$CH_3-CH-CH=CH_2$

イ　$CH_3-CH_2-CH_2-CH=CH_2$

　　　$CH_3-CH_2-CH=CH-CH_3$
　　　　（シス-トランス異性体有り）

ウ　$CH_3-CH_2-CH=CH-CH_3$
　　（シス-トランス異性体有り）

エ　　　　　　CH_3　　　　　　　　　　CH_3
　　　　　　　　|　　　　　　　　　　　　　|
　　　$CH_2=CH-CH-CH_3$　　　$CH_3-CH=C-CH_3$

したがって，異性体の数が最も多いアルコールはイで，異性体の数は3種類である。

問4　22　正解は①

① （誤）　ナイロン6は，ε-カプロラクタムの開環重合で得られ，その構造は次のとおり。

$$n\,H_2C \begin{matrix} CH_2-CH_2-C=O \\ CH_2-CH_2-N-H \end{matrix} \xrightarrow{\text{開環重合}} \left[\begin{matrix} N-(CH_2)_5-C \\ | \qquad\qquad\quad \| \\ H \qquad\qquad\quad O \end{matrix} \right]_n$$

ε-カプロラクタム　　　　　　　　　　　　　　ナイロン6

したがって，繰り返し単位中のアミド結合は1つである。

② （正）　ポリ酢酸ビニルは次のように加水分解し，ポリビニルアルコールを生じる。

$$\left[\begin{matrix} CH_2-CH \\ | \\ OCOCH_3 \end{matrix} \right]_n \xrightarrow{\text{加水分解}} \left[\begin{matrix} CH_2-CH \\ | \\ OH \end{matrix} \right]_n$$

ポリ酢酸ビニル　　　　　　　　　ポリビニルアルコール

③ （正）　尿素樹脂は立体網目構造をしているので，熱硬化性樹脂である。

④ （正）　生ゴムに硫黄を加えることを加硫といい，これによって強度や弾性が向上する。

⑤ （正）　ポリエチレンテレフタラート（PET）は，ポリエステル繊維および合成樹脂として容器（PETボトル）などに用いられている。

問5　23　正解は②

ポリペプチド鎖Aの重合度をnとすると，Aの分子量は$71n$（$=(89-18)\times n$）と表されることから

$$71n=2.56\times10^4 \qquad n\fallingdotseq360$$

したがって，らせんの巻き数は$\dfrac{360}{3.6}=100$であるので，Aのらせんの全長Lは

$$L=0.54\times100=54\,(nm)$$

第5問 水溶液中のグルコースの平衡，グルコースのメトキシ化，グルコースの分解反応

問1　a　24　正解は ④

鎖状構造の分子の物質量は無視できるので，平衡時の α-グルコースと β-グルコースの合計の物質量は，**実験Ⅰのはじめに用いた α-グルコースの物質量に等しい**。表1より，平衡時の α-グルコースの物質量は $0.032\,\mathrm{mol}$ であるので，平衡時の β-グルコースの物質量は

$$0.100 - 0.032 = \mathbf{0.068}\,[\mathrm{mol}]$$

b　25　正解は ②

表1の値をグラフに表すと次のようになる。

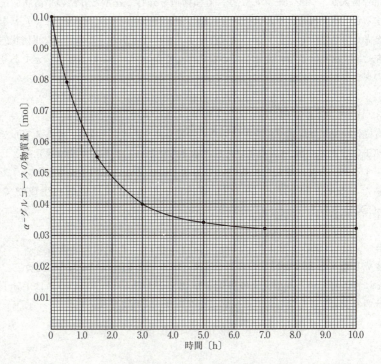

平衡時の β-グルコースの物質量は $0.068\,\mathrm{mol}$ であるから，その 50 % である $0.034\,\mathrm{mol}$ に達したとき，α-グルコースの物質量は $0.066\,\mathrm{mol}$ である。したがって，グラフよりその値に達する時間を読み取ると，約 **1.0** 時間後となる。

c　26　正解は ④

α-グルコースと β-グルコースの間には化学平衡が成り立つ。

$$\alpha\text{-グルコース} \rightleftharpoons \beta\text{-グルコース}$$

したがって，表1の値とaの解答を用いると，平衡定数 K は

$$K = \frac{[\beta\text{-グルコース}]}{[\alpha\text{-グルコース}]} = \frac{0.068}{0.032}$$

新たな平衡での β-グルコースの物質量を x〔mol〕とすると，α-グルコースの物質量は $0.200-x$〔mol〕となるから

$$K = \frac{x}{0.200-x} = \frac{0.068}{0.032} \quad x = 0.136 〔\text{mol}〕$$

CHECK K の単位は無次元なので，物質量の値をそのまま用いて計算してもよい。

問2　27　正解は①

化合物 X が，グルコースのように直鎖構造を介して α 型と β 型の平衡状態を形成すると，直鎖構造はグルコースと同様，還元性のホルミル（アルデヒド）基をもつと考えられる。しかし，X が還元性を示さないことから，このような平衡状態は存在せず，α 型は β 型に変化していない。したがって，α 型の濃度は一定であり，① のグラフがあてはまる。

問3　a　28　正解は④

有機化合物 Y は炭素原子を1個もち，銀鏡反応を示すことから，ホルムアルデヒド HCHO またはギ酸 HCOOH であると考えられる。しかし，ギ酸は還元剤として作用すると，自身は酸化されるので CO_2 となり，Z が水素原子を含むという条件を満たさない。したがって，Y は HCHO であり，Z はその酸化生成物である HCOOH である。

b　29　正解は①

生成した Y と Z の物質量の合計は $2.0+10.0=12.0$〔mol〕であることから，これらに含まれている炭素原子の物質量も 12.0 mol である。グルコースは1分子中に6個の炭素原子を含むので，反応したグルコースの物質量は

$$12.0 \times \frac{1}{6} = 2.0 〔\text{mol}〕$$

化学基礎

問題番号 (配点)	設問	解答番号	正解	配点	チェック
第1問 (30)	問1	1	⑥	3	
	問2	2	②	4	
	問3	3	③	2	
		4	④	2*	
		5	⓪		
		6	①	2*	
		7	⓪		
	問4	8	⑤	3	
	問5	9	④	3	
	問6	10	④	4	
	問7	11	①	3	
	問8	12	⑤	4	

問題番号 (配点)	設問	解答番号	正解	配点	チェック
第2問 (20)	問1	13	③	4	
		14	③	4	
	問2	15	②	4	
		16	②	4	
		17	①	4	

（注） ＊は，両方正解の場合のみ点を与える。

（平均点：24.65点）

12 2021年度：化学基礎/本試験〈第Ⅰ日程〉〈解答〉

第1問 標準 物質の分類，物質量，原子の構造，結晶の電気伝導性，金属の反応性，酸化剤，溶液の濃度，燃料電池

問1 ☐1☐ 正解は⑥

空気は窒素 N_2，酸素 O_2 などの混合物である。メタンとオゾンの分子式は，それぞれ CH_4，O_3 であることから，単体はオゾン O_3，化合物はメタン CH_4 である。

問2 ☐2☐ 正解は②

① 0℃，$1.013×10^5Pa$ で 22.4L の酸素 O_2 の物質量は 1.0mol であるから，酸素原子 O の物質量は 2.0mol である。

② 水 H_2O の分子量は 18 であるから，与えられた H_2O の物質量は 1.0mol であり，含まれる酸素原子 O も 1.0mol である。

③ 1.0mol の過酸化水素 H_2O_2 には，2.0mol の酸素原子 O が含まれている。

④ 黒鉛 C の完全燃焼の反応式は $C+O_2 \longrightarrow CO_2$

黒鉛 12g の物質量は 1.0mol であるから，発生する二酸化炭素 CO_2 に含まれる酸素原子 O の物質量は

$$1.0×2=2.0 〔mol〕$$

問3 a ☐3☐ 正解は③

イは原子番号と等しいことから陽子の数を，ウは周期的に変化していることから価電子の数を示している。したがって，アが中性子の数を示すことになる。

b ☐4☐ 正解は④ ☐5☐ 正解は⓪ ☐6☐ 正解は① ☐7☐ 正解は⓪

質量数＝陽子の数＋中性子の数であることから，図1より原子番号 18 の Ar の質量数が 18＋22＝40 で最も大きい。

M殻に電子がなく原子番号が最も大きい原子は，L殻が最外殻であり，またL殻が閉殻の原子である原子番号 10 の Ne である。

問4 ☐8☐ 正解は⑤

金属結晶は，自由電子による金属結合をしているので電気をよく通すが，ナフタレンのような分子結晶は，分子が分子間力によって結合しているので，自由電子がなく電気を通さない。また，共有結合の結晶の多くは電気を通さないが，黒鉛は電気をよく通す。これは，炭素原子の 4 個の価電子のうちの 3 個は，隣接する炭素原子と網目状の平面構造を形成するために用いられているが，残りの 1 個はその平面構造間を自由に動けるためである。

問5 　9　　正解は④

イオン化傾向は Mg>Al>Pt である。Mg は熱水や高温の水蒸気と反応し，Al は高温の水蒸気と反応する。Pt は高温の水蒸気とは反応せず，ほとんどの酸にも反応しないが，王水には溶ける。

問6 　10　　正解は④

① 炭素原子 C の酸化数が +2→+4 と増加するため，CO は還元剤としてはたらいている。

② 強塩基の NaOH によって，弱塩基の塩である NH_4Cl が弱塩基の NH_3 を遊離する反応であり，反応の前後で原子の酸化数が変化しないため，酸化還元反応ではない。

③ 弱酸の塩である Na_2CO_3 と強酸の HCl との反応であり，反応の前後で原子の酸化数が変化しないため，酸化還元反応ではない。

④ 臭素原子 Br の酸化数が 0→−1 と減少するため，Br_2 は**酸化剤**としてはたらいている。

問7 　11　　正解は①

与えられた溶液 100 mL（ =100 cm³ ）の質量は
$$d\,[\mathrm{g/cm^3}]\times100\,[\mathrm{cm^3}]=100d\,[\mathrm{g}]$$
この溶液に含まれる溶質の質量は
$$100d\,[\mathrm{g}]\times\frac{x}{100}=xd\,[\mathrm{g}]$$
したがって，溶液に含まれる溶質の物質量は
$$\frac{xd\,[\mathrm{g}]}{M\,[\mathrm{g/mol}]}=\frac{xd}{M}\,[\mathrm{mol}]$$

問8 　12　　正解は⑤

正極の反応式より，4.0 mol の電子 e^- が流れると，2.0 mol の水 H_2O（分子量 18）が生成する。したがって，2.0 mol の e^- が流れたときに生成する H_2O の質量は
$$2.0\times\frac{2.0}{4.0}\times18=18\,[\mathrm{g}]$$
負極の反応式より，2.0 mol の e^- が流れると，1.0 mol の水素 H_2（分子量 2.0）が消費される。したがって，2.0 mol の e^- が流れたときに消費される H_2 の質量は
$$1.0\times2.0=2.0\,[\mathrm{g}]$$

14　2021年度：化学基礎/本試験(第Ⅰ日程)〈解答〉

第2問　標準　陽イオン交換樹脂と塩の分類・水素イオンの物質量，中和と実験操作，$CaCl_2$ の吸湿量

問1　a　13　正解は③

正塩とは，酸の H と塩基の OH のどちらも残っていない塩のことであり，①，②，④が当てはまる。③ $NaHSO_4$ は酸である H_2SO_4 の H が1つ残っているので，酸性塩である。

b　14　正解は③

与えられた水溶液中の溶質は，陽イオン交換樹脂によってそれぞれ次の溶質に変化する。

　　ア　$KCl \longrightarrow HCl$　　　　イ　$NaOH \longrightarrow H_2O$

　　ウ　$MgCl_2 \longrightarrow 2HCl$　　エ　$CH_3COONa \longrightarrow CH_3COOH$

したがって，もとの水溶液に含まれる溶質の物質量が等しい場合，得られる酸の物質量が最も大きくなるのは $MgCl_2$ であり，得られた水溶液中の H^+ の物質量が最も大きいものは**ウ**である。

問2　a　15　正解は②

$CaCl_2$ 水溶液は強酸と強塩基の塩の水溶液であり，pH は7で中性だと考えられる。また，混合する酸と塩基の物質量が等しいことから，混合した水溶液の液性は次のようになる。

①　2価の強酸 H_2SO_4 と1価の強塩基 KOH だから，水溶液は酸性を示す。

②　1価の強酸 HCl と1価の強塩基 KOH だから，水溶液は中性を示す。

③　1価の強酸 HCl と1価の弱塩基 NH_3 だから，水溶液は弱酸性を示す。

④　1価の強酸 HCl と2価の強塩基 $Ba(OH)_2$ だから，水溶液は塩基性を示す。

したがって，$CaCl_2$ 水溶液と最も近い pH の値をもつ水溶液は②である。

b　16　正解は②

得られた塩酸を正確に希釈するためには**メスフラスコ**を用いる。

ビーカーやメスシリンダーでは誤差が大きいため正確な体積に希釈したことにならず，その後中和滴定を行っても正確な値が求められなくなる。また，①や③のように得られた塩酸の一部を希釈しても，もとの塩酸の正確な体積が不明なので，中和滴定を行っても，正確な値が求められない。

c　17　正解は①

実験Ⅰの陽イオン交換樹脂での反応は次のとおりである。

$$CaCl_2 + 2H^+ \longrightarrow 2HCl + Ca^{2+}$$

また，**実験Ⅲ**の中和滴定の反応は次のとおりである。

$$HCl + NaOH \longrightarrow NaCl + H_2O$$

実験Ⅰで得られた HCl の全量を 500 mL の水溶液にし，**実験Ⅲ**でそのうちの 10.0 mL で中和滴定を行うことにより，試料Aに含まれていた $CaCl_2$ の物質量を求めることができる。すなわち，中和滴定で得られた HCl の物質量の $\dfrac{500}{10.0} = 50$ 倍が，**実験Ⅰ**で得られた HCl の全物質量となり，その $\dfrac{1}{2}$ 倍が試料Aに含まれる $CaCl_2$ の物質量となる。**実験Ⅲ**の中和滴定より，**実験Ⅰ**で得られた HCl の物質量は

$$0.100 \times \frac{40.0}{1000} \times \frac{500}{10.0} = 0.200 \,〔mol〕$$

したがって，試料Aに含まれる $CaCl_2$（式量 111）の質量は

$$0.200 \times \frac{1}{2} \times 111 = 11.1 \,〔g〕$$

よって，試料A 11.5 g に含まれる H_2O の質量は

$$11.5 - 11.1 = 0.4 \,〔g〕$$

2021年度：化学/本試験〈第2日程〉〈解答〉 17

化 学　本試験（第2日程）

2021年度

問題番号 （配点）	設　問	解答番号	正解	配点	チェック
第1問 （20）	問1	1	①	4	
	問2	2	③	4	
	問3	3	⑤	4	
	問4	4	③	4	
		5	⑤	4	
第2問 （20）	問1	6	②	4	
	問2	7	⑦	4*	
		8	⑨		
		9	⑧		
	問3	10	②	4	
		11	①	4	
		12	②	4	
第3問 （20）	問1	13	③	4	
	問2	14	②	4	
	問3	15	④	4	
	問4	16	①	4	
		17	③	4	

問題番号 （配点）	設　問	解答番号	正解	配点	チェック
第4問 （20）	問1	18	①	3	
	問2	19	⑤	4	
	問3	20	②	1	
		21	④	1	
		22	⑤	1	
		23	④	3	
	問4	24	④	4	
	問5	25	③	3	
第5問 （20）	問1	26	②	4	
		27	④	4*	
		28	②		
	問2	29	②	2	
		30	④	2	
		31	③	4	
		32	①	4	

（注）　*は，全部正解の場合のみ点を与える。

自己採点欄
／100点

（平均点：39.28点）

18　2021年度：化学/本試験(第2日程)〈解答〉

第1問 標準 共有結合と電子対，分圧の法則，コロイド粒子，薄層クロマトグラフィーによる混合物の分離

問1 　1　正解は①

ア　①～⑤の構造式は次のとおり。

① $CH_3-\underset{\underset{O}{\|}}{C}-OH$　　② $CH_3-CH_2-O-CH_2-CH_3$　　③ $\underset{H}{\overset{H}{>}}C=C\underset{H}{\overset{H}{<}}$

④ $\underset{H}{\overset{H}{>}}C=C\underset{Cl}{\overset{H}{<}}$　　⑤ $HO-CH_2-CH_2-OH$

したがって，二重結合をもつのは①，③，④の3種類である。

イ　C，H，Oのうちで，非共有電子対をもつのはO原子のみであり，1個のO原子は非共有電子対を2組もつ。したがって，①と⑤が非共有電子対を4組もつ。

以上より，ア，イの両方に当てはまるのは①酢酸である。

問2 　2　正解は③

混合後の窒素と酸素の分圧は

$$窒素：1.0\times10^5\times\frac{x}{x+y}\,(Pa)　　酸素：3.0\times10^5\times\frac{y}{x+y}\,(Pa)$$

したがって，分圧の法則より

$$1.0\times10^5\times\frac{x}{x+y}+3.0\times10^5\times\frac{y}{x+y}=2.0\times10^5$$

$$x=y$$

よって　$x:y=1:1$

問3 　3　正解は⑤

ア　低分子のAが多数集合しているから**会合コロイド**である。

イ　Aの濃度が1.0×10^{-1}mol/Lであり，ミセルが生成しているから，この溶液はコロイド溶液となっており，**チンダル現象を示す**。

ウ　Aは次のように電離する。

$$C_{12}H_{25}-OSO_3{}^-Na^+ \longrightarrow C_{12}H_{25}-OSO_3{}^- + Na^+$$

電離によって生じた$C_{12}H_{25}-OSO_3{}^-$がミセルを形成するため，このミセルは負に帯電している。したがって，電気泳動では**陽極側に移動する**。

問4 a　4　正解は③

I　(誤)　Aの方がBより上昇しているから，Bの方がAよりシリカゲルに吸着しやすい（吸着しているために上昇しにくい）と考えられる。

II　(正)　薄層板2の方が，BとCの距離が離れている（より分離されている）の

で，酢酸エチルを含むヘキサンの方が適している。

b　　5　　正解は⑤

Ⅰ　（誤）　図2(a)で X は D と同じ高さに分離されたことから，X は D と同じ組成であり，E は生成していない。

Ⅱ　（正）　図2(b)の X は 3 つに分離され，そのうちの 2 つは D や E と同じ高さであることから，X は D と E の両方を含んでいる。

Ⅲ　（正）　図2(c)の X は 2 つに分離され，1 つは E と同じ高さであり，もう 1 つは D とは違う高さである。したがって，E とは別の物質も生成したと考えられる。

第2問　やや難　鉄の腐食とイオン化傾向，緩衝作用，結合エネルギー，触媒と活性化エネルギー，NH_3 の合成と化学平衡

問1　　6　　正解は②

ア・イ　装置ア・イは**電池**であり，イオン化傾向が大きい金属が負極（酸化反応），イオン化傾向が小さい金属が正極（還元反応）となる。イオン化傾向は Zn＞Fe＞Sn であるから，アでは Fe が正極となり酸化されず，イでは Fe が負極となって次のように酸化される。

$$Fe \longrightarrow Fe^{2+} + 2e^-$$

ウ・エ　装置ウ・エでは**電気分解**が起こり，陽極では酸化反応，陰極では還元反応が起こる。ウでは Fe は陰極であるから酸化されず，エでは Fe は陽極であるから次のように酸化される。

$$Fe \longrightarrow Fe^{2+} + 2e^-$$

CHECK　「電流は微小であり，電気分解はほとんど起こらない」というのは，陽極，陰極のそれぞれで次のような反応は生じないということである。

陽極：$2Cl^- \longrightarrow Cl_2 + 2e^-$　　陰極：$2H_2O + 2e^- \longrightarrow H_2 + 2OH^-$

問2　　7　　正解は⑦　　8　　正解は⑨　　9　　正解は⑧

同じ物質量の NH_3 と NH_4Cl を両方溶かした混合水溶液は緩衝液となっている。したがって，少量の H^+ を加えると，その増加を打ち消すように NH_3 が反応し，NH_4^+ を生じるため，pH はあまり変化しない。

$$H^+ + NH_3 \longrightarrow NH_4^+$$

また，少量の OH^- を加えると，その増加を打ち消すように NH_4^+ が反応し，NH_3 と H_2O を生成するため，pH はあまり変化しない。

$$OH^- + NH_4^+ \longrightarrow NH_3 + H_2O$$

問3 a 10 正解は②

図2より，2molのNH₃(気)の結合エネルギーは
$$92+1308+946=2346 \text{〔kJ〕}$$
この値はN–H結合6molの結合エネルギーに相当するから，N–H結合1mol当たりの結合エネルギーは
$$\frac{2346}{6}=391 \text{〔kJ〕}$$

b 11 正解は①

Ⅰ （正）図2より，N₂(気)と3H₂(気)の結合エネルギーの和は946+1308=2254〔kJ〕であり，この値は触媒の有無にかかわらず，反応の活性化エネルギーよりはるかに大きい。したがって，NH₃の生成反応は原子状態のNやHを経ていないことがわかる。

Ⅱ （正）図3より，逆反応の活性化エネルギーは，触媒があるときもないときも1molのN₂と3molのH₂から2molのNH₃が生成するときの反応熱（発熱反応）の分だけ正反応の活性化エネルギーよりも大きいことがわかる。

Ⅲ （正）図3より，反応熱の大きさは触媒の有無にかかわらず，N₂(気)+3H₂(気)と2NH₃(気)とのエネルギーの差であるから変わらない。なお，反応熱は図2より92kJである。

c 12 正解は②

図4より，全圧が5.8×10^7PaのときのNH₃の体積百分率は40％である。生成したNH₃の物質量をx〔mol〕とすると，各物質の平衡前後の物質量は次のとおりである。

	N₂	+	3H₂	⇌	2NH₃	合計	
平衡前	0.70		2.10		0	2.80	〔mol〕
平衡後	$0.70-\frac{x}{2}$		$2.10-\frac{3}{2}x$		x	$2.80-x$	〔mol〕

したがって，生成したNH₃の物質量は
$$\frac{x}{2.80-x}\times100=40 \qquad x=0.80 \text{〔mol〕}$$

第3問 金属元素とその用途，両性元素の反応，陽イオンの分離，SO₂水溶液の性質と電離平衡

問1 13 正解は③

① （正）第4周期の遷移元素の最外殻電子数は，1または2である。

② （正） 銅は金や白金よりイオン化傾向が大きいので，天然に単体として存在することもあるが，硫黄の化合物（黄銅鉱）として産出されることが多い。

③ （誤） リチウムイオン電池は**二次電池**，リチウム電池は**一次電池**である。

④ （正） ガラスに銀鏡反応を応用したものが鏡である。

問2 　14 　正解は②

Al と NaOH 水溶液は次のように反応し，Fe は反応しない。

$$2Al + 2NaOH + 6H_2O \longrightarrow 2Na[Al(OH)_4] + 3H_2$$

したがって，Al と Fe の混合物 2.04 g 中の Al の質量は

$$3.00 \times 10^{-2} \times \frac{2}{3} \times 27 = 0.54 〔g〕$$

よって，混合物に含まれていた Fe の質量は

$$2.04 - 0.54 = 1.50 〔g〕$$

問3 　15 　正解は④

ア～エによって生じる沈殿をまとめると次のようになる。

	操作1	操作2	操作3
ア	AgI	$BaSO_4$	$Mn(OH)_2$
イ	AgI	$Mn(OH)_2$	$BaSO_4$
ウ	$BaSO_4$	AgI	$Mn(OH)_2$
エ	$BaSO_4$	Ag_2O $Mn(OH)_2$	沈殿なし

したがって，④エが分離できない。

問4　a　 16 　正解は①

実験の結果から試薬Bは酸化剤であることがわかる。したがって，①ヨウ素溶液が酸化剤，SO_2 が還元剤としてそれぞれ次のように反応したと考えられる。

$$\underset{（褐色）}{I_2} + 2e^- \longrightarrow \underset{（無色）}{2I^-}$$

$$\underset{（無色）}{SO_2} + 2H_2O \longrightarrow \underset{（無色）}{SO_4^{2-}} + 4H^+ + 2e^-$$

なお，③硫酸鉄（Ⅱ）$FeSO_4$ 水溶液と④硫化水素 H_2S 水は還元剤であり，酸化剤として作用しないので不適。また，水溶液Aは弱酸の亜硫酸 H_2SO_3 の水溶液であるので，これに赤色である②アルカリ性のフェノールフタレイン水溶液を加えると無色になるが，これは中和反応であり，酸化還元反応ではないので不適である。

22 　2021年度：化学/本試験（第2日程）〈解答〉

b 　$\boxed{17}$ 　正解は③

2つの電離定数 K_1 と K_2 の積を求めると

$$K_1 \times K_2 = \frac{[H^+]^2[SO_3^{2-}]}{[SO_2]} = 7.92 \times 10^{-10}$$

これに，$[H^+] = 0.010\,\text{mol/L}$，$[SO_2] = 8.3 \times 10^{-3}\,\text{mol/L}$ を代入すると

$$\frac{0.010^2 \times [SO_3^{2-}]}{8.3 \times 10^{-3}} = 7.92 \times 10^{-10}$$

$$[SO_3^{2-}] = 6.57 \times 10^{-8} \fallingdotseq 6.6 \times 10^{-8}\,(\text{mol/L})$$

第4問 　標準 　アルデヒドとケトン，異性体，サリチル酸の合成，芳香族化合物の分離，ビニル系高分子化合物，タンパク質とアミノ酸

問1 　$\boxed{18}$ 　正解は①

① （誤） アセトン CH_3COCH_3 はケトンであるから還元性をもたない。

② （正） アセトンは CH_3CO- の構造をもつので，ヨードホルム反応を示す。

③ （正） アセトアルデヒド CH_3CHO は，工業的には，触媒（$PdCl_2$，$CuCl_2$）を用いたエテン $CH_2=CH_2$ の酸化により生成される。

$$2CH_2=CH_2 + O_2 \xrightarrow{PdCl_2,\ CuCl_2} 2CH_3CHO$$

④ （正） ホルムアルデヒドの沸点は $-19\,℃$ で，常温・常圧では気体であり，水によく溶ける。ホルムアルデヒドの約 37％ 水溶液はホルマリンと呼ばれ，防腐剤などに用いられている。

問2 　$\boxed{19}$ 　正解は⑤

C と H の数の関係から，化合物 $C_4H_{10}O$ は飽和化合物である。したがって，この化合物はアルコールまたはエーテルであり，鏡像異性体を含めて，次の8個の異性体が存在する（*C は不斉炭素原子）。

$CH_3-CH_2-CH_2-CH_2-OH$ 　　　$CH_3-CH_2-\overset{*}{C}H-CH_3$ 　　　$CH_3-\underset{CH_3}{CH}-CH_2-OH$
　　　　　　　　　　　　　　　　　　　　　　$\underset{OH}{\ }$

$CH_3-\overset{CH_3}{\underset{OH}{C}}-CH_3$ 　　　$CH_3-CH_2-CH_2-O-CH_3$ 　　　$CH_3-CH_2-O-CH_2-CH_3$

$CH_3-\underset{CH_3}{CH}-O-CH_3$

このうち Na と反応するのは**アルコール**であるから，異性体の数は**5つ**である。

問3 　a 　$\boxed{20}$ 　正解は② 　　$\boxed{21}$ 　正解は④ 　　$\boxed{22}$ 　正解は⑤

2021年度：化学/本試験〈第2日程〉〈解答〉 **23**

化合物A クメンを酸化すると，クメンヒドロペルオキシドが得られる。

$$CH_3-\overset{\overset{H}{|}}{C}-CH_3 \quad \xrightarrow[\text{触媒}]{O_2} \quad CH_3-\overset{\overset{OOH}{|}}{C}-CH_3$$

クメン　　　　　　　　　　　A. クメンヒドロ
　　　　　　　　　　　　　　　　ペルオキシド

化合物B クメンヒドロペルオキシドを希硫酸で分解すると，フェノールとアセトンが生じる。

$$CH_3-\overset{\overset{OOH}{|}}{C}-CH_3 \quad \xrightarrow[\text{分解}]{H_2SO_4} \quad \text{（フェノール）} \quad +CH_3-\overset{\overset{}{}}{\underset{\overset{\|}{O}}{C}}-CH_3$$

フェノール　　　　　　B. アセトン

化合物C ナトリウムフェノキシドに高温・高圧で CO_2 を作用させ，希硫酸で弱酸の遊離を行うとサリチル酸が得られる。

$$\text{（ONa）} \quad \xrightarrow[\text{高温・高圧}]{C. CO_2} \quad \xrightarrow{H_2SO_4} \quad \text{（OH, COOH）}$$

ナトリウム　　　　　　　　　　　　サリチル酸
フェノキシド

b 　**23**　正解は④

操作Ⅰ $NaHCO_3$ 水溶液を加えると，サリチル酸がナトリウム塩となって水層に分離される。

操作Ⅱ 操作Ⅰのエーテル層に NaOH 水溶液を加えるとフェノールがナトリウム塩となって水層に分離される。

操作Ⅲ 操作Ⅱの水層にジエチルエーテルと塩酸を加えると，フェノールは弱酸なので遊離しエーテル層に移る。

問4 　**24**　正解は④

この重合反応は付加重合であるので，単量体Aの質量と高分子化合物Bの質量は等しい。したがって，Aの分子量を M とすると

$$0.130 \times M = 5.46 \qquad M = 42.0$$

よって，Bの平均重合度 n は

$$42.0 \times n = 2.73 \times 10^4 \qquad n = 650$$

24　2021年度：化学/本試験（第2日程）〈解答〉

問5　　25　　正解は③

① （正）　分子内にアミノ基とカルボキシ基をもつ化合物をアミノ酸といい，分子
中の同じ炭素原子にアミノ基とカルボキシ基が結合しているアミノ酸を，α-ア
ミノ酸という。

② （正）　アミノ酸の結晶は双性イオンによるイオン結晶であるため，分子量が同
程度の分子結晶であるカルボン酸やアミンより融点が高いものが多い。

③ （誤）　グリシンとアラニンのペプチド結合の形成には，グリシンのカルボキシ
基とアラニンのアミノ基が結合したものと，グリシンのアミノ基とアラニンのカ
ルボキシ基が結合したものの2通りあるので，ジペプチドは2種類存在する。

④ （正）　多量の電解質を加えてコロイド粒子を凝集・沈殿させることを塩析とい
う。

第5問　　やや難　混合物の定量と炭酸塩の分解，コハク酸の滴定

問1　a　　26　　正解は②

式(3)，(4)より，1mol の $NaHCO_3$ および Na_2CO_3 から，それぞれ 0.5mol，1mol
の Na_2O が生じるから，求める関係式は

$$0.5x + y = \frac{3.10}{62} = 0.0500$$

$$x + 2y = 0.100$$

b　　27　　正解は④　　28　　正解は②

$$x + y = 0.0750 \quad \cdots\cdots①$$

$$x + 2y = 0.100 \quad \cdots\cdots②$$

①，②を連立方程式として解くと　　$x = 0.050〔mol〕$

したがって，**試料X**に含まれていた $NaHCO_3$ の質量は

$$0.050 \times 84 = 4.2〔g〕$$

問2　a　　29　　正解は②　　30　　正解は④

コハク酸イオンが A^{2-} であるから，コハク酸は H_2A である。また，コハク酸は2
価の弱酸であるが，図2の滴定曲線は1段階の滴定とみなせるから，**ア**はほとんど
中和が進んでいない状態の H_2A，**イ**は中和点を過ぎているので A^{2-} の状態だとみ
なせる。

CHECK　コハク酸は分子の構造が対称形である。そのため2つのカルボキシ基の電離定数
に違いがなく，滴定曲線は見かけ上1段階となる。

b 31 正解は③

コハク酸と NaOH 水溶液の中和反応は次のとおり。

$$H_2A + 2NaOH \longrightarrow Na_2A + 2H_2O$$

したがって，10.00 g の試料 X に含まれていたコハク酸（分子量 118）の質量を x 〔g〕とすると

$$1.00 \times \frac{50.00}{1000} = \frac{x}{118} \times 2 \qquad x = 2.95 \text{〔g〕}$$

c 32 正解は①

コハク酸の質量が正しい値よりも小さくなるということは，実験Ⅲで得られた固体に塩基性の物質が含まれていたということである。そのため，水溶液 Y の中和に必要な NaOH 水溶液の量が少なくなり，結果としてコハク酸の質量が正しい値よりも小さく求まる。したがって，①が原因と考えられる。

②と④の場合には，NaOH 水溶液の滴下量が多くなるから，コハク酸の質量が正しい値よりも多く求まる。また，③は滴定に影響を与えない。

化学基礎

問題番号 (配点)	設問	解答番号	正解	配点	チェック
第1問 (30)	問1	1	①	2	
		2	④	3	
	問2	3	①	3	
	問3	4	⑥	3	
	問4	5	⑤	3	
	問5	6	①	3	
	問6	7	②	3	
	問7	8	⑥	3	
	問8	9	④	2	
		10	③	2	
	問9	11	④	3	

問題番号 (配点)	設問	解答番号	正解	配点	チェック
第2問 (20)	問1	12	②	4*	
		13	③		
		14	⑤		
		15	①	4	
	問2	16	③	4	
		17	④	4	
		18	②	4	

(注) *は, 全部正解の場合のみ点を与える.

自己採点欄 / 50 点

(平均点:23.62 点)

第1問

電子配置と原子の性質，混合物の分離操作，結晶と結合，熱運動と温度，配位結合，逆滴定，鉄の酸化，金属の性質，ケイ素の定量

問1 a ｜1｜ 正解は①

図1のア～オの電子配置をもつ原子は，ア．He，イ．C，ウ．Ne，エ．Na，オ．Cl である。

アの電子配置をもつ1価の陽イオンは，He より原子番号が1つ大きい Li^+ である。また，ウの電子配置をもつ1価の陰イオンは，Ne より原子番号が1つ小さい F^- である。したがって，当てはまる化合物は① LiF となる。

b ｜2｜ 正解は④

① （正） He は貴（希）ガス元素であり，他の原子と結合をつくりにくい。
② （正） C は，例えばメタン CH_4 では単結合，二酸化炭素 CO_2 では二重結合，アセチレン C_2H_2 では三重結合をつくる。
③ （正） Ne は貴（希）ガス元素であり，分子間力が極めて小さく，常温・常圧では気体である。
④ （誤） Na は**イオン化エネルギーが小さく**，Na^+ になりやすい。
⑤ （正） Cl は H 原子と共有結合をつくり，塩化水素 HCl を生じる。

問2 ｜3｜ 正解は①

① （正） 分留のことであり，石油の精製に最も適当である。
② （誤） 昇華法のことであり，石油の精製には適さない。
③ （誤） 抽出のことであり，石油の精製には適さない。
④ （誤） 再結晶のことであり，石油の精製には適さない。

問3 ｜4｜ 正解は⑥

ア は Na^+ と Cl^- によるイオン結晶，イ は Si による共有結合の結晶，ウ は K による金属結晶，エ は分子 I_2 の分子結晶，オ は CH_3COO^- と Na^+ によるイオン結晶であるが，CH_3COO^- 内に共有結合が存在する。したがって，⑥ イ，エ，オ が当てはまる。

問4 ｜5｜ 正解は⑤

① （正） 100 K のグラフの最大値は約 240 m/s にある。
② （正） 約 240 m/s の速さをもつ分子の数の割合は 300 K，500 K となるにつれて減少している。
③ （正） 約 800 m/s の速さをもつ分子の数の割合は 100 K では 0 であるが，300

K，500 K と温度が上昇するにつれて増加している。

④ （正）　100 K，300 K，500 K と温度が上昇するにつれてグラフの分布が幅広くなっているから，1000 K ではさらに幅広くなると予想される。

⑤ （誤）　分子の速さが約 540 m/s のとき，500 K のグラフは最大値を示す。高温になるほどグラフは幅広く，高さは低くなっていることから，1000 K では約 540 m/s の速さをもつ分子の数の割合は 500 K のときより減少すると予想される。

問5　6　正解は①

Ⅰ　（正）　アンモニア NH_3 と水素イオン H^+ が次のように配位結合すると，アンモニウムイオン NH_4^+ が生じる。

$$NH_3 + H^+ \longrightarrow NH_4^+$$

Ⅱ　（正）　アンモニウムイオンは正四面体構造をしており，4 つの N−H 結合はすべて同等である。配位結合はでき方が共有結合と異なるが，できた結合は共有結合と同じになり区別できない。

Ⅲ　（正）　NH_3 は非共有電子対を 1 組もつので金属イオンと配位結合をつくるが，NH_4^+ は非共有電子対をもたないため，配位結合をつくらない。

問6　7　正解は②

希硫酸に過剰の NaOH 水溶液を加え，HCl で中和滴定を行っているので，逆滴定を行ったことになる。中和反応の量的関係より，酸の H^+ と塩基の OH^- の物質量が等しくなることから，もとの希硫酸の濃度を x〔mol/L〕とすると

$$x \times \frac{10.0}{1000} \times 2 + 0.10 \times \frac{20.0}{1000} = 0.50 \times \frac{20.0}{1000} \qquad x = 0.40 \text{〔mol/L〕}$$

問7　8　正解は⑥

ア　化合物中の O 原子の酸化数は -2 であるから，Fe_2O_3 における Fe の酸化数を x とすると

$$2x + (-2) \times 3 = 0 \qquad x = +3$$

イ・ウ　単体中の原子の酸化数は 0 であるので，O_2 の O 原子の酸化数は 0 であり，0 → -2 と変化している。

問8　9　正解は④　10　正解は③

Ⅰ　アは Pb であり，鉛蓄電池の電極や X 線の遮蔽材として用いられている。顔料として用いられる PbO などは有毒である。

2021年度：化学基礎/本試験(第2日程)〈解答〉 **29**

Ⅱ 電気伝導性，熱伝導性が最大である単体の金属は Ag である。Ag^+ には抗菌作用があり，日用品などに添加されている。

問9 　11　 正解は④

除去された SiO_2 の質量は 　$2.00-0.80=1.20$〔g〕

したがって，鉱物試料中のケイ素の含有率は， $Si=28$, $SiO_2=60$ より

$$\frac{1.20}{60}\times28\times\frac{1}{2.00}\times100=28〔\%〕$$

第2問 　標準　 イオン結晶の性質，イオン半径，溶解度，電導度滴定

問1 　a 　12　 正解は② 　13　 正解は③ 　14　 正解は⑤

K の原子番号は 19，Ca の原子番号は 20 であるから，陽子の数は K^+ が 19，Ca^{2+} が 20 である。したがって，原子核の正電荷は Ca^{2+} の方が大きく，原子核により強く電子を引きつけることになる。

　b 　15　 正解は①

40℃での KNO_3（式量 101）の溶解度は 64 であるから，飽和水溶液 164 g 中の水の質量は 100 g である。したがって，この水溶液を 25℃まで冷却すると，溶解している KNO_3 の質量は溶解度に等しい 38 g である。よって，析出する KNO_3 の物質量は

$$\frac{64-38}{101}=0.257\fallingdotseq0.26〔mol〕$$

問2 　a 　16　 正解は③

表1の値をもとにグラフを作成すると次のようになる。完全に反応した状態ではイオンの量が最も少なく，電流値も最小値であるとみなせるので，必要な $BaCl_2$ 水溶液の量は2つの直線の交点である，4.6 mL となる。

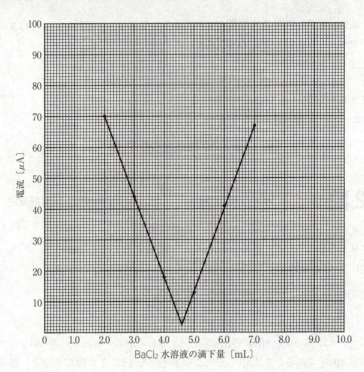

b 　17　　正解は④

反応式より，生成する AgCl（式量 143.5）の物質量は，実験に用いた Ag₂SO₄ の物質量の2倍であるから，生成する AgCl の沈殿の質量は

$$0.010 \times \frac{100}{1000} \times 2 \times 143.5 = 0.287 \fallingdotseq \mathbf{0.29} \text{〔g〕}$$

c 　18　　正解は②

用いた BaCl₂ 水溶液の濃度を x〔mol/L〕とすると，反応式より

$$0.010 \times \frac{100}{1000} = x \times \frac{4.6}{1000} \qquad x = 0.217 \fallingdotseq \mathbf{0.22} \text{〔mol/L〕}$$

第2回 試行調査：化学〈解答〉 1

第2回 試行調査：化学

第2回 試行調査

問題番号 （配点）	設問		解答番号	正解	配点	チェック
第1問 （26）	A	問1	1	④	4	
		問2	2	①	4*1	
			3	③		
			4	②		
	B	問3	5	⑤	4	
		問4	6	⑤	4	
	C	問5	7	③	3	
		問6	8	①	3	
		問7	9	④	4	
第2問 （20）	A	問1	1	③	2	
			2	⑤	2	
		問2	3	④	3	
		問3	4	②	3	
	B	問4	5	①	3	
		問5	6	④	3	
		問6	7	④	4	

問題番号 （配点）	設問		解答番号	正解	配点	チェック
第3問 （20）	A	問1	1	①	3	
		問2	2	⑤	3	
		問3	3	①	2	
			4	④	2	
	B	問4	5	⑤	4	
		問5	6	③	3	
		問6	7	⑥	3	
第4問 （19）		問1	1	④	4	
		問2	2	③	3*2	
			3	②		
			4	⑤	4	
		問3	5	④	4	
		問4	6	③	4	
第5問 （15）		問1	1	②	4	
		問2	2 - 3	① - ③	4 （各2）	
		問3	4	①	3	
		問4	5	①	4	

自己採点欄

100点

（平均点：50.77点）

※平均点は2018年11月の試行調査の受検者の
うち，3年生の得点の平均値を示していま
す。

2 第2回 試行調査：化学〈解答〉

（注）

1 ＊1は，第1問の解答番号1で④を解答し，かつ，全部正解の場合に点を与える。ただし，第1問の解答番号1の解答に応じ，解答番号2～4を以下のいずれかの組合せで解答した場合も点を与える。

- 解答番号1で①を解答し，かつ，解答番号2で⑦，解答番号3で⑤，解答番号4で①を解答した場合
- 解答番号1で②を解答し，かつ，解答番号2で⑧，解答番号3で⑤，解答番号4で①を解答した場合
- 解答番号1で③を解答し，かつ，解答番号2で①，解答番号3で①，解答番号4で②を解答した場合
- 解答番号1で⑤を解答し，かつ，解答番号2で①，解答番号3で⑤，解答番号4で②を解答した場合

2 ＊2は，両方正解の場合のみ点を与える。

3 −（ハイフン）でつながれた正解は，順序を問わない。

第1問 標準 蒸気圧，反応熱，反応速度，同位体，イオン化エネルギー，電気分解

問1 　1　 正解は④

条件 a より，20℃，1.013×10^5 Pa では気体でなければならないので，沸点は 20℃以下でなければならない。よって，アルカン才は不適。また，条件 b より，蒸気圧が低いものが適しているので，最も適当なアルカンは工である。

問2 　2　 正解は① 　3　 正解は③ 　4　 正解は②

アルカン X の分子量は 58 であることから，アルカン X はブタン C_4H_{10} である。ブタンの生成熱を Q 〔kJ/mol〕とすると

$$4C （黒鉛）+ 5H_2 （気）= C_4H_{10} （気）+ QkJ \quad \cdots\cdots(*)$$

与えられた熱化学方程式とブタンの燃焼熱は

$$C （黒鉛）+ O_2 （気）= CO_2 （気）+ 394\,kJ \qquad\qquad \cdots\cdots(1)$$

$$H_2 （気）+ \frac{1}{2}O_2 （気）= H_2O （液）+ 286\,kJ \qquad\qquad \cdots\cdots(2)$$

$$C_4H_{10} （気）+ \frac{13}{2}O_2 （気）= 4CO_2 （気）+ 5H_2O （液）+ 2878\,kJ \quad \cdots\cdots(3)$$

ヘスの法則より，$(*) = (1) \times 4 + (2) \times 5 - (3)$ なので

$$Q = 394 \times 4 + 286 \times 5 - 2878 = 128 \fallingdotseq 1.3 \times 10^2 〔kJ/mol〕$$

問3 　5　 正解は⑤

表2の空欄に入る数値を以下のように(1)，(2)，(3)とすると

時間〔min〕	0	1	2	3	4
Aの濃度〔mol/L〕	1.00	0.60	0.36	0.22	0.14
Aの平均濃度 $\bar{c}$〔mol/L〕		0.80	〔(2)〕	0.29	〔(3)〕
平均の反応速度 $\bar{v}$〔mol/(L·min)〕		〔(1)〕	0.24	0.14	0.08

(1) $-\dfrac{0.60 - 1.00}{1 - 0} = 0.40$〔mol/(L·min)〕

(2) $\dfrac{0.36 + 0.60}{2} = 0.48$〔mol/L〕 　　(3) $\dfrac{0.14 + 0.22}{2} = 0.18$〔mol/L〕

Bの濃度は減少したAの濃度と同じだけ増加していくので，Bの濃度変化は，以下の表のようになる。これを表すグラフとして適当なものは⑤である。

時間	0	1	2	3	4
Aの濃度〔mol/L〕	1.00	0.60	0.36	0.22	0.14
Bの濃度〔mol/L〕	0	0.40	0.64	0.78	0.86

問4 6 正解は⑤

与えられた式，$\overline{v}=k\overline{c}$ より，反応速度定数は $k=\dfrac{\overline{v}}{\overline{c}}$ で求めることができる。空欄を補った表2の数値より

0分～1分：$k=\dfrac{0.40}{0.80}=0.50$ 1分～2分：$k=\dfrac{0.24}{0.48}=0.50$

2分～3分：$k=\dfrac{0.14}{0.29}≒0.48$ 3分～4分：$k=\dfrac{0.08}{0.18}≒0.44$

よって，最も適当な選択肢は⑤となる。図を作成した場合は，以下のような直線が得られ，k を表す傾きは約0.5であることが求められる。

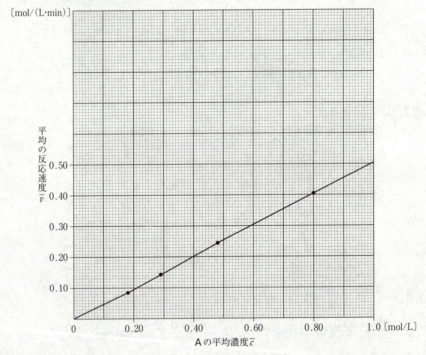

問5 7 正解は③

原子番号が同じで，中性子の数，質量数の異なる原子を互いに**同位体**という。

問6 ▭8 正解は①

原子から電子1個を取り去って，1価の陽イオンにするのに必要なエネルギーを**イオン化エネルギー**という。イオン化エネルギーは，同一周期では原子番号が大きいほど大きく，同一族では原子番号が小さいほど大きい傾向を示す。特に電子配置が安定な希ガスのイオン化エネルギーが大きく，価電子を1つだけもつ1族元素のイオン化エネルギーが小さいのが特徴であり，適切な図は①である。③は原子半径，④は電子親和力，⑤は価電子数の変化を示す図である。

問7 ▭9 正解は④

陰極では $Cu^{2+} + 2e^- \longrightarrow Cu$ の反応が起こり，Cu が析出する。I〔A〕の電流を t〔秒〕流して析出した Cu が m〔g〕なので，Cu の原子量を M，ファラデー定数を F〔C/mol〕とすると，この実験で得られる式は

$$\frac{m}{M} \times 2 = \frac{I \times t}{F}$$

である。

① （正）　電流を流す時間 t と析出する銅の質量 m は比例する。

② （正）　電流の値 I と析出する銅の質量 m は比例する。

③ （正）　陰極では銅(Ⅱ)イオンが還元され，銅が析出する。

④ （誤）　陽極では Cu 電極が酸化され，Cu^{2+} が発生する。

$$Cu \longrightarrow Cu^{2+} + 2e^-$$

⑤ （正）　溶液中の $SO_4{}^{2-}$ は反応に関与しないので，物質量は変化しない。

第2問　〔標準〕　CS_2 の燃焼，気体の発生，酸化還元反応，イオンとその溶解性

問1 ▭1 正解は③　▭2 正解は⑤

生成物イは，亜硫酸ナトリウムと希硫酸の反応でも生成することから，SO_2 である。

$$Na_2SO_3 + H_2SO_4 \longrightarrow Na_2SO_4 + H_2O + SO_2$$

また，反応式の両辺の原子の種類，数から生成物アは CO_2 である。

問2 ▭3 正解は④

亜硫酸ナトリウムと希硫酸の反応で SO_2 を発生させる反応に加熱は不要である。また，SO_2 は水に可溶で空気より重い気体なので**下方置換**で捕集する。

問3 ▭4 正解は②

① Na の酸化数が 0 から +1 に，H の酸化数が +1 から 0 に変化している酸化還元反応である。

6　第2回 試行調査：化学〈解答〉

② いずれの原子の酸化数も変化していないので酸化還元反応ではない。

③ Nの酸化数が+4（NO_2 中のN）から+5（HNO_3 中のN）と+2（NO中のN）に変化している酸化還元反応である。

④ Cの酸化数が+2から+4に，Hの酸化数が+1から0に変化している酸化還元反応である。

問4 　5　 正解は①

同じ電子配置のイオンの場合，原子核中の陽子数が多いほうが，強く電子を引き付けるため，イオン半径が小さくなる。よって，最もイオン半径が大きいものは，最も陽子数が少ない，つまり原子番号が小さい O^{2-} である。

原子番号　　O (8)＜F (9)＜Mg (12)＜Al (13)　（　）内が原子番号

イオン半径　O^{2-}＞F^-＞Mg^{2+}＞Al^{3+}

問5 　6　 正解は④

陽イオンと陰イオンの間に生じる引力は**静電気力（クーロン力）**である。

問6 　7　 正解は④

① F^- と Mg^{2+}，F^- と Ca^{2+} は電荷の偏りが起こりにくいイオンどうしなので MgF_2，CaF_2 はいずれも水に溶けにくい。これは下線部(c)の説明と一致する。

② Al^{3+} は偏りが起こりにくいイオン，S^{2-} は偏りが起こりやすいイオンなので，Al^{3+} と S^{2-} では沈殿が生じないが，Al^{3+} と OH^- は偏りが起こりにくいイオンどうしなので $Al(OH)_3$ は水に溶けにくく沈殿を生じる。これは下線部(c)の説明と一致する。

③ I^- と Ag^+，S^{2-} と Ag^+ は偏りが起こりやすいイオンどうしなので AgI，Ag_2S はいずれも水に溶けにくい。これは下線部(c)の説明と一致する。

④ $SO_4{}^{2-}$ と Mg^{2+} は偏りが起こりにくいイオンどうしなので，本来なら $MgSO_4$ が水に溶けにくいはずであるが，$MgSO_4$ は水に溶けやすいので，下線部(c)では説明しきれない。

第3問 　標準　有機化学工業と化合物，アセトアミノフェンの合成

問1 　1　 正解は①

触媒の存在下でアセチレンに水を付加すると，不安定なビニルアルコールを経て，アセトアルデヒドを生じる。よって，**A**はアセチレンである。

$$CH \equiv CH + H_2O \longrightarrow CH_3CHO$$

また，触媒の存在下でエチレンを酸化すると，アセトアルデヒドを生じる。よって，
Bはエチレンである。

$$2CH_2=CH_2 + O_2 \longrightarrow 2CH_3CHO$$

① （誤）　エチレンの C=C 結合の方がアセチレンの C≡C 結合よりも長い。

② （正）　アセチレンを臭素水に吹き込むと，付加反応が起こるため臭素水が脱色される。

③ （正）　アセチレンの 2 つの C 原子と 2 つの H 原子はすべて同一直線上に存在する。

④ （正）　エチレンは常温・常圧で気体である。

⑤ （正）　エチレンを付加重合すると，ポリエチレンを生じる。

問2　　2　　正解は⑤

プロペンを触媒の存在下で酸化すると，主にアセトンを生じる。よって，**Cはアセトン**，構造異性体である**アルデヒドDはプロピオンアルデヒド**である。

$$2CH_2=CH-CH_3 + O_2 \longrightarrow 2CH_3COCH_3$$

① （正）　アセトンは CH_3CO- の構造と，この基の隣に C 原子があるのでヨードホルム反応を示す。

② （正）　酢酸カルシウムを乾留するとアセトンを生じる。

$$(CH_3COO)_2Ca \longrightarrow CH_3COCH_3 + CaCO_3$$

③ （正）　クメン法では，クメンを酸化して生じるクメンヒドロペルオキシドを分解して，フェノールとアセトンを得る。

④ （正）　プロピオンアルデヒドは還元性をもつため，フェーリング液を還元する。

⑤ （誤）　2-プロパノールを硫酸酸性の二クロム酸カリウム水溶液で酸化すると，プロピオンアルデヒドではなくアセトンを生じる。

問3　　3　　正解は①　　4　　正解は④

触媒の存在下で CO と H_2 を反応させるとメタノールを生じる。

$$CO + 2H_2 \longrightarrow CH_3OH$$

また，アセトアルデヒドを酸化すると酢酸を生じる。

$$CH_3CHO \xrightarrow{\text{酸化}} CH_3COOH$$

よって，化合物 E はメタノール，F は酢酸である。

問4　**5**　正解は⑤

　p-アミノフェノールにはヒドロキシ基とアミノ基が存在する。無水酢酸を反応させると，ヒドロキシ基，アミノ基ともアセチル化される可能性がある。最初の合成で生じた固体 X は塩酸に不溶なので，塩基性のアミノ基はアセチル化され，$-NHCOCH_3$ になっていることがわかるが，アセトアミノフェンではないということから，ヒドロキシ基もアセチル化された化合物と推定される。

$$H_3C-\underset{\underset{O}{\|}}{C}-O-\langle\ \rangle-\underset{\underset{H}{|}}{N}-\underset{\underset{O}{\|}}{C}-CH_3$$

固体 X

固体 Y は不純物を含み，精製するとアセトアミノフェンが得られることから，アセトアミノフェンと固体 X の混合物と考えられる。

以上より，塩化鉄(Ⅲ)で呈色するのはフェノール性ヒドロキシ基をもつアセトアミノフェンを含む固体 Y のみ，固体 X にも固体 Y にもアミノ基をもつ化合物は存在しないので，さらし粉ではいずれも呈色しない。

問5　**6**　正解は③

　理論上得られるはずのアセトアミノフェンの物質量は，反応に用いた p-アミノフェノールの物質量と等しく　$\dfrac{2.18}{109} = 0.020 〔mol〕$

　実際に得られたアセトアミノフェンの物質量は　$\dfrac{1.51}{151} = 0.010 〔mol〕$

　よって，求める収率は　$\dfrac{0.010}{0.020} \times 100 = 50 〔\%〕$

問6　**7**　正解は⑥

　不純物を含む固体を高温で溶解させ，再び冷却して不純物を含まない結晶を取り出す。このような温度による溶解度の差を利用した固体物質の精製法を**再結晶**という。また，不純物を含むと，純物質よりも融点（＝凝固点）が低くなる。この現象を**凝固点降下**という。

第4問 やや難 CO_2の電離平衡・溶解度・状態変化

問1 ☐1☐ 正解は④

水に溶ける気体の物質量は，その気体の分圧に比例する。大気は CO_2 を 0.040 ％含むので，大気中の CO_2 の分圧は $1.0 \times 10^5 \times \dfrac{0.040}{100}$〔Pa〕である。よって，溶解する CO_2 の物質量は

$$0.033 \times \frac{1.0 \times 10^5 \times \dfrac{0.040}{100}}{1.0 \times 10^5} = 1.32 \times 10^{-5} \fallingdotseq 1.3 \times 10^{-5} \text{〔mol〕}$$

問2 a ☐2☐ 正解は③　☐3☐ 正解は②

化学平衡の法則より，式(3)の電離定数 K_2 は以下のように表される。

$$K_2 = \frac{[H^+][CO_3{}^{2-}]}{[HCO_3{}^-]}$$

b ☐4☐ 正解は⑤

式(3)の対数をとると

$$pK_2 = -\log_{10} K_2 = -\log_{10}[H^+] - \log_{10} \frac{[CO_3{}^{2-}]}{[HCO_3{}^-]}$$

図1の $HCO_3{}^-$ と $CO_3{}^{2-}$ の曲線が交わる pH では，$[HCO_3{}^-] = [CO_3{}^{2-}]$ となるため，$pK_2 = -\log_{10}[H^+] = pH$ の関係となる。よって，pK_2 は約 **10.3** である。

問3 ☐5☐ 正解は④

pH が 8.17 のとき $[H^+] = 10^{-8.17}$〔mol/L〕，pH が 8.07 のとき $[H^+] = 10^{-8.07}$〔mol/L〕なので，水素イオン濃度は

$$\frac{10^{-8.07}}{10^{-8.17}} = 10^{0.10} \text{〔倍〕}$$

になる。$\log_{10} 10^{0.10} = 0.10$ なので，表1の常用対数表より，0.100 となる 1.26 を読み

$$\frac{10^{-8.07}}{10^{-8.17}} = 10^{0.10} = 1.26 \fallingdotseq 1.3 \text{〔倍〕}$$

問4 ☐6☐ 正解は③

図2より，600 Pa，20℃では CO_2 は気体状態で存在している。圧力 600 Pa を保ち，20℃から -140℃に温度を下げていくと，約 -130℃で気体から固体に状態変化することが図2からわかる。気体の状態では，シャルルの法則より，温度と体積は比

10 第2回 試行調査：化学〈解答〉

例し変化するが，状態が固体に変化すると体積は一気に小さくなる。よって，最も
適当な図は③である。

第5問 標準 グルタミン酸の性質，物質の分離

問1 　1 　正解は②
リード文の「この溶液をビーカーに入れて横からレーザー光を当てたところ，光の
通路がよく見えた」という記述は，コロイド溶液の**チンダル現象**であり，この溶液
はコロイド粒子を含むことがわかる。グルタミン酸ナトリウム，ヨウ化ナトリウム
はコロイド粒子ではないため，アルギン酸ナトリウムがコロイド粒子である。コロ
イド粒子を分離する方法は**透析**であり，セロハンの袋に混合溶液を入れ，純水を入
れたビーカーに浸すと，アルギン酸ナトリウムのみがセロハンの袋の中に残る。

問2 　2 ・ 3 　正解は①・③
アルギン酸ナトリウムを構成する単糖の1種類（与えられた構造式の左側の単糖）
は，1, 2, 3位のC原子に上向きにOH基が，4位のC原子に下向きにOH基が，
5位のC原子に上向きにCOOH基が結合している。よって，この単糖は①。もう
1種類（与えられた構造式の右側の単糖）は，1位のC原子に上向きにOH基が，
2, 3, 4位のC原子に下向きにOH基が，5位のC原子に上向きにCOOH基が結合
している。よって，この単糖は③。

問3 　4 　正解は①
操作3で塩素を吹き込むと，ヨウ化物イオン I^- が酸化され，ヨウ素 I_2 を生じる。
ヨウ素は水に溶けにくく，ヘキサンに溶けやすい。よって，ヘキサン層にヨウ素が，
水層にグルタミン酸ナトリウムが含まれる。また，ヘキサンは水よりも密度が小さ
いため，ヘキサンが上層，水が下層となる。

問4 　5 　正解は①
グルタミン酸は水溶液中では酸性のカルボキシ基，塩基性のアミノ基のうち少なく
とも1つが電離したイオンの状態として存在する。よって，①のような電荷をもた
ない分子の構造となることはない。

第2回 試行調査:化学基礎

問題番号 (配点)	設問		解答番号	正解	配点	チェック
第1問 (20)	A	問1	1	③	4	
		問2	2	①	4	
		問3	3	⑥	4	
	B	問4	4	⑦	4	
		問5	5	⑥	4	
第2問 (15)	問1		6	③	4	
	問2		7	⑥	3	
			8	③	3	
	問3		9	④	5	

問題番号 (配点)	設問	解答番号	正解	配点	チェック
第3問 (15)	問1	10	④	4	
	問2	11	④	3	
	問3	12	②	4	
	問4	13	③	4	

※平均点は2018年11月の試行調査の受検者のうち、3年生の得点の平均値を示しています。

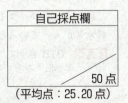

自己採点欄 / 50点
(平均点:25.20点)

12　第2回　試行調査：化学基礎〈解答〉

第1問 —— 総　合

A　易　《生理食塩水の成分と性質，飲料水の成分と性質》

問1　1　正解は③

　　1.0Lの生理食塩水に含まれるナトリウムイオン Na^+ の物質量は，$Na = 23$ であるから

$$35 \times 10^{-3} \times \frac{1000}{10} \times \frac{1}{23} = 0.152 \fallingdotseq 0.15 〔mol〕$$

問2　2　正解は①

①　（誤）　生理食塩水は水溶液であるから，純粋な水より低い温度で凍る。このような現象を凝固点降下という。

②　（正）　生理食塩水は塩化物イオン Cl^- を含むので，硝酸銀水溶液を加えると，塩化銀 $AgCl$ の白色沈殿を生じる。

③　（正）　生理食塩水が含む塩化ナトリウム $NaCl$ は，Na^+ と Cl^- が 1:1 の割合で構成されている。

④　（正）　生理食塩水は Na^+ を含むので，黄色の炎色反応を示す。

問3　3　正解は⑥

　　表1から，コップⅠ～Ⅲの飲料水について次のことがわかる。

- コップⅠの飲料水は中性で，電気をよく通すことから，電解質である陽イオンを多く含むと考えられる。
- コップⅡの飲料水は中性で，電気を通さないことから，電解質である陽イオンをあまり含まないと考えられる。
- コップⅢの飲料水は塩基性で，電気を通さないことから，電解質である陽イオンをあまり含まないと考えられる。

　　また，図1から，飲料水X～Zについて次のことがわかる。

- 飲料水Xは塩基性で，飲料水Zと比べて陽イオンをあまり含まない。
- 飲料水Yはほぼ中性で，飲料水Zと比べて陽イオンをあまり含まない。
- 飲料水Zはほぼ中性で，飲料水X・Yと比べて陽イオンを多く含む。

　　以上より，コップⅠには飲料水Zが，コップⅡには飲料水Yが，コップⅢには飲料水Xが入っているとわかる。

CHECK　BTB溶液は，酸性で黄色，中性で緑色，塩基性で青色を示す。水溶液の硬度は，Ca^{2+} や Mg^{2+} を多く含むほど大きな値になる。

B 易 《物質の状態変化，身近な金属の性質》

問4 ④ 正解は⑦

a．ナフタレンには**昇華**性があるので，洋服ダンスの中に入れておくと，固体から直接気体になってタンス内に広がり，固体は徐々に小さくなる。

b．ティーバッグに湯を注ぐと，茶葉から紅茶の成分が湯の中に**抽出**される。

c．ぶどう酒を**蒸留**すると，アルコール濃度の高いブランデーの蒸気が得られ，これを冷却することでブランデーが製造される。

問5 ⑤ 正解は⑥

ア．金属における電気の通しやすさ（電気伝導度）は，**銅**＞アルミニウム＞鉄の順である。なお，金属の中では銀の電気伝導度が最も大きい。

イ．金属の生産量は，**鉄**＞アルミニウム＞銅の順に多い。

ウ．**アルミニウム**は軽金属であり，飲料の缶やサッシに利用されている。

第2問 標準 電気陰性度と酸化数，酸化剤・還元剤の反応式と物質量の比

問1 ⑥ 正解は③

H_2 は単体であるから，2つの H 原子が共有電子対を引きつける強さは等しく，2つの H 原子の**酸化数はともに0**である。

H，C，O の原子の中で，**電気陰性度**は H 原子が最も小さく，かつ H 原子は単結合しか生じないから，化合物である H_2O，CH_4 中の H 原子の酸化数はいずれも +1 である。なお，右図のように，CH_4 における C 原子の酸化数は -4 である（H_2O における O 原子の酸化数については，図1のとおり）。しかし，H_2O は**極性分子**であるから解答に当てはまらず，正しい選択肢は**無極性分子**の CH_4 のみとなる。

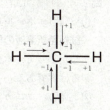

問2 ⑦ 正解は⑥ ⑧ 正解は③

化合物中における**同種原子の共有結合**（例えば C 原子どうしの結合）においては，共有電子対を引きつける強さは等しいので，酸化数を考慮するうえではこれらの結合は無視できる。

エタノールの炭素原子A：2つの H 原子と単結合をしているので酸化数の増減は -2 となる。さらに，1つの O 原子と単結合をしているので酸化数の増減は +1 となる。したがって，炭素原子Aの酸化数は，(-2)+(+1) = **-1** となる。

酢酸の炭素原子B：1つの O 原子と二重結合をし，別の O 原子と単結合をしてい

14　第2回 試行調査：化学基礎〈解答〉

るので，それぞれの結合における酸化数の増減は，＋2と＋1である。したがって，炭素原子Bの酸化数は，（＋2)＋(＋1)＝ +3 となる。

問3　　9　　正解は④

与えられた2つの反応式を，上から式①，式②とし，両式から電子 e^- を消去するために式①×2＋式② を行うと

$$2C_6H_8O_6 + O_2 \longrightarrow 2C_6H_6O_6 + 2H_2O$$

したがって，ビタミンC $C_6H_8O_6$ と酸素 O_2 の酸化還元反応における物質量の比は2：1であり，④が正解となる。

第3問　やや難　中和滴定と実験操作，弱酸遊離の反応

問1　　10　　正解は④

試料の希釈溶液における塩化水素 HCl のモル濃度を x〔mol/L〕とすると，中和の反応式（$HCl + NaOH \longrightarrow NaCl + H_2O$）より

$$\frac{x \times 10}{1000} = \frac{0.1 \times 15}{1000} \qquad \therefore \quad x = 0.15 \text{〔mol/L〕}$$

したがって，求める希釈倍率は

$$\frac{3}{0.15} = 20 \text{ 倍}$$

問2　　11　　正解は④

① （誤）　ホールピペットが水でぬれていると，その水の分だけ，はかり取られる試料希釈溶液の体積が少なくなるので，滴定における HCl の物質量は減少する。したがって，水酸化ナトリウム NaOH 水溶液の滴下量も，正しい値より減少するはずである。

② （誤）　コニカルビーカーは，ホールピペットからの HCl とビュレットからの NaOH の中和反応が生じる場であるから，コニカルビーカーが水でぬれていても HCl と NaOH の物質量には変化はなく，滴定結果に影響を与えない。

③ （誤）　フェノールフタレインは中和滴定の pH 指示薬であるから，その分量が滴定結果に影響を与えることはない。

④ （正）　滴下量は滴定開始前と滴定終了時それぞれで読み取った体積の差である。滴定終了時には，ビュレットの先端部分は NaOH 水溶液で満たされているから，滴定開始前にビュレットの先端に空気が残っていると，その空気の体積分だけ滴下量が多くなる。したがって，滴定操作では滴定開始前にビュレットの先端部分は，滴定に用いる溶液（この場合は NaOH 水溶液）で満たしておく必要がある。

問3 　12　 正解は②

　試料 1.0 L の質量は 1040 g （＝1.04×1000）であるから，試料中の HCl の質量パーセント濃度は

$$\frac{2.60 \times 36.5}{1040} \times 100 = 9.12 \doteqdot 9.1 \ [\%]$$

参考　実験結果より，試料における HCl のモル濃度を y 〔mol/L〕とすると

$$\frac{\dfrac{y}{20} \times 10}{1000} = \frac{0.103 \times 12.62}{1000} \qquad \therefore \quad y = 2.599 \doteqdot 2.60 \ [mol/L]$$

問4 　13　 正解は③

　式(1)は，弱酸（HClO）の塩である NaClO が，強酸の HCl によって**弱酸遊離**する反応（HClO が生成する）である。これに対して，【反応】あ～うの反応は次のとおりである。

　あ． $2H_2O_2 \longrightarrow 2H_2O + O_2$

　　過酸化水素 H_2O_2 が，**触媒の酸化マンガン(Ⅳ)MnO_2** によって分解され，O_2 が発生する。

　い． $2CH_3COONa + H_2SO_4 \longrightarrow 2CH_3COOH + Na_2SO_4$

　　弱酸の塩である酢酸ナトリウム CH_3COONa に，強酸の希硫酸 H_2SO_4 を加えると，**弱酸の酢酸 CH_3COOH が遊離**する。刺激臭は CH_3COOH の臭いである。

　う． $Zn + 2HCl \longrightarrow ZnCl_2 + H_2$

　　水素 H_2 より**イオン化傾向の大きい亜鉛 Zn** に，強酸の希塩酸 HCl を加えると，H_2 が発生する。

　よって，式(1)の反応と類似性が最も高い反応は**い**であり，その類似性は**a**である。

参考　式(2)は酸化還元反応（酸化剤 HClO，還元剤 HCl）であり，類似性が最も高い反応はうである。

第1回 試行調査：化学

問題番号 (配点)	設 問	解答番号	正解	備考	チェック
第1問	問1	1	④		
	問2	2	①		
	問3	3	④		
	問4	4	③		
		5	②		
		6	⓪	*1	
		7	①		
第2問	問1	1	①		
		2	⑤		
		3	⓪	*2	
		4	⑤		
		5	⑨		
	問2	6	⑤, ⑥	*3	
		7	④		
	問3	8	⑤		

問題番号 (配点)	設 問	解答番号	正解	備考	チェック
第3問	問1	1	①, ②	*3	
	問2	2	⑤		
	問3	3	②	*2	
		4	④		
		5	②		
	問4	6	⑤	*2	
		7	③		
		8	⑥		
第4問	問1	1	④		
	問2	2	③		
		3	⑥		
		4	①		
	問3	5	⑤	*2	
		6	⑧		
		7	⓪		
第5問	問1	1	③		
	問2	2	④		
	問3	3	②		
	問4	4	④, ⑥	*4	

● 配点は非公表。

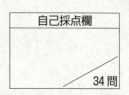

自己採点欄 / 34問

2 第 I 回 試行調査：化学〈解答〉

（注）

＊1は，全部を正しくマークしている場合を正解とする。ただし，第1問の解答番号4で選択した解答に応じ，解答番号5〜7を以下の組合せで解答した場合も正解とする。

• 解答番号4で①を選択し，解答番号5を③，解答番号6を⓪，解答番号7を①とした場合

• 解答番号4で②を選択し，解答番号5を②，解答番号6を②，解答番号7を①とした場合

• 解答番号4で④を選択し，解答番号5を①，解答番号6を⑥，解答番号7を①とした場合

＊2は，全部を正しくマークしている場合のみ正解とする。

＊3は，過不足なくマークしている場合のみ正解とする。

＊4は，過不足なくマークしている場合に正解とする。正解のいずれかをマークしている場合に部分点を与えるかどうかは，本調査の分析結果を踏まえ，検討する予定。

第1問 アボガドロの法則と分子量，熱化学方程式と化学エネルギー，化学平衡の移動，凝固点降下

問1 ☐1 正解は④

同温・同圧で同体積の気体の物質量は等しい。よって，元素 X の原子量を M とすると

$$\frac{0.64}{M+16\times 2}=\frac{0.20}{20} \quad \therefore \quad M=32$$

問2 ☐2 正解は①

設問文で示された 3 つの熱化学方程式を(1)，(2)，(3)式とする。

$$C(ダイヤモンド)+O_2(気)=CO_2(気)+396\,kJ \quad \cdots\cdots(1)$$
$$C_{60}(フラーレン)+60O_2(気)=60CO_2(気)+25930\,kJ \quad \cdots\cdots(2)$$
$$C(黒鉛)=C(ダイヤモンド)-2\,kJ \quad \cdots\cdots(3)$$

(3)より，黒鉛 1 mol がダイヤモンド 1 mol に変化するとき，2 kJ の吸熱を伴う。よって，化学エネルギーは「ダイヤモンド＞黒鉛」である。また，(1)を 60 倍すると

$$60C(ダイヤモンド)+60O_2(気)=60CO_2(気)+23760\,kJ \quad \cdots\cdots(4)$$

(2)−(4)より　$C_{60}(フラーレン)=60C(ダイヤモンド)+2170\,kJ$

これより，フラーレン 1 mol が 60 mol のダイヤモンドに変化するとき，2170 kJ の発熱を伴う。よって，化学エネルギーは「フラーレン C_{60} ＞ダイヤモンド」である。

問3 ☐3 正解は④

体積一定で温度を高くすると，気体の圧力は大きくなる。よって，この操作では「温度を高くする」と「圧力を大きくする」という二つの要因が平衡移動に影響を与えることとなる。ルシャトリエの原理により，圧力を大きくすると，平衡は圧力が小さくなる方向，つまり粒子数の減る方向である N_2O_4 生成方向に移動する。この平衡移動が起こるにもかかわらず，気体の色は濃くなっていることから，実際には平衡は NO_2 生成方向に大きく移動しており，圧力変化が平衡移動に及ぼす影響よりも，温度変化が平衡移動に及ぼす影響のほうが大きいことがわかる。また，温度を高くすると，温度が低くなる方向，つまり吸熱反応の方向に平衡は移動するため，NO_2 生成方向が吸熱反応の方向である。よって，N_2O_4 が生成する右向きの反応は発熱反応であり，$Q>0$ である。

問4　a ☐4 正解は③

表1のデータをプロットすると以下のようになる。これは冷却曲線であり，8 分以降の右下がりの直線を左にのばし，この直線とグラフが交わる点の温度，6.22℃ が凝固点となる。

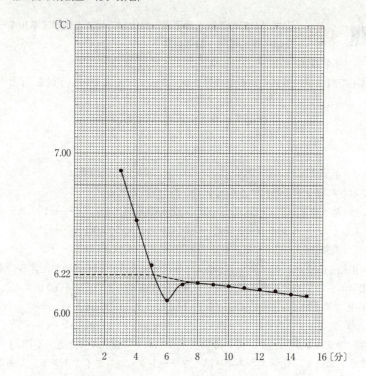

b　$\boxed{5}$　正解は②　$\boxed{6}$　正解は⓪　$\boxed{7}$　正解は①

凝固点降下度 $\Delta t =$ モル凝固点降下 $K_f \times$ 溶液の質量モル濃度 m なので，シクロヘキサンのモル凝固点降下 K_f は

$$6.52 - 6.22 = K_f \times \frac{30.0 \times 10^{-3}}{128} \times \frac{1000}{15.80} \quad \therefore \quad K_f = 20.2 \fallingdotseq 2.0 \times 10^1 \,[\text{K} \cdot \text{kg/mol}]$$

第2問　やや難　溶解度積，金属イオンの分離，身のまわりの無機物質

問1　a　$\boxed{1}$　正解は①

図1より pH = 4 のとき，$[\text{Cr}^{3+}] = 1.0 \times 10^{-1}$ mol/L である。

b　$\boxed{2}$　正解は⑤　$\boxed{3}$　正解は⓪　$\boxed{4}$　正解は⑤　$\boxed{5}$　正解は⑨

図1より，$[\text{Cr}^{3+}] = 1.0 \times 10^{-4}$ mol/L となるときの pH は 5.0 であり，これより pH が大きいとき $[\text{Cr}^{3+}]$ は 1.0×10^{-4} mol/L 未満となる。
また，$[\text{Ni}^{2+}] = 1.0 \times 10^{-1}$ mol/L で沈殿が生じる pH は図1より 5.9 である。よって，求める pH の範囲は 5.0 < pH < 5.9 となる。

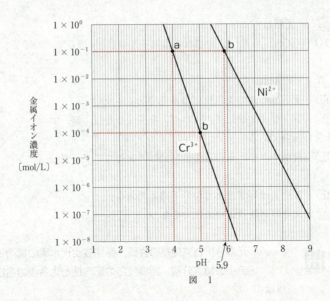

図　1

問2　a　| 6 |　正解は⑤・⑥

沈殿A：希塩酸 HCl を加えて生じる沈殿Aは AgCl の白色沈殿である。ゆえに，水溶液アは Ag^+ を含む。

沈殿B：ろ液は，希塩酸により酸性条件となっており，そこに硫化水素 H_2S を通じて生じる沈殿Bは，CuS の黒色沈殿である。ゆえに，水溶液アは Cu^{2+} を含む。

沈殿C：ろ液を煮沸して硫化水素を追い出し，硫化水素によって還元されて生じた Fe^{2+} を希硝酸によって Fe^{3+} へと戻し，そこにアンモニア水を過剰に加えると，$Al(OH)_3$ の白色沈殿と，$Fe(OH)_3$ の赤褐色沈殿が生じる。沈殿Cはこの二つの沈殿の混合物である。

一方，Zn^{2+} と K^+ が水溶液アに存在した場合，Zn^{2+} は過剰のアンモニア水によって錯イオン $[Zn(NH_3)_4]^{2+}$ となり，K^+ は塩基と沈殿物をつくらず，ろ液中に存在することになる。

沈殿D・ろ液E：沈殿Cに過剰の水酸化ナトリウム水溶液を加えると，Fe^{3+} は塩基で錯イオン化しないので，$Fe(OH)_3$ のまま沈殿Dとなり，Al^{3+} は錯イオン化して $[Al(OH)_4]^-$ となり，ろ液Eに含まれる。ゆえに，水溶液アには，Fe^{3+} と Al^{3+} が含まれることがわかる。

よって，沈殿A，B，Dおよびろ液Eにない Zn^{2+} と K^+ が，水溶液アに含まれていないとわかるので，答えは⑤と⑥となる。

6 第 1 回 試行調査：化学〈解答〉

b ☐ 7 ☐ 正解は④

沈殿 D は $Fe(OH)_3$ なので，含まれる金属イオンは④の Fe^{3+} とわかる。

問3 ☐ 8 ☐ 正解は⑤

① （正）　ナトリウムの炎色反応は黄色である。

② （正）　ジュラルミンはアルミニウムを主成分とし，銅，マグネシウム，マンガンを含む合金である。

③ （正）　炭酸ナトリウムの工業的製法はアンモニアソーダ法（ソルベー法）である。

④ （正）　ヨウ素は昇華性をもつ分子結晶である。

⑤ （誤）　次亜塩素酸は強い酸化力をもつ。

第3問　標準　元素分析と官能基の性質，脂肪族炭化水素の構造決定，エステルの加水分解，置換反応の配向性と化合物の合成

問1 ☐ 1 ☐ 正解は①・②

$1\,mol$ の CO_2 に含まれる C は $1\,mol$，$1\,mol$ の H_2O に含まれる H は $2\,mol$ なので，有機化合物 $12\,g$ 中に含まれている C，H，O の質量は

$$C : 0.60 \times 12 = 7.2 \, [g]$$
$$H : 0.80 \times 2 \times 1.0 = 1.6 \, [g]$$
$$O : 12 - (7.2 + 1.6) = 3.2 \, [g]$$

よって，この有機化合物の組成式は

$$C : H : O = \frac{7.2}{12} : \frac{1.6}{1.0} : \frac{3.2}{16} = 3 : 8 : 1$$

より，C_3H_8O となる。この組成式は一般式 $C_nH_{2n+2}O$ の関係と一致し，鎖状構造で単結合のみをもち，O 原子を 1 つ含むアルコール，エーテルの分子式と考えられる。ほかはすべて二重結合をもつので不適である。

問2 ☐ 2 ☐ 正解は⑤

ア　水素 1 分子が付加した生成物に幾何異性体が存在するものは②，④，⑤である。

① $CH_3-CH_2-\overset{\displaystyle CH_3}{\overset{|}{CH}}-CH=CH_2$

②

③ $CH_3-CH_2-CH_2-\overset{\displaystyle CH_3}{\overset{|}{CH}}-CH=CH_2$

④
$$CH_3-CH-CH_3 \quad \underset{H}{\underset{|}{C}}=\underset{H}{\underset{|}{C}} \quad CH-CH_3 \quad\quad CH_3 \quad CH_3-CH-CH_3 \quad \underset{H}{\underset{|}{C}}=\underset{|}{\underset{CH-CH_3}{C}} \quad CH_3$$

⑤
$$CH_3-CH_2-CH \quad \underset{H}{\underset{|}{C}}=\underset{H}{\underset{|}{C}} \quad CH-CH_3 \quad\quad CH_3-CH_2-CH \quad \underset{H}{\underset{|}{C}}=\underset{|}{\underset{CH-CH_3}{C}} \quad CH_3$$

イ 水素が2分子付加した生成物に不斉炭素原子 C* が存在するものは③, ⑤である。

① $CH_3-CH_2-\underset{\underset{CH_3}{|}}{CH}-CH_2-CH_3$ 　　② $CH_3-\underset{\underset{CH_3}{|}}{CH}-CH_2-CH_2-CH_3$

③ $CH_3-CH_2-CH_2-\underset{\underset{CH_3}{|}}{C}^*H-CH_2-CH_3$ 　　④ $CH_3-\underset{\underset{CH_3}{|}}{CH}-CH_2-CH_2-\underset{\underset{CH_3}{|}}{CH}-CH_3$

⑤ $CH_3-CH_2-\underset{\underset{CH_3}{|}}{C}^*H-CH_2-CH_2-\underset{\underset{CH_3}{|}}{CH}-CH_3$

よって，両方を満たすものは⑤である。

問3 a 　3　 正解は② 　4　 正解は④

化合物Cと化合物Dは互いに異性体であること，および化合物Dの酸化で化合物Bを生じることから，化合物B，C，Dの炭素数は等しい。エステルAの炭素数は4なので，化合物B，C，Dはいずれも炭素数2の化合物である。また，エステルの加水分解で生じる官能基はカルボキシ基とヒドロキシ基であることから，酸化生成物の化合物Bがカルボン酸，化合物Cがアルコールである。また，化合物Cは不安定で異性体Dに変化するので，炭素間二重結合 C=C にヒドロキシ基が結合していると考えられる。よって，化合物Bが酢酸，化合物Cがビニルアルコール，化合物Dがアセトアルデヒドである。

8　第1回 試行調査：化学〈解答〉

$$CH_3-\underset{\underset{O}{\|}}{C}-O-CH=CH_2 \xrightarrow{\text{加水分解}} CH_3-\underset{\underset{O}{\|}}{C}-OH + CH_2=\underset{\underset{OH}{}}{CH}$$

エステルA　　　　　　　　　化合物B　　化合物C
　　　　　　　　　　　　　　　　　　　（不安定）

酸化

$$CH_3-\underset{\underset{O}{\|}}{C}-H$$

化合物D

b　　5　　正解は②

① アセトンにヨウ素と水酸化ナトリウム水溶液を加えて加熱すると，ヨードホルム反応が起こり，ヨードホルムと酢酸ナトリウムを生じる。

$$CH_3-\underset{\underset{O}{\|}}{C}-CH_3 \xrightarrow{I_2,\ NaOH} CHI_3 + CH_3-\underset{\underset{O}{\|}}{C}-ONa$$

② 触媒の存在下でアセチレンに水を付加すると，不安定なビニルアルコールを経てアセトアルデヒドを生じる。

$$CH\equiv CH \xrightarrow{H_2O} CH_2=\underset{\underset{OH}{}}{CH} \longrightarrow CH_3-\underset{\underset{O}{\|}}{C}-H$$

③ 酢酸カルシウムを乾留すると，アセトンを生じる。

$$(CH_3COO)_2Ca \xrightarrow{\text{乾留}} CH_3-\underset{\underset{O}{\|}}{C}-CH_3 + CaCO_3$$

④ 2-プロパノールに二クロム酸カリウムの硫酸酸性溶液を加えて加熱すると，2-プロパノールが酸化されてアセトンを生じる。

$$CH_3-\underset{\underset{OH}{}}{CH}-CH_3 \xrightarrow{\text{酸化}} CH_3-\underset{\underset{O}{\|}}{C}-CH_3$$

⑤ エタノールを濃硫酸とともに160〜170℃で加熱すると，分子内脱水によりエチレンを生じる。

$$CH_3-CH_2-OH \xrightarrow{\text{分子内脱水}} CH_2=CH_2 + H_2O$$

問4　　6　　正解は⑤　　　7　　正解は③　　　8　　正解は⑥

目的物はベンゼンの m-二置換体なので，操作1では m- の位置に置換反応を起こしやすい官能基を導入する必要がある。m-位に置換反応を起こしやすい官能基は，選択肢中では①のスルホン化と⑤のニトロ化が考えられるが，最終生成物がアニリン誘導体であることから，操作1は⑤のニトロ化が適当で，化合物Aはニトロベン

ゼンとなる。次にニトロベンゼンのニトロ基の m-位に塩素を置換させる必要がある。④の操作では塩素の付加反応が起きるので，③の操作が適当で，化合物Bは m-クロロニトロベンゼンとなる。最後に⑥の操作により，ニトロ基をスズと塩酸で還元し，水酸化ナトリウム水溶液を加えるとニトロ基がアミノ基になるので，目的の m-クロロアニリンを得ることができる。

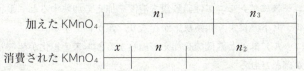

第4問　標準　COD（化学的酸素要求量）

問1　|1|　正解は④

C原子の酸化数は+3から+4に変化し，1増加している。

$$\underset{+3}{\underline{C}_2O_4^{2-}} \longrightarrow 2\underset{+4}{\underline{C}O_2} + 2e^-$$

問2　a　|2|　正解は③　　|3|　正解は⑥

操作1～3で試料水に対して加えた $KMnO_4$ の総物質量 n_1+n_3〔mol〕は，加熱により分解した x〔mol〕，試料水中の有機化合物と反応した n〔mol〕，$Na_2C_2O_4$ と反応した n_2〔mol〕の和と等しい。

よって　　$n_1+n_3=x+n+n_2$

同様に，**操作1～3で純水に対して加えた** $KMnO_4$ の総物質量 n_1+n_4〔mol〕は，加熱により分解した x〔mol〕，$Na_2C_2O_4$ と反応した n_2〔mol〕の和と等しい。

よって　　$n_1+n_4=x+n_2$

10 第 I 回 試行調査：化学〈解答〉

b 　4　 正解は ①

a で求めた 2 式を整理すると

$$n = n_3 + (n_1 - n_2 - x) = n_3 - n_4 \text{〔mol〕}$$

問3 　5　 正解は ⑤　　6　 正解は ⑧　　7　 正解は ⓪

4 mol の $KMnO_4$ が受け取る e^- と同じ物質量の e^- を受け取る O_2 の物質量は

$$4 \times 5 \times \frac{1}{4} = 5 \text{〔mol〕}$$

よって，試料水 100 mL 中の有機化合物を酸化するのに必要な O_2（分子量 32）の質量を y〔mg〕とすると

$$2.0 \times 10^{-5} \times 5 \times \frac{1}{4} = \frac{y \times 10^{-3}}{32} \quad \therefore \quad y = 0.80 \text{〔mg〕}$$

試料水 1.0 L に対する値に換算すると

$$0.80 \times \frac{1000}{100} = 8.0 \text{〔mg/L〕}$$

第5問　標準　デンプンのりによる紙の接着のしくみ

問1 　1　 正解は ③

① 臭素水の脱色で確認できるのは，C＝C 結合や C≡C 結合の存在である。

② ヨウ素ヨウ化カリウム水溶液との呈色で確認できるのは，デンプンである。

③ グルコースにアンモニア性硝酸銀水溶液を加えて加熱すると，鎖状構造に存在するアルデヒド基により銀鏡反応が起こり，銀が析出する。

④ アルコールに酢酸と濃硫酸を加えて加熱するとエステル化が起こり，エステルの芳香が確認される。

⑤ ニンヒドリン溶液はアミノ酸やタンパク質の検出に用いられる。

⑥ 濃硝酸を加えて加熱し，黄色の呈色で確認できるのは，ベンゼン環の存在であり，タンパク質中の芳香族アミノ酸の検出に用いられる。キサントプロテイン反応と呼ばれる。

問2 　2　 正解は ④

図 1 の鎖状構造が環状構造に変化するとき，ヒドロキシ基の H 原子がアルデヒド基の O 原子に結合，アルデヒド基の C＝O が単結合に変化，ヒドロキシ基の O 原子とアルデヒド基の C 原子が単結合で結合している。これと同じ変化がメタノールとアセトアルデヒドに起こると考える。

$$-O\overset{\frown}{\cdot}H\quad\overset{H}{\underset{O}{C}}\quad\longrightarrow\quad -O\overset{H}{\underset{OH}{C}}$$

鎖状構造　　　　　環状構造

$$CH_3-O\overset{\frown}{\cdot}H\quad CH_3\overset{H}{\underset{O}{C}}\quad\longrightarrow\quad CH_3-O\overset{H}{\underset{CH_3}{C}}OH$$

問3　　3　　正解は②

①，③，④はいずれも分子量の違いによる状態の違い，沸点の違いに関する記述であり，ファンデルワールス力の大小で説明できるが，②は分子量が同じ構造異性体の沸点の違いに関する記述であり，1-ブタノールとジエチルエーテルの沸点の差は水素結合形成の有無で説明できる。

問4　　4　　正解は④・⑥

水素結合はH原子と電気陰性度の大きいF，O，N原子の間にのみはたらく分子間力である。よって，分子内にO原子を含み，極性の大きい官能基をもつ④と⑥が適当である。④は液体のりに含まれるポリビニルアルコール（PVA），⑥はスティックのりに含まれるポリビニルピロリドン（PVP）である。

化学 センター試験 本試験

2020年度

問題番号(配点)	設問	解答番号	正解	配点	チェック
第1問(24)	問1	1	④	4	
	問2	2	⑤	4	
	問3	3	②	4	
	問4	4	②	4	
	問5	5	⑤	4	
	問6	6	④	4	
第2問(24)	問1	1	③	3	
		2	⑦	3	
	問2	3	⑤	4	
	問3	4	③	4	
	問4	5	①	3	
		6	④	3	
	問5	7	③	4	

(注)
1 *は，全部正解の場合のみ点を与える。
2 第1問〜第5問は必答。第6問，第7問のうちから1問選択。計6問を解答。

問題番号(配点)	設問	解答番号	正解	配点	チェック
第3問(23)	問1	1	①	4	
	問2	2	③	4	
	問3	3	②	3	
		4	①		
		5	②	3*	
		6	④		
	問4	7	①	4	
	問5	8	④	5	
第4問(19)	問1	1	④	3	
	問2	2	②	4	
	問3	3	⑤	4	
	問4	4	③	4	
	問5	5	③	2	
		6	①	2	
第5問(6)	問1	1	①	2	
		2	⑤	2	
	問2	3	⑥	2	
第6問(4)	問1	1	④	2	
	問2	2	②	2	
第7問(4)	問1	1	②	2	
	問2	2	③	2	

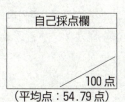
自己採点欄 / 100点
(平均点：54.79点)

2 2020年度：化学/本試験〈解答〉

第1問 標準 ハロゲン，状態図，混合気体の密度，水銀柱と蒸気圧，浸透圧と分子量，コロイドの性質

問1 ‖ 1 ‖ 正解は④

① （正） F, Cl, Br, I はハロゲン元素であるから，これらの原子はいずれも7個の価電子をもつ。

② （正） 陰イオンになると，最外殻の電子が増えるので半径が大きくなる。

③ （正） 原子番号が大きいほど単体の分子量は大きい。したがって，分子間力も大きくなり，融点や沸点が高くなる。

④ （誤） 単体の酸化力は，$F_2 > Cl_2 > Br_2 > I_2$ であり，原子番号が小さいほど強い。

⑤ （正） 水に対する単体の反応性の高さは，酸化力と同様に $F_2 > Cl_2 > Br_2 > I_2$ である。

問2 ‖ 2 ‖ 正解は⑤

① （正） 三重点では，その温度・圧力において固体，液体，気体が共存している。

② （正） T_B より高温で，P_B より高圧の状態を超臨界状態といい，液体とも気体とも区別がつかない状態となる。

③ （正） 図1の液体と気体の境界線（蒸気圧曲線）が高圧になるほど高温になっていることから，沸点は高圧になるほど高くなることがわかる。

④ （正） 図1の固体と気体の境界線（昇華圧曲線）が高圧になるほど高温になっていることから，昇華する温度は高圧になるほど高くなることがわかる。

⑤ （誤） 図1の固体と液体の境界線（融解曲線）は高圧になるほど低温になっていることから，融点は高圧になるほど低くなることがわかる。

問3 ‖ 3 ‖ 正解は②

H_2 と N_2 の分子量はそれぞれ 2.0 と 28 であり，物質量が等しいことからこの混合気体の平均分子量は，$\dfrac{2.0 + 28}{2} = 15$ である。

混合気体の体積を V〔L〕，質量を w〔g〕とすると，気体の状態方程式は

$$PV = \frac{w}{15} \times R \times (t + 273)$$

したがって，この混合気体の密度 d〔g/L〕は

$$d = \frac{w}{V} = \frac{15P}{R(t + 273)} \text{〔g/L〕}$$

問4 　4　 正解は②

化合物 X の蒸気圧は，図2のア，イにおける水銀柱の高さの差 760 − 532 = 228〔mm〕に相当する。この値を圧力に換算すると

$$1.013 \times 10^5 \times \frac{228}{760} = 3.03 \times 10^4 \fallingdotseq 3.0 \times 10^4 \,〔Pa〕$$

問5 　5　 正解は⑤

大気圧と U 字管の右側の圧力の差が浸透圧に相当するから，浸透圧は

$$1.0153 \times 10^5 - 1.0133 \times 10^5 = 2.0 \times 10^2 〔Pa〕$$

非電解質 Y のモル質量を M〔g/mol〕とし，ファントホッフの法則を用いると

$$2.0 \times 10^2 \times \frac{10}{1000} = \frac{0.020}{M} \times 8.3 \times 10^3 \times (27 + 273)$$

$$M = 2.49 \times 10^4 \fallingdotseq 2.5 \times 10^4 〔g/mol〕$$

問6 　6　 正解は④

① （正） ブラウン運動とは，コロイド粒子に，熱運動している多数の分散媒分子が不規則に衝突することによる，コロイド粒子の不規則な運動である。

② （正） コロイド粒子は分散媒分子よりはるかに大きいので，光を散乱する。

③ （正） デンプンは高分子化合物であるので，1 分子でコロイド粒子になる。

④ （誤） 寒天の粉末は，温水に溶かすと流動性のあるゾルになり，冷却すると固まってゲルとなる。

⑤ （正） 墨汁は疎水性のスス（炭素）のコロイド溶液であり，保護コロイドとして膠を加えることで凝析しにくくしている。

第2問 　やや難　 燃焼反応の量的関係と反応熱，テルミット反応と反応熱，反応速度の次数，反応条件と反応速度・平衡状態，中和滴定の指示薬

問1 　a　 　1　 正解は③

実験に用いたスチールウール（Fe）の物質量は，$\dfrac{1.68}{56} = 0.030$〔mol〕である。一方，図1より，このスチールウールと過不足なく反応する酸素 O_2 の物質量は，0.020 mol である。したがって，反応する Fe と O_2 の物質量の比は，0.030 : 0.020 = 3 : 2 であるから，Fe と O の原子数の比は 3 : 4 となり，燃焼による生成物 A の組成式は Fe_3O_4 である。

b　　2　　正解は⑦

Fe_3O_4 の生成熱を Q〔kJ/mol〕とすると，Fe_3O_4 の生成に関わる熱化学方程式は

$$3Fe（固）+2O_2（気）=Fe_3O_4（固）+Q〔kJ〕$$

0.020 mol の O_2 が反応したとき，0.010 mol の Fe_3O_4 が生成し，そのとき発生した熱量は，$4.48 \times 2.5 = 11.2$〔kJ〕であるから

$$Q = \frac{11.2}{0.010} = 1120〔kJ/mol〕$$

問2　　3　　正解は⑤

反応熱＝（生成物の生成熱の和）−（反応物の生成熱の和）である。単体の生成熱は 0 であるので，与えられた熱化学方程式について，反応熱を考えると

$$Q = Q_2 - 3Q_1 = -3Q_1 + Q_2〔kJ〕$$

問3　　4　　正解は③

図2より，〔A〕が2倍になるとCの生成速度も2倍になるから，v は〔A〕に比例しており，$a=1$ である。また，図3より，〔B〕が2倍になるとCの生成速度は4倍になるから，v は〔B〕の2乗に比例しており，$b=2$ である。したがって，反応速度 v は

$$v = k〔A〕〔B〕^2$$

よって，〔A〕と〔B〕をいずれも2倍にすると，v は $2 \times 2^2 = 8$ 倍になる。

問4　　5　　正解は①　　6　　正解は④

　条件 I　温度を下げると，反応速度が小さくなるが，正反応は発熱反応であるため，平衡時のCの生成量は増加する。①が適当である。

　条件 II　触媒を加えると，活性化エネルギーが小さくなり反応速度が大きくなるが，触媒によって平衡は移動しないのでCの生成量は変化しない。④が適当である。

問5　　7　　正解は③

色素分子 HA の電離定数 K は次のように表すことができる。

$$K = \frac{[H^+][A^-]}{[HA]} = 1.0 \times 10^{-6}〔mol/L〕$$

一方，確実に色が見分けられるときの条件より，

$\dfrac{[HA]}{[A^-]} = 10$ のとき

$$1.0 \times 10^{-6} = \frac{[H^+]}{10} \qquad [H^+] = 1.0 \times 10^{-5}〔mol/L〕$$

$$pH = 5$$

$\dfrac{[HA]}{[A^-]} = 0.1$ のとき

$$1.0 \times 10^{-6} = [H^+] \times 10 \qquad [H^+] = 1.0 \times 10^{-7} \, (mol/L)$$

$$pH = 7$$

したがって，この色素の変色域は pH5〜7 であるから，中和点がその範囲に含まれる，**ア**と**エ**が適している。

第3問　標準　無機物質の性質，酸化物，陽イオンの分離，カルシウムの化合物，ニッケル水素電池

問1　　1　　正解は①

①　（誤）　ニクロムは電気抵抗が大きいので発熱体として利用される。

②　（正）　アルミニウム表面に酸化被膜を人工的に施した製品をアルマイトという。

③　（正）　塩化コバルト（Ⅱ）の無水塩は青色であるが，吸湿すると桃色になる。

④　（正）　ストロンチウムはアルカリ土類金属であり，その炎色反応の色は紅色である。

問2　　2　　正解は③

①　（正）　$AgNO_3$ 水溶液に NaOH 水溶液を加えると次のように反応する。

$$2AgNO_3 + 2NaOH \longrightarrow Ag_2O + 2NaNO_3 + H_2O$$

②　（正）　$CuSO_4$ 水溶液に NaOH 水溶液を加えると次のように反応する。

$$CuSO_4 + 2NaOH \longrightarrow Cu(OH)_2 + Na_2SO_4$$

これを加熱すると黒色の CuO が生じる。

$$Cu(OH)_2 \longrightarrow CuO + H_2O$$

③　（誤）　MnO_2 は H_2O_2 の分解反応の触媒として作用する。

$$2H_2O_2 \xrightarrow{MnO_2} 2H_2O + O_2$$

④　（正）　SiO_2 は HF と次のように反応する。

$$SiO_2 + 6HF \longrightarrow H_2SiF_6 + 2H_2O$$

問3　a　　3　　正解は②

希塩酸を加えると生じる，沈殿する塩化物は，$AgCl$，$PbCl_2$ の2つである。

b　　4　　正解は①　　5　　正解は②　　6　　正解は④

操作Ⅱについて

①　過剰のアンモニア水を加えると，沈殿A，ろ液Bは次のように分離できる。

沈殿A：AgClは錯イオンのジアンミン銀（Ⅰ）イオン $[Ag(NH_3)_2]^+$ を生じて溶解するため，ろ液Dとして分離できる。

$$AgCl + 2NH_3 \longrightarrow [Ag(NH_3)_2]^+ + Cl^-$$

$PbCl_2$ はアンモニア水と反応しないため，沈殿Cとして分離できる。

ろ液B：アンモニア水を加えると，それぞれ水酸化物の沈殿を生じる。

$$Al^{3+} + 3OH^- \longrightarrow Al(OH)_3$$

$$Zn^{2+} + 2OH^- \longrightarrow Zn(OH)_2$$

さらに，過剰のアンモニア水を加えると，$Zn(OH)_2$ のみが錯イオンのテトラアンミン亜鉛（Ⅱ）イオン $[Zn(NH_3)_4]^{2+}$ を生じて溶解するため，ろ液Fとして分離できる。

$$Zn(OH)_2 + 4NH_3 \longrightarrow [Zn(NH_3)_4]^{2+} + 2OH^-$$

$Al(OH)_3$ は過剰のアンモニア水を加えても溶解しないため，沈殿Eとして分離できる。

② 過剰の $NaOH$ 水溶液を加えると，Al^{3+}，Zn^{2+} はともに両性元素のため溶解する。一方，$AgCl$，$PbCl_2$ はともに溶解しないため不適。

③・④ これらの酸を加えても，$AgCl$，$PbCl_2$ は溶解せず，Al^{3+}，Zn^{2+} はともに沈殿しないため不適。

問4　　7　　正解は①

図2における，化合物A〜Dの分子式およびその生成反応式は次のとおりである。

化合物A：$Ca(OH)_2$　　　$Ca + 2H_2O \longrightarrow Ca(OH)_2 + H_2$

化合物B：$CaCO_3$　　　$Ca(OH)_2 + CO_2 \longrightarrow CaCO_3 + H_2O$

化合物C：$Ca(HCO_3)_2$　　　$CaCO_3 + CO_2 + H_2O \rightleftharpoons Ca(HCO_3)_2$

化合物D：CaO　　　$CaCO_3 \longrightarrow CaO + CO_2$

① （誤）　$Ca(OH)_2$ は強塩基だからその水溶液は強い塩基性を示す。

② （正）　$CaCO_3$ は石灰岩や大理石の主成分であり，日本で大量に産出する。

③ （正）　$Ca(HCO_3)_2$ の水溶液から水が蒸発することで，$CaCO_3$ が析出する。

④ （正）　$CaO + H_2O \longrightarrow Ca(OH)_2$ の反応熱は大きく，食品の加熱などに用いられている。

問5　　8　　正解は④

ニッケル水素電池の放電による正極，負極での反応は次のとおりである。

正極（還元反応）：$NiO(OH) + H^+ + e^- \longrightarrow Ni(OH)_2$

負極（酸化反応）：$MH \longrightarrow M + H^+ + e^-$

すなわち，1 mol の Ni(OH)₂ が生じると 1 mol の電子 e⁻ が流れる。
また，1 C = 1 A·s であることから，1 A·h の電気量とは
$$1 \times 60 \times 60 = 3.6 \times 10^3 \text{[C]}$$
一方，6.7 kg の Ni(OH)₂ の物質量は
$$\frac{6.7 \times 10^3}{93} ≒ 72 \text{[mol]}$$
したがって，求める電気量 [A·h] は
$$\frac{72 \times 1 \times 9.65 \times 10^4}{3.6 \times 10^3} ≒ 1.93 \times 10^3 ≒ 1.9 \times 10^3 \text{[A·h]}$$

第 4 問 脂肪族炭化水素，有機化合物の燃焼と分子式，芳香族化合物の酸性の強さ，鏡像異性体と分子式，酢酸エチルの合成実験

問 1 ☐1 正解は ④

① （正）メタン CH₄ は正四面体形をしており，4 つの共有結合の長さは等しい。
② （正）エタン CH₃–CH₃ は単結合，エテン CH₂=CH₂ は二重結合であるから，結合距離はエタンの方が長い。
③ （正）プロパン CH₃–CH₂–CH₃ の中央の C 原子は，メタン CH₄ の C 原子に似て 4 個の原子（2 個の C 原子と 2 個の H 原子）と四面体構造を形成するように結合している。そのためプロパンの 3 個の C 原子は折れ線状に結合している。
④ （誤）C_nH_{2n+2} はアルカンの一般式である。炭素数が n であるシクロアルカンの一般式は，アルケンと同じ C_nH_{2n}（$n≧3$）である。

問 2 ☐2 正解は ②

分子式が $C_9H_nO_2$ で表される化合物の分子量は，$n+140$ である。また，この化合物 1 mol から，H₂O（分子量 18）は $\frac{n}{2}$ [mol] 生成する。したがって
$$\frac{30 \times 10^{-3}}{n+140} \times \frac{n}{2} = \frac{18 \times 10^{-3}}{18} \qquad n = 10$$

問 3 ☐3 正解は ⑤

アは極めて弱い酸性を示すフェノール，イは中性のベンジルアルコール，ウはカルボン酸の一種で弱酸の安息香酸である。したがって，酸性の強さは，**ウ>ア>イ**となる。

8　2020年度：化学/本試験〈解答〉

問4　　4　　正解は③

③　C_2H_4BrCl には，次のような構造式の化合物が可能であり，このとき C^* が不斉炭素原子となるので鏡像異性体が存在する。

$$\begin{array}{c} H \\ | \\ CH_3-C^*-Br \\ | \\ Cl \end{array}$$

問5　a　　5　　正解は③

①　(正)　濃硫酸はエステル化の触媒および脱水作用のために用いた。

②　(正)　硫酸や未反応の酢酸は炭酸より強い酸であるため，$NaHCO_3$ との反応の結果，弱酸遊離によって CO_2 が発生した。

$$CH_3COOH + NaHCO_3 \longrightarrow CH_3COONa + H_2O + CO_2$$

③　(誤)　酢酸エチル $CH_3COOC_2H_5$ は水に溶けにくく，水より密度が小さいので，上層として得られる。

④　(正)　分子量の小さいエステルは果実のような芳香のものが多い。

b　　6　　正解は①

ア　実験Ⅱにおいて，生成した酢酸エチルの分子量が2増加したということは，エタノール CH_3CH_2-OH が含む同位体 ^{18}O は酢酸エチルに含まれているとわかる。したがって，エステル結合は次のように形成されると考えられる。

$$CH_3-\underset{O}{C}-OH + H-{}^{18}O-CH_2CH_3 \longrightarrow CH_3-\underset{O}{C}-{}^{18}O-CH_2CH_3 + H_2O$$

よって，新たに形成されたのは結合**X**である。

イ　生成した水 H_2O は，酢酸のカルボキシ基の $-OH$ とエタノールのヒドロキシ基の $-H$ から生じたもので，^{18}O は含まれていないため，分子量は18である。

第5問　標準　合成高分子化合物の単量体，アミノ酸の等電点とイオン

問1　a　　1　　正解は①　　b　　2　　正解は⑤

a　ナイロン66は，**ア.** アジピン酸と**ウ.** ヘキサメチレンジアミンの縮合重合によって得られる。

b　この合成ゴム（SBR）は，スチレン-ブタジエンゴムであるから，**オ.** スチレンと**イ.** 1,3-ブタジエンの共重合によって得られる。

2020年度：化学/本試験〈解答〉　**9**

問2　　3　　正解は⑥

ア　アミノ酸A（グリシン）の等電点は6.0であり，pH6.0では主に双性（両性）
イオンとして存在する。

イ　アミノ酸B（リシン）の等電点は9.7であり，等電点より小さいpHにおける
アミノ酸は主に陽イオンとして存在するため，pH7.0で電気泳動を行った場合，
陰極側に移動する。

第6問　やや難　合成高分子化合物の性質と構造，共重合化合物の構造

問1　　1　　正解は④

① （正）　高密度ポリエチレンは，枝分かれが少なく結晶性が高いので，透明度が
低い。

② （正）　フェノール樹脂は次のような構造をしており，ベンゼン環がメチレン基
によって架橋されている。

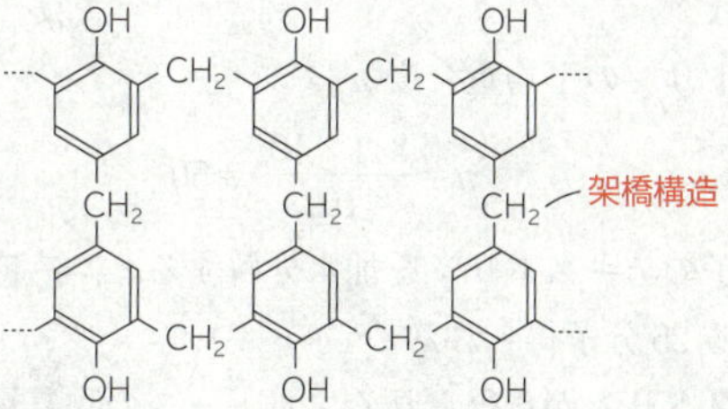

③ （正）　イオン交換樹脂による反応は可逆反応だから，イオン交換樹脂を再生す
ることができる。

④ （誤）　シス形のポリイソプレンは，全体として丸まった構造をしており，引っ
張ると伸びるが放すと丸まることから弾性を示す。これに対し，トランス形のポ
リイソプレンは硬くて弾性に乏しい。

⑤ （正）　乳酸は天然に存在する物質であり，ポリ乳酸は微生物によって分解され
る生分解性高分子化合物である。

問2　　2　　正解は②

繰り返し単位全体における，炭素原子と塩素原子の数は，それぞれ$3m+2n$とn
であるから

$$3m+2n : n = 3.5 : 1 \qquad m : n = 1 : 2$$

また，平均分子量について

10 2020年度：化学/本試験〈解答〉

$$53.0m + 62.5n = 1.78 \times 10^4$$

得られた2つの式より　　$m = 100$

第7問　やや難　天然高分子化合物の構造，デキストリンの加水分解と還元反応

問1　　1　　正解は②

① （正）　タンパク質の三次構造の形成に関与している結合には，ジスルフィド結合や側鎖間のイオン結合，水素結合，ファンデルワールス力などがある。

② （誤）　ポリペプチド鎖のらせん構造を α-ヘリックスという。β-シートは，ポリペプチド鎖間の水素結合により形成される平面構造である。

③ （正）　核酸は，ヌクレオチドの糖部分とリン酸部分が脱水縮合を繰り返した直鎖状の構造をしている。

④ （正）　DNA の糖部分はデオキシリボースである。

問2　　2　　正解は③

与えられたデキストリンの平均重合度 n は

$$n = \frac{8.1 \times 10^3}{162} = 50$$

したがって，1分子のデキストリンを加水分解すると，二糖類であるマルトースは重合度の半分である 25 分子得られる。

よって，このデキストリンから得られるマルトースの物質量は

$$1.0 \times 10^{-3} \times 25 = 2.5 \times 10^{-2} \,[\text{mol}]$$

マルトース 1 mol あたり Cu_2O 1 mol が生じると考えられるから，生じる Cu_2O（式量144）の質量は

$$2.5 \times 10^{-2} \times 144 = 3.6 \,[\text{g}]$$

化学基礎 本試験

問題番号 (配点)	設問	解答番号	正解	配点	チェック
第1問 (25)	問1	1	④	3	
	問2	2	③	3	
	問3	3 - 4	② - ⑤	4 (各2)	
	問4	5	②	4	
	問5	6	⑤	4	
	問6	7	④	4	
	問7	8	①	3	

問題番号 (配点)	設問	解答番号	正解	配点	チェック
第2問 (25)	問1	9	⑤	4	
	問2	10	①	4	
	問3	11	⑧	3	
		12	④	3	
	問4	13	③	4	
	問5	14	②	3	
	問6	15	①	4	

(注) - (ハイフン) でつながれた正解は、順序を問わない。

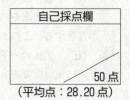

自己採点欄

50点
(平均点：28.20点)

第1問 電子配置，周期表，分子の極性，純物質の状態，蒸留装置，沈殿反応の量的関係，生活に関わる物質

問1 ☐1☐ 正解は ④

① （正） 炭素の原子番号は6であり，K殻に2個，L殻に4個の電子が存在する。
② （正） 硫黄の原子番号は16であり，K殻に2個，L殻に8個，M殻に6個の電子が存在する。したがって，価電子の数は6個である。
③ （正） NaとFの原子番号は，それぞれ11と9である。これらの原子が単原子イオンのNa$^+$とF$^-$になると，いずれも原子番号の最も近い貴ガス（希ガス）元素の$_{10}$Neと同じ電子配置となる。
④ （誤） 窒素とリンはともに15族の元素であり，原子の最外殻電子の数はいずれも5個である。

問2 ☐2☐ 正解は ③

① （正） アは水素，イはアルカリ金属，ウは2族の元素であり，いずれも典型元素である。
② （正） エは3族から11族の元素で，遷移元素である。
③ （誤） オは典型元素である12族から15族の元素のうちの金属元素である。
④ （正） カは典型元素である13族から16族の元素のうちの非金属元素である。オとカの境界は，金属元素と非金属元素の境目を表している。
⑤ （正） キはハロゲン元素，クは貴ガス元素で，典型元素である。

問3 ☐3☐・☐4☐ 正解は ②・⑤

① H$_2$Oは折れ線形の分子で極性がある。
② CO$_2$は直線形の分子で対称性があるから，無極性分子である。
③ NH$_3$は三角錐形の分子で極性がある。
④ C$_2$H$_5$OHは極性があるので水とよく混じりあう。
⑤ CH$_4$は正四面体形をしており，その対称性から無極性分子である。

問4 ☐5☐ 正解は ②

① （正） 液体はその液面から絶えず蒸発を続けている。
② （誤） ヨウ素や二酸化炭素のように，常圧で気体から直接固体に変化する物質が存在する。このような変化を昇華（凝華）という。
③ （正） 気体の分子は全体として，その温度に対応した速さの分布を形成しており，一定温度であっても速い分子や遅い分子が存在する。

2020年度：化学基礎/本試験〈解答〉　**13**

④　（正）　分子結晶中の分子は，それぞれ定められた位置を中心として熱運動（振動）をしている。

問5　　**6**　　正解は⑤

手順Ⅰ　温度計の役割は，発生する水蒸気のうち留出液となるものの温度を測ることにあるから，**ウ**が適当である。

手順Ⅱ　枝付きフラスコから三角フラスコまでの全体を密閉状態にすると，装置内の水蒸気の圧力が高くなって危険であるので，**エ**が適当である。

問6　　**7**　　正解は④

沈殿した $CaSO_4 \cdot 2H_2O$ の物質量は

$$\frac{8.6}{172} = 0.050 \,〔mol〕$$

また，$1\,mol$ の $CaBr_2$ から $2\,mol$ の Br^- が生じるから，溶けていた $CaBr_2$ の物質量は

$$\frac{0.024}{2} = 0.012 \,〔mol〕$$

さらに，それぞれ $1\,mol$ の $CaCl_2$，$CaBr_2$ から，ともに $1\,mol$ の $CaSO_4 \cdot 2H_2O$ が生じるから，溶かした $CaCl_2$ の物質量は

$$0.050 - 0.012 = 0.038 \,〔mol〕$$

問7　　**8**　　正解は①

①　（誤）　ボーキサイトはアルミニウムの原料となる鉱石である。二酸化ケイ素はケイ砂や水晶の主成分である。

②　（正）　塩素はその強い酸化力により殺菌作用がある。

③　（正）　ポリエチレンの構造は，$\{CH_2-CH_2\}_n$ で表され，炭素と水素だけからなる高分子化合物である。

④　（正）　白金はイオン化傾向が小さく化学的に安定な貴金属である。

第2問 分子と質量数，モル濃度，滴定曲線，水溶液のpH，電池のはたらき，イオン化傾向と反応性

問1　9　正解は⑤

塩素分子をCl-Clと表すと，左右ともに質量数が35の原子からなる塩素分子（すなわち$M=70$）の存在比は

$$0.76 \times 0.76 = 0.577 \fallingdotseq 0.58$$

したがって，割合は**58%**である。

CHECK $M=72$となるのは，左右が35と37，37と35の2通りがあるから，その存在比は，$0.76 \times 0.24 \times 2 = 0.364 \fallingdotseq 0.36$となり，36%である。
また，$M=74$（左右がともに37）の存在比は，$0.24 \times 0.24 = 0.0576 \fallingdotseq 0.058$となり5.8%である。

問2　10　正解は①

0.25 mol/LのNaNO₃水溶液200 mLに溶けているNaNO₃の物質量は

$$0.25 \times \frac{200}{1000} = 0.050 \text{ (mol)}$$

一方，0.12 mol/LのNaNO₃水溶液500 mLに溶けているNaNO₃の物質量は

$$0.12 \times \frac{500}{1000} = 0.060 \text{ (mol)}$$

したがって，加えるNaNO₃の質量は，NaNO₃ = 85 より

$$(0.060 - 0.050) \times 85 = \mathbf{0.85} \text{ (g)}$$

問3　11　正解は⑧　　12　正解は④

水溶液A：pHは12であるから，塩基性の水溶液である。
　また，pH=12では$[H^+] = 1 \times 10^{-12}$ mol/Lであるから，$[OH^-] = 1 \times 10^{-2}$ mol/Lである。したがって，⑧の0.010 mol/L水酸化ナトリウム水溶液があてはまる。
水溶液B：図1より，中和点が塩基性側（およそpH9）にあるので，強塩基と弱酸による中和であり，水溶液Bは弱酸の酢酸水溶液である。酢酸水溶液の濃度をx (mol/L)とすると，酢酸は1価の酸，水酸化ナトリウムは1価の塩基だから

$$1 \times 0.010 \times \frac{150}{1000} = 1 \times x \times \frac{15}{1000}$$

$$x = 0.10 \text{ (mol/L)}$$

したがって，④があてはまる。

2020年度：化学基礎/本試験〈解答〉 **15**

問4 　13　 正解は③

ア　NaCl は強酸と強塩基の塩であるから，その水溶液は中性の pH＝7 である。

イ　$NaHCO_3$ は，加水分解により弱い塩基性を示す。

ウ　$NaHSO_4$ は，電離によって H^+ を生じるので酸性を示す。

$$HSO_4^- \longrightarrow H^+ + SO_4^{2-}$$

したがって，pH の大きい順は，**イ＞ア＞ウ**である。

問5 　14　 正解は②

① （正）　化学電池の放電では，化学反応によるエネルギーが電気エネルギーに変換される。

② （誤）　電池の放電では，正極で還元反応，負極で酸化反応が起こる。

③ （正）　電池の正極と負極の電位差を起電力といい，これによって電流が流れる。

④ （正）　水素を用いる燃料電池では，水素の燃焼により生じるエネルギーが電気エネルギーに変換されているので，水が生じる。

問6 　15　 正解は①

① （正）　イオン化傾向は，Fe＞Ag であるので，鉄が溶けて銀が析出する。

② （誤）　イオン化傾向は，Zn＞Cu であるので，亜鉛が溶けて銅が析出する。

③ （誤）　イオン化傾向は，H_2＞Cu であるので，水素は発生しない。なお，希硝酸には酸化力があるので，Cu と次のように反応し，無色の気体 NO が発生する。

$$3Cu + 8HNO_3 \longrightarrow 3Cu(NO_3)_2 + 4H_2O + 2NO$$

④ （誤）　アルミニウムは濃硝酸に対して不動態となるので，アルミニウム板は溶けない。

化学 本試験

2019年度

問題番号(配点)	設問	解答番号	正解	配点	チェック
第1問(24)	問1	1	①	2	
		2	②	2	
	問2	3	④	4	
	問3	4	①	4	
	問4	5	③	4	
	問5	6	⑤	4	
	問6	7	⑥	4	
第2問(24)	問1	1	⑤	4	
	問2	2	①	4	
	問3	3	②	5	
	問4	4	③	3	
		5	②	4	
	問5	6	②	4	

問題番号(配点)	設問	解答番号	正解	配点	チェック
第3問(23)	問1	1	⑤	4	
	問2	2	④	4	
	問3	3	④	4	
	問4	4	②	3	
		5	④	3	
	問5	6	①	5	
第4問(19)	問1	1	⑤	3	
	問2	2	④	4	
	問3	3 - 4	① - ③	4(各2)	
	問4	5	③	4	
	問5	6	④	4	
第5問(5)	問1	1	⑥	2	
	問2	2	③	3	
第6問(5)	問1	1	①	2	
	問2	2	③	3	
第7問(5)	問1	1	⑤	2	
	問2	2	②	3	

(注)
1 －（ハイフン）でつながれた正解は，順序を問わない。
2 第1問〜第5問は必答。第6問，第7問のうちから1問選択。計6問を解答。

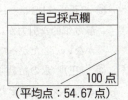

(平均点：54.67点)

2 2019年度：化学/本試験〈解答〉

第1問　標準　物質の性質，ダイヤモンドの密度，分子間力，気体の分子量，溶解の仕組み，気体の溶解度

問1 a ☐1☐ 正解は① b ☐2☐ 正解は②

① 塩化カリウム KCl は，K^+ と Cl^- のイオン結合からなる物質であり，共有結合をもたない。

② 黒鉛 C は炭素の共有結合の結晶である。各炭素原子は，4つの価電子のうち3つを隣接する炭素原子との共有結合に使っているが，残りの1つの価電子が自由に移動できるため，**固体状態で電気をよく通す。**

③ 硝酸カリウム KNO_3 は，K^+ と NO_3^- のイオン結合からなる物質であるが，NO_3^- 内の N 原子と O 原子の間には共有結合が存在する。

④ ポリエチレン $\require{enclose}{+CH_2-CH_2}_n$ は高分子化合物であり，各原子間の結合は共有結合である。

⑤ ヨウ素 I_2 は，分子結晶であるので共有結合をもつ。

CHECK　固体状態で電気をよく通すのは，金属や黒鉛などである。イオン結晶は，溶解したり，融解させたりすると電気を通すようになる。

問2 ☐3☐ 正解は④

単位格子に含まれる炭素原子の数は

$$\frac{1}{8} \times 8 + \frac{1}{2} \times 6 + 4 = 8 \text{ 個}$$

したがって，単位格子の質量は $\dfrac{M}{N_A} \times 8$〔g〕である。単位格子の体積は a^3〔cm^3〕であることから，ダイヤモンドの密度 d〔g/cm^3〕は

$$\frac{M}{N_A} \times 8 \times \frac{1}{a^3} = \frac{8M}{a^3 N_A} \text{〔g/cm}^3\text{〕}$$

問3 ☐4☐ 正解①

① （誤）　Ne と Ar はともに希（貴）ガス元素であり，無極性の単原子分子として存在する。同じ形の分子では，分子量の大きい Ar のほうが，Ne よりファンデルワールス力が大きいため，沸点は高くなる。

② （正）　H_2S は，H_2O と同じく折れ線形分子なので極性分子であり，分子間に静電気的な引力がはたらく。一方，F_2 は無極性分子で静電気的な引力ははたらかない。したがって，沸点は F_2 よりも H_2S のほうが高くなる。

③ （正）　氷の結晶では，水素結合により H_2O 分子が規則的に配列するので，すき間の多い構造をとる。一方，液体の水にも水素結合は作用するが，氷のように

規則的な構造をとらずに分子が入り組んでいるため，体積が氷よりも小さくなり，密度が大きくなる。

④ （正） HF と HBr はともに二原子分子の極性分子であり，HBr の分子量のほうが大きいが，HF は分子間に水素結合が形成されるので，HBr より沸点が高くなる。

問4 　5　 正解は③

容器を満たした純物質Aの気体の質量が 1.4g であるので，Aの分子量を x とすると，気体の状態方程式より

$$1.0 \times 10^5 \times \frac{500}{1000} = \frac{1.4}{x} \times 8.3 \times 10^3 \times (87 + 273) \quad \therefore \quad x = 83.6 \fallingdotseq 84$$

問5 　6　 正解は⑤

① （正） 臭化ナトリウム NaBr はイオン結晶の電解質であるから，水溶液中では Na^+ と Br^- に電離し，それぞれ水和イオンとなって溶解する。

② （正） 水温が高くなると，多くの固体で溶解度は大きくなる。

③ （正） 塩化水素 HCl は電解質であるので，水溶液中では次のように電離する。

$$HCl \longrightarrow H^+ + Cl^-$$

④ （正） エタノール CH_3CH_2OH は親水性のヒドロキシ基をもち，極性分子である水 H_2O と分子間で水素結合を形成するので，水によく溶ける。

⑤ （誤） 四塩化炭素 CCl_4 は無極性分子であるから，無極性溶媒であるヘキサンによく溶ける。

問6 　7　 正解は⑥

酸素の水への溶解についてはヘンリーの法則が成り立つので，40℃の水 10L に溶けている酸素の物質量は

$$1.0 \times 10^{-3} \times \frac{2.0 \times 10^5}{1.0 \times 10^5} \times \frac{10}{1.0} = 2.0 \times 10^{-2} \, (mol)$$

したがって，この酸素の質量は，$O_2 = 32$ より

$$2.0 \times 10^{-2} \times 32 = 0.64 \, (g)$$

第2問 結合エネルギー，反応速度と化学平衡，溶解度積と沈殿の生成，電気分解と電気量，吸熱反応と温度変化

問1 ┃ 1 ┃ 正解は⑤

H_2O_2（気）の生成に関する熱化学方程式は，次のように表すことができる。

$$H_2(気) + O_2(気) = H_2O_2(気) + 136 \text{ kJ}$$

したがって，H_2（気）$+ O_2$（気）のほうが，H_2O_2（気）よりエネルギー的に高いとわかる。

また，O-H 結合 1 mol あたりの結合エネルギーを x [kJ/mol] とすると

反応熱＝（生成物の結合エネルギーの和）−（反応物の結合エネルギーの和）

の関係より

$$136 = (x \times 2 + 144) - (436 + 498) \quad \therefore \quad x = 463 \text{ [kJ/mol]}$$

よって，⑤が正解である。

問2 ┃ 2 ┃ 正解は①

可逆反応 A ⇌ B において，A の初濃度を [A]₀ とすると，平衡状態の [A] と [B] の関係は次のように表すことができる。

$$[B] = [A]_0 - [A]$$

平衡状態では，正反応と逆反応の反応速度が等しい（$v_1 = v_2$）から

$$k_1[A] = k_2[B] = k_2([A]_0 - [A]) \quad \therefore \quad [A] = \frac{k_2}{k_1 + k_2} \times [A]_0$$

$k_1 = 5.0/\text{s}$，$k_2 = 1.0/\text{s}$，$[A]_0 = 1.2 \text{ mol/L}$ であるので

$$[A] = \frac{1.0}{5.0 + 1.0} \times 1.2 = 0.20 \text{ [mol/L]}$$

問3 ┃ 3 ┃ 正解は②

塩化銀 AgCl の溶解度積 K_{sp} は次のように表される。

$$K_{sp} = [\text{Ag}^+][\text{Cl}^-] \quad \therefore \quad [\text{Cl}^-] = \frac{K_{sp}}{[\text{Ag}^+]}$$

したがって，図2の曲線の縦軸の値は [Cl⁻] に等しい。このことから，硝酸銀 $AgNO_3$ 水溶液と塩化ナトリウム NaCl 水溶液を混合した直後の [Ag⁺] と [Cl⁻] で示されるグラフ上の点が，グラフの上側（右側）に存在するとき，[Ag⁺][Cl⁻] の値が K_{sp} よりも大きいことになり，このときに沈殿が生じる。表2で与えられる各水溶液の混合直後の [Ag⁺] と [Cl⁻] の値は，同体積ずつ混ぜていることか

ら，もとの各水溶液の濃度の$\frac{1}{2}$倍になり，次のようになる。

	[Ag$^+$]〔mol/L〕	[Cl$^-$]〔mol/L〕
ア	0.50	0.50
イ	1.0	1.0
ウ	1.5	1.5
エ	2.0	1.0
オ	2.5	0.50

よって，**ウ**と**エ**で沈殿が生じる。

問4 a ┃ 4 ┃ 正解は③

銅 Cu よりイオン化傾向が大きい金属（Zn，Fe，Ni）は，溶解して陽イオンになり，その後陰極で析出することがないので，電解液中に残る。

b ┃ 5 ┃ 正解は②

陰極では Cu^{2+} の還元反応のみが起こる。

$$Cu^{2+} + 2e^- \longrightarrow Cu$$

2 mol の e$^-$ が流れると，1 mol の Cu が析出する。したがって，0.384 g の銅を析出させるのに，0.965 A の電流を流す時間を x〔s〕とすると

$$\frac{0.965 \times x}{9.65 \times 10^4} \times \frac{1}{2} \times 64 = 0.384 \qquad \therefore \quad x = 1.2 \times 10^3 \text{〔s〕}$$

CHECK 粗銅板からは，Cu のほかにも Zn，Fe，Ni が溶解するので，Cu の溶解量は 0.384 g ではない。析出量に対して不足する分は，電解液中の Cu^{2+} が析出する。

問5 ┃ 6 ┃ 正解は②

m〔g〕の NH$_4$NO$_3$ を水に溶解させたときに，吸収する熱量は $26 \times \dfrac{m}{M}$〔kJ〕である。このとき，溶液の温度が Δt〔℃〕低下したとする。できた水溶液の質量は $Vd + m$〔g〕であることから，吸熱された熱量について次の式が成り立つ。

$$c \times (Vd + m) \times \Delta t = 26 \times \frac{m}{M} \times 10^3 \qquad \therefore \quad \Delta t = \frac{2.6 \times 10^4 m}{c(Vd + m)M}$$

したがって，溶解後の水溶液の温度は

$$25 - \Delta t = 25 - \frac{2.6 \times 10^4 m}{c(Vd + m)M} \text{〔℃〕}$$

6 2019年度：化学/本試験〈解答〉

第3問 標準 身のまわりの無機物質，アルカリ金属とアルカリ土類金属，錯イオン，オストワルト法，沈殿反応の量的関係

問1 1 正解は⑤

① （正） アルゴン Ar は希（貴）ガス元素の1つで，単体では安定な単原子分子として存在しており，反応性に乏しい。

② （正） 斜方硫黄，単斜硫黄，ゴム状硫黄は，互いに硫黄Sの同素体である。

③ （正） リンPの燃焼によって，次のように十酸化四リン P_4O_{10} が生じる。

$$4P + 5O_2 \longrightarrow P_4O_{10}$$

P_4O_{10} は，その組成式から五酸化二リン P_2O_5 とも呼ばれる。

④ （正） セラミックスには，ガラス，陶磁器，セメントなどがあり，ケイ砂や粘土などを焼き固めてつくられる固体材料である。

⑤ （誤） 銑鉄の炭素含有量は約4%，鋼の炭素含有量は 0.02～2% であり，銑鉄のほうが含まれる炭素の割合が高い。転炉に入れた銑鉄に酸素を吹き込み，炭素を燃焼させることで鋼が得られる。

問2 2 正解は④

① （正） いずれの金属も陽イオン（Li^+，Na^+，Ca^{2+}，Ba^{2+}）になりやすい。

② （正） いずれの金属も常温の水と反応して水素を発生する。

$$（例）2Li + 2H_2O \longrightarrow 2LiOH + H_2$$

③ （正） アルカリ金属，アルカリ土類金属は，ともに炎色反応を示す。

④ （誤） Na_2CO_3 は水によく溶けるが，Li_2CO_3，$CaCO_3$，$BaCO_3$ は水に溶けにくい。

問3 3 正解は④

① （正） 次の反応式により $[Cu(NH_3)_4]^{2+}$ が生成し，深青色の水溶液になる。

$$Cu(OH)_2 + 4NH_3 \longrightarrow [Cu(NH_3)_4]^{2+} + 2OH^-$$

② （正） Ag_2O に過剰のアンモニア水を加えると，無色の錯イオン $[Ag(NH_3)_2]^+$ が生じる。

$$Ag_2O + 4NH_3 + H_2O \longrightarrow 2[Ag(NH_3)_2]^+ + 2OH^-$$

③ （正） $[Fe(CN)_6]^{4-}$ の水溶液に Fe^{3+} を加えると，濃青色の沈殿（プルシアンブルー）を生じる。なお，Fe^{2+} を加えると青白色の沈殿を生じる。

④ （誤） $[Zn(NH_3)_4]^{2+}$ の四つの配位子は，**正四面体形**の配置をとる。

⑤ （正） $[Fe(CN)_6]^{3-}$ の六つの配位子は，正八面体形の配置をとる。

問4　a　　4　　正解は②

反応Ⅰ〜Ⅲの反応式は次のとおりである。

反応Ⅰ：$4NH_3 + 5O_2 \longrightarrow 4NO + 6H_2O$　　……(1)

反応Ⅱ：$2NO + O_2 \longrightarrow 2NO_2$　　……(2)

反応Ⅲ：$3NO_2 + H_2O \longrightarrow 2HNO_3 + NO$　　……(3)

① （誤）　反応Ⅰ〜Ⅲの中で触媒を要するのは反応Ⅰのみで，白金 Pt を触媒として用いる。

② （正）　反応Ⅲで，二酸化窒素 NO_2 中の N 原子の酸化数は，$+4$ から $+5$（硝酸 HNO_3 の生成）および，$+4$ から $+2$（一酸化窒素 NO の生成）へと変化しているので，酸化と還元が起こったとみなせる。

③ （誤）　NO は，水に溶けにくい気体である。

④ （誤）　NO_2 は，赤褐色の気体で水によく溶ける。

⑤ （誤）　HNO_3 は，光や熱によって次のように分解しやすいため，褐色の瓶に入れて冷暗所に保存する。

$$4HNO_3 \longrightarrow 4NO_2 + 2H_2O + O_2$$

b　　5　　正解は④

反応Ⅰ〜Ⅲの反応式を 1 つにまとめる。$\{(1) + (2) \times 3 + (3) \times 2\} \times \dfrac{1}{4}$ より

$$NH_3 + 2O_2 \longrightarrow HNO_3 + H_2O$$

したがって，1 mol の NH_3 から 1 mol の HNO_3 が生成するので，6 mol の NH_3 からは 6 mol の HNO_3 が生成する。

問5　　6　　正解は①

クロム酸カリウム K_2CrO_4 と硝酸銀 $AgNO_3$ の反応式は次のとおりである。

$$K_2CrO_4 + 2AgNO_3 \longrightarrow Ag_2CrO_4 + 2KNO_3$$

したがって，K_2CrO_4 水溶液と $AgNO_3$ 水溶液の合計体積が 12.0 mL で一定の場合，その体積比が 1：2 のとき過不足なく反応し，最大量の沈殿が得られる。よって，表1の試験管番号4のときの沈殿量が最大である。

このとき，生成する沈殿の質量は，$Ag_2CrO_4 = 332$ より

$$0.10 \times \frac{4.0}{1000} \times 332 = 0.1328 〔g〕$$

よって，①のグラフが当てはまる。

第4問 ベンゼンの性質，異性体としてのアルコールとエーテルの含有率，芳香族化合物の還元反応，構造異性体，メタンの実験室的製法

問1　□1□　正解は⑤

① （正）　ベンゼンC_6H_6は無色で，融点は5.5℃，沸点は80℃であり，常温・常圧で液体である。
② （正）　無極性分子であり，水に溶けにくい。
③ （正）　分子は正六角形であり，炭素原子間の結合距離はすべて等しい。
④ （正）　二つの水素原子をメチル基に置換した化合物はキシレンであり，オルト，メタ，パラの3種類の構造異性体が存在する。
⑤ （誤）　鉄粉を触媒にして塩素を反応させると，次のような置換反応が生じて，クロロベンゼンが生成する。

$$\bigcirc + Cl_2 \xrightarrow{Fe} \bigcirc\!-Cl + HCl$$
　　　　　　　　　　クロロベンゼン

問2　□2□　正解は④

与えられた混合物の総物質量は$\dfrac{3.7}{74}=0.050$〔mol〕である。

ナトリウムNaと反応するのは1-ブタノールのみであり，その反応式は次のとおりである。

$$2C_4H_9OH + 2Na \longrightarrow 2C_4H_9ONa + H_2$$

したがって，混合物中の1-ブタノールの物質量は

$$0.015 \times 2 = 0.030 \text{〔mol〕}$$

1-ブタノールとメチルプロピルエーテルの分子量は等しいので，物質量の比と質量の比は等しい。よって，1-ブタノールの含有率は

$$\dfrac{0.030}{0.050} \times 100 = 60 \text{〔％〕}$$

問3　□3□　□4□　正解は①・③

④ニトロベンゼンを還元すると，①アニリンが得られる。

$$\bigcirc\!-NO_2 \xrightarrow{還元} \bigcirc\!-NH_2$$
　ニトロベンゼン　　　アニリン

②ベンズアルデヒドを還元すると，③ベンジルアルコールが得られる。

$$\underset{\text{ベンズアルデヒド}}{\bigcirc\!\!-CHO} \xrightarrow{\text{還元}} \underset{\text{ベンジルアルコール}}{\bigcirc\!\!-CH_2OH}$$

したがって，還元反応の生成物は，①と③である。

問4 　5　　正解は③

化合物Aの分子式は C_4H_8O である。化合物Aは環状の飽和化合物であることから，カルボニル基（$\mathrm{>\!C=O}$）をもつ化合物は，カルボニル基以外の不飽和結合がない鎖式の化合物となる。この条件を満たす化合物の構造式は次の3通りである。

$$CH_3-CH_2-CH_2-\underset{O}{\overset{\|}{C}}-H \qquad CH_3-\underset{CH_3}{\overset{|}{CH}}-\underset{O}{\overset{\|}{C}}-H \qquad CH_3-\underset{O}{\overset{\|}{C}}-CH_2-CH_3$$

問5 　6　　正解は④

酢酸ナトリウム CH_3COONa の無水物と水酸化ナトリウム $NaOH$ の混合物を加熱すると，次のようにメタン CH_4 と炭酸ナトリウム Na_2CO_3 が生成する。
$$CH_3COONa + NaOH \longrightarrow CH_4 + Na_2CO_3$$
CH_4 は常温で水に溶けない気体であるから，水上置換で捕集すればよいので，装置Aを用いるのが適当である。

第5問　標準　合成高分子の平均分子量，高分子化合物の製法

問1 　1　　正解は⑥

合成高分子化合物Aでは，M より分子量が小さい分子の数が，M より分子量が大きい分子の数より多いので，平均分子量 M_A は M より小さくなる。

一方，合成高分子化合物Bでは，M より分子量が大きい分子の数が，M より分子量が小さい分子の数より多いので，平均分子量 M_B は M より大きくなる。

したがって，$M_A < M < M_B$ である。

問2 　2　　正解は③

① （正）　トリアセチルセルロースからアセテート繊維（ジアセチルセルロース）を得る反応は次のとおりである。

$$[C_6H_7O_2(OCOCH_3)_3]_n \xrightarrow{\text{加水分解}} [C_6H_7O_2(OH)(OCOCH_3)_2]_n$$

このとき，トリアセチルセルロース内のエステル結合の1つが加水分解される。

$$-OCOCH_3 + H_2O \longrightarrow -OH + CH_3COOH$$

② （正）セロハンは，ビスコースから得られるセルロースの再生繊維である。
③ （誤）木綿の糸は，セルロースからなる繊維をより合わせてつくられる。
④ （正）天然ゴムは，ラテックスに酸を加えて凝固させたもので，ポリイソプレン の構造をしている。

第6問　標準　ホルムアルデヒドを用いる合成高分子，ポリエチレンテレフタラートの分子量

問1　1　正解は①

① アクリル繊維は，ポリアクリロニトリルを主成分とする繊維で，アクリロニトリル $CH_2=CHCN$ の付加重合で得られるから，ホルムアルデヒドを用いない。

　　　アクリロニトリル　　　　アクリル繊維

② 尿素樹脂は，尿素とホルムアルデヒドの付加縮合でつくられる。
③ ビニロンは，原料のポリビニルアルコールをアセタール化する際に，ホルムアルデヒドを用いる。
④ フェノール樹脂は，フェノールとホルムアルデヒドを付加縮合させて得られる物質を原料としてつくられる。
⑤ メラミン樹脂は，メラミンとホルムアルデヒドの付加縮合でつくられる。

問2　2　正解は③

高分子化合物A（ポリエチレンテレフタラート）は両端にカルボキシ基をもつから，この高分子 $1.00\,g$ に含まれるカルボキシ基の数は，高分子化合物Aの分子数の2倍である。したがって，高分子化合物Aの平均分子量を M とすると

$$\frac{1.00}{M} \times 6.0 \times 10^{23} \times 2 = 1.2 \times 10^{19} \quad \therefore\ M = 1.0 \times 10^5$$

第7問　やや難　二糖類の性質と反応，ジペプチドの構成アミノ酸

問1　1　正解は⑤

① （正）二糖は，単糖2分子のそれぞれのヒドロキシ基が，次のように脱水縮合したものであり，生じた結合をグリコシド結合という。

$-C-OH + HO-C- \longrightarrow -C-O-C- + H_2O$
グリコシド結合

② （正） スクロースとマルトースは，ともに分子式 $C_{12}H_{22}O_{11}$ で表され，互いに構造異性体である。

③ （正） スクロースを加水分解すると，グルコースとフルクトースを等物質量含む混合物が得られる。この混合物を**転化糖**という。

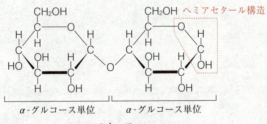
スクロース

④ （正） マルトース $C_{12}H_{22}O_{11}$ は，2分子のグルコースが1位の $-OH$ と4位の $-OH$ でグリコシド結合してできており，ヘミアセタール構造をもつため還元性を示す。

マルトース

⑤ （誤） 二糖であるラクトース1分子を加水分解すると，単糖であるグルコースとガラクトースがそれぞれ1分子生じる。

ラクトース

12 2019年度：化学/本試験〈解答〉

問2　　2　　正解は②

　図2より，ジペプチドAは硫黄Sを含むから，その構成アミノ酸として，Sを含むアミノ酸であるシステインが含まれると考えられる。

　次に，図2の酸素成分のグラフをみると，アスパラギン酸＞ジペプチドAの順に大きく，システインとチロシンは同じ値で最も小さい。アミノ酸の脱水縮合（成分としてHとOが減少する）でジペプチドAが得られたのだから，ジペプチドAより酸素含有率の小さいシステイン2分子やシステインとチロシンの組合せでジペプチドAが生成することはあり得ない。

　したがって，もう1種類のアミノ酸はアスパラギン酸であり，ジペプチドAはシステインとアスパラギン酸の脱水縮合で得られたと考えられる。

　システインとアスパラギン酸によるジペプチドの酸素含有率を求めると，$H_2O = 18$ より

$$\frac{16 \times (4 + 2 - 1)}{133 + 121 - 18} \times 100 = 33.8 \fallingdotseq 34 〔\%〕$$

となり，グラフと一致する。

化学基礎　本試験

問題番号 (配点)	設問	解答番号	正解	配点	チェック
第1問 (25)	問1	1	③	3	
	問2	2	④	2	
		3	②	2	
	問3	4	⑤	3	
	問4	5	④	3	
	問5	6	①	3	
	問6	7	③	3	
	問7	8	②	2	
		9	⑤	2	
		10	①	2	

問題番号 (配点)	設問	解答番号	正解	配点	チェック
第2問 (25)	問1	11	③	4	
	問2	12	②	5	
	問3	13	⑤	4	
	問4	14	④	4	
	問5	15	④	4	
	問6	16	①	4	

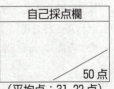

自己採点欄　／50点
（平均点：31.22点）

第1問 原子の構造，物質の分離操作，合金中の Ni の含有率，Cl₂ の実験室的製法，元素および原子の性質，電子対，身の回りの物質

問1 ［1］ 正解は③
① （正） 原子 A の原子番号は 9 であるから，K 殻に 2 個，L 殻に 7 個の電子が存在する。
② （正） 原子番号は原子核に含まれる陽子の数に等しい。原子 A の原子番号は 9 であるから，原子核には 9 個の陽子が含まれる。
③ （誤） **質量数**は**陽子と中性子の数の合計**である。原子 A の質量数は 19，陽子の数は 9 個であるので，中性子の数は 19−9＝10 個である。
④ （正） 元素記号の左上の数を質量数といい，陽子と中性子の数の合計を表している。

問2 ア ［2］ 正解は④　イ ［3］ 正解は②
ア　固体が直接気体になる変化を**昇華**という。不純物を含むヨウ素を精製するときなどに用いられる。
イ　溶媒に対する物質の溶けやすさの違いを利用する分離方法は**抽出**である。物質の親水性と疎水性の違いを利用する方法などがある。

問3 ［4］ 正解は⑤
得られた酸化ニッケル(Ⅱ) NiO 中の Ni の質量は，Ni＝59，NiO＝75 より

$$1.5 \times \frac{59}{75} = 1.18 \ [g]$$

したがって，元の合金中の Ni の含有率（質量パーセント）は

$$\frac{1.18}{6.0} \times 100 = 19.6 \fallingdotseq 20 \ [\%]$$

問4 ［5］ 正解は④
液体Aは水であり，水溶性の HCl を溶解させて取り除く。したがって，液体Aの入った容器を出た気体は Cl₂ と水蒸気の混合気体である。この混合気体から水蒸気だけを取り除くために，乾燥剤として濃硫酸が入った容器を通す。よって，液体Bは濃硫酸である。また，HCl は強酸であるから液体Aの pH は小さくなる。
液体AとBを逆にすると，先に水蒸気が除去されるが，液体Bを通して HCl を除去する際に，再び水蒸気を含むことになるため，順番を逆にはできない。

問5　6　正解は①
① (誤)　イオン化エネルギーが大きいと，陽イオンになるのに大きなエネルギーが必要になるため，陽イオンになりにくい。
② (正)　周期表における電気陰性度の傾向は，希（貴）ガスを除いて，右上ほど大きく，左下ほど小さい。
③ (正)　ハロゲンの原子の最外殻電子は7個なので，1個の電子を受け入れると最外殻電子が8個となり，極めて安定な状態になるため，1価の陰イオンになりやすい。
④ (正)　遷移元素では，典型元素と異なり周期表の縦の元素（同じ族）よりも左右に隣り合う元素どうしのほうが，化学的性質が似ていることが多い。

問6　7　正解は③
①～④の分子およびイオンの電子式は次のとおり。

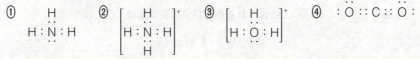

① (正)　アンモニア分子 NH_3 は，3組の共有電子対と1組の非共有電子対をもつ。
② (正)　アンモニウムイオン NH_4^+ は，4組の共有電子対（1組は配位結合）をもつ。
③ (誤)　オキソニウムイオン H_3O^+ は，3組の共有電子対（1組は配位結合）と1組の非共有電子対をもつ。
④ (正)　二酸化炭素 CO_2 分子は，4組の共有電子対と4組の非共有電子対をもつ。

問7　a　8　正解は②　b　9　正解は⑤　c　10　正解は①
a　ベーキングパウダーの主成分は炭酸水素ナトリウム $NaHCO_3$ である。$NaHCO_3$ は加水分解によって弱塩基性を示す。
b　X線撮影の造影剤に用いられるのは硫酸バリウム $BaSO_4$ である。$BaSO_4$ は不溶性の塩で，水や強酸の塩酸にも溶けない。
c　塩化カルシウム $CaCl_2$ は強酸と強塩基からできた塩であるので，その水溶液は中性を示す。また，吸湿性が高いので乾燥剤に用いられる。

第2問 物質の量，気体の発生の量的関係，塩の性質，中和滴定，実験操作と安全，酸化と還元

問1　11　正解は③

① （正）　CO，N₂，NO の分子量はそれぞれ，28，28，30 である。したがって，CO と N₂ の混合気体の平均分子量は，その混合比によらず一定の 28 である。同温，同圧で，同体積の気体の質量は（平均）分子量に比例するので，CO と N₂ の混合気体の質量は，NO の質量より小さくなる。

② （正）　CaCl₂ は，CaCl₂ ⟶ Ca²⁺ + 2Cl⁻ のように電離する。したがって，0.10 mol/L の CaCl₂ 水溶液 2.0 L 中に含まれる Cl⁻ の物質量は

$$0.10 \times 2 \times 2.0 = 0.40 \, [\text{mol}]$$

③ （誤）　18 g の H₂O に含まれる水素原子の物質量は，H₂O = 18 より

$$\frac{18}{18} \times 2 = 2.0 \, [\text{mol}]$$

また，32 g の CH₃OH に含まれる水素原子の物質量は，CH₃OH = 32 より

$$\frac{32}{32} \times 4 = 4.0 \, [\text{mol}]$$

したがって，含まれる水素原子の数は等しくない。

④ （正）　炭素（黒鉛）は次のように完全燃焼する。

$$C + O_2 \longrightarrow CO_2$$

したがって，燃焼に使われた O₂ と生じる CO₂ の物質量は等しい。

問2　12　正解は②

亜鉛 Zn と塩酸 HCl の反応式は次のとおりである。

$$Zn + 2HCl \longrightarrow ZnCl_2 + H_2$$

したがって，0.020 mol の Zn が過不足なく反応するのに加えた塩酸の体積 V_1 [L] は

$$2.0 \times V_1 = 0.020 \times 2 \quad \therefore \quad V_1 = \mathbf{0.020} \, [\text{L}]$$

また，発生する H₂ の物質量は Zn の物質量に等しいことから，発生した H₂ の体積 V_2 [L] は

$$V_2 = 0.020 \times 22.4 = 0.448 \fallingdotseq \mathbf{0.45} \, [\text{L}]$$

問3　13　正解は⑤

酸と塩基が過不足なく中和して得られた正塩の水溶液が塩基性を示したのだから，弱酸と強塩基の中和反応であると考えられる。弱酸と強塩基の組合せは，⑤のリン

酸 H_3PO_4 と水酸化ナトリウム NaOH の組合せである。

$$H_3PO_4 + 3NaOH \longrightarrow Na_3PO_4 + 3H_2O$$

なお，①～④の酸と塩基の強さの組合せは次のとおりである。

　①強酸と強塩基　　②強酸と弱塩基　　③強酸と弱塩基　　④強酸と強塩基

問4　　14　　正解は④

① （正）　酢酸は弱酸なので，一部の酢酸分子しか電離していない。

$$CH_3COOH \rightleftharpoons CH_3COO^- + H^+$$

② （正）　水酸化ナトリウム NaOH は水中で，次のように電離する。

$$NaOH \longrightarrow Na^+ + OH^-$$

NaOH は強塩基であり，電離度は 1 とみなせることから，$[OH^-] = 0.10\,mol/L$ である。水のイオン積 $K_w = [H^+][OH^-] = 1.0 \times 10^{-14}\,(mol/L)^2$ を用いると

$$[H^+] \times 0.10 = 1.0 \times 10^{-14} \quad \therefore \quad [H^+] = 1.0 \times 10^{-13}\,(mol/L)$$

よって，pH は 13 である。

③ （正）　与えられた希釈によって調製された NaOH 水溶液の濃度は

$$5.0 \times \frac{10}{500} = 0.10\,(mol/L)$$

④ （誤）　酢酸と水酸化ナトリウムの中和反応は次のとおりである。

$$CH_3COOH + NaOH \longrightarrow CH_3COONa + H_2O$$

したがって，20mL の酢酸水溶液を中和するのに，$0.10\,mol/L$ の水酸化ナトリウム水溶液を 10mL 要したとき，酢酸水溶液の濃度を $x\,(mol/L)$ とすると

$$0.10 \times \frac{10}{1000} \times 1 = x \times \frac{20}{1000} \times 1 \quad \therefore \quad x = 0.050\,(mol/L)$$

問5　　15　　正解は④

① （正）　薬品には有毒な気体を発生するものがあるので，直接顔を近づけずに，手で気体をあおぎよせる。

② （正）　硝酸は強酸であり，また極めて酸化力が強いため，手に付着した場合は直ちに大量の水で洗い流す必要がある。

③ （正）　濃塩酸からは，有毒な塩化水素 HCl の気体が揮発しているので，換気のよい場所で扱う。

④ （誤）　濃硫酸は希釈熱が極めて大きいので，大量の水に少しずつ濃硫酸を加えて希釈する。ビーカーに入れた濃硫酸に純水を注ぐと，その大きな希釈熱によって水が突沸し，濃硫酸を飛び散らす危険性がある。

⑤ （正）　液体の入った試験管を加熱するときは，液体が噴き出る可能性があるた

18 2019年度：化学基礎/本試験〈解答〉

め，試験管の口を人のいない方に向ける。

問6 　16 　正解は①

① （誤） 臭素 Br_2 と水素 H_2 の反応は次のとおりである。このとき，臭素原子 Br の酸化数は 0 から −1 に減少している。このとき，Br は還元されている。

$$\underset{0}{Br_2} + H_2 \longrightarrow 2H\underset{-1}{Br}$$

② （正） 希硫酸を電気分解すると，陰極で次のように反応し，水素が発生する。このとき，水素原子 H の酸化数は +1 から 0 に減少していることから，水素イオン H^+ は還元されている。

$$2\underset{+1}{H}^+ + 2e^- \longrightarrow \underset{0}{H_2}$$

③ （正） ナトリウム Na は水と次のように反応し，水酸化ナトリウム NaOH を生じる。このとき，Na 原子の酸化数は 0 から +1 に増加していることから，Na は酸化されている。

$$2\underset{0}{Na} + 2H_2O \longrightarrow 2\underset{+1}{Na}OH + H_2$$

④ （正） 鉛蓄電池の放電では，正極で次のような反応が生じる。このとき，鉛原子 Pb の酸化数は +4 から +2 に減少していることから，PbO_2 は還元されている。

$$\underset{+4}{Pb}O_2 + SO_4{}^{2-} + 4H^+ + 2e^- \longrightarrow \underset{+2}{Pb}SO_4 + 2H_2O$$

化学 本試験

2018年度

問題番号(配点)	設問	解答番号	正解	配点	チェック
第1問(24)	問1	1	②	4	
	問2	2	①	4	
	問3	3	②	4	
	問4	4	③	4	
	問5	5	⑤	4	
	問6	6	⑤	4	
第2問(24)	問1	1	②	4	
	問2	2	③	4	
	問3	3	④	4	
		4	②	4	
	問4	5	④	4	
	問5	6	④	4	
第3問(23)	問1	1	①	4	
	問2	2	④	4	
	問3	3	②	4	
	問4	4	④	3	
		5	③	3	
	問5	6	④	5	

問題番号(配点)	設問	解答番号	正解	配点	チェック
第4問(19)	問1	1	④	3	
	問2	2	②	4	
	問3	3	④	4	
	問4	4	③	4	
	問5	5	⑤	2	
		6	①	2	
第5問(5)	問1	1	②	2	
	問2	2	③	3	
第6問(5)	問1	1	①	2	
	問2	2	③	3	
第7問(5)	問1	1	⑤	2	
	問2	2	④	3	

(注) 第1問〜第5問は必答。第6問，第7問のうちから1問選択。計6問を解答。

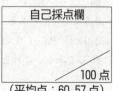

自己採点欄

100点

（平均点：60.57点）

2　2018年度：化学/本試験〈解答〉

第1問　標準　質量数，典型元素と遷移元素，六方最密構造，蒸気圧と沸点，濃度の変換，物質の状態

問1　1　正解は②

陰イオンは，陽子数が電子数より少ないものであり，アとイが陰イオンである。また，陽子数と中性子数の和が質量数である。それぞれの質量数は次のとおり。

$$\text{ア}：16+18=34 \qquad \text{イ}：17+18=35$$

したがって，イの質量数の方が大きい。なお，ア～カの原子または単原子イオンはそれぞれ次のとおりである。

$$\text{ア}：S^{2-} \quad \text{イ}：Cl^{-} \quad \text{ウ}：Cl \quad \text{エ}：K^{+} \quad \text{オ}：K \quad \text{カ}：Ca^{2+}$$

問2　2　正解は①

① （誤）　アルカリ土類金属は，すべて**典型元素**である。

② （正）　典型元素には，アルミニウム Al や亜鉛 Zn などの両性元素が含まれている。

③ （正）　遷移元素はすべて金属元素であり，遷移金属と呼ばれることがある。

④ （正）　典型元素では，イオン化エネルギーが小さく，電子親和力が小さくなる周期表の左下の元素ほど陽性が強い。

⑤ （正）　遷移元素には，Fe^{2+} と Fe^{3+} のように複数の酸化数をとるものが多い。

問3　3　正解は②

六角柱の結晶格子の各頂点には原子の $\dfrac{1}{6}$ 個分が含まれる。また，上面と下面の中心には原子の $\dfrac{1}{2}$ 個分が，六角柱の中間には原子3個が存在する。単位格子は六角柱の $\dfrac{1}{3}$ であるから，単位格子に含まれる金属原子の数は

$$\left(\frac{1}{6}\times12+\frac{1}{2}\times2+3\right)\times\frac{1}{3}=2 \text{ 個}$$

問4　4　正解は③

図2より，120℃，100℃，80℃での蒸気圧は，それぞれ $2.0\times10^{5}\,Pa$，$1.0\times10^{5}\,Pa$，$0.5\times10^{5}\,Pa$ である。蒸気圧が外圧と等しくなったときに沸騰するので，外圧が $2.0\times10^{5}\,Pa$，$1.0\times10^{5}\,Pa$，$0.5\times10^{5}\,Pa$ のときの沸点は，それぞれ120℃，100℃，80℃である。これを満たすグラフは③である。

2018年度：化学/本試験〈解答〉　**3**

問5　　5　　正解は⑤

溶液 1L について，溶液中に含まれている溶質の質量は CM〔g〕である。

与えられた溶液 1L（＝1000 mL）中の溶媒の質量は

$$1000d - CM〔\text{g}〕= \frac{1000d - CM}{1000}〔\text{kg}〕$$

したがって，質量モル濃度は

$$\frac{C}{\dfrac{1000d - CM}{1000}} = \frac{1000C}{1000d - CM}〔\text{mol/kg}〕$$

問6　　6　　正解は⑤

① （正）　気液平衡では，単位時間当たりに蒸発する分子と凝縮する分子の数が等しく，見かけ上，蒸発も凝縮も生じていない。

② （正）　無極性分子には静電気力や水素結合が作用せず，分子間にはたらくファンデルワールス力により気体の凝縮が起こる。

③ （正）　不揮発性の溶質が溶けた溶液では沸点上昇が起こる。

④ （正）　気体・液体・固体が共存する純物質の平衡状態を三重点という。

⑤ （誤）　物質を液体の状態から冷却していくと，凝固点より低い温度でも液体の状態を保つことがある。この状態を**過冷却**という。

第2問　標準　熱化学方程式，反応速度，電導度滴定，燃料電池，アンモニアの電離定数

問1　　1　　正解は②

与えられた熱化学方程式を次のようにおく。

$$\text{C（黒鉛）} = \text{C（気）} + Q〔\text{kJ}〕 \quad\quad\cdots\cdots①$$
$$\text{C（黒鉛）} + \text{O}_2\text{（気）} = \text{CO}_2\text{（気）} + 394\,\text{kJ} \quad\quad\cdots\cdots②$$
$$\text{O}_2\text{（気）} = 2\text{O（気）} - 498\,\text{kJ} \quad\quad\cdots\cdots③$$
$$\text{CO}_2\text{（気）} = \text{C（気）} + 2\text{O（気）} - 1608\,\text{kJ} \quad\quad\cdots\cdots④$$

① ＝ ② － ③ ＋ ④ より

$$Q = 394 - (-498) + (-1608) = -716〔\text{kJ}〕$$

問2　　2　　正解は③

モル濃度がともに 0.040 mol/L の A と B の水溶液を同体積ずつ混合すると，それぞれの濃度は $\dfrac{1}{2}$ 倍の 0.020 mol/L となる。最終的な C の濃度は 0.020 mol/L であ

4 2018年度：化学/本試験〈解答〉

ることと，反応式の各成分の係数の関係より，AとBはすべて反応したことがわかる。また，この反応の反応速度 v は $v=k[A][B]$ で表されることより，AおよびBの濃度に比例することがわかる。

したがって，Aの水溶液の濃度を2倍にすると，反応開始直後の反応速度は2倍となる。一方，最終的なCの濃度は，Bの濃度が 0.020 mol/L のままであることから，0.020 mol/L となる。

問3　a　　3　　正解は④

中和滴定の反応式は次のとおりである。

$$Ba(OH)_2 + H_2SO_4 \longrightarrow BaSO_4 + 2H_2O$$

希硫酸の滴下量が 0 mL から 25 mL まで：中和反応により生成する $BaSO_4$ は，白色の沈殿となり，電離しない。したがって，滴定が進むにつれて Ba^{2+} と OH^- が減少し，水溶液中のイオン濃度が低下するため，電気伝導度は減少する。

希硫酸の滴下量が 25 mL 以上のとき：中和点を超えて H_2SO_4 を加えると，H_2SO_4 が電離して生じる H^+ と SO_4^{2-} によりイオン濃度が上昇するので，電気伝導度は増加する。

　　b　　4　　正解は②

水酸化バリウム水溶液のモル濃度を x〔mol/L〕とすると，中和点では OH^- と H^+ の物質量が等しいから

$$x \times \frac{50}{1000} \times 2 = 0.10 \times \frac{25}{1000} \times 2 \quad \therefore \quad x = 0.050 〔mol/L〕$$

問4　　5　　正解は②

負極の反応式より，1 mol のメタノール CH_3OH が消費されると，6 mol の電子が流れる。流れた電子の物質量は

$$\frac{0.30 \times 19300}{9.65 \times 10^4} = 0.060 〔mol〕$$

したがって，消費されたメタノールの物質量は

$$0.060 \times \frac{1}{6} = 0.010 〔mol〕$$

問5　　6　　正解は⑤

NH_3 の電離定数 K_b および水のイオン積 K_w は次のように表される。

$$K_b = \frac{[NH_4^+][OH^-]}{[NH_3]} \qquad K_w = [H^+][OH^-]$$

したがって，K_b を求める式は

$$\frac{K_w}{K_a} = \frac{[H^+][OH^-][NH_4^+]}{[H^+][NH_3]} = \frac{[NH_4^+][OH^-]}{[NH_3]} = K_b$$

第3問 標準 身近な無機物質，ハロゲンの単体と化合物，気体の発生と性質，元素と化合物の性質，硫酸塩の水和水の量的関係

問1 　1 　正解は①

① （誤）　酸化アルミニウム Al_2O_3 の結晶に，微量の不純物として Cr_2O_3 を含むものがルビー，Fe_2O_3 や TiO_2 を含むものがサファイアである。

② （正）　塩化カルシウム $CaCl_2$ は，水への溶解度が大きく，水溶液の凝固点を下げ，水に溶けるときに発熱するので凍結防止剤に適している。

③ （正）　酸化チタン(IV) TiO_2 は，光触媒として有機化合物を CO_2 や H_2O に分解するので，建物の外壁や窓ガラスに塗布され，その汚れを防いでいる。

④ （正）　高純度の二酸化ケイ素 SiO_2 からなる石英ガラスは，光ファイバーに利用されている。

⑤ （正）　酸化亜鉛 ZnO は亜鉛華（あえんか）とも呼ばれる白色の粉末で，顔料や化粧品などに用いられている。

問2 　2 　正解は④

① （正）　フッ素は，ハロゲンの単体の中で最も酸化力が強く，冷暗所でも水素と爆発的に化合する。

② （正）　フッ化水素の水溶液であるフッ化水素酸は，ガラス（主成分 SiO_2）を溶かすため，ポリエチレン容器に保存する。

$$SiO_2 + 6HF \longrightarrow H_2SiF_6 + 2H_2O$$

③ （正）　塩化銀は，錯イオンを生成してアンモニア水に溶ける。

$$AgCl + 2NH_3 \longrightarrow [Ag(NH_3)_2]^+ + Cl^-$$

④ （誤）　塩素がとりうる最大の酸化数をもつオキソ酸は過塩素酸 $HClO_4$ で，Cl の酸化数は +7 である。その他の塩素のオキソ酸に含まれる Cl の酸化数は，次亜塩素酸 $HClO$ が +1，亜塩素酸 $HClO_2$ が +3，塩素酸 $HClO_3$ が +5 である。

⑤ （正）　ヨウ化カリウム KI 水溶液にヨウ素 I_2 を溶かすと，三ヨウ化物イオン I_3^- が生じて溶液は褐色を呈する。この溶液をヨウ素溶液（ヨウ素ヨウ化カリウム水溶液）という。

$$I_2 + I^- \rightleftharpoons I_3^-$$

6 2018年度：化学/本試験〈解答〉

問3　　3　　正解は②

気体Aと気体Bの発生の反応式は次のとおりである。

$$気体A：NaCl + H_2SO_4 \longrightarrow NaHSO_4 + HCl$$

$$気体B：FeS + H_2SO_4 \longrightarrow FeSO_4 + H_2S$$

① 塩化水素 HCl，硫化水素 H_2S ともに無色であるが，特有の臭気をもつ。

② Pb^{2+} を含む水溶液に，HCl を通じると塩化鉛（Ⅱ）$PbCl_2$ の白色沈殿が生じ，H_2S を通じると硫化鉛（Ⅱ）PbS の黒色沈殿が生じる。

$$Pb^{2+} + 2HCl \longrightarrow PbCl_2 + 2H^+$$

$$Pb^{2+} + H_2S \longrightarrow PbS + 2H^+$$

③ HCl は強酸であり水に溶けるとほぼ完全に電離するが，H_2S は弱酸であるので一部しか電離しない。

④ どちらの気体の水溶液も鉄を不動態にすることはない。鉄を不動態にするのは濃硝酸や熱濃硫酸である。

問4　ア　　4　　正解は④　イ　　5　　正解は③

a 標準状態で単体が気体なのは Cl_2，N_2，O_2 であり，周期表でこれらの元素の一つ下に位置する同族元素は，それぞれ Br，P，S である。Br の単体は液体の臭素 Br_2 のみで，同素体は存在しない。P の単体には黄リンと赤リンの同素体が存在し，黄リンが空気中で自然発火する。S の同素体には斜方硫黄，単斜硫黄，ゴム状硫黄があるが，いずれも自然発火しない。

b 硫酸塩が存在するのは金属元素の Ca，Mg，Na であり，これらのうち水に溶けやすい硫酸塩は $MgSO_4$ と Na_2SO_4 である。また，これら2つの元素の水酸化物は $Mg(OH)_2$ と NaOH であるが，水に溶けにくいのは $Mg(OH)_2$ である。周期表で Mg の一つ下に位置する同族元素は Ca であり，硫酸塩の $CaSO_4$ は水に溶けにくいが，水酸化物である $Ca(OH)_2$ は $Mg(OH)_2$ よりも水に溶けやすく，強塩基である。

問5　　6　　正解は④

図1の3種類の硫酸塩の質量の違いは水和水の数の違いによる。質量の差の比を n，m を用いて表すと次のようになる。

$$(4.82 - 3.02) : (3.38 - 3.02) = 1.80 : 0.36 = 5 : 1 = n : m$$

n と m は7以下の整数であるから

$$n = 5$$

金属 M の原子量を x とすると，5水塩と無水塩の式量はそれぞれ次のとおり。

$$MSO_4 \cdot 5H_2O = x + 96 + 18 \times 5 = x + 186$$
$$MSO_4 = x + 96$$

この2種類の硫酸塩の物質量は等しいから

$$\frac{4.82}{x+186} = \frac{3.02}{x+96} \quad \therefore \quad x = 55$$

したがって，金属 M は原子量が 55 であるマンガン Mn であることがわかる。

第4問 有機化合物の構造と原子の数，幾何異性体，アセトンの性質，アルコールの分子式，アセチルサリチル酸の合成実験

問1 　1　　正解は ④

各選択肢の化合物の分子式，示性式または構造式および指定された原子の数は次のとおりである。

	化合物 A	化合物 B	指定された原子の数
①	$CH_3CH_2CH_2OH$	$H_3C-\underset{OH}{\overset{CH_3}{\underset{|}{\overset{|}{C}}}}-CH_3$	炭素原子 A：3個　B：4個
②	$CH_3CH_2CH_2CH_2OH$	$CH_3-\underset{OH}{\overset{*}{C}}H-CH_2-CH_3$	不斉炭素原子 C* A：0個　B：1個
③	$CH_2=CH-CH=CH_2$	(シクロペンタジエン環)	不飽和結合を形成する炭素原子 A：4個　B：2個
④	$CH_2=CHCH_2CH_2CH_3$	(シクロペンタン環)	水素原子 A：10個　B：10個

問2 　2　　正解は ②

① C_2HCl_3 の構造は1種類のみで，幾何異性体は存在しない。

$$\underset{Cl}{\overset{H}{>}}C=C\underset{Cl}{\overset{Cl}{<}}$$
トリクロロエチレン

② $C_2H_2Cl_2$ には幾何異性体（シス-トランス異性体）が存在する。

$$\underset{Cl}{\overset{H}{>}}C=C\underset{Cl}{\overset{H}{<}} \qquad \underset{Cl}{\overset{H}{>}}C=C\underset{H}{\overset{Cl}{<}}$$
シス-1,2-ジクロロエチレン 　　トランス-1,2-ジクロロエチレン

8　2018年度：化学/本試験〈解答〉

③　(正)　$C_2H_2Cl_4$ は飽和化合物であり，幾何異性体は存在しない。

④　(正)　C_2H_3Cl の構造は 1 種類のみで，幾何異性体は存在しない。

$$\begin{array}{c} \underset{Cl}{\overset{H}{C}} = \underset{H}{\overset{H}{C}} \end{array}$$

クロロエチレン

⑤　(正)　$C_2H_3Cl_3$ は飽和化合物であり，幾何異性体は存在しない。

問3　3　正解は④

①　(正)　アセトン $CH_3-\underset{O}{\overset{|}{C}}-CH_3$ の沸点は 56℃ であり，常温・常圧では液体である。

②　(正)　アセトンは，カルボニル基（ケトン基）$\diagup C = O$ が極性をもつため，水と任意の割合で混じり合う。

③　(正)　アセトンは 2-プロパノールの酸化により得られる。

$$CH_3 - \underset{OH}{\overset{|}{C}H} - CH_3 \xrightarrow[-2H]{酸化} CH_3 - \underset{O}{\overset{|}{C}} - CH_3$$

④　(誤)　アセトンには還元性がないため，フェーリング液を還元しない。

⑤　(正)　アセトンは $CH_3 - \underset{O}{\overset{|}{C}} -$ の構造をもつため，ヨードホルム反応を示す。

問4　4　正解は③

アルコールＡの示性式を ROH（R は炭化水素基）とすると，Na との反応式は次のとおりである。

$$2ROH + 2Na \longrightarrow 2RONa + H_2$$

したがって，用いたアルコールＡの物質量は，発生した水素の物質量の 2 倍であり，$0.125 \times 2 = 0.250$〔mol〕である。

このアルコールＡと付加した水素の物質量の比は

$$0.250 : 0.500 = 1 : 2$$

よって，1 mol のアルコールＡには 2 mol の水素が付加する。飽和 1 価アルコールの一般式は $C_mH_{2m+2}O$ であるから，炭素原子の数が 10 の不飽和アルコールＡの分子式は $C_{10}H_{18}O$ となる。

2018年度：化学/本試験〈解答〉　9

問5　a　　5　　正解は⑤

サリチル酸に無水酢酸を作用させると，アセチルサリチル酸が得られる。

$$\text{（サリチル酸）COOH, OH} + (CH_3CO)_2O \xrightarrow{H_2SO_4} \text{（アセチルサリチル酸）COOH, OCOCH}_3 + CH_3COOH$$

b　　6　　正解は①

サリチル酸はフェノール性のヒドロキシ基をもち，塩化鉄（Ⅲ）$FeCl_3$水溶液を加えると赤紫色を呈する。一方，アセチルサリチル酸はフェノール性のヒドロキシ基をもたないので，$FeCl_3$水溶液を加えても呈色しない。よって，$FeCl_3$水溶液を加えれば，未反応のサリチル酸が混ざっているかどうかを確認できる。

第5問　やや易　合成高分子の構造と合成法，高分子化合物の性質

問1　　1　　正解は②

① （正）　ビニロンは，ポリビニルアルコールをホルムアルデヒド水溶液で処理（アセタール化）することによって合成される。

$$\cdots-CH_2-CH-CH_2-CH-CH_2-CH-\cdots$$
$$\text{（OH, OH, OH）}$$
ポリビニルアルコール

$$\xrightarrow{\text{アセタール化}} \cdots-CH_2-CH-CH_2-CH-CH_2-CH-\cdots$$
$$\text{（O—CH}_2\text{—O, OH）}$$
ビニロン

② （誤）　ポリ酢酸ビニルは，カルボキシ基ではなく，**エステル結合**をもつ。

$$\left[CH_2-CH \right]_n$$
$$\text{（O—C—CH}_3, \text{O）}$$
エステル結合

③ （正）　ポリ塩化ビニルは，単量体の塩化ビニルの付加重合によって合成される。

$$nCH_2=CH \xrightarrow{\text{付加重合}} \left[CH_2-CH \right]_n$$
$$\text{（Cl）} \qquad \text{（Cl）}$$
ポリ塩化ビニル

④ （正）　ポリエチレンテレフタラートは，テレフタル酸とエチレングリコールがエステル結合により重合している。

10　2018年度：化学/本試験〈解答〉

$$n\text{HO-C}\underset{\overset{\|}{O}}{\underbrace{}}\text{C-OH} + n\text{HO-CH}_2-\text{CH}_2-\text{OH}$$

テレフタル酸　　　　　　エチレングリコール

$$\xrightarrow{\text{縮合重合}} \left[\text{C}\underset{\overset{\|}{O}}{\underbrace{}}\text{C-O-(CH}_2)_2\text{-O}\right]_n + 2n\text{H}_2\text{O}$$

エステル結合

ポリエチレンテレフタラート

問2　　2　　正解は③

① （正）　ポリエチレンのうち結晶性が低いものは，低密度ポリエチレンとよばれ，透明で軟らかいためポリ袋などに利用されている。結晶性の高いポリエチレンは，高密度ポリエチレンとよばれ，半透明で硬く，ポリ容器などに用いられる。

② （正）　球状タンパク質は水に溶けやすく，繊維状タンパク質は水に溶けにくい。

③ （誤）　アミロースは α-グルコースが直鎖状に縮合重合したデンプンの一種であり，らせん構造をとるため，**ヨウ素デンプン反応を示す。**

④ （正）　ポリアセチレンの薄膜にヨウ素などのハロゲンを注入すると，金属並みの電気伝導性を示す。

第6問　標準　熱硬化性樹脂，ポリアミド系樹脂の構造

問1　　1　　正解は①

加熱により，立体網目状の構造をもつようになる①尿素樹脂が**熱硬化性樹脂**，分子が鎖状構造でできている②〜⑤の高分子化合物は熱可塑性樹脂である。

$$n\overset{\text{NH}_2}{\underset{\text{NH}_2}{\text{CO}}} \xrightarrow{\text{HCHO}} \begin{array}{c} -\text{CH}_2-\text{N}-\text{CH}_2-\text{N}-\text{CO}-\text{NH}-\text{CH}_2- \\ \text{CO}\text{CH}_2\text{CH}_2- \\ -\text{CH}_2-\text{N}-\text{CH}_2-\text{N}-\text{CO}-\text{N}-\text{CH}_2- \end{array}$$

尿素樹脂

問2　　2　　正解は③

図1の高分子の繰り返し単位の式量は $14x+170$ であるから

$$(14x+170)\times 100 = 2.82\times 10^4 \qquad \therefore \quad x=8$$

第7問 タンパク質の構造と性質，スクロースの加水分解と反応量

問1 ☐1 正解は⑤

① （正） α-ヘリックスやβ-シートなどのタンパク質の二次構造では，ペプチド結合の部分で水素結合が形成されることで，構造が安定化している。

② （正） システインの側鎖の −SH が酸化されて，ジスルフィド結合を形成する。

$$-SH + HS- \xrightarrow{酸化} -S-S-$$

③ （正） アミノ酸以外に，糖類，リン酸，脂質，核酸などの構成要素をもつタンパク質を複合タンパク質という。

④ （正） 繊維状タンパク質では，複数のポリペプチド鎖が束になっており，水に溶けず，丈夫である。

⑤ （誤） 一般に，加熱によって変性したタンパク質は，冷却しても**元の構造には戻らない**。これは，強酸，有機溶媒，重金属イオンなどによる変性でも同様である。

問2 ☐2 正解は④

グルコースとフルクトースは還元性を示すが，スクロースは還元性を示さない。したがって，反応後の水溶液の，還元性を示す糖類 3.6 mol はグルコースとフルクトースの等物質量混合物であり，還元性を示さない糖類 4.0 mol はスクロースである。

図1の反応より，加水分解されたスクロースは $\dfrac{3.6}{2}$ mol であるので，もとのスクロース水溶液に含まれていたスクロースの物質量は

$$4.0 + \dfrac{3.6}{2} = 5.8 \text{[mol]}$$

化学基礎 本試験

第1問 (25)

設問	解答番号	正解	配点	チェック
問1	1	③	3	
	2	①	3	
問2	3	③	3	
問3	4	②	3	
問4	5	③	3	
問5	6	⑥	2	
	7	③	2	
問6	8	⑤	3	
問7	9	①	3	

第2問 (25)

設問	解答番号	正解	配点	チェック
問1	10	①	3	
問2	11	②	4	
問3	12	③	4	
問4	13	④	3	
問5	14	⑤	4	
問6	15	②	3	
問7	16	④	4	

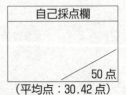

自己採点欄 / 50点

（平均点：30.42点）

2018年度：化学基礎/本試験〈解答〉 **13**

第1問 標準 陽イオン，結晶，電子配置，電子の数，モル質量と物質の質量，成分元素の検出，水の状態変化，物質の用途

問1 a 1 正解は③

① 2族元素のベリリウム Be は，2価の陽イオン Be^{2+} になりやすい。

② ハロゲン元素のフッ素 F は，1価の陰イオン F^- になりやすい。

③ アルカリ金属元素のリチウム Li は，1価の陽イオン Li^+ になりやすい。

④ 希ガス元素のネオン Ne は，イオンになりにくい原子である。

⑤ 16族元素の酸素 O は，2価の陰イオン O^{2-} になりやすい。

b 2 正解は①

① ダイヤモンド C とケイ素 Si は，ともに共有結合の結晶である。

② ドライアイス CO_2 とヨウ素 I_2 は，ともに分子結晶である。

③ 塩化アンモニウム NH_4Cl はイオン結晶，氷 H_2O は分子結晶である。

④ 銅 Cu とアルミニウム Al は，ともに金属結晶である。

⑤ 酸化カルシウム CaO と硫酸カルシウム $CaSO_4$ は，ともにイオン結晶である。

問2 3 正解は③

ホウ素の原子番号は5であるから，ホウ素原子の原子核は5個の陽子をもち，電子はK殻に2個，L殻に3個の合計5個存在する。したがって，③が正解である。

問3 4 正解は②

N_2 の電子の総数は $7 \times 2 = 14$ 個である。

①～⑤の電子の総数は次のとおりである。

① H_2O：$1 \times 2 + 8 = 10$ ② CO：$6 + 8 = 14$ ③ OH^-：$8 + 1 + 1 = 10$

④ O_2：$8 \times 2 = 16$ ⑤ Mg^{2+}：$12 - 2 = 10$

問4 5 正解は③

X_2Z_3 のモル質量は $2M_x + 3M_z$ であるから，5g の X_2Z_3 の物質量は

$$\frac{5}{2M_x + 3M_z}$$

1mol の X_2Z_3 に含まれる X の物質量は 2mol であるので，5g の X_2Z_3 に含まれている X の質量は

$$\frac{5}{2M_x + 3M_z} \times 2M_x = \frac{10M_x}{2M_x + 3M_z} 〔g〕$$

14 2018年度：化学基礎/本試験〈解答〉

問5 ア 6 **正解は**⑥ **イ** 7 **正解は**③

ア 実験Ⅱより，黄色の炎色反応を示したことから，Na^+ が含まれているとわかる。また，硝酸銀 $AgNO_3$ 水溶液を加えて生じた白色沈殿は塩化銀 $AgCl$ であり，Cl^- が含まれていると考えられる。よって，⑥塩化ナトリウム $NaCl$ である。

イ 水に溶けない固体は，③炭酸カルシウム $CaCO_3$ と④硫酸バリウム $BaSO_4$ の2種類である。このうち，塩酸 HCl を加えると気体を発生して溶けるのは $CaCO_3$ であり，発生する気体は二酸化炭素 CO_2 である。$BaSO_4$ は HCl とは反応しない。

$$CaCO_3 + 2HCl \longrightarrow CaCl_2 + H_2O + CO_2$$

問6 8 **正解は**⑤

① （正） 水を加熱すると，蒸発して水蒸気となり体積が増えるため，袋は膨らむ。

② （正） 氷水によって部屋の水蒸気が冷却されて凝縮し，水滴となった。

③ （正） すべての氷が水に変化するまで，温度は0℃で一定に保たれる。

④ （正） $1.013 \times 10^5 \, Pa$ のもとでの水の沸点は100℃である。

⑤ （誤） 氷の密度は水よりも小さく，これは氷が水に浮くことからもわかる。したがって，氷の体積はもとの水の体積より大きい。

問7 9 **正解は**①

① （誤） 塩素系漂白剤の主成分として利用されているのは，次亜塩素酸ナトリウム $NaClO$ である。

② （正） アルミニウムは比較的軟らかく加工しやすいため，1円硬貨や飲料用の缶の材料として用いられている。

③ （正） 銅は，銀に次いで電気伝導性が大きいので電線に用いられている。また，合金の青銅や真ちゅうの材料にも使われている。

④ （正） ポリエチレンテレフタラート（PET）は，飲料用ボトル（ペットボトル）に用いられている。

⑤ （正） メタンは天然ガスの主成分であり，都市ガスに利用されている。

第2問 標準 水が含む原子・電子・原子核の数，混合気体の質量，酸・塩基のモル濃度，身近な物質の pH，滴定曲線，酸化還元反応，身のまわりの電池

問1 10 **正解は**①

180 g の水 H_2O が含む分子の数は，$H_2O = 18$ より $\dfrac{180}{18} \times N = 10N$

① （誤） 1分子の H_2O は2個の水素原子を含むから，水素原子の数は $10N \times 2$

$=20N$ である。

② （正）　1分子の H_2O は3個の原子を含むから，原子核も3個存在する。したがって，原子核の数は $10N \times 3 = 30N$ である。

③ （正）　水分子の電子式は次のとおり。

$$H \! : \! \overset{\cdot\cdot}{\underset{\cdot\cdot}{O}} \! : \! H$$

1分子中の共有結合に使われている電子の数は4個であるから，電子の数は $10N \times 4 = 40N$ である。

④ （正）　1分子中の非共有電子対の数は2つであるから，非共有電子対の数は $10N \times 2 = 20N$ である。

問2　　11　　正解は②
混合気体では体積比＝物質量比であるので，体積比2：1のメタンと二酸化炭素からなる混合気体の平均分子量は，$CH_4 = 16$，$CO_2 = 44$ より

$$16 \times \frac{2}{3} + 44 \times \frac{1}{3} = \frac{76}{3}$$

したがって，混合気体 1.0 L の質量は　$\dfrac{1.0}{22.4} \times \dfrac{76}{3} = 1.13 \fallingdotseq 1.1 \, [g]$

問3　　12　　正解は③
酸または塩基の水溶液 1 L （1000 mL）中に含まれる溶質の物質量を比較すればよい。溶質の物質量は次のように求められる。

$$溶質の物質量 = 1000 \times 密度 \times \frac{質量パーセント濃度}{100} \times \frac{1}{溶質のモル質量}$$

したがって，それぞれの溶質の物質量は次のとおり。

① $1000 \times 1.2 \times \dfrac{36.5}{100} \times \dfrac{1}{36.5} = 12 \, [mol]$

② $1000 \times 1.4 \times \dfrac{40.0}{100} \times \dfrac{1}{40.0} = 14 \, [mol]$

③ $1000 \times 1.5 \times \dfrac{56.0}{100} \times \dfrac{1}{56.0} = 15 \, [mol]$

④ $1000 \times 1.4 \times \dfrac{63.0}{100} \times \dfrac{1}{63.0} = 14 \, [mol]$

問4　　13　　正解は④
① （正）　炭酸水は弱酸性，血液は中性〜極めて弱い塩基性であるので，炭酸水のpH のほうが小さい。

16　2018年度：化学基礎/本試験〈解答〉

② （正）　食酢の pH は 2.5 前後，牛乳の pH はほぼ 7 であるので，食酢の pH のほうが小さい。

③ （正）　レモンの果汁の pH は 2 程度，水道水は極めて弱い酸性～極めて弱い塩基性であるので，レモンの果汁の pH のほうが小さい。

④ （誤）　セッケン水は弱塩基性，食塩水は中性であるので，セッケン水の pH のほうが大きい。

問 5　　14　　正解は⑤

弱塩基の NaHCO₃ 水溶液と強酸の塩酸 HCl の中和反応は次のとおり。

$$NaHCO_3 + HCl \longrightarrow NaCl + CO_2 + H_2O$$

弱塩基と強酸の中和滴定であるので，中和点の pH は酸性側にある。また，0.10 mol/L の塩酸を用いて滴定しているので，中和点以降，塩酸を過剰に加えると pH は 1 に近づく。よって，滴定曲線は⑤である。

問 6　　15　　正解は②

ア　強酸である塩酸 HCl による，弱酸である酢酸 CH₃COOH の遊離反応である。

イ　一酸化炭素 CO が還元剤，酸素 O₂ が酸化剤の酸化還元反応である。

$$C の酸化数の変化：+2 \rightarrow +4$$
$$O_2 中の O の酸化数の変化：0 \rightarrow -2$$

ウ　塩基の水酸化銅（Ⅱ）Cu(OH)₂ と，酸の硫酸 H₂SO₄ との中和反応である。

エ　マグネシウム Mg が還元剤，水 H₂O が酸化剤の酸化還元反応である。

$$Mg の酸化数の変化：0 \rightarrow +2$$
$$H の酸化数の変化：+1 \rightarrow 0$$

オ　塩基であるアンモニア NH₃ と，酸である硝酸 HNO₃ との中和反応である。

CHECK　一般に，反応式中に単体が存在する場合は酸化還元反応である。

問 7　　16　　正解は④

① （正）　アルカリマンガン乾電池は，正極（酸化剤）に MnO₂，負極（還元剤）に Zn，電解質に KOH 水溶液を用いた電池である。

② （正）　鉛蓄電池は，正極に PbO₂，負極に Pb，電解質に希硫酸を用いた二次電池である。

③ （正）　酸化銀電池は，正極に Ag₂O，負極に Zn，電解質に KOH 水溶液を用いた電池である。

④ （誤）　リチウムイオン電池は，充電可能な電池であるので二次電池である。

化学 本試験

2017年度

問題番号(配点)	設問	解答番号	正解	配点	チェック
第1問(24)	問1	1	④	2	
		2	③	2	
	問2	3	②	4	
	問3	4	⑥	4	
	問4	5	④	2	
		6	③	2	
	問5	7	⑥	4	
	問6	8	②	4	
第2問(24)	問1	1	④	4	
	問2	2	③	3	
	問3	3	⑤	3	
		4	③	2	
	問4	5	①	4	
	問5	6	④	4	
	問6	7	②	4	
第3問(24)	問1	1-2	①-⑥	4(各2)	
	問2	3	②	4	
	問3	4	⑤	4	
	問4	5	⑦	4	
	問5	6	②	4	
	問6	7	⑥	4	

問題番号(配点)	設問	解答番号	正解	配点	チェック
第4問(19)	問1	1	①	3	
	問2	2	④	4	
	問3	3	③	1	
		4	①	1	
		5	⑦	1	
		6	⑧	1	
	問4	7	③	4	
	問5	8	⑥	2	
		9	⑤	2	
第5問(4)	問1	1	①	2	
	問2	2	②	2	
第6問(5)	問1	1	③	2	
	問2	2	③	3	
第7問(5)	問1	1	①	2	
	問2	2	③	3	

(注)
1 -(ハイフン)でつながれた正解は,順序を問わない。
2 第1問〜第5問は必答。第6問,第7問のうちから1問選択。計6問を解答。

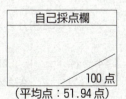

(平均点:51.94点)

2 2017年度：化学/本試験〈解答〉

第1問 やや難 分子結晶，非共有電子対，面心立方格子，気体分子の熱運動，状態図と状態変化，蒸気圧と気体の法則，凝固点降下と溶媒の密度

問1 a ☐1☐ 正解は④

① 黒鉛 C は共有結合の結晶である。

② ケイ素 Si は共有結合の結晶である。

③ ミョウバン $AlK(SO_4)_2 \cdot 12H_2O$ はイオン結晶である。

④ ヨウ素 I_2 は分子結晶である。

⑤ 白金 Pt は金属結晶である。

b ☐2☐ 正解は③

与えられた分子の電子式は次のとおりである。

① H:Cl: ② H:N:H ③ :O::C::O:
              H

              H
              H
④ :N:::N: ⑤ H:C:H
              H

よって，非共有電子対を4組もつものは③CO_2である。

問2 ☐3☐ 正解は②

面心立方格子の単位格子では，面の対角線の長さが原子半径の4倍に等しい。したがって

$$\sqrt{2}a = 4r \quad \therefore \quad a = 2\sqrt{2}r \,(cm)$$

問3 ☐4☐ 正解は⑥

ア 気体の温度が高いほど，分子の速さが大きい分子の割合が増え，分子の速さは広い範囲に分布するため，$T_1 < T_2$ である。

イ 分子の速さが大きいほど，容器内をより頻繁に往来するので，器壁に衝突する回数が多くなる。

ウ ボイル・シャルルの法則 $\left(\dfrac{PV}{T} = 一定\right)$ より，体積 V が一定のとき，温度 T が高いほど圧力 P は高くなる。

問4 a ☐5☐ 正解は④ b ☐6☐ 正解は③

図3において，Aは気体，Bは固体，Cは液体である。

a　温度一定での操作であるから，この変化は図3上では縦軸に平行な経路となる。液体（C）は T_T より高い温度でしか存在せず，気体（A）は液体（C）の下にあるから，T_T より高い温度で，圧力を高くする必要がある。

b　圧力一定での操作であるから，この変化は図3上では横軸に平行な経路となる。液体（C）は P_T より高い圧力でしか存在せず，気体（A）は液体（C）の右側にあるから，P_T より高い圧力で，温度を低くする必要がある。

問5　　7　　正解は⑥

密閉容器内には常に液体の水が存在するから，水蒸気の分圧は常に $3.60×10^3$ Pa で一定である。したがって，圧縮前の窒素の圧力は

$$4.50×10^4 - 3.60×10^3 = 4.14×10^4 \, (Pa)$$

圧縮操作後の窒素の分圧は，液体の水の体積が無視でき，窒素は水に溶解しないことから，ボイルの法則を用いると

$$4.14×10^4 × 2 = 8.28×10^4 \, (Pa)$$

よって，容器内の圧力は

$$8.28×10^4 + 3.60×10^3 = \mathbf{8.64×10^4} \, (Pa)$$

問6　　8　　正解は②

凝固点降下度 Δt ＝モル凝固点降下 K_f ×質量モル濃度 m であるから

$$\Delta t = K_f × \frac{x}{M} × \frac{1000}{10 × d} \quad \therefore \quad d = \frac{100xK_f}{M\Delta t} \, (g/cm^3)$$

第2問　　標準　　結合エネルギー，気体反応の平衡移動，H_2O_2 水の分解反応速度，緩衝液の性質，NaCl 水溶液の電気分解，酸化還元反応と物質量

問1　　1　　正解は④

求めるエネルギーを x (kJ) とすると

　　反応熱＝（生成物の結合エネルギーの和）－（反応物の結合エネルギーの和）

であるから　　$46 = x - \left(436 × \dfrac{3}{2} + 945 × \dfrac{1}{2}\right)$　　$\therefore$　　$x = 1172.5 ≒ \mathbf{1170}$ (kJ)

問2　　2　　正解は③

①　（正）　正反応は N_2O_4 の生成 1 mol あたり 57 kJ の発熱反応である。

②　（正）　ルシャトリエの原理より，加熱すると平衡は吸熱反応の方向へ移動するため，NO_2 の分子数が増加する。

4 2017年度：化学/本試験〈解答〉

③ （誤）　ルシャトリエの原理より，体積を半分にすると圧力が増加し，平衡は総
分子数が減少する方向へ移動するため，NO_2 の分子数は減少する。

④ （正）　ルシャトリエの原理より，NO_2 を加えると平衡は NO_2 の濃度が減少す
る方向へ移動するため，N_2O_4 の濃度も増加する。

⑤ （正）　平衡状態では，正反応と逆反応の速度が等しいため，見かけ上，反応物
も生成物も増減しない。

問3　a　　3　　正解は⑤

過酸化水素 H_2O_2 の分解によって，酸素 O_2 が発生する反応式は次のとおりである。

$$2H_2O_2 \longrightarrow 2H_2O + O_2$$

図2より，H_2O_2 が完全に分解したとき，発生した O_2 の物質量は $0.050\,mol$ であ
る。したがって，混合する前の H_2O_2 水の濃度を $x\,[mol/L]$ とすると

$$x \times \frac{100}{1000} \times \frac{1}{2} = 0.050 \quad \therefore \quad x = 1.0\,[mol/L]$$

b　　4　　正解は③

最初の20秒間で O_2 は $0.0040\,mol$ 発生したから，H_2O_2 の分解速度は

$$0.0040 \times 2 \times \frac{1000}{200} \times \frac{1}{20} = 2.0 \times 10^{-3}\,[mol/(L \cdot s)]$$

問4　　5　　正解は①

a　（正）　酢酸ナトリウム CH_3COONa は混合水溶液中でほぼ完全に電離する。

$$CH_3COONa \longrightarrow CH_3COO^- + Na^+$$

b　（正）　酢酸は CH_3COOH 水溶液中で一部が電離して，電離平衡の状態になる。

$$CH_3COOH \rightleftharpoons CH_3COO^- + H^+$$

これに CH_3COONa の電離による CH_3COO^- が加わると，平衡は左へ移動し，
CH_3COOH はほとんど電離しない。混合前の CH_3COOH と CH_3COONa の物
質量は等しい。したがって，CH_3COOH と CH_3COO^- の物質量はほぼ等しい。

c　（正）　少量の強酸を加えても，強酸から生じる H^+ は CH_3COO^- と反応して
CH_3COOH となる。

$$CH_3COO^- + H^+ \longrightarrow CH_3COOH$$

したがって，pHはほとんど変化しない。

問5 6 正解は④

各電極での反応は次のとおりである。

$$陽極：2Cl^- \longrightarrow Cl_2 + 2e^-$$

$$陰極：2H_2O + 2e^- \longrightarrow H_2 + 2OH^-$$

陽イオン交換膜は，陽イオンのみ通過させ，陰イオンは通さない。電解槽の陽極側では陰イオンの Cl^- が消費されるので，陽イオンの Na^+ が過剰になる。一方，陰極側では新たに陰イオンの OH^- が生成するので，陽イオンが不足している。よって，陽イオンの Na^+ が陽極側から陰極側へ通過して，電荷のバランスをとることになる。

問6 7 正解は②

ア　二酸化硫黄 SO_2 と硫化水素 H_2S は次のように反応する。

$$\underset{+4}{S}O_2 + 2H_2S \longrightarrow 3\underset{0}{S} + 2H_2O$$

SO_2 のSの酸化数は $+4 \rightarrow 0$ と変化しているから，SO_2 は**酸化剤**としてはたらいている。

イ　アで示した反応式より，残った H_2S の物質量は

$$0.010 \times \frac{200}{1000} - \frac{14 \times 10^{-3}}{22.4} \times 2 = 7.5 \times 10^{-4}\,[\text{mol}]$$

第3問 標準 身近な無機物質，遷移元素の性質，気体の性質と分離，合金の成分，塩素の製法と発生量，電池と金属のイオン化傾向

問1 1 2 正解は①・⑥

① （誤）　鉛蓄電池の正極である酸化鉛（Ⅳ）PbO_2 の Pb の酸化数は $+4$ である。

② （正）　粘土は陶磁器の原料として，またセメントの原料として石灰石，セッコウなどとともに利用されている。

③ （正）　ソーダ石灰ガラスは，ケイ砂（SiO_2）に炭酸ナトリウムなどを加えて融解してつくられる。融解の過程でケイ砂の結晶構造が壊れ，アモルファス（非晶質）となる。

④ （正）　酸化アルミニウム Al_2O_3 などの高純度の原料からつくったニューセラミックス（ファインセラミックス）は，電子材料などに利用されている。

⑤ （正）　銅は，湿った空気中では徐々にさびて，緑青（$CuCO_3 \cdot Cu(OH)_2$ など）を生じる。

⑥ （誤）　次亜塩素酸 HClO は強い**酸化剤**であり，殺菌剤や漂白剤として用いら

れる。

⑦ （正）　硫酸バリウム $BaSO_4$ は，強酸と強塩基の塩で，水に溶けにくい。X線撮影の造影剤として用いられている。

問2　| 3 |　正解は②

① （正）　鉄を触媒としてベンゼンに塩素を作用させると，置換反応が生じてクロロベンゼンが得られる。

$$\text{（ベンゼン）} + Cl_2 \xrightarrow{Fe} \text{（クロロベンゼン）}Cl + HCl$$

② （誤）　アンモニア NH_3 の合成法である**ハーバー・ボッシュ法**は，高温・高圧下で行われる。

③ （正）　硫黄の燃焼によって生じる二酸化硫黄 SO_2 を，酸化バナジウム（V）V_2O_5 を主成分とする触媒を用いて三酸化硫黄 SO_3 に変化させる。この SO_3 を用いて濃硫酸を得る工業的製法を**接触法**（接触式硫酸製造法）という。

④ （正）　**オストワルト法**では，まず白金を触媒としてアンモニア NH_3 を酸化し，一酸化窒素を得る。　　$4NH_3 + 5O_2 \longrightarrow 4NO + 6H_2O$
得られた一酸化窒素を空気中の酸素と反応させて二酸化窒素とし，これを水に吸収させて硝酸をつくる。

⑤ （正）　自動車の排ガス中の炭化水素などは CO_2 と H_2O に酸化分解し，窒素酸化物は N_2 に還元して無害化する。

問3　| 4 |　正解は⑤

① （正）　一酸化炭素 CO は水に溶けにくく，塩化水素 HCl は水によく溶けるため，水に通じると HCl を取り除くことができる。

② （正）　酸素 O_2 は中性の気体であり，石灰水（$Ca(OH)_2$ 水溶液）と反応しないが，酸性の気体である二酸化炭素 CO_2 は，次のように反応して沈殿を生じるため，取り除くことができる。

$$CO_2 + Ca(OH)_2 \longrightarrow CaCO_3 + H_2O$$

③ （正）　窒素 N_2 は中性の気体であり，水酸化ナトリウム $NaOH$ 水溶液と反応しないが，酸性の気体である二酸化硫黄 SO_2 は，次のように反応して水溶液中に吸収されるので，取り除くことができる。

$$SO_2 + 2NaOH \longrightarrow Na_2SO_3 + H_2O$$

④ （正）　塩素 Cl_2 は酸性の気体であり，濃硫酸 H_2SO_4 と反応しないが，濃硫酸には吸湿性があるので，水蒸気を取り除くことができる。

⑤ （誤） 二酸化窒素 NO_2 は水に溶けて硝酸 HNO_3 を生じるが，一酸化窒素 NO は水に溶けないので，水は NO を取り除くことができない。

問4 　5　 正解は⑦

黄銅を溶かした水溶液中には Cu^{2+} と Zn^{2+} が存在するが，酸性状態で硫化水素 H_2S と反応して沈殿を生じるのは Cu^{2+} のみである。

$$Cu^{2+} + H_2S \longrightarrow CuS + 2H^+$$

$CuS = 96$ であるから，黄銅中の銅の含有率は

$$\frac{19.2}{96} \times 64 \times \frac{1}{20.0} \times 100 = 64 〔\%〕$$

問5 　6　 正解は②

酸化マンガン（Ⅳ）MnO_2 と濃塩酸 HCl の反応式は次のとおりである。

$$MnO_2 + 4HCl \longrightarrow MnCl_2 + 2H_2O + Cl_2$$

したがって，生じる塩素 Cl_2 の体積は，$MnO_2 = 87$ より

$$\frac{1.74}{87} \times 22.4 = 0.448 ≒ 0.45 〔L〕$$

問6 　7　 正解は⑥

シャーレ内では電池が生じている。正極では還元反応，負極では酸化反応が生じるから，イオン化傾向が大きい方の金属が負極，小さい方の金属が正極となる。

表1の一段目の記録では，電流が金属板Bから金属板Aへ（検流計を経て）流れたことから，Bが正極，Aが負極と考えられる。よって，金属板A，Bのイオン化傾向は，A＞Bである。同様に，二段目の記録から，金属板B，Cのイオン化傾向は，B＜Cであり，三段目の記録から，金属板A，Cのイオン化傾向は，A＜Cである。これらをまとめると，3種類の金属のイオン化傾向は，C＞A＞Bであることから，Aが亜鉛，Bが銅，Cがマグネシウムとわかる。

第4問 　標準　炭化水素の構造と性質，エステルの構造と異性体，ベンゼンの反応と誘導体，ブタンの塩素置換体，油脂のけん化とセッケンの性質

問1 　1　 正解は①

① （誤） エチレンへの水の付加反応では，エタノールが生成する。

$$H_2C=CH_2 + H_2O \longrightarrow C_2H_5OH$$

一方，アセチレンへの水の付加反応では，ビニルアルコールを経てアセトアルデ

ヒドが生成する。

$$H-C\equiv C-H + H_2O \longrightarrow \left[\begin{matrix}H\\H\end{matrix}C=C\begin{matrix}H\\OH\end{matrix}\right] \longrightarrow CH_3-\underset{O}{\overset{H}{C}}-H$$

不安定

② （正）　エチレン $CH_2=CH_2$ からはポリエチレン，アセチレン $CH\equiv CH$ からは
ポリアセチレンが生成する。

$$nH_2C=CH_2 \longrightarrow \text{〔}H_2C-CH_2\text{〕}_n$$

$$nHC\equiv CH \longrightarrow \text{〔}HC=CH\text{〕}_n$$

③ （正）　エチレン C_2H_4 とアセチレン C_2H_2 はともに炭素原子数 2 の不飽和炭化
水素であるから，水素を付加することで，飽和炭化水素のエタン C_2H_6 を生じる。

④ （正）　エチレンは 6 個の原子が同じ平面上にあり，アセチレンは 4 個の原子が
一直線上に存在する。したがって，すべての原子が同じ平面上にあるといえる。

⑤ （正）　いずれも水に溶けにくい気体であるので，水上置換で捕集できる。

問2　2　正解は④

エステル A の分子式は $C_5H_{10}O_2$ であるから，1 価のエステルである。A の構造を
$R_1-COO-R_2$（R_1，R_2 は炭化水素基）とすると，加水分解の反応式は次のように
なる。

$$R_1-COO-R_2 + H_2O \longrightarrow R_1-COOH + R_2-OH$$

カルボン酸 B は還元作用を示すカルボン酸であるのでギ酸 HCOOH とわかる。し
たがって，$R_1=H$，$R_2=C_4H_9$ となり，アルコール C は C_4H_9OH である。アルコー
ル C には 4 種類の構造異性体が存在する。

$$CH_3-CH_2-CH_2-CH_2-OH \qquad CH_3-CH_2-\underset{OH}{CH}-CH_3$$

$$CH_3-\underset{CH_3}{CH}-CH_2-OH \qquad CH_3-\underset{OH}{\overset{CH_3}{C}}-CH_3$$

問3　3　正解は③　　4　正解は①　　5　正解は⑦　　6　正解は⑧

化合物 A　ベンゼンを濃硫酸でスルホン化すると，ベンゼンスルホン酸が得られる。

$$\bigcirc + H_2SO_4 \xrightarrow{\text{スルホン化}} \bigcirc-SO_3H + H_2O$$

ベンゼン
スルホン酸

化合物 B　ベンゼンスルホン酸を NaOH 水溶液で中和した後，NaOH（固体）で

アルカリ融解すると，ナトリウムフェノキシドが得られる。

$$\langle\bigcirc\rangle-SO_3H + NaOHaq \longrightarrow \langle\bigcirc\rangle-SO_3Na + H_2O$$
ベンゼンスルホン酸
ナトリウム

$$\langle\bigcirc\rangle-SO_3Na + 2NaOH（固）\longrightarrow \langle\bigcirc\rangle-ONa + Na_2SO_3 + H_2O$$
ナトリウム
フェノキシド

化合物C　ベンゼンに混酸（濃硝酸と濃硫酸の混合物）を作用させると，ニトロ化反応が起こり，ニトロベンゼンが得られる。

$$\langle\bigcirc\rangle + HNO_3 \xrightarrow{\text{濃}H_2SO_4} \langle\bigcirc\rangle-NO_2 + H_2O$$
ニトロベンゼン

化合物D　ニトロベンゼンをスズと塩酸で還元し，水酸化ナトリウムで弱塩基遊離させるとアニリンが生じる。そのアニリンを亜硝酸ナトリウムによってジアゾ化すると，塩化ベンゼンジアゾニウムが得られる。

$$\langle\bigcirc\rangle-NO_2 \xrightarrow{Sn,\ HCl} \langle\bigcirc\rangle-NH_3Cl \xrightarrow{NaOH} \langle\bigcirc\rangle-NH_2$$
アニリン塩酸塩　　　　　　アニリン

$$\langle\bigcirc\rangle-NH_2 + NaNO_2 + 2HCl \longrightarrow \langle\bigcirc\rangle-N\equiv NCl + NaCl + 2H_2O$$
塩化ベンゼン
ジアゾニウム

問4　　7　　正解は③

ブタンの分子式は C_4H_{10} であるから，ブタン1分子あたり x 個のH原子がCl原子に置換されたとすると，化合物Aの分子式は $C_4H_{10-x}Cl_x$ となる。完全燃焼によって生成した CO_2 と H_2O の質量，および $CO_2=44$，$H_2O=18$ より

$$4:10-x = \frac{352}{44}:\frac{126}{18}\times 2 = 8:14 = 4:7 \quad \therefore \quad x=3$$

問5　a　　8　　正解は⑥

実験Ⅰによって，ヤシ油がけん化されてセッケンが生じる。セッケンは親水コロイドを形成するので，多量の NaCl を用いて塩析させる。

b　　9　　正解は⑤

ア　セッケンは，Ca^{2+} によって不溶性の塩を生じるので白濁する。

イ　硫酸ドデシルナトリウムは中性洗剤であるから，Ca^{2+} とは反応しない。

10　2017年度：化学/本試験〈解答〉

第5問　やや易　高分子化合物の重合反応，高分子化合物の特徴・性質

問1　[1]　正解は①

① （誤）　ナイロン6は，ε-カプロラクタムの**開環重合**で得られる。

② （正）　尿素樹脂は，尿素とホルムアルデヒドの付加縮合で得られる。

③ （正）　デンプンは，α-グルコースの縮合重合で得られる。

④ （正）　ポリエチレンテレフタラートは，エチレングリコールとテレフタル酸の縮合重合で得られる。

②〜④の縮合はすべて**脱水縮合**である。

問2　[2]　正解は②

① （正）　共重合体は，2種類以上の単量体による付加重合で得られる。

② （誤）　合成高分子の平均分子量は，各分子量にその存在比をかけて求めた平均値で表される。

③ （正）　デンプンは高分子であるので，1分子が分子コロイドとなる。

④ （正）　DNAの塩基はアデニン，グアニン，シトシン，チミンの4種類であるが，RNAではチミンにかわってウラシルが含まれている。

第6問　標準　単量体と重合体の構造，ポリ乳酸の燃焼と二酸化炭素の体積

問1　[1]　正解は③

① （正）　単量体のテトラフルオロエチレン $F_2C=CF_2$ の付加重合によって，ポリテトラフルオロエチレン（テフロン）が得られる。

② （正）　単量体のプロピレン $H_2C=CHCH_3$ の付加重合によって，ポリプロピレンが得られる。

③ （誤）　重合体はポリイソプレン（天然ゴム）であるから，単量体はイソプレンである。

$$n\mathrm{CH_2{=}C{-}CH{=}CH_2} \xrightarrow{\text{付加重合}} \left[\mathrm{CH_2{-}C{=}CH{-}CH_2} \right]_n$$

イソプレン　　　　　　　　　　ポリイソプレン

④ （正）　単量体のスチレンと p-ジビニルベンゼンの共重合によって，イオン交換樹脂の基本構造となる樹脂が得られる。

問2　2　正解は③

ポリ乳酸の繰り返し構造 $-O-CH(CH_3)-CO-$ の式量は 72 であるので，ポリ乳酸の分子量は $72n$ である。繰り返し構造 1 つから 3 分子の CO_2 が発生することから，ポリ乳酸 6.0 g が完全に分解されたときに発生する CO_2 の体積は

$$\frac{6.0}{72n} \times 3n \times 22.4 = 5.6 〔L〕$$

第7問　標準　ジペプチドの電気泳動，マルトースとフェーリング液の還元

問1　1　正解は①

中性付近の pH では，$-NH_2$ は $-NH_3^+$ に，$-COOH$ は $-COO^-$ になっていると考えられる。

ジペプチド A は $-NH_2$ を 2 個，$-COOH$ を 1 個もつため，pH6.0 の緩衝液中では主に陽イオンとなっており，電気泳動を行うと陰極側へ移動する。

ジペプチド B は $-NH_2$ を 2 個，$-COOH$ を 2 個もつため，pH6.0 の緩衝液中では主に双性イオンとなっており，電気泳動を行ってもほとんど移動しない。

ジペプチド C は $-NH_2$ を 1 個，$-COOH$ を 2 個もつため，pH6.0 の緩衝液中では主に陰イオンとなっており，電気泳動を行うと陽極側へ移動する。

問2　2　正解は③

マルトースは，グルコース 2 分子が縮合した二糖類であるから，加水分解によってその 1 分子からグルコース（単糖 A）2 分子が得られる。グルコース 1 mol あたり Cu_2O が 1 mol 生じるので，もとのマルトースの質量 x〔g〕は $Cu_2O = 144$ より

$$\frac{x}{342} = \frac{14.4}{144} \times \frac{1}{2} \qquad \therefore \quad x = 17.1 〔g〕$$

化学基礎 本試験

第1問 (25)

設問	解答番号	正解	配点
問1	1	⑤	3
問2	2	②	3
問3	3	③	3
問4	4	①	3
問4	5	③	3
問5	6	③	3
問6	7	⑥	3
問7	8	③	4

第2問 (25)

設問	解答番号	正解	配点
問1	9	①	3
問2	10	②	4
問3	11	②	3
問4	12	④	2
問4	13	④	2
問5	14	⑤	4
問6	15	⑥	3
問7	16	④	4

（平均点：28.59点）

第1問 同素体，中性子の数，単結合，結晶の種類と分子の形，三態変化，アンモニアの性質と実験操作，日常生活と物質

問1　1　正解は⑤

- ①（正）ダイヤモンド，黒鉛，フラーレンなどは炭素の同素体である。
- ②（正）炭素の同素体である黒鉛は電気を通す。
- ③（正）黄リンや赤リンなどはリンの同素体である。
- ④（正）硫黄の同素体であるゴム状硫黄は，ゴムに似た弾性をもっている。
- ⑤（誤）酸素には，酸素 O_2 とオゾン O_3 の同素体が存在する。

問2　2　正解は②

元素記号の左上の数字が質量数，左下の数字が原子番号（＝陽子の数）であり，**質量数は陽子の数と中性子の数の和**である。したがって，各原子の中性子の数は次のとおりである。

- ① $^{38}_{18}Ar$：38 − 18 ＝ 20
- ② $^{40}_{18}Ar$：40 − 18 ＝ 22
- ③ $^{40}_{20}Ca$：40 − 20 ＝ 20
- ④ $^{37}_{17}Cl$：37 − 17 ＝ 20
- ⑤ $^{39}_{19}K$：39 − 19 ＝ 20
- ⑥ $^{40}_{19}K$：40 − 19 ＝ 21

問3　3　正解は③

各分子の構造式は次のとおりである。

- ① N≡N
- ② O=O
- ③ H−O−H
- ④ O=C=O
- ⑤ H−C≡C−H
- ⑥ H₂C=CH₂

単結合は1本の価標で表されるから，③ H_2O が単結合のみからなる分子である。

問4　a　4　正解は①

- ① 二酸化ケイ素 SiO_2 は，Si 原子と O 原子による**共有結合の結晶**である。
- ② 硝酸ナトリウム $NaNO_3$ は，Na^+ と NO_3^- によるイオン結晶である。
- ③ 塩化銀 AgCl は，Ag^+ と Cl^- によるイオン結晶である。
- ④ 硫酸アンモニウム $(NH_4)_2SO_4$ は，NH_4^+ と SO_4^{2-} によるイオン結晶である。
- ⑤ 酸化カルシウム CaO は，Ca^{2+} と O^{2-} によるイオン結晶である。
- ⑥ 炭酸カルシウム $CaCO_3$ は，Ca^{2+} と CO_3^{2-} によるイオン結晶である。

b　5　正解は③

- ① メタン CH_4 は，C 原子を中心とする正四面体形構造をしている。
- ② 水 H_2O は，O 原子を中心とする折れ線形構造をしている。

14　2017年度：化学基礎/本試験〈解答〉

③　二酸化炭素 CO_2 は，C 原子を中心とする直線形構造をしている。

④　アンモニア NH_3 は，N 原子を頂点とする三角錐形構造をしている。

問5　　6　　正解は③

①　（正）　気体では分子は互いに離れて存在しているが，液体では接している。

②　（正）　液体では，分子が接しながら熱運動によって相互の位置を変えることによって，流動性を示している。

③　（誤）　沸点とは，その物質が大気圧と等しい蒸気圧をもつ温度のことであるから，大気圧が変わると沸点も変化する。

④　（正）　固体が液体を経ないで直接気体に変化することを昇華という。

⑤　（正）　コップの水が自然に減るように，液体の表面では常に蒸発が起こっている。

問6　　7　　正解は⑥

丸底フラスコの中に少量の水を入れると，アンモニアが水に溶けてフラスコ内の圧力が下がり，ビーカー内の水が噴水のように噴き上がる。

①　（正）　アンモニアは空気より軽く水によく溶けるので，上方置換法で捕集する。

②　（正）　ゴム栓がゆるんですき間があると，そこから空気が入り込んで圧力が下がらず，水が噴き上がらないことがある。

③　（正）　アンモニアの量が少ないと圧力があまり下がらず，噴き上がる水の量は少なくなる。

④　（正）　丸底フラスコの内側が水でぬれていると，その水にアンモニアが溶けてしまうので，水が噴き上がらないことがある。

⑤　（正）　アンモニア水は塩基性であるから，BTB 溶液は青色に変化する。

⑥　（誤）　メタンは水に溶けにくいため，水は噴き上がらない。

問7　　8　　正解は③

①　（正）　アルミニウムは，鉱石から製錬するときの3％以下のエネルギーでリサイクルすることができる。

②　（正）　袋の中に空気が入っていると，その中の酸素が油を酸化するため，窒素が充填されている。

③　（誤）　水道水中の塩素は，殺菌のために加えられている。

④　（正）　自然環境には，天然物質に対しての自浄作用があるが，人工物質であるプラスチックに対してはほとんど作用しない。

⑤ （正） 空気中の二酸化炭素が溶けているため，雨水の pH は 5.6 程度になる。

⑥ （正） 洗剤には水と油それぞれになじみやすい部分をあわせもつ分子が含まれるため，油汚れを落とすことができる。

第2問 やや難 物質の量・濃度，単分子膜とアボガドロ定数，反応と物質量，濃度の調整，中和滴定と指示薬，酸化還元反応，反応量とグラフ

問1 　9　 正解は①

① （誤） それぞれの気体の質量は次のとおりである。

水素：$H_2 = 2.0$ より 　 $2.0 \times \dfrac{4}{22.4} = \dfrac{8}{22.4}$〔g〕

ヘリウム：$He = 4.0$ より 　 $4.0 \times \dfrac{1}{22.4} = \dfrac{4}{22.4}$〔g〕

したがって，水素はヘリウムより重い。

② （正） 1 mol のメタン CH_4 には 4 mol の水素原子が含まれる。よって，16 g の CH_4 に含まれる水素原子の物質量は，$CH_4 = 16$ より

$$\frac{16}{16} \times 4 = 4.0 \,〔mol〕$$

③ （正） 質量パーセント濃度 $= \dfrac{溶質の質量〔g〕}{溶液の質量〔g〕} \times 100 = \dfrac{25}{25 + 100} \times 100 = 20 \,〔\%〕$

④ （正） $NaOH = 40$ より 　 $\dfrac{4.0}{40} \times \dfrac{1000}{100} = 1.0 \,〔mol/L〕$

問2 　10　 正解は②

w〔g〕の物質 A に含まれる分子の数は $\dfrac{w}{M} \times N_A$ 個で，この膜の全体の面積は X〔cm^2〕であるので，分子 1 個の断面積 s〔cm^2〕は

$$s = \frac{X}{\dfrac{w}{M} \times N_A} = \frac{XM}{wN_A} \,〔cm^2〕$$

問3 　11　 正解は②

エタノールの完全燃焼の反応式は次のとおり。

$$C_2H_5OH + 3O_2 \longrightarrow 2CO_2 + 3H_2O$$

よって，燃焼したエタノールの質量は，$CO_2 = 44$，$C_2H_5OH = 46$ より

$$\frac{44}{44} \times \frac{1}{2} \times 46 = 23 \,〔g〕$$

16　2017年度：化学基礎/本試験〈解答〉

問4　a　　12　　正解は④

それぞれの器具の名称は次のとおりである。

① 駒込ピペット　　② ビュレット　　③ メスシリンダー

④ ホールピペット　　⑤ メスフラスコ

b　　13　　正解は④

操作Ⅰ：ホールピペットの内部が純水でぬれていると，はかりとる水溶液の濃度が薄まってしまうため，純水で洗浄後，はかりとる水溶液で内部をすすいで（**共洗い**）から用いる。

操作Ⅱ：メスフラスコは，純水の液面の底面が標線に達したとき正しい体積を示すように作られている。

問5　　14　　正解は⑤

水溶液A：フェノールフタレインが赤色から無色に変化したことから，Aは塩基である。また，強酸である塩酸と中和すると，フェノールフタレインは徐々に色が変化し，メチルオレンジは急激に色が変化したことから，中和点は酸性側にある。したがって，Aは弱塩基の NH_3 であるとわかる。

水溶液B：フェノールフタレインが赤色から無色に変化したことから，Bは塩基である。また，強酸である塩酸と中和すると，フェノールフタレイン，メチルオレンジともに急激に色が変化したことから，中和点は中性であり，Bは強塩基である。さらに，中和に要した液量が 20 mL であるから，Bは2価の塩基であり，$Ca(OH)_2$ であるとわかる。

水溶液C：フェノールフタレインが無色から赤色に変化したことから，Cは酸である。また，フェノールフタレインは急激に色が変化し，メチルオレンジは徐々に色が変化したことから，中和点は塩基性側にある。したがって，Cは弱酸の CH_3COOH であるとわかる。

問6　　15　　正解は⑥

$$MnO_4^- + aH_2O + be^- \longrightarrow MnO_2 + 2aOH^- \quad \cdots\cdots ①$$
$$M^{2+} \longrightarrow M^{3+} + e^- \quad \cdots\cdots ②$$

式①において，Mn の酸化数が +7 から +4 に減少しているので

$$b = 7 - 4 = 3$$

また，式①の両辺の O 原子の数について　　$4 + a = 2 + 2a$　　∴　$a = 2$

したがって，式①は　　$MnO_4^- + 2H_2O + 3e^- \longrightarrow MnO_2 + 4OH^-$

式①＋式②×3よりe^-を消去すると
$$MnO_4{}^- + 3M^{2+} + 2H_2O \longrightarrow MnO_2 + 3M^{3+} + 4OH^-$$
よって，$c=3$となる。

問7　16　正解は④

図2より，炭酸カルシウム$CaCO_3$が2.5g反応したときに，二酸化炭素CO_2が0.025mol発生していることがわかる。それ以上$CaCO_3$を加えてもCO_2が発生していないことから，このときに塩酸HClは全量反応したと考えられる。反応式より，CO_2が1mol生成するとき，HClが2mol反応しているから，塩酸の濃度をx〔mol/L〕とすると

$$x \times \frac{25}{1000} = 0.025 \times 2 \qquad \therefore \quad x = 2.0 \text{〔mol/L〕}$$

CHECK　$CaCO_3$の反応量に着目し，$CaCO_3 = 100$を用いて次のように計算してもよい。

$$x \times \frac{25}{1000} = \frac{2.5}{100} \times 2 \qquad \therefore \quad x = 2.0 \text{〔mol/L〕}$$

|||||||||||||||||| NOTE ||||||||||||||||||||||||||||||||||||||||||||||||||||||||||||||||||||||||||||||||||||||||||||||||||||||||||||||||

| | NOTE | |

NOTE

||||||||||||||||||| NOTE |||||||||||||||||||||||||||||||||||||||||||||||||||||||||||||||||||||||||||||||||||||||||||||||||||||||||||||||||||||||||||||

‖‖‖‖‖‖‖‖‖‖‖‖ NOTE ‖‖‖

||||||||||||||||||| NOTE ||||||||||||||||||||||||||||||||||||||||||||||||||||||||||||||||||||||||||||||||||||||||||||||||||||||||||||||||||

NOTE

2024年版

共通テスト
過去問研究

化学
化学基礎

問題編

矢印の方向に引くと
本体から取り外せます →
ゆっくり丁寧に取り外しましょう

教学社

問題編

＜共通テスト＞
- ● 2023 年度　化学　本試験　　　　　　　化学基礎　本試験
- ● 2022 年度　化学　本試験・追試験　　　化学基礎　本試験・追試験
- ● 2021 年度　化学　本試験(第 1 日程)　　化学基礎　本試験(第 1 日程)
- ● 2021 年度　化学　本試験(第 2 日程)　　化学基礎　本試験(第 2 日程)
- ●第 2 回　試行調査　化学
- 　第 2 回　試行調査　化学基礎
- ●第 1 回　試行調査　化学

＜センター試験＞
- ● 2020 年度　化学　本試験　　　　　　　化学基礎　本試験
- ● 2019 年度　化学　本試験　　　　　　　化学基礎　本試験
- ● 2018 年度　化学　本試験　　　　　　　化学基礎　本試験
- ● 2017 年度　化学　本試験　　　　　　　化学基礎　本試験

---

* 2021 年度の共通テストは，新型コロナウイルス感染症の影響に伴う学業の遅れに対応する選択肢を確保するため，本試験が以下の 2 日程で実施されました。
  第1日程：2021 年 1 月 16 日(土) および 17 日(日)
  第2日程：2021 年 1 月 30 日(土) および 31 日(日)
* 第 2 回試行調査は 2018 年度に，第 1 回試行調査は 2017 年度に実施されたものです。
* 化学基礎の試行調査は，2018 年度のみ実施されました。

マークシート解答用紙　2 回分
※本書に付属のマークシートは編集部で作成したものです。実際の試験とは異なる場合がありますが，ご了承ください。

化学
化学基礎

2023

共通テスト
本試験

化学 ·················· 2

化学基礎 ············ 28

化学：

解答時間 60 分　配点 100 点

化学基礎：

解答時間　2 科目 60 分

配点　2 科目 100 点

（物理基礎，化学基礎，生物基礎，
地学基礎から 2 科目選択）

2　2023年度：化学/本試験

化　　　　　学

$\left(\text{解答番号}\ \boxed{1}\ \sim\ \boxed{35}\right)$

必要があれば，原子量は次の値を使うこと。

H	1.0	Li	6.9	Be	9.0	C	12
O	16	Na	23	Mg	24	S	32
K	39	Ca	40	I	127		

気体は，実在気体とことわりがない限り，理想気体として扱うものとする。
また，必要があれば，次の値を使うこと。

$\sqrt{2} = 1.41$

第1問　次の問い(**問1～4**)に答えよ。(配点　20)

問1　すべての化学結合が単結合からなる物質として最も適当なものを，次の①～
④のうちから一つ選べ。　$\boxed{1}$

①　CH_3CHO　　　②　C_2H_2　　　③　Br_2　　　④　$BaCl_2$

問 2 次の文章を読み，下線部(a)・(b)の状態を示す用語の組合せとして最も適当なものを，後の①～⑧のうちから一つ選べ。 　2

　海藻であるテングサを乾燥し，熱湯で溶出させると流動性のあるコロイド溶液が得られる。この溶液を冷却すると(a)流動性を失ったかたまりになる。さらに，このかたまりから水分を除去すると(b)乾燥した寒天ができる。

	(a)	(b)
①	ゾル	エーロゾル（エアロゾル）
②	ゾル	キセロゲル
③	エーロゾル（エアロゾル）	ゾル
④	エーロゾル（エアロゾル）	ゲル
⑤	ゲル	エーロゾル（エアロゾル）
⑥	ゲル	キセロゲル
⑦	キセロゲル	ゾル
⑧	キセロゲル	ゲル

問 3 水蒸気を含む空気を温度一定のまま圧縮すると，全圧の増加に比例して水蒸気の分圧は上昇する。水蒸気の分圧が水の飽和蒸気圧に達すると，水蒸気の一部が液体の水に凝縮し，それ以上圧縮しても水蒸気の分圧は水の飽和蒸気圧と等しいままである。

分圧 3.0×10^3 Pa の水蒸気を含む全圧 1.0×10^5 Pa，温度 300 K，体積 24.9 L の空気を，気体を圧縮する装置を用いて，温度一定のまま，体積 8.3 L にまで圧縮した。この過程で水蒸気の分圧が 300 K における水の飽和蒸気圧である 3.6×10^3 Pa に達すると，水蒸気の一部が液体の水に凝縮し始めた。図 1 は圧縮前と圧縮後の様子を模式的に示したものである。圧縮後に生じた液体の水の物質量は何 mol か。最も適当な数値を，後の ①～⑥ のうちから一つ選べ。ただし，気体定数は $R = 8.3 \times 10^3$ Pa・L/(K・mol) とし，全圧の変化による水の飽和蒸気圧の変化は無視できるものとする。　3　mol

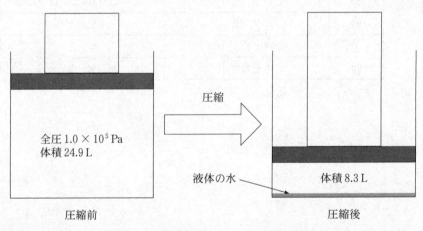

図 1　水蒸気を含む空気の圧縮の模式図

① 0.012　　② 0.018　　③ 0.030
④ 0.12　　⑤ 0.18　　⑥ 0.30

問 4 硫化カルシウム CaS (式量 72) の結晶構造に関する次の記述を読み，後の問い (**a** ～ **c**) に答えよ。

CaS の結晶中では，カルシウムイオン Ca^{2+} と硫化物イオン S^{2-} が図 2 に示すように規則正しく配列している。結晶中の Ca^{2+} と S^{2-} の配位数はいずれも ア で，単位格子は Ca^{2+} と S^{2-} がそれぞれ 4 個ずつ含まれる立方体である。隣り合う Ca^{2+} と S^{2-} は接しているが，(a)電荷が等しい Ca^{2+} どうし，および S^{2-} どうしは，結晶中で互いに接していない。Ca^{2+} のイオン半径を r_{Ca}，S^{2-} のイオン半径を R_S とすると $r_{Ca} < R_S$ であり，CaS の結晶の単位格子の体積 V は イ で表される。

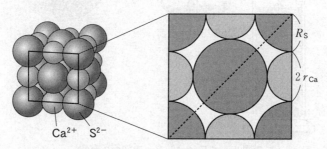

図 2　CaS の結晶構造と単位格子の断面

a 空欄 ア ・ イ に当てはまる数字または式として最も適当なものを，それぞれの解答群の ①～⑤ のうちから一つずつ選べ。

アの解答群　 4
① 4　　② 6　　③ 8　　④ 10　　⑤ 12

イの解答群　 5
① $V = 8(R_S + r_{Ca})^3$　　② $V = 32(R_S^3 + r_{Ca}^3)$
③ $V = (R_S + r_{Ca})^3$　　④ $V = \dfrac{16}{3}\pi(R_S^3 + r_{Ca}^3)$
⑤ $V = \dfrac{4}{3}\pi(R_S^3 + r_{Ca}^3)$

b　エタノール40 mLを入れたメスシリンダーを用意し，CaSの結晶40 gをこのエタノール中に加えたところ，結晶はもとの形のまま溶けずに沈み，図3に示すように，40の目盛りの位置にあった液面が55の目盛りの位置に移動した。この結晶の単位格子の体積Vは何cm^{3}か。最も適当な数値を，後の①～⑤のうちから一つ選べ。ただし，アボガドロ定数を6.0×10^{23}/molとする。 6 cm^3

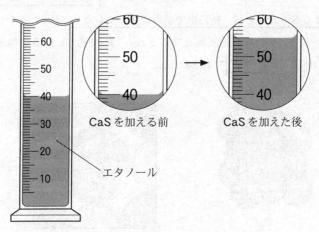

図3　メスシリンダーの液面の移動

① 4.5×10^{-23}　　② 1.8×10^{-22}　　③ 3.6×10^{-22}
④ 6.6×10^{-22}　　⑤ 1.3×10^{-21}

c 図2に示すような配列の結晶構造をとる物質は CaS 以外にも存在する。そのような物質では，下線部(a)に示すのと同様に，結晶中で陽イオンどうし，および陰イオンどうしが互いに接していないものが多い。結晶を構成する2種類のイオンのうち，イオンの大きさが大きい方のイオン半径を R，小さい方のイオン半径を r として結晶の安定性を考える。このとき，R が $\left(\sqrt{\boxed{ウ}} + \boxed{エ} \right) r$ 以上になると，図2に示す単位格子の断面の対角線（破線）上で大きい方のイオンどうしが接するようになる。その結果，この結晶構造が不安定になり，異なる結晶構造をとりやすくなることが知られている。

空欄 $\boxed{ウ}$・$\boxed{エ}$ に当てはまる数字として最も適当なものを，後の①〜⓪のうちから一つずつ選べ。ただし，同じものを繰り返し選んでもよい。

ウ $\boxed{7}$

エ $\boxed{8}$

① 1   ② 2   ③ 3   ④ 4   ⑤ 5

⑥ 6   ⑦ 7   ⑧ 8   ⑨ 9   ⓪ 0

第2問 次の問い(問1～4)に答えよ。(配点 20)

問1 二酸化炭素 CO_2 とアンモニア NH_3 を高温・高圧で反応させると，尿素 $(NH_2)_2CO$ が生成する。このときの熱化学方程式(1)の反応熱 Q は何 kJ か。最も適当な数値を，後の ①～⑧ のうちから一つ選べ。ただし，CO_2(気)，NH_3(気)，$(NH_2)_2CO$(固)，水 H_2O(液) の生成熱は，それぞれ 394 kJ/mol, 46 kJ/mol, 333 kJ/mol, 286 kJ/mol とする。 9 kJ

$$CO_2(気) + 2NH_3(気) = (NH_2)_2CO(固) + H_2O(液) + Q \text{ kJ} \qquad (1)$$

① −179 ② −153 ③ −133 ④ −107
⑤ 107   ⑥ 133   ⑦ 153   ⑧ 179

問2 硝酸銀 $AgNO_3$ 水溶液の入った電解槽 V に浸した 2 枚の白金電極(電極 A, B)と，塩化ナトリウム NaCl 水溶液の入った電解槽 W に浸した 2 本の炭素電極(電極 C, D)を，図 1 に示すように電源に接続した装置を組み立てた。この装置で電気分解を行った結果に関する記述として**誤りを含むもの**を，次の ①～⑤ のうちから二つ選べ。ただし，解答の順序は問わない。

① 電解槽 V の水素イオン濃度が増加した。
② 電極 A に銀 Ag が析出した。
③ 電極 B で水素 H_2 が発生した。
④ 電極 C にナトリウム Na が析出した。
⑤ 電極 D で塩素 Cl_2 が発生した。

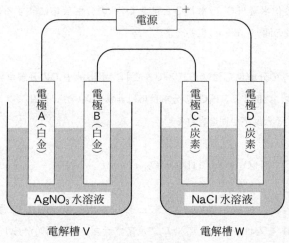

図1 電気分解の装置

問 3 容積一定の密閉容器 X に水素 H_2 とヨウ素 I_2 を入れて，一定温度 T に保ったところ，次の式(2)の反応が平衡状態に達した。

$$H_2(気) + I_2(気) \rightleftarrows 2HI(気) \qquad (2)$$

平衡状態の H_2，I_2，ヨウ化水素 HI の物質量は，それぞれ 0.40 mol，0.40 mol，3.2 mol であった。

次に，X の半分の一定容積をもつ密閉容器 Y に 1.0 mol の HI のみを入れて，同じ一定温度 T に保つと，平衡状態に達した。このときの HI の物質量は何 mol か。最も適当な数値を，次の①〜⑥のうちから一つ選べ。ただし，H_2，I_2，HI はすべて気体として存在するものとする。　12　mol

① 0.060　② 0.11　③ 0.20　④ 0.80　⑤ 0.89　⑥ 0.94

10 2023年度：化学/本試験

問 4 過酸化水素 H_2O_2 の水 H_2O と酸素 O_2 への分解反応に関する次の文章を読み，後の問い（ **a** ～ **c** ）に答えよ。

H_2O_2 の分解反応は次の式(3)で表され，水溶液中での分解反応速度は H_2O_2 の濃度に比例する。H_2O_2 の分解反応は非常に遅いが，酸化マンガン（Ⅳ）MnO_2 を加えると反応が促進される。

$$2\,H_2O_2 \longrightarrow 2\,H_2O + O_2 \qquad\qquad (3)$$

試験管に少量の MnO_2 の粉末とモル濃度 0.400 mol/L の過酸化水素水 10.0 mL を入れ，一定温度 20 ℃ で反応させた。反応開始から 1 分ごとに，それまでに発生した O_2 の体積を測定し，その物質量を計算した。10 分までの結果を表 1 と図 2 に示す。ただし，反応による水溶液の体積変化と，発生した O_2 の水溶液への溶解は無視できるものとする。

表 1　反応温度 20 ℃ で各時間までに発生した O_2 の物質量

反応開始からの 時間(min)	発生した O_2 の 物質量($\times 10^{-3}$ mol)
0	0
1.0	0.417
2.0	0.747
3.0	1.01
4.0	1.22
5.0	1.38
6.0	1.51
7.0	1.61
8.0	1.69
9.0	1.76
10.0	1.81

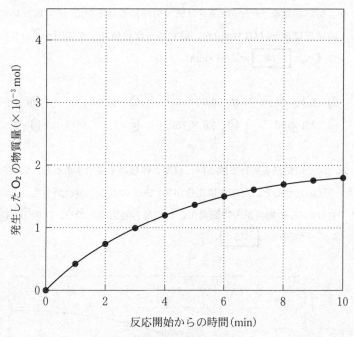

図2 反応温度 20 ℃ で各時間までに発生した O_2 の物質量

a H_2O_2 の水溶液中での分解反応に関する記述として**誤りを含むもの**はどれか。最も適当なものを，次の①～④のうちから一つ選べ。　13

① 少量の塩化鉄(Ⅲ) $FeCl_3$ 水溶液を加えると，反応速度が大きくなる。
② 肝臓などに含まれるカタラーゼを適切な条件で加えると，反応速度が大きくなる。
③ MnO_2 の有無にかかわらず，温度を上げると反応速度が大きくなる。
④ MnO_2 を加えた場合，反応の前後でマンガン原子の酸化数が変化する。

b 反応開始後 1.0 分から 2.0 分までの間における H_2O_2 の分解反応の平均反応速度は何 mol/(L·min) か。最も適当な数値を，次の①〜⑧のうちから一つ選べ。 14 mol/(L·min)

① 3.3×10^{-4} ② 6.6×10^{-4} ③ 8.3×10^{-4} ④ 1.5×10^{-3}
⑤ 3.3×10^{-2} ⑥ 6.6×10^{-2} ⑦ 8.3×10^{-2} ⑧ 0.15

c 図2の結果を得た実験と同じ濃度と体積の過酸化水素水を，別の反応条件で反応させると，反応速度定数が 2.0 倍になることがわかった。このとき発生した O_2 の物質量の時間変化として最も適当なものを，次の①〜⑥のうちから一つ選べ。 15

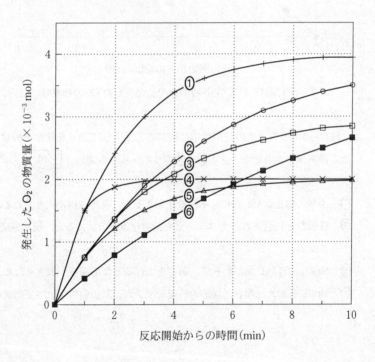

2023年度：化学/本試験　**13**

第3問　次の問い(問1〜3)に答えよ。(配点　20)

問 1　フッ化水素 HF に関する記述として**誤りを含むもの**はどれか。最も適当なものを，次の①〜④のうちから一つ選べ。　16

①　水溶液は弱い酸性を示す。

②　水溶液に銀イオン Ag^+ が加わっても沈殿は生じない。

③　他のハロゲン化水素よりも沸点が高い。

④　ヨウ素 I_2 と反応してフッ素 F_2 を生じる。

問2 金属イオン Ag$^+$, Al^{3+}, Cu^{2+}, Fe^{3+}, Zn^{2+} の硝酸塩のうち二つを含む水溶液 A がある。A に対して次の図1に示す**操作Ⅰ〜Ⅳ**を行ったところ, それぞれ図1に示すような**結果**が得られた。A に含まれる二つの金属イオンとして最も適当なものを, 後の①〜⑤のうちから二つ選べ。ただし, 解答の順序は問わない。

| 17 |
| 18 |

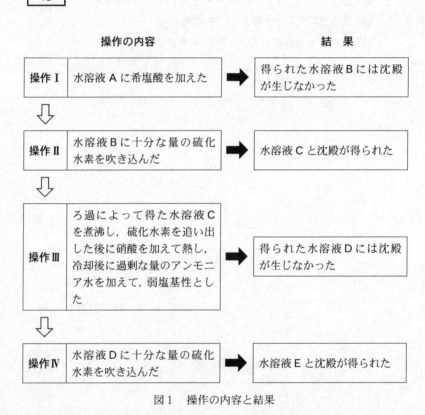

図1 操作の内容と結果

① Ag$^+$ ② Al^{3+} ③ Cu^{2+} ④ Fe^{3+} ⑤ Zn^{2+}

問 3 1族，2族の金属元素に関する次の問い（**a〜c**）に答えよ。

a 金属 X，Y は，1族元素のリチウム Li，ナトリウム Na，カリウム K，2族元素のベリリウム Be，マグネシウム Mg，カルシウム Ca のいずれかの単体である。X は希塩酸と反応して水素 H_2 を発生し，Y は室温の水と反応して H_2 を発生する。そこで，さまざまな質量の X，Y を用意し，X は希塩酸と，Y は室温の水とすべて反応させ，発生した H_2 の体積を測定した。反応させた X，Y の質量と，発生した H_2 の体積（0 ℃，1.013×10^5 Pa における体積に換算した値）との関係を図2に示す。

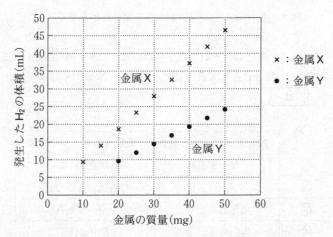

図2 反応させた金属 X，Y の質量と発生した H_2 の体積（0 ℃，1.013×10^5 Pa における体積に換算した値）の関係

このとき，X，Y として最も適当なものを，後の **①〜⑥** のうちからそれぞれ一つずつ選べ。ただし，気体定数は $R = 8.31 \times 10^3$ Pa·L/(K·mol) とする。

X [19]
Y [20]

① Li   ② Na   ③ K
④ Be   ⑤ Mg   ⑥ Ca

b　マグネシウムの酸化物 MgO，水酸化物 Mg(OH)$_2$，炭酸塩 MgCO$_3$ の混合物 A を乾燥した酸素中で加熱すると，水 H$_2$O と二酸化炭素 CO$_2$ が発生し，後に MgO のみが残る。図 3 の装置を用いて混合物 A を反応管中で加熱し，発生した気体をすべて吸収管 B と吸収管 C で捕集する実験を行った。

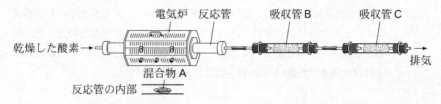

図 3　混合物 A を加熱し発生する気体を捕集する装置

このとき，B と C にそれぞれ 1 種類の気体のみを捕集したい。B, C に入れる物質の組合せとして最も適当なものを，次の①～⑥のうちから一つ選べ。 21

	吸収管 B に入れる物質	吸収管 C に入れる物質
①	ソーダ石灰	酸化銅(Ⅱ)
②	ソーダ石灰	塩化カルシウム
③	塩化カルシウム	ソーダ石灰
④	塩化カルシウム	酸化銅(Ⅱ)
⑤	酸化銅(Ⅱ)	塩化カルシウム
⑥	酸化銅(Ⅱ)	ソーダ石灰

c　b の実験で，ある量の混合物 A を加熱すると MgO のみが 2.00 g 残った。また捕集された H$_2$O と CO$_2$ の質量はそれぞれ 0.18 g，0.22 g であった。加熱前の混合物 A に含まれていたマグネシウムのうち，MgO として存在していたマグネシウムの物質量の割合は何 % か。最も適当な数値を，次の①～⑤のうちから一つ選べ。 22 ％

①　30　　　②　40　　　③　60　　　④　70　　　⑤　80

2023年度：化学/本試験　**17**

第4問 次の問い（問1～4）に答えよ。（配点　20）

問1　次の条件（**ア・イ**）をともに満たすアルコールとして最も適当なものを，後の
①～④のうちから一つ選べ。　23

ア ヨードホルム反応を示さない。

イ 分子内脱水反応により生成したアルケンに臭素を付加させると，不斉炭素
原子をもつ化合物が生成する。

①
$$CH_3-\underset{\underset{OH}{|}}{\overset{\overset{CH_3}{|}}{C}}H$$

②
$$CH_3-CH_2-CH_2-OH$$

③
$$CH_3-\underset{\underset{CH_3}{|}}{\overset{\overset{CH_3}{|}}{C}}-OH$$

④
$$CH_3-\underset{\underset{}{}}{\overset{\overset{CH_3}{|}}{C}}H-CH_2-OH$$

問2　芳香族化合物に関する記述として**誤りを含むもの**はどれか。最も適当なもの
を，次の①～④のうちから一つ選べ。　24

① フタル酸を加熱すると，分子内で脱水し，酸無水物が生成する。

② アニリンは，水酸化ナトリウム水溶液と塩酸のいずれにもよく溶ける。

③ ジクロロベンゼンには，ベンゼン環に結合する塩素原子の位置によって3
種類の異性体が存在する。

④ アセチルサリチル酸に塩化鉄（Ⅲ）水溶液を加えても呈色しない。

18 2023年度：化学/本試験

問 3 高分子化合物の構造に関する記述として**誤りを含むもの**はどれか。最も適当なものを，次の①～④のうちから一つ選べ。　25

① セルロースでは，分子内や分子間に水素結合が形成されている。

② DNA 分子の二重らせん構造中では，水素結合によって塩基対が形成されている。

③ タンパク質のポリペプチド鎖は，分子内で形成される水素結合により二次構造をつくる。

④ ポリプロピレンでは，分子間に水素結合が形成されている。

問 4 グリセリンの三つのヒドロキシ基がすべて脂肪酸によりエステル化された化合物をトリグリセリドと呼び，その構造は図 1 のように表される。

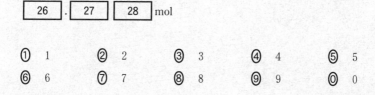

図 1　トリグリセリドの構造（R¹，R²，R³ は鎖式炭化水素基）

あるトリグリセリド X（分子量 882）の構造を調べることにした。(a)X を触媒とともに水素と完全に反応させると，消費された水素の量から，1 分子の X には 4 個の C＝C 結合があることがわかった。また，X を完全に加水分解したところ，グリセリンと，脂肪酸 A（炭素数 18）と脂肪酸 B（炭素数 18）のみが得られ，A と B の物質量比は 1：2 であった。トリグリセリド X に関する次の問い（a～c）に答えよ。

a　下線部(a)に関して，44.1 g の X を用いると，消費される水素は何 mol か。その数値を小数第 2 位まで次の形式で表すとき，| 26 | ～ | 28 | に当てはまる数字を，後の①～⓪のうちから一つずつ選べ。ただし，同じものを繰り返し選んでもよい。また，X の C＝C 結合のみが水素と反応するものとする。

| 26 | . | 27 | 28 | mol

① 1　　② 2　　③ 3　　④ 4　　⑤ 5
⑥ 6　　⑦ 7　　⑧ 8　　⑨ 9　　⓪ 0

20 2023年度：化学/本試験

b トリグリセリド X を完全に加水分解して得られた脂肪酸 A と脂肪酸 B を，硫酸酸性の希薄な過マンガン酸カリウム水溶液にそれぞれ加えると，いずれも過マンガン酸イオンの赤紫色が消えた。脂肪酸 A（炭素数 18）の示性式として最も適当なものを，次の①～⑤のうちから一つ選べ。 $\boxed{29}$

① $CH_3(CH_2)_{16}COOH$

② $CH_3(CH_2)_7CH=CH(CH_2)_7COOH$

③ $CH_3(CH_2)_4CH=CHCH_2CH=CH(CH_2)_7COOH$

④ $CH_3CH_2CH=CHCH_2CH=CHCH_2CH=CH(CH_2)_7COOH$

⑤ $CH_3CH_2CH=CHCH_2CH=CHCH_2CH=CHCH_2CH=CH(CH_2)_4COOH$

c　トリグリセリド X をある酵素で部分的に加水分解すると，図 2 のように脂肪酸 A，脂肪酸 B，化合物 Y のみが物質量比 1：1：1 で生成した。また，X には鏡像異性体（光学異性体）が存在し，Y には鏡像異性体が存在しなかった。A を R^A-COOH，B を R^B-COOH と表すとき，図 2 に示す化合物 Y の構造式において，　ア　・　イ　に当てはまる原子と原子団の組合せとして最も適当なものを，後の①〜④のうちから一つ選べ。　30

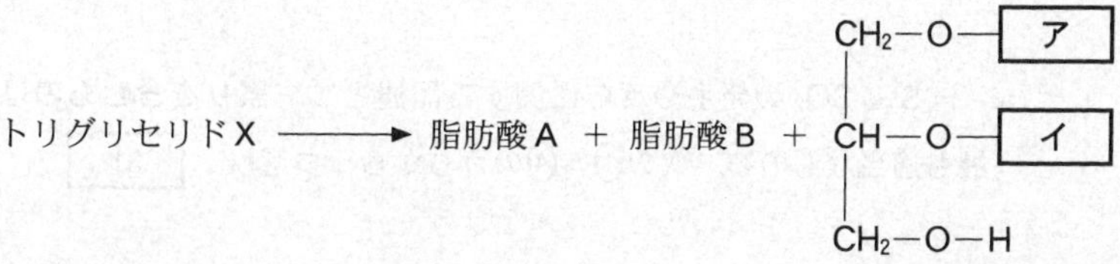

トリグリセリド X ──→ 脂肪酸 A ＋ 脂肪酸 B ＋

$$CH_2-O-\boxed{ア}$$
$$CH-O-\boxed{イ}$$
$$CH_2-O-H$$

化合物 Y

図 2　ある酵素によるトリグリセリド X の加水分解

	ア	イ
①	$\overset{O}{\overset{\|}{C}}-R^A$	H
②	$\overset{O}{\overset{\|}{C}}-R^B$	H
③	H	$\overset{O}{\overset{\|}{C}}-R^A$
④	H	$\overset{O}{\overset{\|}{C}}-R^B$

22 2023年度：化学/本試験

第5問 硫黄 S の化合物である硫化水素 H_2S や二酸化硫黄 SO_2 を，さまざまな物質と反応させることにより，人間生活に有用な物質が得られる。一方，H_2S と SO_2 はともに火山ガスに含まれる有毒な気体であり，健康被害を及ぼす量のガスを吸い込むことがないように，大気中の濃度を求める必要がある。次の問い（問 1 ～ 3 ）に答えよ。（配点 20）

問 1 H_2S と SO_2 が関わる反応について，次の問い（**a・b**）に答えよ。

a H_2S と SO_2 の発生や反応に関する記述として**誤りを含むもの**はどれか。最も適当なものを，次の①～④のうちから一つ選べ。 31

① 硫化鉄（Ⅱ）FeS に希硫酸を加えると，H_2S が発生する。

② 硫酸ナトリウム Na_2SO_4 に希硫酸を加えると，SO_2 が発生する。

③ H_2S の水溶液に SO_2 を通じて反応させると，単体の S が生じる。

④ 水酸化ナトリウム $NaOH$ の水溶液に SO_2 を通じて反応させると，亜硫酸ナトリウム Na_2SO_3 が生じる。

b 酸化バナジウム（Ⅴ）V_2O_5 を触媒として SO_2 と O_2 の混合気体を反応させると，正反応が発熱反応である，次の式(1)の反応が起こる。SO_2 と O_2 の混合気体と触媒をピストン付きの密閉容器に入れて反応させるとき，式(1)の反応に関する記述として下線部に**誤りを含むもの**はどれか。最も適当なものを，後の①～④のうちから一つ選べ。 32

$$2\,SO_2 + O_2 \rightleftharpoons 2\,SO_3 \tag{1}$$

① 反応が平衡状態に達した後，温度一定で密閉容器内の圧力を減少させると，平衡は右に移動する。

② 反応が平衡状態に達した後，圧力一定で密閉容器内の温度を上昇させると，平衡は左に移動する。

③ SO_2 の濃度を 2 倍にしたとき，正反応の反応速度が何倍になるかは，反応式中の係数から単純に導き出すことはできない。

④ 平衡状態では，正反応と逆反応の反応速度が等しくなっている。

問 2 窒素と H_2S からなる気体試料 A がある。気体試料 A に含まれる H_2S の量を次の式(2)〜(4)で表される反応を利用した酸化還元滴定によって求めたいと考え，後の実験を行った。

$$H_2S \longrightarrow 2H^+ + S + 2e^- \qquad (2)$$

$$I_2 + 2e^- \longrightarrow 2I^- \qquad (3)$$

$$2S_2O_3^{2-} \longrightarrow S_4O_6^{2-} + 2e^- \qquad (4)$$

実験 ある体積の気体試料 A に含まれていた H_2S を水に完全に溶かした水溶液に，0.127 g のヨウ素 I_2（分子量 254）を含むヨウ化カリウム KI 水溶液を加えた。そこで生じた沈殿を取り除き，ろ液に 5.00×10^{-2} mol/L チオ硫酸ナトリウム $Na_2S_2O_3$ 水溶液を 4.80 mL 滴下したところで少量のデンプンの水溶液を加えた。そして，$Na_2S_2O_3$ 水溶液を全量で 5.00 mL 滴下したときに，水溶液の青色が消えて無色となった。

この実験で用いた気体試料 A に含まれていた H_2S は，0 ℃，1.013×10^5 Pa において何 mL か。最も適当な数値を，次の①〜⑤のうちから一つ選べ。ただし，気体定数は $R = 8.31 \times 10^3$ Pa·L/(K·mol) とする。 ┃ 33 ┃ mL

① 2.80 　　② 5.60 　　③ 8.40 　　④ 10.0 　　⑤ 11.2

問 3　火口周辺での SO_2 の濃度は，SO_2 が光を吸収する性質を利用して測定できる。光の吸収を利用して物質の濃度を求める方法の原理を調べたところ，次の記述が見つかった。

多くの物質は紫外線を吸収する。紫外線が透過する方向の長さが L の透明な密閉容器に，モル濃度 c の気体試料が封入されている。ある波長の紫外線 (光の量，I_0) を密閉容器に入射すると，その一部が気体試料に吸収され，透過した光の量は少なくなり I となる。このことを模式的に表したものが図1である。

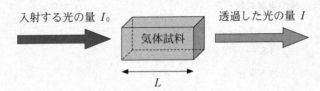

図1　密閉容器内の気体試料に紫外線を入射したときの模式図

入射する光の量 I_0 に対する透過した光の量 I の比を表す透過率 $T = \dfrac{I}{I_0}$ を用いると，$\log_{10} T$ は c および L と比例関係となる。

次の問い（**a・b**）に答えよ。

a 圧力一定の条件で，窒素で満たされた長さ L の密閉容器内に物質量の異なる SO_2 を添加し，ある波長の紫外線に対する透過率 T をそれぞれ測定した。SO_2 のモル濃度 c と得られた $\log_{10} T$ を次ページの表 1 に示す。次に，窒素中に含まれる SO_2 のモル濃度が不明な気体試料 B に対して，同じ条件で透過率 T を測定したところ 0.80 であった。気体試料 B に含まれる SO_2 のモル濃度を次の形式で表すとき，$\boxed{34}$ に当てはまる数値として最も適当なものを，後の①～⑤のうちから一つ選べ。必要があれば，次ページの方眼紙や $\log_{10} 2 = 0.30$ の値を使うこと。ただし，窒素および密閉容器による紫外線の吸収，反射，散乱は無視できるものとする。

気体試料 B に含まれる SO_2 のモル濃度 $\boxed{34}$ $\times 10^{-8}\,\mathrm{mol/L}$

① 2.2　　② 2.6　　③ 3.0　　④ 3.4　　⑤ 3.8

表1 密閉容器内の気体に含まれる SO_2 のモル濃度 c と $\log_{10} T$ の関係

SO_2 のモル濃度 c ($\times 10^{-8}$ mol/L)	$\log_{10} T$
0.0	0.000
2.0	-0.067
4.0	-0.133
6.0	-0.200
8.0	-0.267
10.0	-0.333

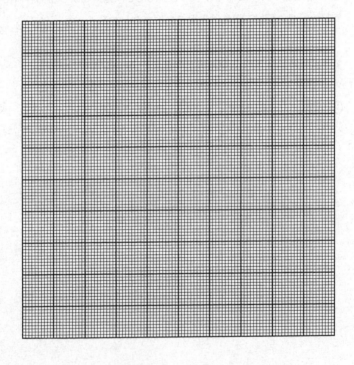

b 図2に示すように、aで用いたものと同じ密閉容器を二つ直列に並べて長さ2Lとした密閉容器を用意した。それぞれにaと同じ条件で気体試料Bを封入して、aで用いた波長の紫外線を入射させた。このときの透過率Tの値として最も適当な数値を、後の①～⑤のうちから一つ選べ。ただし、窒素および密閉容器による紫外線の吸収、反射、散乱は無視できるものとする。

35

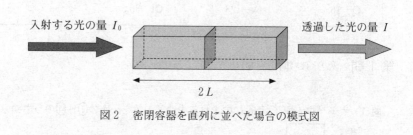

図2 密閉容器を直列に並べた場合の模式図

① 0.32   ② 0.40   ③ 0.60   ④ 0.64   ⑤ 0.80

化 学 基 礎

$$\left(\text{解答番号} \boxed{1} \sim \boxed{20}\right)$$

必要があれば，原子量は次の値を使うこと。

H 1.0	He 4.0	C 12	N 14
O 16	Na 23	Cl 35.5	

第1問 次の問い(問1〜9)に答えよ。(配点 30)

問1 ナトリウム原子 $^{23}_{11}\text{Na}$ に含まれる中性子の数を，次の①〜④のうちから一つ選べ。 $\boxed{1}$

① 11 ② 12 ③ 23 ④ 34

問2 無極性分子として最も適当なものを，次の①〜④のうちから一つ選べ。 $\boxed{2}$

① アンモニア NH_3

② 硫化水素 H_2S

③ 酸素 O_2

④ エタノール C_2H_5OH

問 3 ハロゲンに関する記述として最も適当なものを，次の①〜④のうちから一つ選べ。 3

① 原子番号が大きいほど，原子の価電子の数は多い。

② 原子番号が大きいほど，原子のイオン化エネルギーは大きい。

③ 塩化水素分子 HCl では，共有電子対は水素原子の方に偏っている。

④ ヨウ素 I_2 と硫化水素 H_2S が反応するとき，I_2 は酸化剤としてはたらく。

問 4 分子からなる純物質 X の固体を大気圧のもとで加熱して，液体状態を経てすべて気体に変化させた。そのときの温度変化を模式的に図1に示す。A〜E における X の状態や現象に関する記述**ア**〜**オ**において，正しいものはどれか。正しい組合せとして最も適当なものを，後の①〜⓪のうちから一つ選べ。

　4　

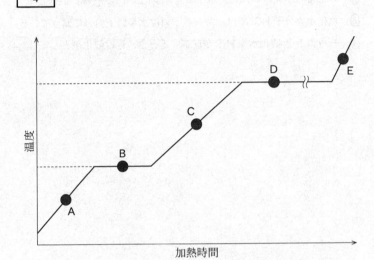

図1　加熱による純物質 X の温度変化（模式図）

ア　A では，分子は熱運動していない。
イ　B では，液体と固体が共存している。
ウ　C では，分子は規則正しい配列を維持している。
エ　D では，液体の表面だけでなく内部からも気体が発生している。
オ　E では，分子間の平均距離は C のときと変わらない。

① ア，イ　② ア，ウ　③ ア，エ　④ ア，オ　⑤ イ，ウ
⑥ イ，エ　⑦ イ，オ　⑧ ウ，エ　⑨ ウ，オ　⓪ エ，オ

問 5 二酸化炭素 CO_2 とメタン CH_4 に関する記述として**誤りを含むもの**はどれか。最も適当なものを，次の①~④のうちから一つ選べ。 5

① 二酸化炭素分子では 3 個の原子が直線状に結合している。

② メタン分子は正四面体形の構造をとる。

③ 二酸化炭素分子もメタン分子も共有結合からなる。

④ 常温・常圧での密度は，二酸化炭素の方がメタンより小さい。

問 6 ヘリウム He と窒素 N_2 からなる混合気体 1.00 mol の質量が 10.0 g であった。この混合気体に含まれる He の物質量の割合は何%か。最も適当な数値を，次の①~⑤のうちから一つ選べ。 6 ％

① 30 ② 40 ③ 67 ④ 75 ⑤ 90

問 7 アルミニウム Al に関する記述として**誤りを含むもの**はどれか。最も適当なものを，次の①~④のうちから一つ選べ。 7

① Al の合金であるジュラルミンは，飛行機の機体に使われている。

② アルミニウム缶を製造する場合，原料の Al は鉱石から製錬するよりも，回収したアルミニウム缶から再生利用(リサイクル)する方が，必要とするエネルギーが小さい。

③ アルミナ(酸化アルミニウム) Al_2O_3 では，アルミニウム原子の酸化数は ＋ 2 である。

④ 金属 Al は，濃硝酸に触れると表面に緻密な酸化物の被膜が形成される。

問 8 金属イオンを含む塩の水溶液に金属片を浸して，その表面に金属が析出する
かどうかを調べた。金属イオンを含む塩と金属片の組合せのうち**金属が析出し
ないもの**はどれか。最も適当なものを，次の**①**〜**④**のうちから一つ選べ。
□8□

	金属イオンを含む塩	金属片
①	塩化スズ（Ⅱ）	亜鉛
②	硫酸銅（Ⅱ）	亜鉛
③	酢酸鉛（Ⅱ）	銅
④	硝酸銀	銅

問 9 2価の強酸の水溶液 A がある。このうち 5 mL をホールピペットではかり取
り，コニカルビーカーに入れた。これに水 30 mL とフェノールフタレイン溶
液一滴を加えて，モル濃度 x (mol/L) の水酸化ナトリウム水溶液で中和滴定し
たところ，中和点に達するのに y (mL) を要した。水溶液 A 中の強酸のモル濃
度は何 mol/L か。モル濃度を求める式として正しいものを，次の**①**〜**⑧**のう
ちから一つ選べ。□9□ mol/L

① $\dfrac{xy}{5}$　　② $\dfrac{xy}{10}$　　③ $\dfrac{xy}{35}$　　④ $\dfrac{xy}{70}$

⑤ $\dfrac{xy}{5+y}$　　⑥ $\dfrac{xy}{35+y}$　　⑦ $\dfrac{xy}{2(5+y)}$　　⑧ $\dfrac{xy}{2(35+y)}$

第2問 次の文章を読み，後の問い（問1～5）に答えよ。（配点 20）

　ある生徒は，「血圧が高めの人は，塩分の取りすぎに注意しなくてはいけない」という話を聞き，しょうゆに含まれる塩化ナトリウム $NaCl$ の量を分析したいと考え，文献を調べた。

文献の記述

> 　水溶液中の塩化物イオン Cl^- の濃度を求めるには，指示薬として少量のクロム酸カリウム K_2CrO_4 を加え，硝酸銀 $AgNO_3$ 水溶液を滴下する。水溶液中の Cl^- は，加えた銀イオン Ag^+ と反応し塩化銀 $AgCl$ の白色沈殿を生じる。Ag^+ の物質量が Cl^- と過不足なく反応するのに必要な量を超えると，(a)過剰な Ag^+ とクロム酸イオン $CrO_4{}^{2-}$ が反応してクロム酸銀 Ag_2CrO_4 の暗赤色沈殿が生じる。したがって，滴下した $AgNO_3$ 水溶液の量から，Cl^- の物質量を求めることができる。

　そこでこの生徒は，3種類の市販のしょうゆ A～C に含まれる Cl^- の濃度を分析するため，それぞれに次の**操作Ⅰ～Ⅴ**を行い，表1に示す実験結果を得た。ただし，しょうゆには Cl^- 以外に Ag^+ と反応する成分は含まれていないものとする。

操作Ⅰ 　ホールピペットを用いて，250 mL のメスフラスコに 5.00 mL のしょうゆをはかり取り，標線まで水を加えて，しょうゆの希釈溶液を得た。

操作Ⅱ 　ホールピペットを用いて，**操作Ⅰ**で得られた希釈溶液から一定量をコニカルビーカーにはかり取り，水を加えて全量を 50 mL にした。

操作Ⅲ 　**操作Ⅱ**のコニカルビーカーに少量の K_2CrO_4 を加え，得られた水溶液を試料とした。

操作Ⅳ 　**操作Ⅲ**の試料に 0.0200 mol/L の $AgNO_3$ 水溶液を滴下し，よく混ぜた。

操作Ⅴ 　試料が暗赤色に着色して，よく混ぜてもその色が消えなくなるまでに要した滴下量を記録した。

34 2023年度：化学基礎/本試験

表1　しょうゆ A〜C の実験結果のまとめ

しょうゆ	操作Ⅱではかり取った希釈溶液の体積（mL）	操作Ⅴで記録した $AgNO_3$ 水溶液の滴下量（mL）
A	5.00	14.25
B	5.00	15.95
C	10.00	13.70

問 1　下線部(a)に示した CrO_4^{2-} に関する次の記述を読み，後の問い（**a・b**）に答えよ。

　この実験は水溶液が弱い酸性から中性の範囲で行う必要がある。強い酸性の水溶液中では，次の式(1)に従って，CrO_4^{2-} から二クロム酸イオン $Cr_2O_7^{2-}$ が生じる。

$$\boxed{\text{ア}}\ CrO_4^{2-} + \boxed{\text{イ}}\ H^+ \longrightarrow \boxed{\text{ウ}}\ Cr_2O_7^{2-} + H_2O \qquad (1)$$

　したがって，試料が強い酸性の水溶液である場合，CrO_4^{2-} は $Cr_2O_7^{2-}$ に変化してしまい指示薬としてはたらかない。式(1)の反応では，クロム原子の酸化数は反応の前後で　$\boxed{\text{エ}}$　。

a　式(1)の係数　$\boxed{\text{ア}}$　〜　$\boxed{\text{ウ}}$　に当てはまる数字を，後の①〜⑨のうちから一つずつ選べ。ただし，係数が1の場合は①を選ぶこと。同じものを繰り返し選んでもよい。

ア $\boxed{10}$　　イ $\boxed{11}$　　ウ $\boxed{12}$

① 1　　② 2　　③ 3　　④ 4　　⑤ 5

⑥ 6　　⑦ 7　　⑧ 8　　⑨ 9

b 空欄 エ に当てはまる記述として最も適当なものを，後の①〜④のうちから一つ選べ。

エ 13

① ＋3から＋6に増加する
② ＋6から＋3に減少する
③ 変化せず，どちらも＋3である
④ 変化せず，どちらも＋6である

問2 操作Ⅳで，AgNO₃水溶液を滴下する際に用いる実験器具の図として最も適当なものを，次の①〜④のうちから一つ選べ。 14

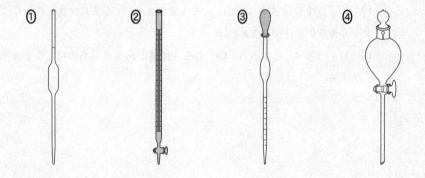

36　2023年度：化学基礎/本試験

問 3　操作 I ～ V および表 1 の実験結果に関する記述として**誤りを含むもの**を，次
の①～⑤のうちから二つ選べ。ただし，解答の順序は問わない。

15
16

① **操作 I** で用いるメスフラスコは，純水での洗浄後にぬれているものを乾燥
させずに用いてもよい。

② **操作Ⅲ**の K_2CrO_4 および**操作Ⅳ**の $AgNO_3$ の代わりに，それぞれ Ag_2CrO_4
と硝酸カリウム KNO_3 を用いても，**操作 I ～ V** によって Cl^- のモル濃度を
正しく求めることができる。

③ しょうゆの成分として塩化カリウム KCl が含まれているとき，しょうゆ
に含まれる NaCl のモル濃度を，**操作 I ～ V** により求めた Cl^- のモル濃度
と等しいとして計算すると，正しいモル濃度よりも高くなる。

④ しょうゆ C に含まれる Cl^- のモル濃度は，しょうゆ B に含まれる Cl^- の
モル濃度の半分以下である。

⑤ しょうゆ A～C のうち，Cl^- のモル濃度が最も高いものは，しょうゆ A
である。

問 4 操作Ⅳを続けたときの，AgNO₃ 水溶液の滴下量と，試料に溶けている Ag⁺ の物質量の関係は図1で表される。ここで，操作Ⅴで記録した AgNO₃ 水溶液の滴下量は a (mL) である。このとき，AgNO₃ 水溶液の滴下量と，沈殿した AgCl の質量の関係を示したグラフとして最も適当なものを，後の①〜⑥のうちから一つ選べ。ただし，CrO₄²⁻ と反応する Ag⁺ の量は無視できるものとする。 17

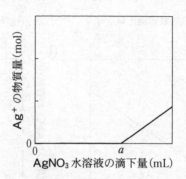

図1 AgNO₃ 水溶液の滴下量と試料に溶けている Ag⁺ の物質量の関係

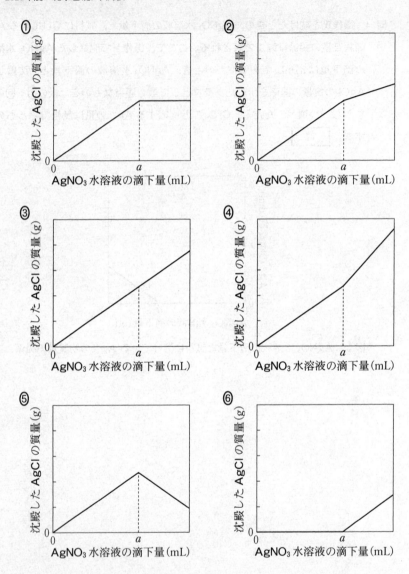

問 5 次の問い(**a・b**)に答えよ。

a しょうゆ A に含まれる Cl^- のモル濃度は何 mol/L か。最も適当な数値を，次の①~⑥のうちから一つ選べ。 <u>18</u> mol/L

①　0.0143　　　　②　0.0285　　　　③　0.0570
④　1.43　　　　　⑤　2.85　　　　　⑥　5.70

b 15 mL(大さじ一杯相当)のしょうゆ A に含まれる NaCl の質量は何 g か。その数値を小数第 1 位まで次の形式で表すとき， <u>19</u> と <u>20</u> に当てはまる数字を，後の①~⑩のうちから一つずつ選べ。同じものを繰り返し選んでもよい。ただし，しょうゆ A に含まれるすべての Cl^- は NaCl から生じたものとし，NaCl の式量を 58.5 とする。

NaCl の質量 <u>19</u> . <u>20</u> g

①　1　　②　2　　③　3　　④　4　　⑤　5
⑥　6　　⑦　7　　⑧　8　　⑨　9　　⑩　0

2022

共通テスト
本試験

化学 ·················· 2

化学基礎 ·········· 26

化学：

解答時間 60 分　配点 100 点

化学基礎：

解答時間　2 科目 60 分

配点　2 科目 100 点

（物理基礎，化学基礎，生物基礎，
地学基礎から 2 科目選択）

化　　　　学

$\left(\text{解答番号}\boxed{1}\sim\boxed{33}\right)$

> 必要があれば，原子量は次の値を使うこと。
>
> | H | 1.0 | | C | 12 | | N | 14 | | O | 16 |
> | Na | 23 | | S | 32 | | Cl | 35.5 | | Ca | 40 |
>
> 気体は，実在気体とことわりがない限り，理想気体として扱うものとする。
> また，必要があれば，次の値を使うこと。
>
> $\sqrt{2} = 1.41$ 　　　 $\sqrt{3} = 1.73$ 　　　 $\sqrt{5} = 2.24$

第1問 次の問い(**問1〜5**)に答えよ。(配点　20)

問1　原子がL殻に電子を3個もつ元素を，次の①〜⑤のうちから一つ選べ。
　　　$\boxed{1}$

　　　① Al　　　② B　　　③ Li　　　④ Mg　　　⑤ N

2022年度：化学/本試験　**3**

問 2 表 1 に示した窒素化合物は肥料として用いられている。これらの化合物のうち，窒素の含有率（質量パーセント）が最も高いものを，後の①～④のうちから一つ選べ。　| 2 |

表1　肥料として用いられる窒素化合物とそのモル質量

窒素化合物	モル質量（g/mol）
NH_4Cl	53.5
$(NH_2)_2CO$	60
NH_4NO_3	80
$(NH_4)_2SO_4$	132

① NH_4Cl　　　② $(NH_2)_2CO$　　　③ NH_4NO_3　　　④ $(NH_4)_2SO_4$

問3 2種類の貴ガス(希ガス)AとBをさまざまな割合で混合し,温度一定のもとで体積を変化させて,全圧が一定値 p_0 になるようにする。元素Aの原子量が元素Bの原子量より小さいとき,貴ガスAの分圧と混合気体の密度の関係を表すグラフはどれか。最も適当なものを,次の①～⑤のうちから一つ選べ。

| 3 |

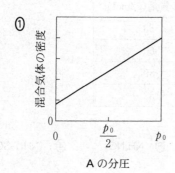

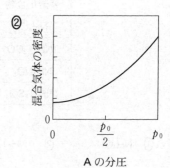

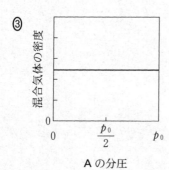

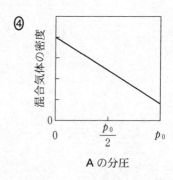

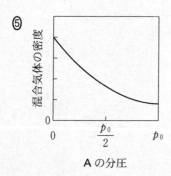

問 4 非晶質に関する記述として**誤りを含むもの**はどれか。最も適当なものを，次の①～④のうちから一つ選べ。　4

① ガラスは一定の融点を示さない。

② アモルファス金属やアモルファス合金は，高温で融解させた金属を急速に冷却してつくられる。

③ 非晶質の二酸化ケイ素は，光ファイバーに利用される。

④ ポリエチレンは，非晶質の部分（非結晶部分・無定形部分）の割合が増えるほどかたくなる。

問 5 空気の水への溶解は，水中生物の呼吸(酸素の溶解)やダイバーの減圧症(溶解した窒素の遊離)などを理解するうえで重要である。1.0×10^5 Pa の N_2 と O_2 の溶解度(水 1 L に溶ける気体の物質量)の温度変化をそれぞれ図 1 に示す。N_2 と O_2 の水への溶解に関する後の問い(**a**・**b**)に答えよ。ただし，N_2 と O_2 の水への溶解は，ヘンリーの法則に従うものとする。

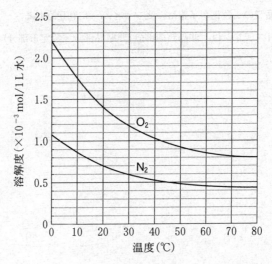

図 1　1.0×10^5 Pa の N_2 と O_2 の溶解度の温度変化

a 1.0×10^5 Pa で O_2 が水 20 L に接している。同じ圧力で温度を 10 ℃ から 20 ℃ にすると，水に溶解している O_2 の物質量はどのように変化するか。最も適当な記述を，次の①〜⑤のうちから一つ選べ。 5

① 3.5×10^{-4} mol 減少する。　　② 7.0×10^{-3} mol 減少する。
③ 変化しない。　　　　　　　　　　　④ 3.5×10^{-4} mol 増加する。
⑤ 7.0×10^{-3} mol 増加する。

b 図 2 に示すように，ピストンの付いた密閉容器に水と空気(物質量比 $N_2 : O_2 = 4 : 1$)を入れ，ピストンに 5.0×10^5 Pa の圧力を加えると，20 ℃ で水および空気の体積はそれぞれ 1.0 L，5.0 L になった。次に，温度を一定に保ったままピストンを引き上げ，圧力を 1.0×10^5 Pa にすると，水に溶解していた気体の一部が遊離した。このとき，遊離した N_2 の体積は 0 ℃，1.013×10^5 Pa のもとで何 mL か。最も近い数値を，後の①〜⑤のうちから一つ選べ。ただし，気体定数は $R = 8.31 \times 10^3$ Pa·L/(K·mol) とする。また，密閉容器内の空気の N_2 と O_2 の物質量比の変化と水の蒸気圧は，いずれも無視できるものとする。 6 mL

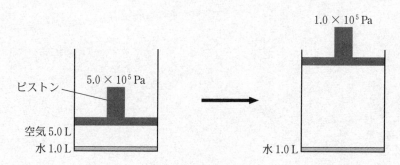

図 2　水と空気を入れた密閉容器内の圧力を変化させたときの模式図

① 13　　② 16　　③ 50　　④ 63　　⑤ 78

8 2022年度：化学/本試験

第2問 次の問い(問1～4)に答えよ。(配点 20)

問 1 化学反応や物質の状態の変化において，発熱の場合も吸熱の場合もあるもの
はどれか。最も適当なものを，次の①～④のうちから一つ選べ。 □7□

① 炭化水素が酸素の中で完全燃焼するとき。
② 強酸の希薄水溶液に強塩基の希薄水溶液を加えて中和するとき。
③ 電解質が多量の水に溶解するとき。
④ 常圧で純物質の液体が凝固して固体になるとき。

問 2 0.060 mol/L の酢酸ナトリウム水溶液 50 mL と 0.060 mol/L の塩酸 50 mL を
混合して 100 mL の水溶液を得た。この水溶液中の水素イオン濃度は何 mol/L
か。最も適当な数値を，次の①～⑥のうちから一つ選べ。ただし，酢酸の電離
定数は 2.7×10^{-5} mol/L とする。 □8□ mol/L

① 8.1×10^{-7} ② 2.8×10^{-4} ③ 9.0×10^{-4}

④ 1.3×10^{-3} ⑤ 2.8×10^{-3} ⑥ 8.1×10^{-3}

問 3　溶液中での，次の式(1)で表される可逆反応

$$A \rightleftharpoons B + C \tag{1}$$

において，正反応の反応速度 v_1 と逆反応の反応速度 v_2 は，$v_1 = k_1[A]$，$v_2 = k_2[B][C]$ であった。ここで，k_1，k_2 はそれぞれ正反応，逆反応の反応速度定数であり，$[A]$，$[B]$，$[C]$ はそれぞれ A，B，C のモル濃度である。反応開始時において，$[A] = 1\,\text{mol/L}$，$[B] = [C] = 0\,\text{mol/L}$ であり，反応中に温度が変わることはないとする。$k_1 = 1 \times 10^{-6}\,/\text{s}$，$k_2 = 6 \times 10^{-6}\,\text{L}/(\text{mol·s})$ であるとき，平衡状態での $[B]$ は何 mol/L か。最も適当な数値を，次の①～④のうちから一つ選べ。　$\boxed{9}$　mol/L

① $\dfrac{1}{3}$　　　　② $\dfrac{1}{\sqrt{6}}$　　　　③ $\dfrac{1}{2}$　　　　④ $\dfrac{2}{3}$

問 4　化石燃料に代わる新しいエネルギー源の一つとして水素 H_2 がある。H_2 の貯蔵と利用に関する次の問い（a～c）に答えよ。

a　水素吸蔵合金を利用すると，H_2 を安全に貯蔵することができる。ある水素吸蔵合金 X は，0 ℃，1.013×10^5 Pa で，X の体積の 1200 倍の H_2 を貯蔵することができる。この温度，圧力で 248 g の X に貯蔵できる H_2 は何 mol か。最も適当な数値を，次の①～⑤のうちから一つ選べ。ただし，X の密度は 6.2 g/cm³ であり，気体定数は $R = 8.3 \times 10^3$ Pa・L/(K・mol) とする。
　　10　mol

①　0.28　　②　0.47　　③　1.1　　④　2.1　　⑤　11

b　リン酸型燃料電池を用いると，H_2 を燃料として発電することができる。図 1 に外部回路に接続したリン酸型燃料電池の模式図を示す。この燃料電池を動作させるにあたり，供給する物質（ア，イ）と排出される物質（ウ，エ）の組合せとして最も適当なものを，後の①～⑥のうちから一つ選べ。ただし，排出される物質には未反応の物質も含まれるものとする。　11

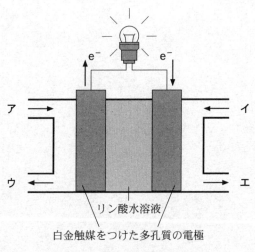

図 1　リン酸型燃料電池の模式図

	ア	イ	ウ	エ
①	O_2	H_2	O_2	H_2, H_2O
②	O_2	H_2	O_2, H_2O	H_2
③	O_2	H_2	O_2, H_2O	H_2, H_2O
④	H_2	O_2	H_2	O_2, H_2O
⑤	H_2	O_2	H_2, H_2O	O_2
⑥	H_2	O_2	H_2, H_2O	O_2, H_2O

c 図1の燃料電池で H_2 2.00 mol，O_2 1.00 mol が反応したとき，外部回路に流れた電気量は何 C か。最も適当な数値を，次の①〜⑤のうちから一つ選べ。ただし，ファラデー定数は 9.65×10^4 C/mol とし，電極で生じた電子はすべて外部回路を流れたものとする。 | 12 | C

① 1.93×10^4 ② 9.65×10^4 ③ 1.93×10^5

④ 3.86×10^5 ⑤ 7.72×10^5

12 2022年度：化学/本試験

第3問 次の問い(**問1～3**)に答えよ。(配点 20)

問1 $AlK(SO_4)_2 \cdot 12H_2O$ と $NaCl$ はどちらも無色の試薬である。それぞれの水溶液に対して次の**操作ア～エ**を行うとき，この二つの試薬を**区別すること**が**できない操作**はどれか。最も適当なものを，後の**①～④**のうちから一つ選べ。

13

操作
ア アンモニア水を加える。
イ 臭化カルシウム水溶液を加える。
ウ フェノールフタレイン溶液を加える。
エ 陽極と陰極に白金板を用いて電気分解を行う。

① ア ② イ ③ ウ ④ エ

問 2　ある金属元素 M が，その酸化物中でとる酸化数は一つである。この金属元素の単体 M と酸素 O_2 から生成する金属酸化物 M_xO_y の組成式を求めるために，次の**実験**を考えた。

実験　M の物質量と O_2 の物質量の和を 3.00×10^{-2} mol に保ちながら，M の物質量を 0 から 3.00×10^{-2} mol まで変化させ，それぞれにおいて M と O_2 を十分に反応させたのち，生成した M_xO_y の質量を測定する。

実験で生成する M_xO_y の質量は，用いる M の物質量によって変化する。図 1 は，生成する M_xO_y の質量について，その最大の測定値を 1 と表し，他の測定値を最大値に対する割合(相対値)として示している。図 1 の結果が得られる M_xO_y の組成式として最も適当なものを，後の ①〜⑤ のうちから一つ選べ。| 14 |

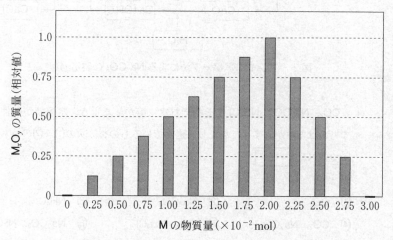

図 1　M の物質量と M_xO_y の質量(相対値)の関係

① MO　　② MO_2　　③ M_2O　　④ M_2O_3　　⑤ M_2O_5

問 3 次の文章を読み，後の問い（a～c）に答えよ。

アンモニアソーダ法は，Na_2CO_3 の代表的な製造法である。その製造過程を図 2 に示す。この方法には，$NaHCO_3$ の熱分解で生じる CO_2，および NH_4Cl と $Ca(OH)_2$ の反応で生じる NH_3 をいずれも回収して，無駄なく再利用するという特徴がある。

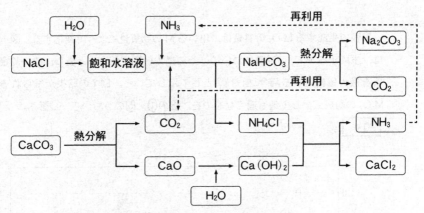

図 2　アンモニアソーダ法による Na_2CO_3 の製造過程

a　CO_2，Na_2CO_3，NH_4Cl をそれぞれ水に溶かしたとき，水溶液が酸性を示すものはどれか。すべてを正しく選んでいるものを，次の①～⑦のうちから一つ選べ。　15

① CO_2
② Na_2CO_3
③ NH_4Cl
④ CO_2，Na_2CO_3
⑤ CO_2，NH_4Cl
⑥ Na_2CO_3，NH_4Cl
⑦ CO_2，Na_2CO_3，NH_4Cl

2022年度：化学/本試験　**15**

b　アンモニアソーダ法に関する記述として**誤りを含むもの**はどれか。最も適当なものを，次の①～④のうちから一つ選べ。　16

① $NaHCO_3$ の水への溶解度は，NH_4Cl より大きい。

② $NaCl$ 飽和水溶液に NH_3 を吸収させたあとに CO_2 を通じるのは，CO_2 を溶かしやすくするためである。

③ 図 2 のそれぞれの反応は，触媒を必要としない。

④ $NaHCO_3$ の熱分解により Na_2CO_3 が生成する過程では，CO_2 のほかに水も生成する。

c　$NaCl$ 58.5 kg がすべて反応して Na_2CO_3 と $CaCl_2$ を生成するときに，最小限必要とされる $CaCO_3$ は何 kg か。最も適当な数値を，次の①～④のうちから一つ選べ。ただし，この製造過程で生じる NH_3 および CO_2 は，すべて再利用されるものとする。　17　kg

① 25.0　　　　② 50.0　　　　③ 100　　　　④ 200

16 2022年度：化学/本試験

第4問 次の問い(問1～4)に答えよ。(配点 20)

問1 ハロゲン原子を含む有機化合物に関する記述として**誤りを含むもの**を，次の①～④のうちから一つ選べ。 18

① メタンに十分な量の塩素を混ぜて光(紫外線)をあてると，クロロメタン，ジクロロメタン，トリクロロメタン(クロロホルム)，テトラクロロメタン(四塩化炭素)が順次生成する。

② ブロモベンゼンの沸点は，ベンゼンの沸点より高い。

③ クロロプレン $CH_2=CCl-CH=CH_2$ の重合体は，合成ゴムになる。

④ プロピン1分子に臭素2分子を付加して得られる生成物は，1,1,3,3-テトラブロモプロパン $CHBr_2CH_2CHBr_2$ である。

問2 フェノールを混酸(濃硝酸と濃硫酸の混合物)と反応させたところ，段階的にニトロ化が起こり，ニトロフェノールとジニトロフェノールを経由して2,4,6-トリニトロフェノールのみが得られた。この途中で経由したと考えられるニトロフェノールの異性体とジニトロフェノールの異性体はそれぞれ何種類か。最も適当な数を，次の①～⑥のうちから一つずつ選べ。ただし，同じものを繰り返し選んでもよい。

ニトロフェノールの異性体 19 種類

ジニトロフェノールの異性体 20 種類

① 1   ② 2   ③ 3   ④ 4   ⑤ 5   ⑥ 6

問 3 天然高分子化合物および合成高分子化合物に関する記述として下線部に**誤り**を含むものを，次の①〜⑤のうちから一つ選べ。 21

① タンパク質は α-アミノ酸 $R-CH(NH_2)-COOH$ から構成され，その置換基 R どうしが相互にジスルフィド結合やイオン結合などを形成することで，各タンパク質に特有の三次構造に折りたたまれる。

② タンパク質が強酸や加熱によって変性するのは，高次構造が変化するためである。

③ アセテート繊維は，トリアセチルセルロースを部分的に加水分解した後，紡糸して得られる。

④ 天然ゴムを空気中に放置しておくと，分子中の二重結合が酸化されて弾性を失う。

⑤ ポリエチレンテレフタラートとポリ乳酸は，それぞれ完全に加水分解されると，いずれも1種類の化合物になる。

問 4 カルボン酸を適当な試薬を用いて還元すると，第一級アルコールが生成することが知られている。カルボキシ基を2個もつジカルボン酸（2価カルボン酸）の還元反応に関する次の問い（a～c）に答えよ。

a 示性式 HOOC(CH₂)₄COOH のジカルボン酸を，ある試薬 X で還元した。反応を途中で止めると，生成物として図1に示すヒドロキシ酸と2価アルコールが得られた。ジカルボン酸，ヒドロキシ酸，2価アルコールの物質量の割合の時間変化を図2に示す。グラフ中の A～C は，それぞれどの化合物に対応するか。組合せとして最も適当なものを，後の①～⑥のうちから一つ選べ。 22

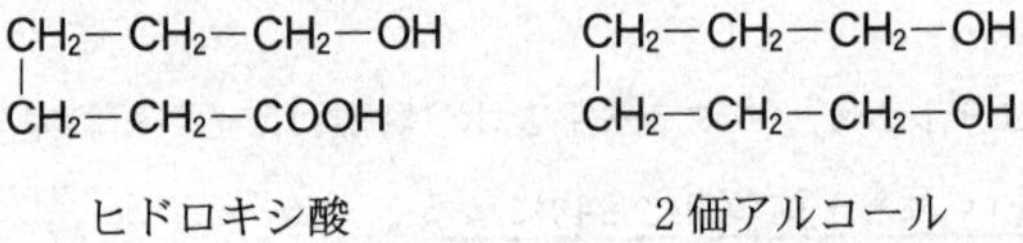

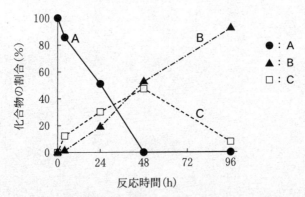

図1　ヒドロキシ酸と2価アルコールの構造式

図2　HOOC(CH₂)₄COOH の還元反応における反応時間と化合物の割合

	ジカルボン酸	ヒドロキシ酸	2価アルコール
①	A	B	C
②	A	C	B
③	B	A	C
④	B	C	A
⑤	C	A	B
⑥	C	B	A

b 示性式 $HOOC(CH_2)_2COOH$ のジカルボン酸を試薬 X で還元すると，炭素原子を4個もつ化合物 Y が反応の途中に生成した。Y は銀鏡反応を示さず，$NaHCO_3$ 水溶液を加えても CO_2 を生じなかった。また，86 mg の Y を完全燃焼させると，CO_2 176 mg と H_2O 54 mg が生成した。Y の構造式として最も適当なものを，次の①～⑥のうちから一つ選べ。 23

① $OHC-(CH_2)_2-CHO$

② $HO-(CH_2)_3-COOH$

③ $CH_2=CH-CH_2-COOH$

④
$$\begin{array}{c} H_2C-C \overset{O}{\underset{\displaystyle \quad}{\Big\|}} \\ \quad\quad\;\; O \\ H_2C-C \\ \quad\quad\;\; \overset{\displaystyle O}{} \end{array}$$

⑤
$$\begin{array}{c} H_2C-O \\ \quad\quad\; C=O \\ H_2C-C \\ \quad\; H_2 \end{array}$$

⑥
$$\begin{array}{c} H_2C-O \\ \quad\quad\; CH-OH \\ H_2C-C \\ \quad\; H_2 \end{array}$$

c 分子式 $C_5H_8O_4$ をもつジカルボン酸は，図3に示すように，立体異性体を区別しないで数えると4種類存在する。これら4種類のジカルボン酸を還元して生成するヒドロキシ酸 $C_5H_{10}O_3$ は，立体異性体を区別しないで数えると ア 種類あり，そのうち不斉炭素原子をもつものは イ 種類存在する。空欄 ア ・ イ に当てはまる数の組合せとして最も適当なものを，後の①〜⑧のうちから一つ選べ。 24

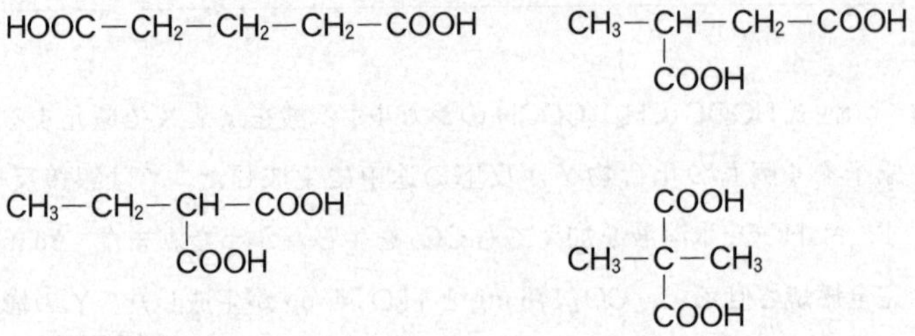

HOOC−CH₂−CH₂−CH₂−COOH

CH₃−CH−CH₂−COOH
　　　|
　　COOH

CH₃−CH₂−CH−COOH
　　　　　　|
　　　　　COOH

　　　COOH
　　　|
CH₃−C−CH₃
　　　|
　　　COOH

図3　4種類のジカルボン酸 $C_5H_8O_4$ の構造式

	ア	イ
①	4	0
②	4	1
③	5	2
④	5	3
⑤	6	4
⑥	6	5
⑦	8	6
⑧	8	7

第5問 大気中には，自動車の排ガスや植物などから放出されるアルケンが含まれている。大気中のアルケンは，地表近くのオゾンによる酸化反応で分解されて，健康に影響を及ぼすアルデヒドを生じる。アルケンを含む脂肪族不飽和炭化水素の構造と性質，およびオゾンとの反応に関する次の問い(**問1・2**)に答えよ。
(配点 20)

問 1 脂肪族不飽和炭化水素とそれに関連する化合物の構造に関する記述として**誤りを含むもの**を，次の①～④のうちから一つ選べ。 25

① エチレン(エテン)の炭素—炭素原子間の結合において，一方の炭素原子を固定したとき，他方の炭素原子は自由に回転できない。

② シクロアルケンの一般式は，炭素数を n とすると C_nH_{2n-2} で表される。

③ 1-ブチン $CH \equiv C - CH_2 - CH_3$ の四つの炭素原子は，同一直線上にある。

④ ポリアセチレンは，分子中に二重結合をもつ。

問 2 次の構造をもつアルケン A(分子式 C_6H_{12})のオゾン O_3 による酸化反応について調べた。

$$R^1 R^2$$
$$\underset{H}{\overset{R^1}{\diagdown}}C=C\underset{R^3}{\overset{R^2}{\diagup}}$$

アルケン A

$R^1 = H,\ CH_3,\ CH_3CH_2$ のいずれか
$R^2 = CH_3,\ CH_3CH_2$ のいずれか
$R^3 = CH_3,\ CH_3CH_2$ のいずれか

気体のアルケン A と O_3 を二酸化硫黄 SO_2 の存在下で反応させると、式(1)に示すように、最初に化合物 X(分子式 $C_6H_{12}O_3$)が生成し、続いてアルデヒド B とケトン C が生成した。式(1)の反応に関する後の問い(**a ~ d**)に答えよ。

$$\underset{H}{\overset{R^1}{\diagdown}}C=C\underset{R^3}{\overset{R^2}{\diagup}} \xrightarrow{\ O_3\ } C_6H_{12}O_3 \xrightarrow{\ SO_2\ } \underset{H}{\overset{R^1}{\diagdown}}C=O + O=C\underset{R^3}{\overset{R^2}{\diagup}} + SO_3 \qquad (1)$$

アルケン A　　　　　化合物 X　　　　アルデヒド B　　ケトン C
(C_6H_{12})

a 式(1)の反応で生成したアルデヒド B はヨードホルム反応を示さず、ケトン C はヨードホルム反応を示した。R^1, R^2, R^3 の組合せとして正しいものを、次の①~④のうちから一つ選べ。　26

	R^1	R^2	R^3
①	H	CH_3CH_2	CH_3CH_2
②	CH_3	CH_3	CH_3CH_2
③	CH_3	CH_3CH_2	CH_3
④	CH_3CH_2	CH_3	CH_3

b 式(1)の反応における反応熱を求めたい。式(1)の反応，SO_2 から SO_3 への酸化反応，および O_2 から O_3 が生成する反応の熱化学方程式は，それぞれ式(2)，(3)，(4)で表される。

$$\begin{array}{l} \underset{\text{H}}{\overset{\text{R}^1}{}}\text{C=C}\underset{\text{R}^3}{\overset{\text{R}^2}{}} (気) + O_3(気) + SO_2(気) = \\[2em] \qquad\qquad \underset{\text{H}}{\overset{\text{R}^1}{}}\text{C=O}(気) + \text{O=C}\underset{\text{R}^3}{\overset{\text{R}^2}{}}(気) + SO_3(気) + Q\,\text{kJ} \qquad (2) \end{array}$$

$$SO_2(気) + \frac{1}{2}O_2(気) = SO_3(気) + 99\,\text{kJ} \qquad\qquad (3)$$

$$\frac{3}{2}O_2(気) = O_3(気) - 143\,\text{kJ} \qquad\qquad (4)$$

各化合物の気体の生成熱が表 1 の値であるとき，式(2)の反応熱 Q は何 kJ か。最も適当な数値を，後の①～⑥のうちから一つ選べ。 | 27 | kJ

表 1 各化合物の気体の生成熱

化合物	生成熱 (kJ/mol)
$\underset{\text{H}}{\overset{\text{R}^1}{}}\text{C=C}\underset{\text{R}^3}{\overset{\text{R}^2}{}}$	67
$\underset{\text{H}}{\overset{\text{R}^1}{}}\text{C=O}$	186
$\text{O=C}\underset{\text{R}^3}{\overset{\text{R}^2}{}}$	217

① 221　　　　　② 229　　　　　③ 578

④ 799　　　　　⑤ 1020　　　　　⑥ 1306

c 式(1)のアルケン A と O₃ から化合物 X が生成する反応の反応速度を考える。図1は、体積一定の容器に入っている 5.0×10^{-7} mol/L の気体のアルケン A と 5.0×10^{-7} mol/L の O₃ を、温度一定で反応させたときのアルケン A のモル濃度の時間変化である。反応開始後 1.0 秒から 6.0 秒の間に、アルケン A が減少する平均の反応速度は何 mol/(L·s) か。その数値を有効数字 2 桁の次の形式で表すとき、| 28 |～| 30 | に当てはまる数字を、後の①～⓪のうちから一つずつ選べ。ただし、同じものを繰り返し選んでもよい。

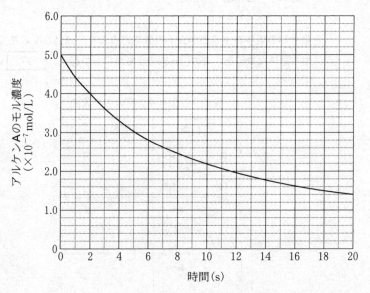

図1 アルケン A のモル濃度の時間変化

① 1   ② 2   ③ 3   ④ 4   ⑤ 5
⑥ 6   ⑦ 7   ⑧ 8   ⑨ 9   ⓪ 0

d アルケン A と O₃ から化合物 X が生成する式(1)の反応を，同じ温度でアルケン A のモル濃度[A]と O₃ のモル濃度[O₃]を変えて行った。反応開始直後の反応速度 v を測定した結果を表 2 に示す。

表 2　アルケン A と O₃ のモル濃度と反応速度の関係

実　験	[A] (mol/L)	[O₃] (mol/L)	反応速度 v (mol/(L·s))
1	1.0×10^{-7}	2.0×10^{-7}	5.0×10^{-9}
2	4.0×10^{-7}	1.0×10^{-7}	1.0×10^{-8}
3	1.0×10^{-7}	6.0×10^{-7}	1.5×10^{-8}

この反応の反応速度式を $v = k[\text{A}]^a[\text{O}_3]^b$（$a$, b は定数）の形で表すとき，反応速度定数 k は何 L/(mol·s)か。その数値を有効数字 2 桁の次の形式で表すとき，| 31 |～| 33 |に当てはまる数字を，後の①〜⓪のうちから一つずつ選べ。ただし，同じものを繰り返し選んでもよい。

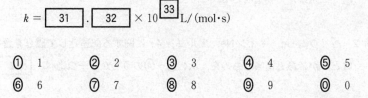

アルケン A と O₃ の反応の反応速度定数
$k = \boxed{31} . \boxed{32} \times 10^{\boxed{33}}$ L/(mol·s)

① 1　　② 2　　③ 3　　④ 4　　⑤ 5
⑥ 6　　⑦ 7　　⑧ 8　　⑨ 9　　⓪ 0

化 学 基 礎

$$\left(\text{解答番号}\boxed{1}\sim\boxed{15}\right)$$

必要があれば，原子量は次の値を使うこと。

H	1.0	C	12	N	14	O	16
Fe	56						

第1問 次の問い(**問1~10**)に答えよ。(配点 30)

問1 オキソニウムイオン H_3O^+ に関する記述として**誤りを含むもの**はどれか。最も適当なものを，次の①~④のうちから一つ選べ。 $\boxed{1}$

① イオン1個がもつ電子の数は11個である。

② 非共有電子対を1組もつ。

③ HとOの間の結合はいずれも共有結合である。

④ 三角錐形の構造をとる。

問2 ヘリウム He，ネオン Ne，アルゴン Ar に関する記述として**誤りを含むもの**はどれか。最も適当なものを，次の①~④のうちから一つ選べ。 $\boxed{2}$

① いずれも，常温・常圧で気体である。

② 原子半径は，He < Ne < Ar の順に大きい。

③ イオン化エネルギーは，He < Ne < Ar の順に大きい。

④ He は空気より密度が小さく，燃えないため，風船や飛行船に使われる。

2022年度：化学基礎／本試験　**27**

問 3　臭素 Br には質量数が 79 と 81 の同位体がある。^{12}C の質量を 12 としたとき
の，それらの相対質量と存在比（％）を表 1 に示す。臭素の同位体に関する記述
として**誤りを含むもの**はどれか。最も適当なものを，後の①～④のうちから一
つ選べ。　3

表 1　^{79}Br と ^{81}Br の相対質量と存在比

	相対質量	存在比（％）
^{79}Br	78.9	51
^{81}Br	80.9	49

① 臭素の原子量は，^{79}Br と ^{81}Br の相対質量と存在比から求めた平均値
である。

② ^{79}Br と ^{81}Br の化学的性質は大きく異なる。

③ ^{79}Br と ^{81}Br の中性子の数は異なる。

④ ^{79}Br と ^{81}Br からなる臭素分子 Br_2 は，おおよそ

$^{79}Br^{79}Br : {}^{79}Br^{81}Br : {}^{81}Br^{81}Br = 1 : 2 : 1$

の比で存在する。

問 4 洗剤に関する次の文章中の下線部(a)～(d)に**誤りを含むもの**はどれか。最も適当なものを，後の**①**～**④**のうちから一つ選べ。 | 4 |

　セッケンなどの洗剤の洗浄効果は，その主成分である界面活性剤の構造や性質と関係する。界面活性剤は，水になじみやすい部分と油になじみやすい（水になじみにくい）部分をもつ有機化合物である。そして，水に溶けない油汚れなどを，(a)油になじみやすい（水になじみにくい）部分が包み込み，繊維などから水中に除去する。この洗浄の作用は，界面活性剤の濃度がある一定以上のときに形成される，界面活性剤の分子が集合した粒子と関係する。そのため，(b)界面活性剤の濃度が低いと洗浄の作用は十分にはたらかない。一方，(c)適切な洗剤の使用量があり，それを超える量を使ってもその洗浄効果は高くならない。またセッケンの水溶液は(d)弱酸性を示す。加えて，カルシウムイオンを多く含む水では洗浄力が低下する。洗剤の構造や性質を理解して使用することは，環境への影響に配慮するうえで重要である。

① (a)　　　　**②** (b)　　　　**③** (c)　　　　**④** (d)

問 5 次の反応**ア**～**エ**のうち，下線を付した分子やイオンが酸としてはたらいているものはどれか。正しく選択しているものを，後の①～⑥のうちから一つ選べ。 | 5 |

ア $\underline{CO_3^{2-}} + H_2O \rightleftharpoons HCO_3^- + OH^-$

イ $CH_3COO^- + \underline{H_2O} \rightleftharpoons CH_3COOH + OH^-$

ウ $\underline{HSO_4^-} + H_2O \rightleftharpoons SO_4^{2-} + H_3O^+$

エ $NH_4^+ + \underline{H_2O} \rightleftharpoons NH_3 + H_3O^+$

① ア，イ   ② ア，ウ   ③ ア，エ

④ イ，ウ   ⑤ イ，エ   ⑥ ウ，エ

問 6 ともに質量パーセント濃度が 0.10 % で体積が 1.0 L の硝酸 HNO_3（分子量 63）の水溶液 **A** と酢酸 CH_3COOH（分子量 60）の水溶液 **B** がある。これらの水溶液中の HNO_3 の電離度を 1.0，CH_3COOH の電離度を 0.032 とし，溶液の密度をいずれも $1.0\ \mathrm{g/cm^3}$ とする。このとき，水溶液 **A** と水溶液 **B** について，電離している酸の物質量の大小関係，および過不足なく中和するために必要な $0.10\ \mathrm{mol/L}$ の水酸化ナトリウム $NaOH$ 水溶液の体積の大小関係の組合せとして最も適当なものを，次の①～⑥のうちから一つ選べ。 | 6 |

	電離している酸の物質量	中和に必要なNaOH 水溶液の体積
①	A > B	A > B
②	A > B	A < B
③	A > B	A = B
④	A < B	A > B
⑤	A < B	A < B
⑥	A < B	A = B

問7 濃度のわからない水酸化ナトリウム水溶液 A がある。0.0500 mol/L の希硫酸 10.0 mL をコニカルビーカーにとり，A をビュレットに入れて滴定したところ，A を 8.00 mL 加えたところで中和点に達した。A のモル濃度は何 mol/L か。最も適当な数値を，次の①〜④のうちから一つ選べ。 7 mol/L

① 0.0125   ② 0.0625   ③ 0.125   ④ 0.250

問8 次の記述のうち，下線を付した物質が酸化を防止する目的で用いられているものはどれか。最も適当なものを，次の①〜④のうちから一つ選べ。 8

① 鉄板の表面を，亜鉛 Zn でめっきする。
② 飲料用の水を，塩素 Cl_2 で処理する。
③ 煎餅の袋に，生石灰 CaO を入れた袋を入れる。
④ パンケーキの生地に，重曹(炭酸水素ナトリウム) $NaHCO_3$ を加える。

問9 鉄 Fe は，式(1)に従って，鉄鉱石に含まれる酸化鉄(Ⅲ) Fe_2O_3 の製錬によって工業的に得られている。

$$Fe_2O_3 + 3\,CO \longrightarrow 2\,Fe + 3\,CO_2 \qquad (1)$$

Fe_2O_3 の含有率(質量パーセント)が 48.0 % の鉄鉱石がある。この鉄鉱石 1000 kg から，式(1)によって得られる Fe の質量は何 kg か。最も適当な数値を，次の①〜⑥のうちから一つ選べ。ただし，鉄鉱石中の Fe はすべて Fe_2O_3 として存在し，鉱石中の Fe_2O_3 はすべて Fe に変化するものとする。
 9 kg

① 16.8   ② 33.6   ③ 84.0   ④ 168   ⑤ 336   ⑥ 480

問10 金属Aの板を入れたAの硫酸塩水溶液と，金属Bの板を入れたBの硫酸塩水溶液を素焼き板で仕切って作製した電池を図1に示す。素焼き板は，両方の水溶液が混ざるのを防ぐが，水溶液中のイオンを通すことができる。この電池の全体の反応は，式(2)によって表される。

$$A + B^{2+} \longrightarrow A^{2+} + B \qquad (2)$$

この電池に関する記述として**誤りを含む**ものはどれか。最も適当なものを，後の①～④のうちから一つ選べ。　10

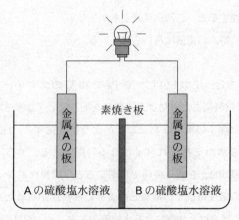

図1　電池の模式図

① 金属Aの板は負極としてはたらいている。
② 2 molの金属Aが反応したときに，1 molの電子が電球を流れる。
③ 反応によって，B^{2+} が還元される。
④ 反応の進行にともない，金属Aの板の質量は減少する。

32 2022年度：化学基礎/本試験

第2問 エタノール C_2H_5OH は世界で年間およそ1億キロリットル生産されており，その多くはアルコール発酵を利用している。アルコール発酵で得られる溶液のエタノール濃度は低く，高濃度のエタノール水溶液を得るには蒸留が必要である。エタノールの性質と蒸留に関する，次の問い（**問1～3**）に答えよ。（配点　20）

問1 エタノールに関する記述として**誤りを含むもの**はどれか。最も適当なものを，次の**①～④**のうちから一つ選べ。 11

① 水溶液は塩基性を示す。

② 固体の密度は液体より大きい。

③ 完全燃焼すると，二酸化炭素と水が生じる。

④ 燃料や飲料，消毒薬に用いられている。

問2 文献によると，圧力 1.013×10^5 Pa で 20 ℃ のエタノール 100 g および水 100 g を，単位時間あたりに加える熱量を同じにして加熱すると，それぞれの液体の温度は図1の実線**a**および**b**のように変化する。t_1，t_2 は残ったエタノールおよび水がそれぞれ 50 g になる時間である。一方，ある濃度のエタノール水溶液 100 g を同じ条件で加熱すると，純粋なエタノールや水と異なり，水溶液の温度は図1の破線**c**のように沸騰が始まったあとも少しずつ上昇する。この理由は，加熱により水溶液のエタノール濃度が変化するためと考えられる。図1の実線**a**，**b**および破線**c**に関する記述として下線部に**誤りを含むもの**はどれか。最も適当なものを，後の**①～④**のうちから一つ選べ。
12

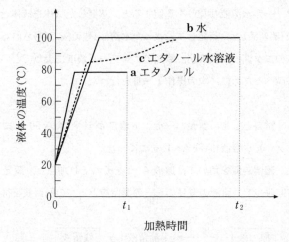

図1 エタノール（実線 a）と水（実線 b），ある濃度のエタノール水溶液（破線 c）の加熱による温度変化

① エタノールおよび水の温度を 20 ℃ から 40 ℃ へ上昇させるために必要な熱量は，水の方がエタノールよりも大きい。
② エタノール水溶液を加熱していったとき，時間 t_1 においてエタノールは水溶液中に残存している。
③ 純物質の沸点は物質量に依存しないので，水もエタノールも，沸騰開始後に加熱を続けて液体を蒸発させても液体の温度は変わらない。
④ エタノール 50 g が水 50 g より短時間で蒸発することから，1 g の液体を蒸発させるのに必要な熱量は，エタノールの方が水より大きいことがわかる。

問 3 エタノール水溶液(原液)を蒸留すると，蒸発した気体を液体として回収した水溶液(蒸留液)と，蒸発せずに残った水溶液(残留液)が得られる。このとき，蒸留液のエタノール濃度が，原液のエタノール濃度によってどのように変化するかを調べるために，次の**操作Ⅰ～Ⅲ**を行った。

操作Ⅰ 試料として，質量パーセント濃度が 10 % から 90 % までの 9 種類のエタノール水溶液(原液 A～I)をつくった。

操作Ⅱ 蒸留装置を用いて，原液 A～I をそれぞれ加熱し，蒸発した気体をすべて回収して，原液の質量の $\frac{1}{10}$ の蒸留液と $\frac{9}{10}$ の残留液を得た。

$$\boxed{原\ 液} \xrightarrow{加\ 熱} \boxed{蒸留液} + \boxed{残留液}$$

操作Ⅲ 得られた蒸留液のエタノール濃度を測定した。

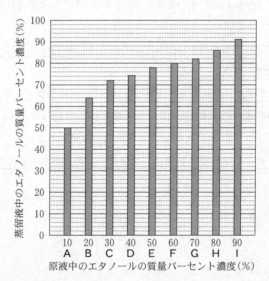

図 2　原液 A～I 中のエタノールの質量パーセント濃度と蒸留液中のエタノールの質量パーセント濃度の関係

図2に，原液A~Iを用いたときの蒸留液中のエタノールの質量パーセント濃度を示す。図2より，たとえば質量パーセント濃度10%のエタノール水溶液（原液A）に対して**操作Ⅱ・Ⅲ**を行うと，蒸留液中のエタノールの質量パーセント濃度は50%と高くなることがわかる。次の問い(**a～c**)に答えよ。

a 操作Ⅰで，原液Aをつくる手順として最も適当なものを，次の①~④のうちから一つ選べ。ただし，エタノールと水の密度はそれぞれ0.79 g/cm³，1.00 g/cm³とする。 | 13 |

① エタノール100 gをビーカーに入れ，水900 gを加える。
② エタノール100 gをビーカーに入れ，水1000 gを加える。
③ エタノール100 mLをビーカーに入れ，水900 mLを加える。
④ エタノール100 mLをビーカーに入れ，水1000 mLを加える。

b 原液Aに対して**操作Ⅱ・Ⅲ**を行ったとき，残留液中のエタノールの質量パーセント濃度は何%か。最も適当な数値を，次の①~⑤のうちから一つ選べ。 | 14 | %

① 4.4 ② 5.0 ③ 5.6 ④ 6.7 ⑤ 10

c 蒸留を繰り返すと，より高濃度のエタノール水溶液が得られる。そこで，**操作Ⅱ**で原液Aを蒸留して得られた蒸留液1を再び原液とし，**操作Ⅱ**と同様にして蒸留液2を得た。蒸留液2のエタノールの質量パーセント濃度は何%か。最も適当な数値を，後の①~⑤のうちから一つ選べ。 | 15 | %

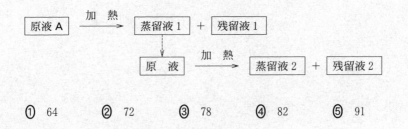

① 64 ② 72 ③ 78 ④ 82 ⑤ 91

共通テスト
追試験

2022

化学 ·················· 38

化学基礎 ············· 59

化学：

解答時間 60 分　配点 100 点

化学基礎：

解答時間　2 科目 60 分

配点　2 科目 100 点

（物理基礎，化学基礎，生物基礎，
地学基礎から 2 科目選択）

化　　　　　学

$$\left(\text{解答番号}\boxed{1}\sim\boxed{34}\right)$$

必要があれば，原子量は次の値を使うこと。

H	1.0	C	12	N	14	O	16
Mg	24	Cl	35.5	Cu	64	Zn	65
Ag	108						

気体は，実在気体とことわりがない限り，理想気体として扱うものとする。

第1問 次の問い（**問1～4**）に答えよ。（配点　20）

問1　三重結合をもつ分子として最も適当なものを，次の**①**～**④**のうちから一つ選べ。　　　$\boxed{1}$

① シアン化水素　　　　　　　　　**②** フッ素

③ アンモニア　　　　　　　　　　**④** シクロヘキセン

問 2 実在気体は，理想気体の状態方程式に完全には従わない。実在気体の理想気体からのずれを表す指標として，次の式(1)で表される Z が用いられる。

$$Z = \frac{PV}{nRT} \tag{1}$$

ここで，P，V，n，T は，それぞれ気体の圧力，体積，物質量，絶対温度であり，R は気体定数である。300 K におけるメタン CH_4 の P と Z の関係を図1に示す。1 mol の CH_4 を 300 K で 1.0×10^7 Pa から 5.0×10^7 Pa に加圧すると，V は何倍になるか。最も適当な数値を，後の①～⑤のうちから一つ選べ。　2 　倍

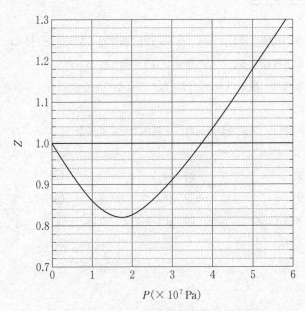

図1　300 K における CH_4 の P と Z の関係

① 0.15　　② 0.20　　③ 0.27　　④ 0.73　　⑤ 1.4

40 2022年度：化学/追試験

問 3　次の**実験**で観察された下線部(a)～(c)の現象に関する記述**ア～ウ**のうち，正しいものはどれか。すべてを選択しているものとして最も適当なものを，後の①～⑧のうちから一つ選べ。　|　3　|

実験　ガラス容器にシクロヘキサンの液体を入れ，ゴム栓をして室温で放置したところ，シクロヘキサンの一部が気体となり，(a)容器内の圧力は一定になった。ゴム栓を外し，大気圧のもとでガラス容器を加熱すると，シクロヘキサンは(b)81 ℃で沸騰した。しばらく沸騰させてガラス容器内の空気を追い出した後，加熱をやめてすぐにガラス容器にゴム栓をした。ガラス容器の全体を室温の水で冷却すると，シクロヘキサンが(c)81 ℃よりも低い温度で再び沸騰した。

ア　(a)の状態に達したとき，単位時間に液面から蒸発するシクロヘキサン分子の数と凝縮するシクロヘキサン分子の数が等しい。

イ　(b)では，液体の表面だけでなく内部からもシクロヘキサンが蒸発している。

ウ　(c)では，容器内の圧力は，大気圧よりも低くなっている。

① ア　　　　　　　② イ　　　　　　　③ ウ

④ ア，イ　　　　　⑤ ア，ウ　　　　　⑥ イ，ウ

⑦ ア，イ，ウ　　　⑧ 正しいものはない。

問 4 ある溶媒 A に溶解した安息香酸(分子式 C$_7$H$_6$O$_2$, 分子量 122)は，その一部が水素結合により会合して二量体を形成し，式(2)の化学平衡が成り立つ。

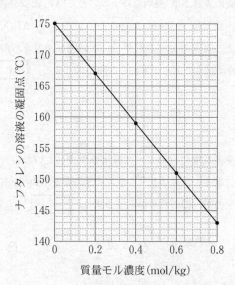

一方，溶媒 A に溶解したナフタレン(分子式 C$_{10}$H$_8$, 分子量 128)は，カルボキシ基をもたないので，このような二量体を形成しない。

安息香酸による凝固点降下では，二量体は1個の溶質粒子としてふるまう。そのため，ナフタレンによる凝固点降下と比較することで，二量体を形成する安息香酸の割合を知ることができる。次の問い(a ～ c)に答えよ。

a 図2は，溶媒 A にナフタレンを溶解した溶液(ナフタレンの溶液)の質量モル濃度と凝固点との関係を表したグラフである。

図2 ナフタレンの溶液の質量モル濃度と凝固点との関係

42 2022年度：化学/追試験

　　　図2から求められる溶媒Aのモル凝固点降下の値を2桁の整数で表すと
　き，　4　と　5　に当てはまる数字を，次の①～⓪のうちから一つず
　つ選べ。ただし，同じものを繰り返し選んでもよい。また，値が1桁の場合
　には，　4　には⓪を選べ。　4　5　K・kg/mol

①　1　　　　②　2　　　　③　3　　　　④　4　　　　⑤　5

⑥　6　　　　⑦　7　　　　⑧　8　　　　⑨　9　　　　⓪　0

b　溶液中でどのくらいの安息香酸が二量体を形成しているかを示す値とし
　て，式(3)で定義される会合度 β を求めたい。

$$\beta = \frac{\text{二量体を形成している安息香酸の物質量}}{\text{溶液に含まれる安息香酸の全物質量}} \tag{3}$$

　　　ある質量モル濃度になるように溶媒Aに安息香酸を溶解し，この溶液(安
　息香酸の溶液)の凝固点を測定した。同じ質量モル濃度のナフタレンの溶液
　における凝固点降下度(凝固点降下の大きさ) ΔT_f と安息香酸の溶液における
　凝固点降下度 $\Delta T_f'$ を比較したところ，$\Delta T_f' = \dfrac{3}{4} \Delta T_f$ であった。このとき
　の β の値として最も適当な数値を，次の①～④のうちから一つ選べ。ただ
　し，β の値は温度によらず変わらないものとする。　6

①　0.13　　　　②　0.25　　　　③　0.50　　　　④　0.75

c　式(2)の平衡状態において，二量体を形成していない安息香酸分子の数 m
　に対する二量体の数 n の比 $\dfrac{n}{m}$ を，式(3)の β を用いて表すとき，最も適当な
　ものを，次の①～⑤のうちから一つ選べ。　7

①　$\dfrac{2\beta}{1-\beta}$　　　　②　$\dfrac{\beta}{1-\beta}$　　　　③　$\dfrac{\beta}{2(1-\beta)}$

④　$\dfrac{1-\beta}{\beta}$　　　　⑤　$\dfrac{\beta}{2}$

第2問 次の問い(問1～4)に答えよ。(配点 20)

問1 反応速度に関する記述として下線部に**誤りを含む**ものはどれか。最も適当なものを，次の①～④のうちから一つ選べ。 8

① 亜鉛が希塩酸に溶けて水素を発生する反応では，希塩酸の濃度が高い方が，反応速度が大きくなる。

② 水素とヨウ素からヨウ化水素が生成する反応では，温度が高い方が，反応速度が大きくなる。

③ 石灰石に希塩酸を加えて二酸化炭素を発生させる反応では，石灰石の粒を砕いて小さくし，表面積を大きくすると反応速度が大きくなる。

④ 過酸化水素の分解反応では，過酸化水素水に触媒として酸化マンガン(Ⅳ)を少量加えると，活性化エネルギーが大きくなるので反応速度が大きくなる。

問2 白金電極を用いて $CuSO_4$ 水溶液 200 mL を 0.100 A の電流で電気分解した。このとき，陽極では O_2 が発生し，陰極では表面に Cu が析出したが気体は発生しなかった。一方，水溶液中の水素イオン濃度 $[H^+]$ は 1.00×10^{-5} mol/L から 1.00×10^{-3} mol/L に変化した。電流を流した時間は何秒か。最も適当な数値を，次の①～④のうちから一つ選べ。ただし，ファラデー定数は 9.65×10^4 C/mol とし，$[H^+]$ の変化はすべて電極での反応によるものとする。 9 秒

① 48　　　　② 1.9×10^2　　③ 3.8×10^2　　④ 7.6×10^2

44 2022年度：化学/追試験

問 3 ある温度の AgCl 飽和水溶液において，Ag^+ および Cl^- のモル濃度は，$[Ag^+] = 1.4 \times 10^{-5}$ mol/L，$[Cl^-] = 1.4 \times 10^{-5}$ mol/L であった。この温度において，1.0×10^{-5} mol/L の $AgNO_3$ 水溶液 25 mL に，ある濃度の NaCl 水溶液を加えていくと，10 mL を超えた時点で AgCl の白色沈殿が生じ始めた。NaCl 水溶液のモル濃度は何 mol/L か。最も適当な数値を，次の①～④のうちから一つ選べ。 | 10 | mol/L

① 8.1×10^{-5} ② 9.6×10^{-5} ③ 2.0×10^{-4} ④ 5.1×10^{-4}

問 4 次の化学平衡が，温度によってどのように変化するかを考える。

$$2\,NO_2 \rightleftarrows N_2O_4 \tag{1}$$

ピストンの付いた密閉容器に $2.0 \times 10^{-2}\,mol$ の NO_2 を入れ，圧力 $1.0 \times 10^5\,Pa$ のもとで温度を変えて平衡に達したときの体積を測定した。30 ℃，60 ℃，90 ℃ での測定結果を表1に示す。表1から，温度が上昇すると平衡が ┌─ ア ─┐ に移動したことがわかる。また，NO_2 から N_2O_4 が生成する反応(式(1)の正反応)は， ┌─ イ ─┐ 反応であることがわかる。後の問い(**a ~ c**)に答えよ。ただし，気体定数は $R = 8.3 \times 10^3\,Pa \cdot L/(K \cdot mol)$ とする。

表1　温度と体積の関係(圧力 $1.0 \times 10^5\,Pa$)

温度(℃)	体積(mL)
30	350
60	450
90	560

a 空欄 ┌─ ア ─┐・┌─ イ ─┐ に当てはまる語の組合せとして最も適当なものを，次の①~④のうちから一つ選べ。 ┌── 11 ──┐

	ア	イ
①	左向き	発 熱
②	左向き	吸 熱
③	右向き	発 熱
④	右向き	吸 熱

b 温度 60 ℃ では，初期の NO_2 の物質量 2.0×10^{-2} mol の何%が N_2O_4 に変化しているか。最も適当な数値を，次の①~⑥のうちから一つ選べ。 12 %

① 1.9   ② 3.7   ③ 8.1
④ 19   ⑤ 37   ⑥ 81

c 式(1)の正反応の反応熱を計算により求めるために必要な量をすべて含むものを，次の①~⑤のうちから二つ選べ。ただし，解答の順序は問わない。 13 ・ 14

① NO_2 の生成熱および式(1)の正反応の活性化エネルギー
② N_2O_4 の生成熱および式(1)の逆反応の活性化エネルギー
③ 式(1)の正反応および逆反応の活性化エネルギー
④ NO_2 と NO の生成熱および反応 $2NO + O_2 \longrightarrow 2NO_2$ の反応熱
⑤ N_2O_4 と NO の生成熱および反応 $2NO + O_2 \longrightarrow 2NO_2$ の反応熱

第3問　次の問い（問1～3）に答えよ。（配点　20）

問1　リンに関する記述として**誤りを含むもの**を，次の①～⑤のうちから一つ選べ。　15

①　リン酸のリン原子の酸化数は，＋3である。
②　十酸化四リンは，塩化水素など酸性の気体の乾燥に適している。
③　過リン酸石灰は，肥料として用いられる。
④　黄リンは，空気中で自然発火する。
⑤　リンは生命活動に必須の元素で，DNAに含まれている。

問2　元素ア～エはHg，Ni，Pb，W（タングステン）のいずれかであり，次の記述 I ～ Ⅲ に示す特徴をもつ。ア，ウとして最も適当な元素を，それぞれ後の①～④のうちから一つずつ選べ。

ア　16

ウ　17

I　アやイの単体や化合物がもつ毒性に配慮して，アやイを身のまわりの製品に利用することが制限されている。
Ⅱ　イやウの化合物には，市販の二次電池の正極活物質として用いられているものがある。
Ⅲ　金属元素の単体の中で，アは最も融点が低く，エは最も融点が高い。

①　Hg
②　Ni
③　Pb
④　W

48 2022年度：化学/追試験

問 3 次の文章を読み，後の問い（**a** ～ **c**）に答えよ。

マグネシウム Mg は陽イオンになりやすく，その単体は強い還元剤としてはたらく。たとえば，単体の Mg の固体と塩化銀 AgCl の固体を適切な条件下で反応させると，AgCl が還元され，単体の銀 Ag と塩化マグネシウム $MgCl_2$ が生じる。また，単体の Mg と AgCl を用いて，電池をつくることができる。単体の Mg による AgCl の還元反応に関して，次の**実験 I・II** を行った。

実験 I 0.12 g の単体の Mg 粉末と過剰量の AgCl 粉末を，急激に反応しないよう注意しながら十分に反応させたところ，単体の Ag，$MgCl_2$，未反応の AgCl のみからなる混合物が得られた。$MgCl_2$ が水溶性であること，および AgCl がある液体に溶ける性質を利用して，この混合物から単体の Ag を取り出した。

a 実験 I で，得られた混合物から単体の Ag を取り出す方法として最も適当なものを，次の①～④のうちから一つ選べ。　　18

① 温水で洗う。
② 水酸化ナトリウム水溶液で洗った後に水洗する。
③ 水洗した後に水酸化ナトリウム水溶液で洗う。
④ 水洗した後にアンモニア水で洗う。

b 実験 I で，取り出された単体の Ag の質量は何 g か。最も適当な数値を，次の①～④のうちから一つ選べ。ただし，使用した単体の Mg はすべて AgCl の還元反応に使われたものとする。　　19　g

①　0.27　　　　　②　0.54　　　　　③　1.1　　　　　④　1.4

実験Ⅱ 単体の Mg による AgCl の還元反応を利用した，食塩水を電解液とする電池の反応は，次の式(1)，(2)によって表される。

$$正極 \quad AgCl + e^- \longrightarrow Ag + Cl^- \tag{1}$$
$$負極 \quad Mg \longrightarrow Mg^{2+} + 2\,e^- \tag{2}$$

この電池の負極を，単体の Cu，Zn，Sn にかえた電池を組み立てて，これらの起電力を測定すると，表1の結果が得られた。

表1　負極の種類と起電力

負　極	起電力(V)
Cu	0.26
Zn	1.07
Sn	0.51

c 単体の Mg を負極として用いた電池の起電力を x(V) とする。表1と金属のイオン化傾向から考えられる，x を含む範囲として最も適当なものを，次の①〜④のうちから一つ選べ。　20

① $x < 0.26$ 　　　　　　　② $0.26 < x < 0.51$

③ $0.51 < x < 1.07$ 　　　④ $1.07 < x$

第4問 次の問い(問1～4)に答えよ。(配点 20)

問1 濃硫酸を用いて，エタノールを脱水してエチレン(エテン)を得るために，図1のような装置を組み立てた。この装置を用いたエチレンの合成に関する説明として**誤りを含むもの**はどれか。最も適当なものを，後の①～④のうちから一つ選べ。 21

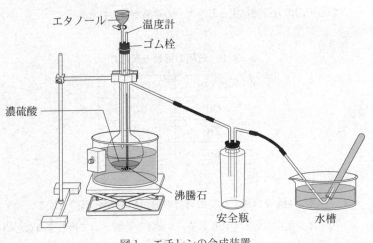

図1 エチレンの合成装置

① エチレンを水上置換により捕集するのは，エチレンが水に溶けにくいためである。
② 安全瓶は，水槽の水が逆流するのを防ぐために用いられる。
③ エチレンの生成に適した反応温度にするために，フラスコを水浴で加熱する。
④ 反応溶液の温度が下がらないように，エタノールを少しずつ加える。

2022年度：化学/追試験　51

問 2　分子式が $C_8H_{10}O$ で，ベンゼン環を一つもつ化合物には，いくつかの異性体がある。それらのうちナトリウムと反応しない化合物は，何種類あるか。最も適当な数を，次の①～⑥のうちから一つ選べ。　22　種類

① 4　　② 5　　③ 6　　④ 7　　⑤ 8　　⑥ 9

問 3　次の構造式で表される重合体 966 g がある。この両末端のエステル部分を完全にけん化したところ，112 g の水酸化カリウム（式量 56）が消費された。構造式中の x の値として最も適当な数値を，後の①～④のうちから一つ選べ。
23

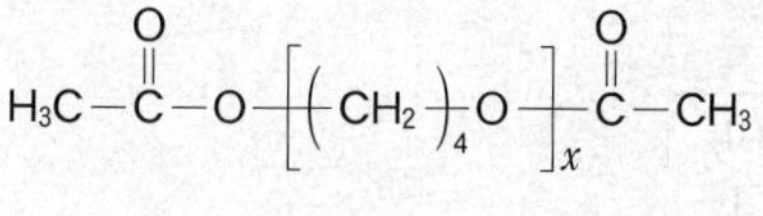

$$H_3C-\overset{\overset{\text{O}}{\parallel}}{C}-O-\left[(CH_2)_4\ O\right]_x\overset{\overset{\text{O}}{\parallel}}{C}-CH_3$$

① 5　　　　② 7　　　　③ 12　　　　④ 13

問 4 次の文章を読み，後の問い（a～c）に答えよ。

　ポリ塩化ビニルの合成原料である塩化ビニル $CH_2=CHCl$ は，図 2 に示すように複数の反応を組み合わせることで工業的に生産されている。一つ目の反応はエチレン（エテン）$CH_2=CH_2$ への塩素 Cl_2 の付加反応であり，1,2-ジクロロエタン CH_2Cl-CH_2Cl が得られる。二つ目の反応では，得られた CH_2Cl-CH_2Cl を熱分解することで $CH_2=CHCl$ と塩化水素 HCl が得られる。三つ目の反応では，この HCl と，酸素 O_2 および $CH_2=CH_2$ を反応させることで CH_2Cl-CH_2Cl と水 H_2O を得ている。これらの反応を適切に組み合わせることで，反応中に生成する HCl をすべて用いることができ，副生成物は H_2O だけとなる。

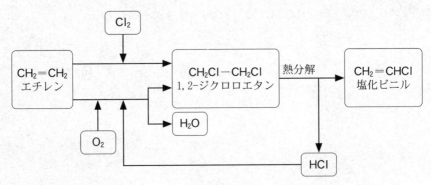

図 2　エチレンを原料とする塩化ビニルの合成法

a ポリ塩化ビニルと塩化ビニルに関する記述として**誤りを含むもの**を，次の ① 〜 ④ のうちから一つ選べ。 24

① ポリ塩化ビニルは，塩化ビニルの付加重合で合成される。

② ポリ塩化ビニルは，熱可塑性樹脂の一種である。

③ 塩化ビニルには，構造異性体が存在する。

④ 塩化ビニルは，アセチレンに1分子の HCl を付加させると合成できる。

b 図2の中で，$CH_2=CH_2$ に HCl と O_2 を作用させ，CH_2Cl-CH_2Cl と H_2O を得る反応は，次の化学反応式で表される。 25 〜 27 に当てはまる数字を，後の ① 〜 ⑨ のうちから一つずつ選べ。ただし，同じものを繰り返し選んでもよい。

$$\boxed{25}\ CH_2=CH_2 + \boxed{26}\ HCl + O_2$$
$$\longrightarrow \boxed{25}\ CH_2Cl-CH_2Cl + \boxed{27}\ H_2O$$

① 1 　　② 2 　　③ 3 　　④ 4 　　⑤ 5

⑥ 6 　　⑦ 7 　　⑧ 8 　　⑨ 9

c 図2に示すように複数の反応を組み合わせることで，副生成物を H_2O だけにして $CH_2=CHCl$ が生産されている。4 mol の $CH_2=CH_2$ をすべて反応させて $CH_2=CHCl$ を生産する際に消費される O_2 の物質量は何 mol か。最も適当な数値を，次の ① 〜 ⑤ のうちから一つ選べ。 28 mol

① 0.5 　　② 1 　　③ 2 　　④ 3 　　⑤ 4

54 2022年度：化学/追試験

第5問 次の文章を読み，後の問い（問1～3）に答えよ。（配点 20）

　水溶液中に少量含まれる金属イオンの物質量を求めたいとき，分子量の大きい有機化合物を金属イオンに結合させて生成する沈殿の質量をはかる方法がある。この有機化合物の例として，化合物 A（分子式 $C_{13}H_9NO_2$，分子量 211）がある。pH を適切に調整すると，式(1)のように化合物 A の窒素原子と酸素原子が 2 価の金属イオン M^{2+} に配位結合し，M^{2+} が化合物 B としてほぼ完全に沈殿する。

$$M^{2+} + 2 \quad \text{A} \quad \rightleftharpoons \quad \text{B} \quad + 2H^+ \qquad (1)$$

問 1 図 1 に従って化合物 A を合成した。後の問い（**a・b**）に答えよ。

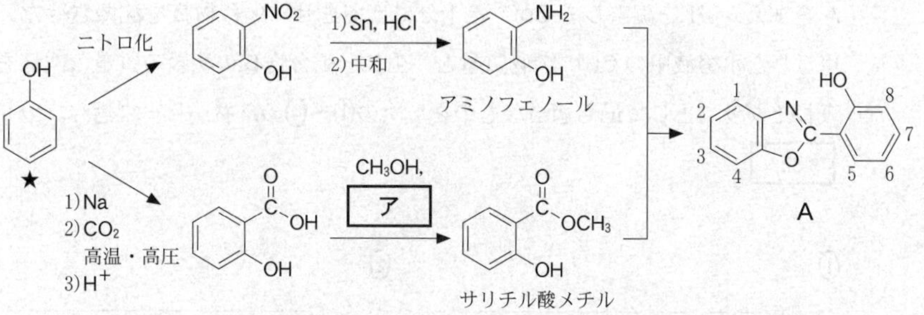

図 1 化合物 A の合成方法（★はフェノールのパラ位の炭素原子）

a 空欄 **ア** に当てはまる試薬として最も適当なものを，次の①〜⑤のうちから一つ選べ。 29

① 水酸化ナトリウム水溶液

② 無水酢酸

③ 希塩酸

④ 濃硫酸

⑤ 二酸化炭素

b 図 1 に示すフェノールの★をつけた炭素原子は，合成された化合物 A の 1〜8 の番号を付した炭素原子のどれに相当するか。適当な番号を，次の①〜⑧のうちから二つ選べ。ただし，解答の順序は問わない。

30

31

① 1   ② 2   ③ 3   ④ 4

⑤ 5   ⑥ 6   ⑦ 7   ⑧ 8

問 2 式(1)の M^{2+} として Cu^{2+} を用いて次の実験を行った。0 mol から 0.005 mol までの Cu^{2+} を含む水溶液を用意し，それぞれの水溶液に 0.0040 mol の化合物 A を加え，pH を調整して Cu^{2+} と十分に反応させ，化合物 B を沈殿させた。用意した水溶液中の Cu^{2+} の物質量と，生じた化合物 B の沈殿の質量の関係を表したグラフとして最も適当なものを，次の ①～④ のうちから一つ選べ。

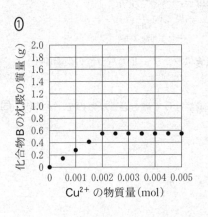
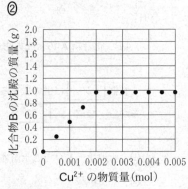
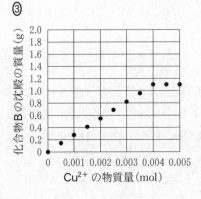
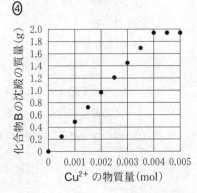

問 3 Cu と Zn からなる合金 C に含まれる Cu の含有率(質量パーセント)を求めたい。式(1)の反応は Cu^{2+} と Zn^{2+} の両方のイオンで起こるが，沈殿が生じる pH は異なる。図 2 は，Cu^{2+} または Zn^{2+} のみを含む水溶液に化合物 A を加えて反応させたとき，化合物 B として沈殿した金属イオンの割合(%)を pH に対して示したものである。後の問い(**a**・**b**)に答えよ。

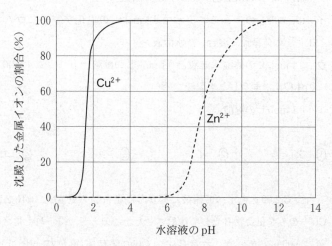

図 2 水溶液の pH と沈殿した金属イオンの割合(%)との関係

a 図 2 より，Cu^{2+} と Zn^{2+} を含む水溶液から Cu^{2+} のみが化合物 B として
ほぼ完全に沈殿する pH の範囲が読み取れる。次に示す水溶液**ア**〜**エ**のう
ち，pH がこの範囲内にあるものはどれか。最も適当なものを，後の①〜④
のうちから一つ選べ。　| 33 |

ア　0.1 mol/L の水酸化ナトリウム水溶液

イ　0.1 mol/L のアンモニア水と 0.1 mol/L の塩化アンモニウム水溶液を
　　1：1 の体積比で混合した水溶液

ウ　0.1 mol/L の酢酸水溶液と 0.1 mol/L の酢酸ナトリウム水溶液を 1：1
　　の体積比で混合した水溶液

エ　0.1 mol/L の塩酸

① **ア**　　　　　② **イ**　　　　　③ **ウ**　　　　　④ **エ**

b 合金 C 2.00 g をすべて硝酸に溶かし，化合物 A を加え，pH を調整して
Cu^{2+} のみを化合物 B として沈殿させた。このとき，得られた化合物 B の質
量は 6.05 g であった。合金 C 中の Cu の含有率（質量パーセント）は何%
か。最も適当な数値を，次の①〜④のうちから一つ選べ。ただし，すべての
Cu^{2+} は化合物 B として沈殿したものとする。　| 34 | ％

① 40　　　　　　② 60　　　　　　③ 71　　　　　　④ 80

2022年度：化学基礎/追試験　**59**

化　学　基　礎

$$\left(\text{解答番号}\ \boxed{1}\ \sim\ \boxed{19}\right)$$

必要があれば，原子量は次の値を使うこと。

| H | 1.0 | C | 12 | O | 16 | Ne | 20 |
| Na | 23 | Mg | 24 | Cl | 35.5 | Ca | 40 |

第1問　次の問い(問1～9)に答えよ。(配点　30)

問1　物質の三態間の変化(状態変化)を示した記述として適当なものを，次の①～⑥のうちから二つ選べ。ただし，解答の順序は問わない。　　$\boxed{1}$ ・ $\boxed{2}$

①　冷え込んだ朝に，戸外に面したガラス窓の内側が水滴でくもった。

②　濁った水をろ過すると，透明な水が得られた。

③　銅葺き屋根の表面が，長年たつと，青緑色になった。

④　紅茶に薄切りのレモンを入れると，紅茶の色が薄くなった。

⑤　とがった鉛筆の芯が，鉛筆を使うにつれて，すり減って丸くなった。

⑥　タンスに防虫剤として入れたナフタレンやショウノウが，時間がたつと小さくなった。

60 2022年度：化学基礎/追試験

問 2 セシウム Cs の放射性同位体の一つである ^{137}Cs は，半減期 30 年で壊変
（崩壊）する。^{137}Cs の量が元の量の $\dfrac{1}{10}$ になる期間として最も適当なものを，
次の①～⑥のうちから一つ選べ。 3

① 60 年未満
② 60 年以上 90 年未満
③ 90 年以上 120 年未満
④ 120 年以上 150 年未満
⑤ 150 年以上 180 年未満
⑥ 180 年以上

問 3 カルシウム，ケイ素，ヨウ素の単体に共通する記述として最も適当なもの
を，次の①～④のうちから一つ選べ。 4

① 電気をよく通す。
② 共有結合をもつ。
③ 常温の水とは容易に反応しない。
④ 常温・常圧で固体である。

2022年度：化学基礎/追試験 **61**

問 4 周期表の第2周期と第3周期の黒く塗りつぶした元素に関する記述として誤りを含むものを，次の①～④のうちから一つ選べ。 5

① 同一周期内で原子の電子親和力が最も大きい(陰性が最も強い)。

周期＼族	1	2	3～12	13	14	15	16	17	18
2								■	
3								■	

② 同一周期内で原子のイオン化エネルギーが最も小さい。

周期＼族	1	2	3～12	13	14	15	16	17	18
2	■								
3	■								

③ 原子が価電子を4個もつ。

周期＼族	1	2	3～12	13	14	15	16	17	18
2					■				
3					■				

④ 非金属元素である。

周期＼族	1	2	3～12	13	14	15	16	17	18
2				■					
3				■					

62 2022年度：化学基礎/追試験

問5　酸や塩基の水溶液の濃度を決める方法として，中和反応によって生成する塩の質量を測定する方法がある。この方法で，1.0 mol/L の水酸化ナトリウム $NaOH$ 水溶液 A のモル濃度を有効数字 3 桁で求めるために，水溶液 A に塩酸を加えて生じる塩化ナトリウム $NaCl$（式量 58.5）の質量を測定する次の**実験**を行った。この**実験**で，空気中の二酸化炭素 CO_2 と $NaOH$ の反応による影響は無視できるものとして，後の問い（**a・b**）に答えよ。

実験　水溶液 A を 50.0 mL とってビーカーに入れ，塩酸を加えてよくかき混ぜた。この水溶液のすべてを蒸発皿に移し，ガスバーナーで十分に加熱して水分を蒸発させた。得られた固体の質量を測定した。

a　加える塩酸のモル濃度と体積の組合せのうち，水溶液 A のモル濃度を**正しく求められないもの**はどれか。最も適当なものを，次の①〜④のうちから一つ選べ。　　6

	塩酸のモル濃度(mol/L)	塩酸の体積(mL)
①	0.70	60
②	1.0	60
③	1.2	50
④	1.4	50

b　適切な実験で得られた $NaCl$ の質量は，3.04 g であった。このとき，水溶液 A のモル濃度を有効数字 3 桁で求めると何 mol/L か。最も適当な数値を，次の①〜⑤のうちから一つ選べ。　　7　　mol/L

①　0.960　　②　0.980　　③　1.00　　④　1.02　　⑤　1.04

問 6 弱酸の塩に強酸を加えたり，弱塩基の塩に強塩基を加えたりすると，次の式 (1)・(2)に示すような変化が起こる。

弱酸の塩　＋　強　酸　──→　弱　酸　＋　強酸の塩　　　　(1)

弱塩基の塩　＋　強塩基　──→　弱塩基　＋　強塩基の塩　　　(2)

ある塩 A の水溶液に塩酸を加えると，塩酸のにおいとは異なる刺激臭のある物質が生じる。一方，水酸化ナトリウム水溶液を加えると，刺激臭のある別の物質が生じる。A として最も適当なものを，次の①～⑤のうちから一つ選べ。 8

① 硫酸アンモニウム

② 酢酸アンモニウム

③ 酢酸ナトリウム

④ 炭酸ナトリウム

⑤ 塩化カリウム

問 7 次の記述のうち，酸化還元反応が関与していないものはどれか。最も適当なものを，次の①～④のうちから一つ選べ。 9

① ボーキサイトの製錬によってアルミニウムを製造した。

② お湯を沸かすために，都市ガスを燃焼させた。

③ 氷砂糖の塊を水に入れると，塊が小さくなった。

④ グレープフルーツにマグネシウムと銅を電極として差し込み，導線でつなぐと電流が流れた。

64 2022年度：化学基礎／追試験

問 8 銅と亜鉛の性質に関する記述として正しいものはどれか。最も適当なもの
を，次の①～④のうちから一つ選べ。 　10

① 銅は希塩酸には溶けないが，希硝酸や希硫酸には溶ける。

② 亜鉛を希塩酸に溶かすと，塩素が発生する。

③ 硫酸亜鉛水溶液に銅板を浸すと，表面に亜鉛が析出する。

④ 熱した銅線を気体の塩素にさらすと，塩化銅(II)が生じる。

2022年度：化学基礎/追試験　**65**

問 9　食品添加物などに用いられるビタミン C，$C_6H_8O_6$（分子量 176）は，空気中で少しずつ酸化されて別の物質に変化する。ビタミン C がどの程度酸化されるかを調べるために，純粋なビタミン C を 1.76 g はかり取り，空気中で一定期間放置した。この試料を水に溶かして 100 mL の水溶液とし，水溶液中のビタミン C のモル濃度を測定した。その結果，モル濃度は 9.0×10^{-2} mol/L であった。放置する前にあったビタミン C の何％が変化したか。最も適当な数値を，次の①～⑤のうちから一つ選べ。ただし，試料中のビタミン C はすべて水に溶けるものとする。　| 11 | ％

① 0.10　　② 0.90　　③ 1.0　　④ 9.0　　⑤ 10

第2問 18世紀の後半から，化学の基本法則が次々と発見され，物質に対する理解が深まった。化学の基本法則を利用して原子量を求める実験と，原子量を利用して物質の組成を求める実験に関する次の問い(**問1～3**)に答えよ。(配点 20)

問1 アボガドロは，気体の種類によらず，同温・同圧で同体積の気体には，同数の分子が含まれるという仮説を提唱した。この仮説は，今日ではアボガドロの法則として知られている。次の**実験I**は，アボガドロの法則に基づいて，貴ガス(希ガス)元素の一つであるクリプトン Kr の原子量を求めることを目的としたものである。

実験I ネオン Ne 1.00 g が入った容器がある。大きさと質量が等しい別の容器に，同温・同圧で同じ体積の Kr を入れ，両方の容器を上皿天秤にのせた。両方の皿がつり合うには，図1に示すように，Ne が入った容器をのせた皿に 3.20 g の分銅が必要であった。

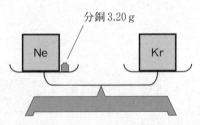

図1　上皿天秤を用いた実験の模式図

　Ne と Kr の原子は，いずれも最外殻電子の数が ア 個である。これらの原子は，他の原子と反応したり結合をつくったりしにくい。このため，価電子の数は イ 個とみなされる。Ne と Kr はいずれも単原子分子として存在するので，Ne の原子量が 20 であることを用いて，Kr の原子量を求めることができる。次の問い(**a～c**)に答えよ。

a 空欄 **ア** ・ **イ** に当てはまる数字として最も適当なものを，次の ① ~ ⓪ のうちから一つずつ選べ。ただし，同じものを繰り返し選んでもよい。

ア ☐ 12

イ ☐ 13

① 1 ② 2 ③ 3 ④ 4 ⑤ 5

⑥ 6 ⑦ 7 ⑧ 8 ⑨ 9 ⓪ 0

b **実験 I** で用いた Kr は，0 ℃，1.013×10^5 Pa で何 L か。最も適当な数値を，次の ① ~ ④ のうちから一つ選べ。☐ 14 L

① 0.560 ② 1.12 ③ 1.68 ④ 2.24

c **実験 I** の結果から求められる Kr の原子量はいくらか。Kr の原子量を 2 桁の整数で表すとき，☐ 15 と ☐ 16 に当てはまる数字を，次の ① ~ ⓪ のうちから一つずつ選べ。ただし，同じものを繰り返し選んでもよい。また，Kr の原子量が 1 桁の場合には，☐ 15 には⓪を選べ。

☐ 15 ☐ 16

① 1 ② 2 ③ 3 ④ 4 ⑤ 5

⑥ 6 ⑦ 7 ⑧ 8 ⑨ 9 ⓪ 0

問 2 プルーストは，一つの化合物を構成している成分元素の質量の比は，常に一定であるという定比例の法則を提唱した。次の**実験Ⅱ**は，炭酸ストロンチウム $SrCO_3$ を強熱すると，次の式(1)に示すように，固体の酸化ストロンチウム SrO と二酸化炭素 CO_2 に分解することを利用して，ストロンチウム Sr の原子量を求めることを目的としたものである。

$$SrCO_3 \longrightarrow SrO + CO_2 \quad (1)$$

実験Ⅱ 細かくすりつぶした $SrCO_3$ をはかりとり，十分な時間強熱した。用いた $SrCO_3$ の質量と加熱後に残った固体の質量との関係は，表1のようになった。

表1　用いた $SrCO_3$ と加熱後に残った固体の質量

用いた $SrCO_3$ の質量(g)	0.570	1.140	1.710
加熱後に残った固体の質量(g)	0.400	0.800	1.200

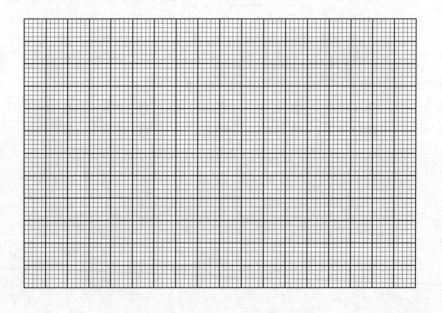

式(1)の反応では，分解する $SrCO_3$ と生じる SrO の質量の ウ は，発生する CO_2 の質量に等しい。また，生じる SrO と CO_2 の質量の エ は，分解する $SrCO_3$ の量にかかわらず一定となる。したがって，炭素 C と酸素 O の原子量を用いて，Sr の原子量を求めることができる。次の問い（**a・b**）に答えよ。必要であれば方眼紙を用いてよい。

a 空欄 ウ ・ エ に当てはまる語の組合せとして最も適当なものを，次の①～⑥のうちから一つ選べ。 17

	ウ	エ
①	和	和
②	和	差
③	和	比
④	差	和
⑤	差	差
⑥	差	比

b 実験Ⅱの結果から求められる Sr の原子量はいくらか。最も適当な数値を，次の①～⑥のうちから一つ選べ。ただし，加熱によりすべての $SrCO_3$ が反応したものとする。 18

① 76   ② 80   ③ 88

④ 96   ⑤ 104   ⑥ 120

問 3　ドロマイトは，炭酸マグネシウム $MgCO_3$（式量 84）と炭酸カルシウム $CaCO_3$（式量 100）を主成分とする岩石である。これらの炭酸塩を加熱すると，前問の式(1)と同様の反応が起こり，CO_2 を放出して，それぞれマグネシウム Mg とカルシウム Ca の酸化物に変化する。

　　次の実験Ⅲは，$MgCO_3$ と $CaCO_3$ のみからなる，ドロマイトを模した試料 A 中の Mg の物質量 n_{Mg} と Ca の物質量 n_{Ca} の比を求めることを目的としたものである。

実験Ⅲ　細かくすりつぶした試料 A 14.2 g をはかりとり，十分な時間強熱したところ，7.6 g の固体が得られた。

　　Mg と Ca の物質量の比 $n_{Mg} : n_{Ca}$ を整数比で表したものとして最も適当なものを，次の①～⑦のうちから一つ選べ。ただし，加熱により炭酸塩のすべてが反応して，固体の酸化物に変化したものとする。　19

①　1 : 1　　　②　1 : 2　　　③　1 : 3　　　④　2 : 1
⑤　2 : 3　　　⑥　3 : 1　　　⑦　3 : 2

2021

共通テスト

本試験
（第1日程）

化学 ······················ 2

化学基礎 ············· 23

化学：

解答時間 60 分　配点 100 点

化学基礎：

解答時間　2 科目 60 分

配点　2 科目 100 点

（物理基礎，化学基礎，生物基礎，
地学基礎から 2 科目選択）

2 2021年度：化学/本試験（第Ⅰ日程）

化　　　　　学

$\left(\text{解答番号}\ \boxed{1}\ \sim\ \boxed{29}\ \right)$

必要があれば，原子量は次の値を使うこと。

H　1.0	C　12	N　14	O　16
Ca　40	Fe　56	Zn　65	

気体は，実在気体とことわりがない限り，理想気体として扱うものとする。

第 1 問　次の問い（**問 1 ～ 4**）に答えよ。（配点　20）

問 1　次の記述（**ア・イ**）の両方に当てはまる金属元素として最も適当なものを，下の①～④のうちから一つ選べ。　$\boxed{1}$

　　ア　2価の陽イオンになりやすいもの
　　イ　硫酸塩が水に溶けやすいもの

　　①　Mg　　　　　②　Al　　　　　③　K　　　　　④　Ba

問 2 単位格子の一辺の長さ $L(cm)$ の体心立方格子の構造をもつモル質量 $M(g/mol)$ の原子からなる結晶がある。この結晶の密度が $d(g/cm^3)$ であるとき，アボガドロ定数 $N_A(/mol)$ を表す式として最も適当なものを，次の①〜⑥のうちから一つ選べ。 $\boxed{\quad 2 \quad}$ /mol

① $\dfrac{L^3 d}{M}$　　　② $\dfrac{L^3 d}{2M}$　　　③ $\dfrac{2L^3 d}{M}$

④ $\dfrac{M}{L^3 d}$　　　⑤ $\dfrac{2M}{L^3 d}$　　　⑥ $\dfrac{M}{2L^3 d}$

問 3 物質の溶媒への溶解や分子間力に関する次の記述（Ⅰ〜Ⅲ）について，正誤の組合せとして最も適当なものを，下の①〜⑧のうちから一つ選べ。 $\boxed{\quad 3 \quad}$

Ⅰ　ヘキサンが水にほとんど溶けないのは，ヘキサン分子の極性が小さいためである。

Ⅱ　ナフタレンが溶解したヘキサン溶液では，ナフタレン分子とヘキサン分子の間に分子間力がはたらいている。

Ⅲ　液体では，液体の分子間にはたらく分子間力が小さいほど，その沸点は高くなる。

	Ⅰ	Ⅱ	Ⅲ
①	正	正	正
②	正	正	誤
③	正	誤	正
④	正	誤	誤
⑤	誤	正	正
⑥	誤	正	誤
⑦	誤	誤	正
⑧	誤	誤	誤

4 2021年度：化学/本試験（第1日程）

問 4 蒸気圧（飽和蒸気圧）に関する次の問い（**a・b**）に答えよ。ただし，気体定数
は $R = 8.3 \times 10^3\,\text{Pa·L/(K·mol)}$ とする。

a エタノール C_2H_5OH の蒸気圧曲線を次ページの図1に示す。ピストン付
きの容器に 90 ℃ で $1.0 \times 10^5\,\text{Pa}$ の C_2H_5OH の気体が入っている。この気体
の体積を 90 ℃ のままで 5 倍にした。その状態から圧力を一定に保ったまま
温度を下げたときに凝縮が始まる温度を 2 桁の数値で表すとき，　**4**　と
　5　に当てはまる数字を，次の①～⓪のうちから一つずつ選べ。ただ
し，温度が 1 桁の場合には，　**4**　には⓪を選べ。また，同じものを繰り
返し選んでもよい。　**4**　**5**　℃

① 1　　　② 2　　　③ 3　　　④ 4　　　⑤ 5
⑥ 6　　　⑦ 7　　　⑧ 8　　　⑨ 9　　　⓪ 0

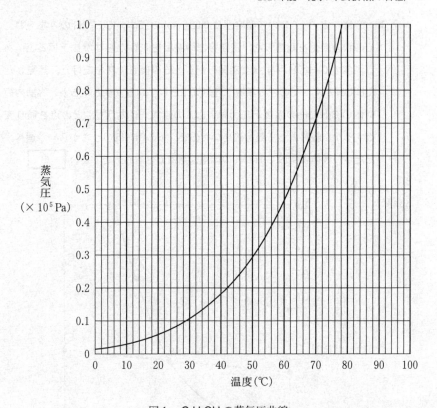

図1　C₂H₅OH の蒸気圧曲線

b 容積一定の 1.0 L の密閉容器に 0.024 mol の液体の C_2H_5OH のみを入れ，その状態変化を観測した。密閉容器の温度を 0 ℃ から徐々に上げると，ある温度で C_2H_5OH がすべて蒸発したが，その後も加熱を続けた。蒸発した C_2H_5OH がすべての圧力領域で理想気体としてふるまうとすると，容器内の気体の C_2H_5OH の温度と圧力は，図 2 の点 A ～ G のうち，どの点を通り変化するか。経路として最も適当なものを，下の①～⑤のうちから一つ選べ。ただし，液体状態の C_2H_5OH の体積は無視できるものとする。　6

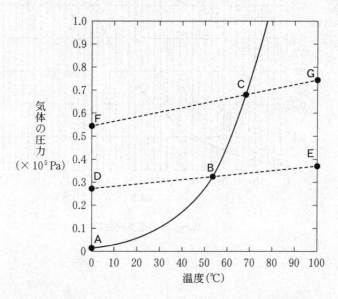

図 2　気体の圧力と温度の関係（実線 ── は C_2H_5OH の蒸気圧曲線）

① A → B → C → G
② A → B → E
③ D → B → C → G
④ D → B → E
⑤ F → C → G

第2問 次の問い（**問1～3**）に答えよ。（配点　20）

問1 光が関わる化学反応や現象に関する記述として下線部に**誤りを含むもの**はどれか。最も適当なものを，次の①～④のうちから一つ選べ。 7

① 塩素と水素の混合気体に強い光（紫外線）を照射すると，<u>爆発的に反応して塩化水素が生成する。</u>

② オゾン層は，太陽光線中の<u>紫外線を吸収して</u>，地上の生物を保護している。

③ 植物は光合成で糖類を生成する。二酸化炭素と水からグルコースと酸素が生成する反応は，<u>発熱反応である。</u>

④ 酸化チタン(IV)は，光（紫外線）を照射すると，有機物などを分解する<u>触媒として作用する。</u>

問2 補聴器に用いられる空気亜鉛電池では，次の式のように正極で空気中の酸素が取り込まれ，負極の亜鉛が酸化される。

正極　$O_2 + 2\,H_2O + 4\,e^- \longrightarrow 4\,OH^-$

負極　$Zn + 2\,OH^- \longrightarrow ZnO + H_2O + 2\,e^-$

この電池を一定電流で 7720 秒間放電したところ，上の反応により電池の質量は 16.0 mg 増加した。このとき流れた電流は何 mA か。最も適当な数値を，次の①～④のうちから一つ選べ。ただし，ファラデー定数は 9.65×10^4 C/mol とする。 8 mA

① 6.25 　　　 ② 12.5 　　　 ③ 25.0 　　　 ④ 50.0

8 2021年度：化学/本試験（第1日程）

問 3 氷の昇華と水分子間の水素結合について，次の問い（**a～c**）に答えよ。

a 水の三重点よりも低温かつ低圧の状態に保たれている氷を，水蒸気に昇華させる方法として適当なものは，次の**ア～エ**のうちどれか。すべてを正しく選択しているものを，下の①～④のうちから一つ選べ。 | 9 |

ア 温度を保ったまま，減圧する。
イ 温度を保ったまま，加圧する。
ウ 圧力を保ったまま，加熱する。
エ 圧力を保ったまま，冷却する。

① ア，ウ   ② ア，エ   ③ イ，ウ   ④ イ，エ

b 図1に示すように，氷の結晶中では，1個の水分子が正四面体の頂点に位置する4個の水分子と水素結合をしており，水素結合1本あたり2個の水分子が関与している。0℃における氷の昇華熱を Q(kJ/mol)としたとき，0℃において水分子間の水素結合1 mol を切るために必要なエネルギー(kJ/mol)を表す式として最も適当なものを，下の①～⑤のうちから一つ選べ。ただし，氷の昇華熱は，水分子1 mol の結晶中のすべての水素結合を切るためのエネルギーと等しいとする。 10 kJ/mol

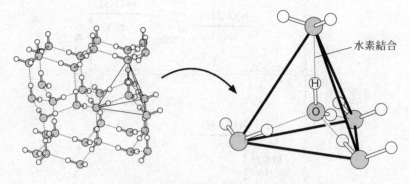

図1 氷の結晶構造と水素結合の模式図

① $\dfrac{1}{4}Q$　　② $\dfrac{1}{2}Q$　　③ Q　　④ $2Q$　　⑤ $4Q$

c 図2に0℃および25℃における水の状態とエネルギーの関係を示す。この関係を用いて，0℃における氷の昇華熱 Q(kJ/mol)の値を求めると何 kJ/mol になるか。最も適当な数値を，下の①〜⑤のうちから一つ選べ。ただし，1 mol の H_2O(液)および H_2O(気)の温度を1K上昇させるのに必要なエネルギーはそれぞれ 0.080 kJ, 0.040 kJ とする。また，すべての状態変化は 1.013×10^5 Pa のもとで起こるものとする。　11　kJ/mol

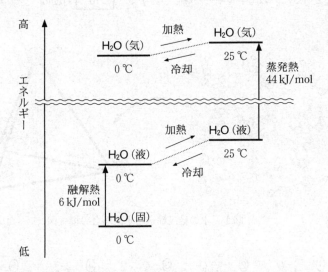

図2　0℃および25℃における水の状態とエネルギーの関係

① 45　　② 49　　③ 50　　④ 51　　⑤ 52

2021年度：化学/本試験(第 I 日程)　11

第 3 問　次の問い(問 1 ～ 3)に答えよ。(配点　20)

問 1　塩化ナトリウムの溶融塩電解(融解塩電解)に関連する記述として**誤りを含む**
ものはどれか。最も適当なものを，次の①～④のうちから一つ選べ。　12

①　陰極に鉄，陽極に黒鉛を用いることができる。
②　ナトリウムの単体が陰極で生成し，気体の塩素が陽極で発生する。
③　ナトリウムの単体が 1 mol 生成するとき，気体の塩素が 1 mol 発生する。
④　塩化ナトリウム水溶液を電気分解しても，ナトリウムの単体は得られない。

問 2　元素**ア～エ**はそれぞれ Ag，Pb，Sn，Zn のいずれかであり，次の記述
(I ～ III)に述べる特徴をもつ。**ア，イ**として最も適当なものを，それぞれ下の
①～④のうちから一つずつ選べ。

ア　13
イ　14

I　**ア**と**イ**の単体は希硫酸に溶けるが，**ウ**と**エ**の単体は希硫酸に溶けにくい。
II　**ウ**の 2 価の塩化物は，冷水にはほとんど溶けないが熱水には溶ける。
III　**ア**と**ウ**のみが同族元素である。

①　Ag　　　　　②　Pb　　　　　③　Sn　　　　　④　Zn

12 2021年度：化学/本試験(第Ⅰ日程)

問 3 次の化学反応式(1)に示すように，シュウ酸イオン $C_2O_4{}^{2-}$ を配位子として3個もつ鉄(Ⅲ)の錯イオン $[Fe(C_2O_4)_3]^{3-}$ の水溶液では，光をあてている間，反応が進行し，配位子を2個もつ鉄(Ⅱ)の錯イオン $[Fe(C_2O_4)_2]^{2-}$ が生成する。

$$2\,[Fe(C_2O_4)_3]^{3-} \xrightarrow{\text{光}} 2\,[Fe(C_2O_4)_2]^{2-} + C_2O_4{}^{2-} + 2\,CO_2 \qquad (1)$$

この反応で光を一定時間あてたとき，何％の $[Fe(C_2O_4)_3]^{3-}$ が $[Fe(C_2O_4)_2]^{2-}$ に変化するかを調べたいと考えた。そこで，式(1)にしたがって CO_2 に変化した $C_2O_4{}^{2-}$ の量から，変化した $[Fe(C_2O_4)_3]^{3-}$ の量を求める**実験Ⅰ～Ⅲ**を行った。この**実験**に関する次ページの問い(**a～c**)に答えよ。ただし，反応溶液の pH は**実験Ⅰ～Ⅲ**において適切に調整されているものとする。

実験Ⅰ 0.0109 mol の $[Fe(C_2O_4)_3]^{3-}$ を含む水溶液を透明なガラス容器に入れ，光を一定時間あてた。

実験Ⅱ **実験Ⅰ**で光をあてた溶液に，鉄の錯イオン $[Fe(C_2O_4)_3]^{3-}$ と $[Fe(C_2O_4)_2]^{2-}$ から $C_2O_4{}^{2-}$ を遊離(解離)させる試薬を加え，錯イオン中の $C_2O_4{}^{2-}$ を完全に遊離させた。さらに，Ca^{2+} を含む水溶液を加えて，溶液中に含まれるすべての $C_2O_4{}^{2-}$ をシュウ酸カルシウム CaC_2O_4 の水和物として完全に沈殿させた。この後，ろ過によりろ液と沈殿に分離し，さらに，沈殿を乾燥して 4.38 g の $CaC_2O_4\cdot H_2O$ (式量 146)を得た。

実験Ⅲ **実験Ⅱ**で得られたろ液に，(a)Fe^{2+} が含まれていることを確かめる操作を行った。

a 実験Ⅲの下線部(a)の操作として最も適当なものを，次の①~④のうちから一つ選べ。 15

① H_2S 水溶液を加える。

② サリチル酸水溶液を加える。

③ $K_3[Fe(CN)_6]$ 水溶液を加える。

④ KSCN 水溶液を加える。

b 1.0 mol の $[Fe(C_2O_4)_3]^{3-}$ が，式(1)にしたがって完全に反応するとき，酸化されて CO_2 になる $C_2O_4^{2-}$ の物質量は何 mol か。最も適当な数値を，次の①~④のうちから一つ選べ。 16 mol

① 0.5   ② 1.0   ③ 1.5   ④ 2.0

c 実験Ⅰにおいて，光をあてることにより，溶液中の $[Fe(C_2O_4)_3]^{3-}$ の何%が $[Fe(C_2O_4)_2]^{2-}$ に変化したか。最も適当な数値を，次の①~④のうちから一つ選べ。 17 %

① 12   ② 16   ③ 25   ④ 50

14 2021年度：化学/本試験（第 I 日程）

第 4 問 次の問い（問 1 ～ 5）に答えよ。（配点 20）

問 1 芳香族炭化水素の反応に関する記述として下線部に**誤りを含むもの**を，次の
①～④のうちから一つ選べ。 18

① ナフタレンに，高温で酸化バナジウム（V）を触媒として酸素を反応させる
と，*o*-キシレンが生成する。

② ベンゼンに，鉄粉または塩化鉄（Ⅲ）を触媒として塩素を反応させると，
クロロベンゼンが生成する。

③ ベンゼンに，高温で濃硫酸を反応させると，ベンゼンスルホン酸が生成す
る。

④ ベンゼンに，高温・高圧でニッケルを触媒として水素を反応させると，
シクロヘキサンが生成する。

問 2 油脂に関する記述として下線部に**誤りを含むもの**を，次の①～④のうちから一つ選べ。 19

① けん化価は，油脂 1 g を完全にけん化するのに必要な水酸化カリウムの質量を mg 単位で表した数値で，この値が大きいほど油脂の平均分子量は<u>小さい</u>。

② ヨウ素価は，油脂 100 g に付加するヨウ素の質量を g 単位で表した数値で，油脂の中でも空気中で放置すると固化しやすい乾性油はヨウ素価が<u>大きい</u>。

③ マーガリンの主成分である硬化油は，液体の油脂を<u>酸化</u>してつくられる。

④ 油脂は，高級脂肪酸と<u>グリセリン(1,2,3-プロパントリオール)</u>のエステルである。

問 3 次のアルコールア〜エを用いた反応の生成物について，下の問い(a・b)に答えよ。

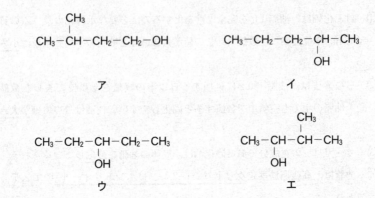

a ア〜エに適切な酸化剤を作用させると，それぞれからアルデヒドまたはケトンのどちらか一方が生成する。ア〜エのうち，ケトンが生成するものはいくつあるか。正しい数を，次の①〜⑤のうちから一つ選べ。 20

① 1   ② 2   ③ 3   ④ 4   ⑤ 0

b ア〜エにそれぞれ適切な酸触媒を加えて加熱すると，OH基の結合した炭素原子とその隣の炭素原子から，OH基とH原子がとれたアルケンが生成する。ア〜エのうち，このように生成するアルケンの異性体の数が最も多いアルコールはどれか。最も適当なものを，次の①〜④のうちから一つ選べ。ただし，シス-トランス異性体(幾何異性体)も区別して数えるものとする。
21

① ア   ② イ   ③ ウ   ④ エ

2021年度：化学/本試験(第1日程)　**17**

問 4 高分子化合物に関する記述として**誤りを含むもの**はどれか。最も適当なものを，次の①～⑤のうちから一つ選べ。　22

① ナイロン6は，繰り返し単位の中にアミド結合を二つもつ。

② ポリ酢酸ビニルを加水分解すると，ポリビニルアルコールが生じる。

③ 尿素樹脂は，熱硬化性樹脂である。

④ 生ゴムに数%の硫黄を加えて加熱すると，弾性が向上する。

⑤ ポリエチレンテレフタラートは，合成繊維としても合成樹脂としても用いられる。

問5 分子量 2.56×10^4 のポリペプチド鎖Aは,アミノ酸B(分子量89)のみを脱水縮合して合成されたものである。図1のように,Aがらせん構造をとると仮定すると,Aのらせんの全長Lは何 nm か。最も適当な数値を,下の①〜⑥のうちから一つ選べ。ただし,らせんのひと巻きはアミノ酸の単位3.6個分であり,ひと巻きとひと巻きの間隔を 0.54 nm (1 nm $= 1 \times 10^{-9}$ m) とする。

23 nm

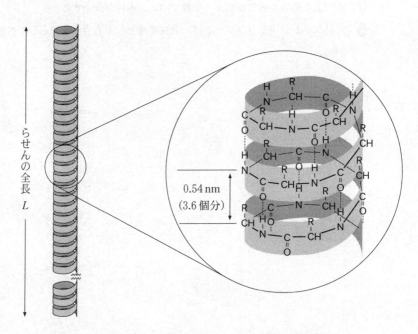

図1 ポリペプチド鎖Aのらせん構造の模式図

① 43
② 54
③ 72
④ 1.6×10^2
⑤ 1.9×10^2
⑥ 2.6×10^2

第5問 グルコース $C_6H_{12}O_6$ に関する次の問い(**問1〜3**)に答えよ。(配点 20)

問1 グルコースは,水溶液中で主に環状構造の α-グルコースと β-グルコースとして存在し,これらは鎖状構造の分子を経由して相互に変換している。グルコースの水溶液について,平衡に達するまでの α-グルコースと β-グルコースの物質量の時間変化を調べた次ページの**実験Ⅰ**に関する問い(**a・b**)と**実験Ⅱ**に関する問い(**c**)に答えよ。ただし,鎖状構造の分子の割合は少なく無視できるものとする。また,必要があれば次の方眼紙を使うこと。

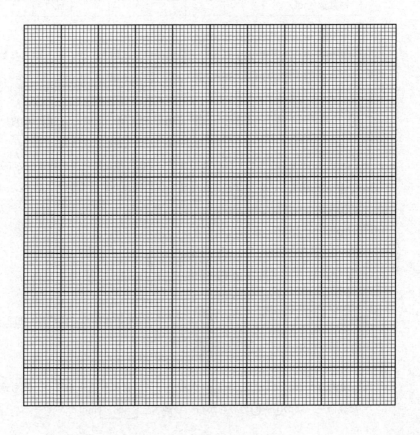

実験 I　α-グルコース 0.100 mol を 20 ℃ の水 1.0 L に加えて溶かし，20 ℃ に保ったまま α-グルコースの物質量の時間変化を調べた。表 1 に示すように α-グルコースの物質量は減少し，10 時間後には平衡に達していた。こうして得られた溶液を**溶液 A** とする。

表 1　水溶液中での α-グルコースの物質量の時間変化

時間(h)	0	0.5	1.5	3.0	5.0	7.0	10.0
α-グルコースの物質量(mol)	0.100	0.079	0.055	0.040	0.034	0.032	0.032

a　平衡に達したときの β-グルコースの物質量は何 mol か。最も適当な数値を，次の①～⑤のうちから一つ選べ。　　24　mol

① 0.016　　② 0.032　　③ 0.048　　④ 0.068　　⑤ 0.084

b　水溶液中の β-グルコースの物質量が，平衡に達したときの物質量の 50 % であったのは，α-グルコースを加えた何時間後か。最も適当な数値を，次の①～⑥のうちから一つ選べ。　　25　時間後

① 0.5　　　　　　② 1.0　　　　　　③ 1.5
④ 2.0　　　　　　⑤ 2.5　　　　　　⑥ 3.0

実験 II　**溶液 A** に，さらに β-グルコースを 0.100 mol 加えて溶かし，20 ℃ で 10 時間放置したところ新たな平衡に達した。

c　新たな平衡に達したときの β-グルコースの物質量は何 mol か。最も適当な数値を，次の①～⑤のうちから一つ選べ。　　26　mol

① 0.032　　② 0.068　　③ 0.100　　④ 0.136　　⑤ 0.168

問 2 グルコースにメタノールと塩酸を作用させると，グルコースとメタノールが1分子ずつ反応して1分子の水がとれた化合物 X が，図1に示す α 型（α 形）と β 型（β 形）の異性体の混合物として得られた。X の水溶液は，還元性を示さなかった。この混合物から分離した α 型の X 0.1 mol を，水に溶かして 20 ℃に保ち，α 型の X の物質量の時間変化を調べた。α 型の X の物質量の時間変化を示した図として最も適当なものを，下の①～④のうちから一つ選べ。

27

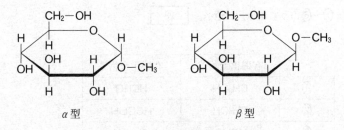

図1　α 型と β 型の化合物 X の構造

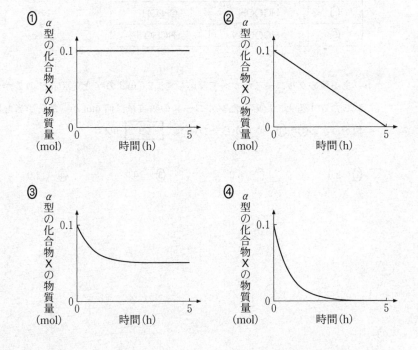

22 2021年度：化学/本試験(第Ⅰ日程)

問 3 グルコースに，ある酸化剤を作用させるとグルコースが分解され，水素原子
と酸素原子を含み，炭素原子数が1の有機化合物 Y・Z が生成する。この反応
でグルコースからは，Y・Z 以外の化合物は生成しない。この反応と Y・Z に
関する次の問い(**a・b**)に答えよ。

a Y はアンモニア性硝酸銀水溶液を還元し，銀を析出させる。Y は還元剤と
してはたらくと，Z となる。Y・Z の組合せとして最も適当なものを，次の
①～⑥のうちから一つ選べ。 28

	有機化合物 Y	有機化合物 Z
①	CH_3OH	$HCHO$
②	CH_3OH	$HCOOH$
③	$HCHO$	CH_3OH
④	$HCHO$	$HCOOH$
⑤	$HCOOH$	CH_3OH
⑥	$HCOOH$	$HCHO$

b ある量のグルコースがすべて反応して，2.0 mol の Y と 10.0 mol の Z が生
成したとすると，反応したグルコースの物質量は何 mol か。最も適当な数
値を，次の①～④のうちから一つ選べ。 29 mol

① 2.0 ② 6.0 ③ 10.0 ④ 12.0

化 学 基 礎

$\left(\text{解答番号}\boxed{1}\sim\boxed{17}\right)$

必要があれば，原子量は次の値を使うこと。

H 1.0   C 12   O 16   Cl 35.5
Ca 40

第1問 次の問い（問1～8）に答えよ。（配点 30）

問1 空気，メタンおよびオゾンを，単体，化合物および混合物に分類した。この分類として最も適当なものを，次の①～⑥のうちから一つ選べ。 $\boxed{1}$

	単 体	化合物	混合物
①	空 気	メタン	オゾン
②	空 気	オゾン	メタン
③	メタン	オゾン	空 気
④	メタン	空 気	オゾン
⑤	オゾン	空 気	メタン
⑥	オゾン	メタン	空 気

24 2021年度：化学基礎/本試験（第1日程）

問 2 次の記述で示された酸素のうち，含まれる酸素原子の物質量が最も小さいものはどれか。正しいものを，次の①～④のうちから一つ選べ。 $\boxed{2}$

① 0 ℃，1.013×10^5 Pa の状態で体積が 22.4 L の酸素

② 水 18 g に含まれる酸素

③ 過酸化水素 1.0 mol に含まれる酸素

④ 黒鉛 12 g の完全燃焼で発生する二酸化炭素に含まれる酸素

問 3 図1は原子番号が1から19の各元素について,天然の同位体存在比が最も大きい同位体の原子番号と,その原子の陽子・中性子・価電子の数の関係を示す。次ページの問い(**a**・**b**)に答えよ。

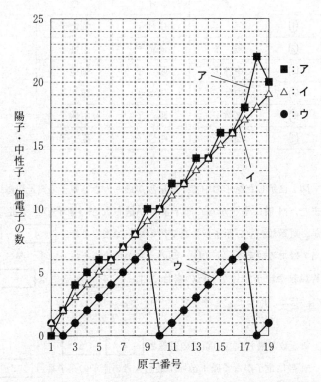

図1 原子番号と,その原子の陽子・中性子・価電子の数の関係

26 2021年度：化学基礎/本試験（第 I 日程）

a 図1の**ア**～**ウ**に対応する語の組合せとして正しいものを，次の①～⑥のうちから一つ選べ。 3

	ア	イ	ウ
①	陽 子	中性子	価電子
②	陽 子	価電子	中性子
③	中性子	陽 子	価電子
④	中性子	価電子	陽 子
⑤	価電子	陽 子	中性子
⑥	価電子	中性子	陽 子

b 図1に示した原子の中で，質量数が最も大きい原子の質量数はいくつか。また，M殻に電子がなく原子番号が最も大きい原子の原子番号はいくつか。質量数および原子番号を2桁の数値で表すとき， 4 ～ 7 に当てはまる数字を，下の①～⓪のうちからそれぞれ一つずつ選べ。ただし，質量数や原子番号が1桁の場合には， 4 あるいは 6 に⓪を選べ。また，同じものを繰り返し選んでもよい。

　　　質量数が最も大きい原子の質量数 4 5

　　　M殻に電子がなく原子番号が最も大きい原子の原子番号 6 7

① 1 　　② 2 　　③ 3 　　④ 4 　　⑤ 5

⑥ 6 　　⑦ 7 　　⑧ 8 　　⑨ 9 　　⓪ 0

問 4 結晶の電気伝導性に関する次の文章中の ア ～ ウ に当てはまる語句の組合せとして最も適当なものを，下の①～⑥のうちから一つ選べ。 8

結晶の電気伝導性には，結晶内で自由に動くことのできる電子が重要な役割を果たす。たとえば， ア 結晶は自由電子をもち電気をよく通すが，ナフタレンの結晶のような イ 結晶は，一般に自由電子をもたず電気を通さない。また ウ 結晶は電気を通さないものが多いが， ウ 結晶の一つである黒鉛は，炭素原子がつくる網目状の平面構造の中を自由に動く電子があるために電気をよく通す。

	ア	イ	ウ
①	共有結合の	金 属	分 子
②	共有結合の	分 子	金 属
③	分 子	金 属	共有結合の
④	分 子	共有結合の	金 属
⑤	金 属	分 子	共有結合の
⑥	金 属	共有結合の	分 子

28 2021年度：化学基礎/本試験（第Ⅰ日程）

問 5 金属には常温の水とは反応しないが，熱水や高温の水蒸気と反応して水素を
発生するものがある。そのため，これらの金属を扱っている場所で火災が発生
した場合には，消火方法に注意が必要である。

アルミニウム Al，マグネシウム Mg，白金 Pt のうちで，高温の水蒸気と反
応する金属はどれか。すべてを正しく選択しているものとして最も適当なもの
を，次の①〜⑦のうちから一つ選べ。 9

① Al ② Mg ③ Pt ④ Al, Mg

⑤ Al, Pt ⑥ Mg, Pt ⑦ Al, Mg, Pt

問 6 下線を付した物質が酸化剤としてはたらいている化学反応式を，次の①〜④
のうちから一つ選べ。 10

① $3\underline{CO} + Fe_2O_3 \longrightarrow 3CO_2 + 2Fe$

② $\underline{NH_4Cl} + NaOH \longrightarrow NH_3 + NaCl + H_2O$

③ $\underline{Na_2CO_3} + HCl \longrightarrow NaHCO_3 + NaCl$

④ $\underline{Br_2} + 2KI \longrightarrow 2KBr + I_2$

問 7 質量パーセント濃度 $x(\%)$，密度 $d(\mathrm{g/cm^3})$ の溶液が $100\ \mathrm{mL}$ ある。この溶液に含まれる溶質のモル質量が $M(\mathrm{g/mol})$ であるとき，溶質の物質量を表す式として最も適当なものを，次の①～⑧のうちから一つ選べ。　| 11 |　mol

① $\dfrac{xd}{M}$ 　　　② $\dfrac{xd}{100\,M}$ 　　　③ $\dfrac{10\,xd}{M}$ 　　　④ $\dfrac{100\,xd}{M}$

⑤ $\dfrac{M}{xd}$ 　　　⑥ $\dfrac{100\,M}{xd}$ 　　　⑦ $\dfrac{M}{10\,xd}$ 　　　⑧ $\dfrac{M}{100\,xd}$

30 2021年度：化学基礎/本試験〔第 I 日程〕

問 8 放電時の両極における酸化還元反応が，次の式で表される燃料電池がある。

正極 $O_2 + 4H^+ + 4e^- \longrightarrow 2H_2O$

負極 $H_2 \longrightarrow 2H^+ + 2e^-$

この燃料電池の放電で，2.0 mol の電子が流れたときに生成する水の質量と，消費される水素の質量はそれぞれ何 g か。質量の数値の組合せとして最も適当なものを，次の①～⑨のうちから一つ選べ。ただし，流れた電子はすべて水の生成に使われるものとする。 | 12 |

	生成する水の質量(g)	消費される水素の質量(g)
①	9.0	1.0
②	9.0	2.0
③	9.0	4.0
④	18	1.0
⑤	18	2.0
⑥	18	4.0
⑦	36	1.0
⑧	36	2.0
⑨	36	4.0

第2問 陽イオン交換樹脂を用いた実験に関する次の問い(問1・問2)に答えよ。
(配点 20)

問 1 電解質の水溶液中の陽イオンを水素イオン H^+ に交換するはたらきをもつ合成樹脂を,水素イオン型陽イオン交換樹脂という。

塩化ナトリウム NaCl の水溶液を例にとって,この陽イオン交換樹脂の使い方を図1に示す。粒状の陽イオン交換樹脂を詰めたガラス管に NaCl 水溶液を通すと,陰イオン Cl^- は交換されず,陽イオン Na^+ は水素イオン H^+ に交換され,HCl 水溶液(塩酸)が出てくる。一般に,交換される陽イオンと水素イオンの物質量の関係は,次のように表される。

(陽イオンの価数)×(陽イオンの物質量)=(水素イオンの物質量)

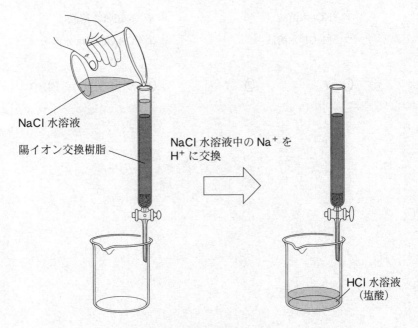

図1 陽イオン交換樹脂の使い方

次の問い（**a・b**）に答えよ。

a NaCl は正塩に分類される。正塩で**ない**ものを，次の①～④のうちから一つ選べ。 13

① $CuSO_4$
② Na_2SO_4
③ $NaHSO_4$
④ NH_4Cl

b 同じモル濃度，同じ体積の水溶液**ア～エ**をそれぞれ，陽イオン交換樹脂に通し，陽イオンがすべて水素イオンに交換された水溶液を得た。得られた水溶液中の水素イオンの物質量が最も大きいものは**ア～エ**のどれか。最も適当なものを，次の①～④のうちから一つ選べ。 14

ア KCl 水溶液
イ $NaOH$ 水溶液
ウ $MgCl_2$ 水溶液
エ CH_3COONa 水溶液

① ア
② イ
③ ウ
④ エ

問 2 塩化カルシウム $CaCl_2$ には吸湿性がある。実験室に放置された塩化カルシウムの試料 A 11.5 g に含まれる水 H_2O の質量を求めるため，陽イオン交換樹脂を用いて次の**実験Ⅰ～Ⅲ**を行った。この**実験**に関する下の問い(**a ～ c**)に答えよ。

実験Ⅰ 試料 A 11.5 g を 50.0 mL の水に溶かし，(a)$CaCl_2$ 水溶液とした。この水溶液を陽イオン交換樹脂を詰めたガラス管に通し，さらに約 100 mL の純水で十分に洗い流して Ca^{2+} がすべて H^+ に交換された塩酸を得た。

実験Ⅱ (b)**実験Ⅰで得られた塩酸を希釈して 500 mL にした。**

実験Ⅲ **実験Ⅱ**の希釈溶液をホールピペットで 10.0 mL とり，コニカルビーカーに移して，指示薬を加えたのち，0.100 mol/L の水酸化ナトリウム $NaOH$ 水溶液で中和滴定した。中和点に達するまでに滴下した $NaOH$ 水溶液の体積は 40.0 mL であった。

a 下線部(a)の $CaCl_2$ 水溶液の pH と最も近い pH の値をもつ水溶液を，次の**①～④**のうちから一つ選べ。ただし，混合する酸および塩基の水溶液はすべて，濃度が 0.100 mol/L，体積は 10.0 mL とする。 | 15 |

① 希硫酸と水酸化カリウム水溶液を混合した水溶液

② 塩酸と水酸化カリウム水溶液を混合した水溶液

③ 塩酸とアンモニア水を混合した水溶液

④ 塩酸と水酸化バリウム水溶液を混合した水溶液

b 下線部(b)に用いた器具と操作に関する記述として最も適当なものを，次の①～④のうちから一つ選べ。 16

① 得られた塩酸をビーカーで 50.0 mL はかりとり，そこに水を加えて 500 mL にする。

② 得られた塩酸をすべてメスフラスコに移し，水を加えて 500 mL にする。

③ 得られた塩酸をホールピペットで 50.0 mL とり，メスシリンダーに移し，水を加えて 500 mL にする。

④ 得られた塩酸をすべてメスシリンダーに移し，水を加えて 500 mL にする。

c 実験 I～Ⅲ の結果より，試料 A 11.5 g に含まれる H_2O の質量は何 g か。最も適当な数値を，次の①～④のうちから一つ選べ。ただし，$CaCl_2$ の式量は 111 とする。 17 g

① 0.4 ② 1.5 ③ 2.5 ④ 2.6

共通テスト

本試験
（第2日程）

2021

化学 ……………………… 36

化学基礎 …………… 62

化学：

解答時間 60 分　配点 100 点

化学基礎：

解答時間　2 科目 60 分

配点　2 科目 100 点

(物理基礎, 化学基礎, 生物基礎,
地学基礎から 2 科目選択)

化　　　　学

$$\left(\text{解答番号}\boxed{\ 1\ }\sim\boxed{\ 32\ }\right)$$

必要があれば，原子量は次の値を使うこと。

H　1.0	C　12	N　14	O　16
Na　23	Al　27	Si　28	Fe　56

気体は，実在気体とことわりがない限り，理想気体として扱うものとする。

第1問　次の問い（問1〜4）に答えよ。（配点　20）

問1　次の記述（**ア・イ**）の両方に当てはまるものを，下の①〜⑤のうちから一つ選べ。　$\boxed{\ 1\ }$

　ア　二重結合をもつ分子

　イ　非共有電子対を4組もつ分子

①　酢　酸　　　　　　②　ジエチルエーテル　　　③　エテン（エチレン）

④　塩化ビニル　　　　⑤　1,2-エタンジオール（エチレングリコール）

問 2 容積 x(L)の容器 A と容積 y(L)の容器 B がコックでつながれている。容器 A には 1.0×10^5 Pa の窒素が，容器 B には 3.0×10^5 Pa の酸素が入っている。コックを開いて二つの気体を混合したとき，全圧が 2.0×10^5 Pa になった。x と y の比 $x : y$ として最も適当なものを，次の①〜⑤のうちから一つ選べ。ただし，コック部の容積は無視する。また，容器 A，B に入っている気体の温度は同じであり，混合の前後で変わらないものとする。 $\boxed{2}$

① 3 : 1 ② 2 : 1 ③ 1 : 1 ④ 1 : 2 ⑤ 1 : 3

問 3 水中のコロイド粒子に関する次の文章中の ア ～ ウ に当てはまる
語句の組合せとして最も適当なものを，下の①～⑧のうちから一つ選べ。
3

界面活性剤 A$(C_{12}H_{25}-OSO_3^-Na^+)$は合成洗剤として使われており，濃度が
8.2×10^{-3} mol/L 以上になると多数の A が集合したミセルとよばれるコロイ
ド粒子になる。これは ア である。濃度が 1.0×10^{-1} mol/L の A の溶液
はチンダル現象を イ 。また，この溶液に電極を入れて電気泳動を行う
と，A のミセルは ウ 側に移動する。

	ア	イ	ウ
①	分子コロイド	示 す	陽 極
②	分子コロイド	示 す	陰 極
③	分子コロイド	示さない	陽 極
④	分子コロイド	示さない	陰 極
⑤	会合コロイド	示 す	陽 極
⑥	会合コロイド	示 す	陰 極
⑦	会合コロイド	示さない	陽 極
⑧	会合コロイド	示さない	陰 極

問 4 クロマトグラフィーに関する次の文章を読み，下の問い（**a・b**）に答えよ。

　シリカゲルを塗布したガラス板（薄層板）を用いる薄層クロマトグラフィーは，物質の分離に広く利用されている。この手法ではまず，分離したい物質の混合物の溶液を上記の薄層板につけて乾燥させる。その後，図1のように薄層板の一端を有機溶媒に浸すと，有機溶媒が薄層板を上昇する。この際，適切な有機溶媒を選択すると，主にシリカゲルへの吸着のしやすさの違いにより，混合物を分離できる。

　図1には，3種類の化合物 A〜C を同じ物質量ずつ含む混合物の溶液をつけ，溶媒を蒸発させて取り除いた薄層板を2枚用意し，有機溶媒として薄層板1にはヘキサンを，また薄層板2にはヘキサンと酢酸エチルを体積比9：1で混合した溶媒（酢酸エチルを含むヘキサン）を用いて分離実験を行った結果を示している。

a　図1の実験結果とその考察に関する次の記述（**I・II**）について，正誤の組合せとして最も適当なものを，下の①〜④のうちから一つ選べ。　　4

I　A の方が B よりもシリカゲルに吸着しやすい。

II　B と C を分離するための有機溶媒としては，酢酸エチルを含むヘキサンが，ヘキサンよりも適している。

	I	II
①	正	正
②	正	誤
③	誤	正
④	誤	誤

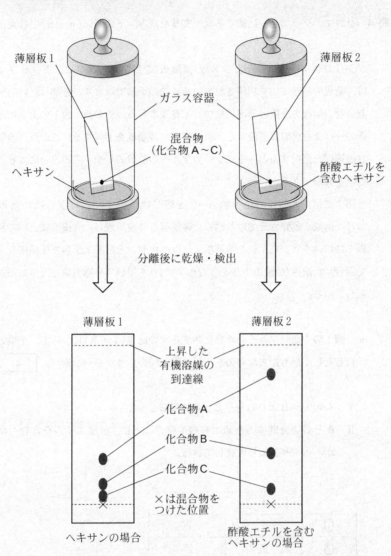

図1 薄層クロマトグラフィーによる混合物の分離実験

b 溶液中で化合物Dを反応させ，化合物Eの合成を行った。この反応溶液をXとする。反応の進行を確認するために，図2のように純粋なDの溶液，Eの溶液およびXの一部を薄層板に並列につけ，溶媒を蒸発させて取り除いた後，適切な有機溶媒を用いて分離実験を行った。反応開始直後，反応途中および反応終了後の結果は，図2(a)～(c)のようになった。ただし，分離実験中には反応が進行しないものとする。

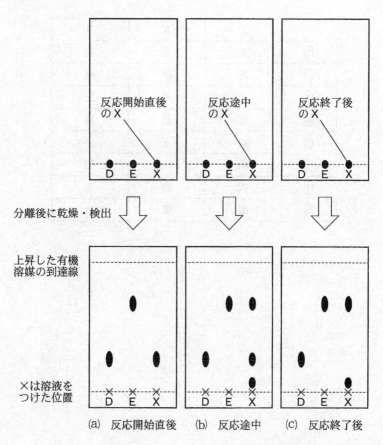

図2 薄層クロマトグラフィーによるXの分離実験

図2の実験結果とその考察に関する次の記述（I～Ⅲ）について，正誤の組合せとして最も適当なものを，下の①～⑧のうちから一つ選べ。 5

I 反応開始直後：Eの生成が確認できる。

Ⅱ 反応途中　　：Eの生成とDの残存が確認できる。

Ⅲ 反応終了後　：Eとは別の物質も生成したと考えられる。

	I	Ⅱ	Ⅲ
①	正	正	正
②	正	正	誤
③	正	誤	正
④	正	誤	誤
⑤	誤	正	正
⑥	誤	正	誤
⑦	誤	誤	正
⑧	誤	誤	誤

第2問 次の問い(問1～3)に答えよ。(配点 20)

問1 鉄の腐食は，鉄のイオン化によって引き起こされる。このため，橋脚などの鉄柱には鉄のイオン化を防ぐため，金属のイオン化傾向や電池の原理が応用されている。

図1に示した，ZnやSnを用いた実験の装置 ア～エ のうち，Fe がイオン化されにくい装置が二つある。その組合せとして最も適当なものを，下の①～⑥のうちから一つ選べ。ただし，ウ，エ では食塩水中を流れる電流は微小であり，電気分解はほとんど起こらないものとする。 6

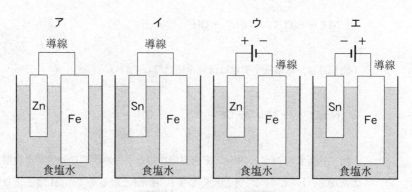

図1 鉄のイオン化を防ぐ実験の装置

① ア，イ　　② ア，ウ　　③ ア，エ
④ イ，ウ　　⑤ イ，エ　　⑥ ウ，エ

44 2021年度：化学/本試験(第2日程)

問 2 水溶液の緩衝作用に関する次の文章中の ア ～ ウ に当てはまる物質またはイオンとして最も適当なものを，下の①～⑨のうちから一つずつ選べ。

ア 7
イ 8
ウ 9

NH_3 は弱塩基で，水溶液中ではその一部が反応して，次のような電離平衡となる。

$$NH_3 + H_2O \rightleftharpoons NH_4^+ + OH^- \qquad (1)$$

NH_4Cl は，水溶液中ではほぼ完全に電離している。

$$NH_4Cl \longrightarrow NH_4^+ + Cl^- \qquad (2)$$

同じ物質量の NH_3 と NH_4Cl を両方溶かした混合水溶液に，少量の塩酸を加えた場合，H^+ が ア と反応して イ となるので，pH はあまり変化しない。また，少量の NaOH 水溶液を加えた場合には，OH^- が イ と反応して ア と ウ を生成するので，この場合も pH はあまり変化しない。

① HCl　② NaOH　③ H^+　④ Cl^-　⑤ Na^+

⑥ OH^-　⑦ NH_3　⑧ H_2O　⑨ NH_4^+

問 3 N₂ と H₂ から NH₃ が生成する反応

$$N_2(気) + 3H_2(気) \rightleftarrows 2NH_3(気) \quad (1)$$

について，次の問い（**a** ～ **c**）に答えよ。

a 式(1)の反応における反応熱，および結合エネルギーの関係を図 2 に示す。NH₃ 分子の N-H 結合 1 mol あたりの結合エネルギーは何 kJ か。最も適当な数値を，下の①～⑤のうちから一つ選べ。 <u>　10　</u> kJ

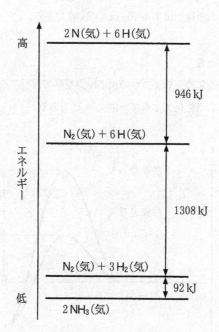

図 2　NH₃ の生成における反応熱，および結合エネルギーの関係

　① 46　　② 391　　③ 782　　④ 1173　　⑤ 2346

b 式(1)の反応について文献を調べたところ、次の記述(ア～エ)および図3に示すエネルギー変化が掲載されていた。これらと図2をもとに、この反応のしくみや触媒のはたらきに関する次ページの記述(I～III)について、正誤の組合せとして最も適当なものを、次ページの①～⑧のうちから一つ選べ。 11

文献調査のまとめ

触媒がないとき
ア 式(1)の反応は、いくつかの反応段階を経て進行する。
イ 正反応の活性化エネルギーは、234 kJ である。

触媒があるとき
ウ 式(1)の反応は、いくつかの反応段階を経て進行する。
エ 正反応の活性化エネルギーは、96 kJ である。

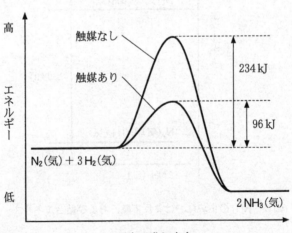

図3 NH₃ の生成反応におけるエネルギー変化

Ⅰ 図2と図3より，N_2，H_2分子の結合エネルギーと活性化エネルギーを比較すると，式(1)の反応は気体状態で次の反応段階を経ていないことがわかる。

$$N_2(\text{気}) \longrightarrow 2\,N(\text{気}) \qquad (2)$$
$$H_2(\text{気}) \longrightarrow 2\,H(\text{気}) \qquad (3)$$

Ⅱ 図3より，触媒のあるときもないときも，逆反応の活性化エネルギーは正反応よりも大きいことがわかる。

Ⅲ 図3より，反応熱の大きさは，触媒の有無にかかわらず，変わらないことがわかる。

	Ⅰ	Ⅱ	Ⅲ
①	正	正	正
②	正	正	誤
③	正	誤	正
④	正	誤	誤
⑤	誤	正	正
⑥	誤	正	誤
⑦	誤	誤	正
⑧	誤	誤	誤

c N₂とその3倍の物質量のH₂を混合して，500℃で平衡状態にしたときの全圧とNH₃の体積百分率(生成率)の関係を図4に示す。触媒を入れた容積一定の反応容器にN₂ 0.70 mol，H₂ 2.10 molを入れて500℃に保ったところ平衡に達し，全圧が5.8×10^7 Paになった。このとき，生成したNH₃の物質量は何molか。最も適当な数値を，下の①〜⑤のうちから一つ選べ。

| 12 | mol

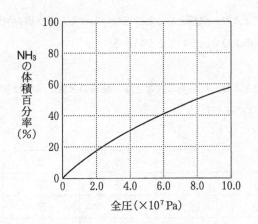

図4　500℃における平衡状態での全圧とNH₃の体積百分率の関係

① 0.40　　② 0.80　　③ 1.10
④ 1.40　　⑤ 2.80

2021年度：化学/本試験（第2日程）　**49**

第3問　次の問い（問1〜4）に答えよ。（配点　20）

問1　金属元素とその用途に関する記述として**誤りを含むもの**はどれか。最も適当なものを，次の①〜④のうちから一つ選べ。　| 13 |

① 第4周期の遷移金属元素の原子がもつ最外殻電子数は，1または2である。

② 銅は，金や白金と同様，天然に単体として発見されることがある。

③ リチウムイオン電池とリチウム電池は，ともに一次電池である。

④ 銀鏡反応を応用すると，ガラスなどの金属以外のものにもめっきすることができる。

問2　AlとFeの混合物2.04 gに，十分な量のNaOH水溶液を加えたところ，3.00×10^{-2} molのH_2が生じた。混合物に含まれていたFeの質量は何gか。最も適当な数値を，次の①〜⑤のうちから一つ選べ。　| 14 |　g

①　1.23　　　　②　1.50　　　　③　1.64

④　1.77　　　　⑤　1.91

問 3 Ag^+, Ba^{2+}, Mn^{2+} を含む酸性水溶液に，KI 水溶液，K_2SO_4 水溶液，NaOH 水溶液を適切な順序で加えて，それぞれの陽イオンを別々の沈殿として分離したい。表 1 に，関連する化合物の水への溶解性を，また図 1 に実験操作の手順を示す。図 1 の**操作 1 ～ 3** で加える水溶液の順序を表 2 の**ア～エ**とするとき，Ag^+, Ba^{2+}, Mn^{2+} を別々の沈殿として**分離できない**ものはどれか。最も適当なものを，次ページの ① ～ ④ のうちから一つ選べ。 15

表 1 化合物の水への溶解性 ○：溶ける，×：溶けにくい

AgI ×	Ag_2SO_4 ○	Ag_2O ×
BaI_2 ○	$BaSO_4$ ×	$Ba(OH)_2$ ○
MnI_2 ○	$MnSO_4$ ○	$Mn(OH)_2$ ×

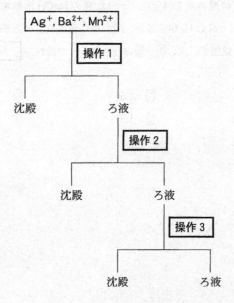

図 1 陽イオンを分離する手順

表2 操作1〜3で加える水溶液の順序

	操作1	→	操作2	→	操作3
ア	KI 水溶液	→	K₂SO₄ 水溶液	→	NaOH 水溶液
イ	KI 水溶液	→	NaOH 水溶液	→	K₂SO₄ 水溶液
ウ	K₂SO₄ 水溶液	→	KI 水溶液	→	NaOH 水溶液
エ	K₂SO₄ 水溶液	→	NaOH 水溶液	→	KI 水溶液

① ア   ② イ   ③ ウ   ④ エ

52　2021年度：化学/本試験(第2日程)

問 4　二酸化硫黄 SO_2 を溶かした水溶液の性質を調べた次の**実験**に関連して，下
の問い(**a・b**)に答えよ。

実験　SO_2 を水に通じて得た水溶液Aに試薬Bを加えると，無色透明の溶液が
得られた。このことから，水溶液Aが還元作用をもつことがわかった。

a　**実験**で用いた試薬Bとして最も適当なものを，次の①～④のうちから一つ
選べ。　16

① ヨウ素溶液(ヨウ素ヨウ化カリウム水溶液)

② アルカリ性のフェノールフタレイン水溶液

③ 硫酸鉄(Ⅱ)水溶液

④ 硫化水素水(硫化水素水溶液)

b SO_2 を溶かした水溶液の電離平衡を考える。次の式(1)と(2)に示すように，SO_2 は 2 段階で電離する。

$$SO_2 + H_2O \rightleftharpoons H^+ + HSO_3^- \tag{1}$$

$$HSO_3^- \rightleftharpoons H^+ + SO_3^{2-} \tag{2}$$

これらの電離に対する平衡定数(電離定数)を K_1 と K_2 とすると，式(3)と(4)のようになる。

$$K_1 = \frac{[H^+][HSO_3^-]}{[SO_2]} = 1.2 \times 10^{-2}\,\text{mol/L} \tag{3}$$

$$K_2 = \frac{[H^+][SO_3^{2-}]}{[HSO_3^-]} = 6.6 \times 10^{-8}\,\text{mol/L} \tag{4}$$

SO_2 の電離が平衡に達したときの $[SO_2]$ を $8.3 \times 10^{-3}\,\text{mol/L}$，$[H^+]$ を $0.010\,\text{mol/L}$ とすると，$[SO_3^{2-}]$ は何 mol/L か。最も適当な数値を，次の ①～⑤のうちから一つ選べ。 $\boxed{17}$ mol/L

① 5.5×10^{-6} ② 5.5×10^{-8} ③ 6.6×10^{-8}
④ 6.6×10^{-10} ⑤ 9.5×10^{-12}

54 2021年度：化学/本試験(第2日程)

第4問 次の問い(問1〜5)に答えよ。(配点 20)

問1 アルデヒドやケトンに関する記述として**誤りを含む**ものはどれか。最も適当なものを，次の①〜④のうちから一つ選べ。 18

① アセトンは，フェーリング液を還元する。

② アセトンにヨウ素と水酸化ナトリウム水溶液を加えて反応させると，ヨードホルムが生じる。

③ アセトアルデヒドは，工業的には，触媒を用いたエテン(エチレン)の酸化によりつくられている。

④ ホルムアルデヒドは，常温・常圧で気体であり，水によく溶ける。

問2 分子式 $C_4H_{10}O$ で表される化合物には，鏡像異性体(光学異性体)も含めて8個の異性体が存在する。このうち，ナトリウムと反応する異性体はいくつあるか。正しい数を，次の①〜⑨のうちから一つ選べ。 19

① 1 ② 2 ③ 3 ④ 4 ⑤ 5

⑥ 6 ⑦ 7 ⑧ 8 ⑨ 0

問 3 フェノール，サリチル酸および関連する化合物に関する次の問い(a・b)に答えよ。

a 図1にベンゼンからサリチル酸を合成する経路を示す。化合物 A～C に当てはまる化合物として最も適当なものを，それぞれ次ページの①～⑥のうちから一つずつ選べ。

化合物A 20
化合物B 21
化合物C 22

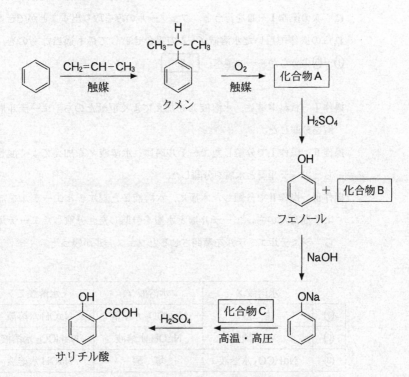

図1 ベンゼンからサリチル酸を合成する経路

①
$$CH_3-\underset{\underset{\displaystyle C_6H_5}{|}}{\overset{\overset{\displaystyle OH}{|}}{C}}-CH_3$$

②
$$CH_3-\underset{\underset{\displaystyle C_6H_5}{|}}{\overset{\overset{\displaystyle OOH}{|}}{C}}-CH_3$$

③
$$CH_3-\underset{\underset{\displaystyle}{|}}{\overset{\overset{\displaystyle OH}{|}}{CH}}-CH_3$$

④
$$CH_3-\overset{\overset{\displaystyle O}{\|}}{C}-CH_3$$

⑤ CO_2

⑥ CO

b　フェノール，サリチル酸，クメンを含むジエチルエーテル溶液（試料溶液）に，次の**操作Ⅰ～Ⅲ**を行うと，フェノールのみを取り出すことができた。これらの操作で用いた水溶液**X~Z**の組合せとして最も適当なものを，下の①～⑥のうちから一つ選べ。　23

操作Ⅰ　試料溶液に，水溶液**X**を加えてよく混ぜたのち，エーテル層と水層を分離した。

操作Ⅱ　操作Ⅰで分離したエーテル層に，水溶液**Y**を加えてよく混ぜたのち，エーテル層と水層を分離した。

操作Ⅲ　操作Ⅱで分離した水層に，水溶液**Z**とジエチルエーテルを加えてよく混ぜたのち，エーテル層と水層を分離した。分離したエーテル層から，ジエチルエーテルを蒸発させるとフェノールが残った。

	水溶液 X	水溶液 Y	水溶液 Z
①	塩　酸	NaHCO₃ 水溶液	NaOH 水溶液
②	塩　酸	NaOH 水溶液	NaHCO₃ 水溶液
③	NaHCO₃ 水溶液	塩　酸	NaOH 水溶液
④	NaHCO₃ 水溶液	NaOH 水溶液	塩　酸
⑤	NaOH 水溶液	NaHCO₃ 水溶液	塩　酸
⑥	NaOH 水溶液	塩　酸	NaHCO₃ 水溶液

問 4 図2に示すビニル基をもつ化合物 A を，単量体(モノマー)として付加重合させた。0.130 mol の A がすべて反応し，平均分子量 2.73×10^4 の高分子化合物 B が 5.46 g 得られた。B の平均重合度(重合度の平均値)として最も適当なものを，下の①～④のうちから一つ選べ。ただし，A の構造式中の X は，重合反応に関係しない原子団である。　24

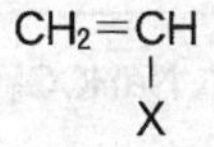

図2　化合物 A の構造式

① 42　　　② 65　　　③ 420　　　④ 650

問 5 タンパク質およびタンパク質を構成するアミノ酸に関する記述として下線部に誤りを含むものを，次の①～④のうちから一つ選べ。　25

① 分子中の同じ炭素原子にアミノ基とカルボキシ基が結合しているアミノ酸を，α-アミノ酸という。
② アミノ酸の結晶は，分子量が同程度のカルボン酸やアミンと比べて，融点の高いものが多い。
③ グリシンとアラニンからできる鎖状のジペプチドは1種類である。
④ 水溶性のタンパク質が溶解したコロイド溶液に多量の電解質を加えると，水和している水分子が奪われ，コロイド粒子どうしが凝集して沈殿する。

58 2021年度：化学/本試験(第2日程)

第5問 水に溶かすと泡の出る入浴剤に関する下の問い(**問1・問2**)に答えよ。
(配点 20)

　図1の成分を含む入浴剤を水に溶かすと二酸化炭素が発生する。この入浴剤を**試料X**として，**試料X**に含まれている物質の量を求めたい。

炭酸水素ナトリウム $NaHCO_3$	式量	84
炭酸ナトリウム Na_2CO_3	式量	106
コハク酸 $HOOC(CH_2)_2COOH$	分子量	118
コハク酸以外の有機化合物		

図1　入浴剤(**試料X**)の成分

問1　**試料X** 10.00 g に含まれる $NaHCO_3$ の物質量 x(mol)と Na_2CO_3 の物質量 y(mol)を求めるために，**実験Ⅰ・Ⅱ**を行った。これらの**実験**に関する次ページの問い(**a・b**)に答えよ。ただし，この試料に含まれているコハク酸以外の有機化合物は，中和反応に関係せず，Na を含まないものとする。

　実験Ⅰ　10.00 g の**試料X**に塩酸を十分に加えると，次の中和反応が起きて 3.30 g の CO_2 が発生した。

$$NaHCO_3 + HCl \longrightarrow NaCl + H_2O + CO_2 \qquad (1)$$
$$Na_2CO_3 + 2HCl \longrightarrow 2NaCl + H_2O + CO_2 \qquad (2)$$

実験Ⅱ 10.00 g の**試料 X** を二酸化ケイ素 SiO_2 とともに加熱したところ，次の反応が起きて，Na_2O（式量 62）を 3.10 g 含むガラスが得られた。

$$2\,NaHCO_3 \longrightarrow Na_2O + H_2O + 2\,CO_2 \qquad (3)$$
$$Na_2CO_3 \longrightarrow Na_2O + CO_2 \qquad (4)$$

実験Ⅰより，$NaHCO_3$ と Na_2CO_3 それぞれの物質量 x と y の関係式は，$x + y = 0.0750$ となる。また，**実験Ⅱ**より x と y の関係式をもう一つ導くことができる。

a **実験Ⅱ**の結果より得られる関係式として最も適当なものを，次の①～④のうちから一つ選べ。　| 26 |

① $x + 2y = 0.0500$ 　　　　② $x + 2y = 0.100$
③ $2x + y = 0.0500$ 　　　　④ $2x + y = 0.100$

b **実験Ⅰ・Ⅱ**の結果より，10.00 g の**試料 X** に含まれていた $NaHCO_3$ の質量は何 g か。その数値を，小数第 1 位まで次の形式で表すとき，それぞれに当てはまる数字を，次の①～⑩のうちから一つずつ選べ。ただし，同じものを繰り返し選んでもよい。　| 27 | . | 28 | g

① 1 　　② 2 　　③ 3 　　④ 4 　　⑤ 5
⑥ 6 　　⑦ 7 　　⑧ 8 　　⑨ 9 　　⑩ 0

問 2 入浴剤中のコハク酸に関する次の文章を読み，次ページの問い(a〜c)に答えよ。

図2に水酸化ナトリウムNaOH水溶液によるコハク酸水溶液の滴定曲線の例を示す。コハク酸は2価のカルボン酸であるが，1段階目と2段階目の電離定数が同程度であるため，滴定曲線は2段階とならず，見かけ上，1段階となる。

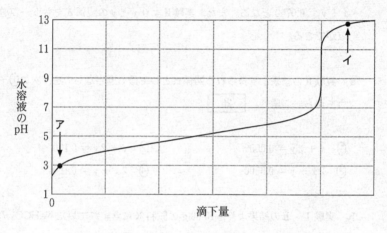

図2 コハク酸水溶液のNaOH水溶液による中和滴定曲線

このことを踏まえて，**試料X**に含まれるコハク酸の量を求めるために，次の**実験Ⅲ**を行った。ただし，この試料に含まれているコハク酸以外の有機化合物は，中和反応に関係しないものとする。

実験Ⅲ 10.00gの**試料X**に(a)塩酸を十分に加えて，問1の式(1)・(2)の反応を完了させて水溶液を得た。コハク酸が分解しない温度でこの水溶液を加熱し，乾燥したのち，(b)水を加えてさらに加熱・乾燥することを繰り返して塩化水素を除去し，NaClとコハク酸を含む固体を得た。この固体に(c)水を加えて溶かし，**水溶液Y**を得た。
次に，(d)1.00 mol/LのNaOH水溶液を調製し，これによりフェノールフタレインを指示薬として**水溶液Y**の中和滴定を行った。

a 図2の点**ア**・**イ**において，コハク酸は主にどのような形で存在しているか。コハク酸イオン（$^-OOC(CH_2)_2COO^-$）を A^{2-} と表したとき，それぞれの形として最も適当なものを，次の①～④のうちから一つずつ選べ。

ア [29]

イ [30]

① H_3A^+ ② H_2A ③ HA^- ④ A^{2-}

b 水溶液 Y と 1.00 mol/L の NaOH 水溶液 50.00 mL が過不足なく中和したとき，10.00 g の試料 X に含まれていたコハク酸の質量は何 g か。最も適当な数値を，次の①～⑤のうちから一つ選べ。 [31] g

① 1.00   ② 1.48   ③ 2.95

④ 4.43   ⑤ 5.90

c 実験Ⅲを何度か行ったとき，コハク酸の質量が正しい値よりも小さく求まることがあった。そのようになった原因として考えられることを，次の①～④のうちから一つ選べ。 [32]

① 下線部(a)で，加えた塩酸の量が十分でなく，$NaHCO_3$ や Na_2CO_3 が残っていた。

② 下線部(b)で，繰り返しの回数が少なく，塩化水素が残っていた。

③ 下線部(c)で，加えた水の量が，正しく求まったときよりも多かった。

④ 下線部(d)で，実際に用いた NaOH 水溶液の濃度が 1.00 mol/L よりも低いことに気づかずに滴定した。

化　学　基　礎

(解答番号 [1] ～ [18])

必要があれば，原子量は次の値を使うこと。
N　14　　　O　16　　　F　19　　　Si　28
S　32　　　Cl　35.5　　K　39　　　Ag　108

第1問 次の問い(問1～9)に答えよ。(配点　30)

問1　図1のア～オは，原子あるいはイオンの電子配置の模式図である。下の問い(a・b)に答えよ。

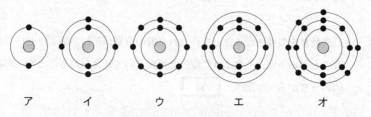

図1　原子あるいはイオンの電子配置の模式図(●は原子核，●は電子)

a　アの電子配置をもつ1価の陽イオンと，ウの電子配置をもつ1価の陰イオンからなる化合物として最も適当なものを，次の①～⑥のうちから一つ選べ。[1]

① LiF　　　　　② LiCl　　　　　③ LiBr
④ NaF　　　　　⑤ NaCl　　　　　⑥ NaBr

b ア～オの電子配置をもつ原子の性質に関する記述として**誤りを含むもの**を，次の①～⑤のうちから一つ選べ。 2

① アの電子配置をもつ原子は，他の原子と結合をつくりにくい。

② イの電子配置をもつ原子は，他の原子と結合をつくる際，単結合だけでなく二重結合や三重結合もつくることができる。

③ ウの電子配置をもつ原子は，常温・常圧で気体として存在する。

④ エの電子配置をもつ原子は，オの電子配置をもつ原子と比べてイオン化エネルギーが大きい。

⑤ オの電子配置をもつ原子は，水素原子と共有結合をつくることができる。

問2 製油所では，石油(原油)から，その成分であるナフサ(粗製ガソリン)，灯油，軽油が分離される。この際に利用される，混合物から成分を分離する操作に関する記述として最も適当なものを，次の①～④のうちから一つ選べ。
3

① 混合物を加熱し，成分の沸点の差を利用して，成分ごとに分離する操作

② 混合物を加熱し，固体から直接気体になった成分を冷却して分離する操作

③ 溶媒に対する溶けやすさの差を利用して，混合物から特定の物質を溶媒に溶かし出して分離する操作

④ 温度によって物質の溶解度が異なることを利用して，混合物の溶液から純粋な物質を析出させて分離する操作

64 2021年度：化学基礎／本試験（第2日程）

問 3 次の物質ア～オのうち，その結晶内に共有結合があるものはどれか。すべて
を正しく選択しているものとして最も適当なものを，下の①～⑥のうちから一
つ選べ。 ☐4☐

ア 塩化ナトリウム 　　イ ケイ素 　　　　ウ カリウム
エ ヨウ素 　　　　　　オ 酢酸ナトリウム

① ア，オ 　　　　　② イ，ウ 　　　　　③ イ，エ
④ ア，エ，オ 　　　⑤ イ，ウ，エ 　　　⑥ イ，エ，オ

問 4 図 2 は，熱運動する一定数の気体分子 A について，100，300，500 K における A の速さと，その速さをもつ分子の数の割合の関係を示したものである。図 2 から読み取れる内容および考察に関する記述として**誤りを含む**ものはどれか。最も適当なものを，下の①～⑤のうちから一つ選べ。　5

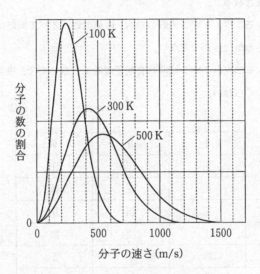

図 2　各温度における気体分子 A の速さと，その速さをもつ分子の数の割合の関係

① 100 K では約 240 m/s の速さをもつ分子の数の割合が最も高い。
② 100 K から 300 K，500 K に温度が上昇すると，約 240 m/s の速さをもつ分子の数の割合が減少する。
③ 100 K から 300 K，500 K に温度が上昇すると，約 800 m/s の速さをもつ分子の数の割合が増加する。
④ 500 K から 1000 K に温度を上昇させると，分子の速さの分布が幅広くなると予想される。
⑤ 500 K から 1000 K に温度を上昇させると，約 540 m/s の速さをもつ分子の数の割合は増加すると予想される。

問 5 配位結合に関する次の記述（I〜Ⅲ）について，正誤の組合せとして最も適当なものを，下の①〜⑧のうちから一つ選べ。 6

I　アンモニアと水素イオンH^+が配位結合をつくると，アンモニウムイオンが形成される。

Ⅱ　アンモニウムイオンの四つのN−H結合は，すべて同等で，どれが配位結合であるかは区別できない。

Ⅲ　アンモニウムイオンは非共有電子対をもたないので，金属イオンと配位結合をつくらない。

	I	Ⅱ	Ⅲ
①	正	正	正
②	正	正	誤
③	正	誤	正
④	正	誤	誤
⑤	誤	正	正
⑥	誤	正	誤
⑦	誤	誤	正
⑧	誤	誤	誤

問 6 濃度不明の希硫酸10.0 mLに，0.50 mol/Lの水酸化ナトリウム水溶液20.0 mLを加えると，その溶液は塩基性となった。さらに，その混合溶液に0.10 mol/Lの塩酸を加えていくと，20.0 mL加えたときに過不足なく中和した。もとの希硫酸の濃度は何 mol/Lか。最も適当な数値を，次の①〜⑤のうちから一つ選べ。 7 mol/L

① 0.30　　② 0.40　　③ 0.50　　④ 0.60　　⑤ 0.80

2021年度：化学基礎／本試験（第2日程）　67

問 7 鉄の酸化に関する次の文章中の ア ～ ウ に当てはまる数値の組合せとして正しいものを，下の①～⑧のうちから一つ選べ。 8

鉄の酸化反応は，化学カイロや，食品の酸化を防ぐために使われる脱酸素剤に利用されている。次の化学反応式は，鉄の酸化の例を示したものである。

$$4\,Fe + 3\,O_2 \longrightarrow 2\,Fe_2O_3$$

この化学反応式において，鉄原子の酸化数は0から ア へ変化し，一方，酸素原子の酸化数は イ から ウ へ変化している。

	ア	イ	ウ
①	＋2	0	＋2
②	＋2	0	－2
③	＋2	－2	0
④	＋2	－2	－1
⑤	＋3	0	＋2
⑥	＋3	0	－2
⑦	＋3	－2	0
⑧	＋3	－2	－1

問 8 金属ア・イは，銅 Cu，亜鉛 Zn，銀 Ag，鉛 Pb のいずれかである。次の記述（I・II）に当てはまる金属として最も適当なものを，下の①〜④のうちから一つずつ選べ。ただし，同じものを選んでもよい。

ア　9
イ　10

I　アは二次電池の電極や放射線の遮蔽材などとして用いられる。アの化合物には，毒性を示すものが多い。

II　イの電気伝導性，熱伝導性はすべての金属元素の単体の中で最大である。イのイオンは，抗菌剤に用いられている。

① Cu　　　② Zn　　　③ Ag　　　④ Pb

問 9 　鉱物試料中の二酸化ケイ素 SiO_2 を，フッ化水素酸（フッ化水素 HF の水溶液）を用いてすべて除去することで，試料の質量の減少量からケイ素 Si の含有量を求めることができる。このときの反応は次式で表され，SiO_2 は気体の四フッ化ケイ素 SiF_4 と気体の水として除去される。

$$SiO_2 + 4\,HF \longrightarrow SiF_4 + 2\,H_2O$$

適切な前処理をして乾燥した，ある鉱物試料 2.00 g から，すべての SiO_2 を除去したところ，残りの乾燥した試料の質量は 0.80 g となった。この前処理をした鉱物試料中のケイ素の含有率（質量パーセント）は何％か。最も適当な数値を，次の①～⑥のうちから一つ選べ。ただし，前処理をした試料中のケイ素はすべて SiO_2 として存在し，さらに，SiO_2 以外の成分はフッ化水素酸と反応しないものとする。　　11　　%

① 2.8　　② 5.6　　③ 6.0　　④ 28　　⑤ 56　　⑥ 60

70 2021年度：化学基礎/本試験（第2日程）

第2問 イオン結晶の性質に関する次の問い（問1・問2）に答えよ。（配点 20）

問1 次の文章を読み，下の問い（**a・b**）に答えよ。

(a)<u>イオン結晶の性質は，イオン結晶を構成する陽イオンと陰イオンの組合</u>
<u>せにより決まる。</u>硝酸カリウム KNO_3 や硝酸カルシウム $Ca(NO_3)_2$ などのイ
オン結晶は水によく溶ける。

a 下線部(a)に関連して，イオン結晶中の金属イオンの大きさの違いを説明し
た次の文章中の ｜ **ア** ｜ ～ ｜ **ウ** ｜ に当てはまる語として最も適当なもの
を，下の①～⑦のうちから一つずつ選べ。

カリウムイオン K^+ とカルシウムイオン Ca^{2+} はアルゴンと同じ電子配置
をもつが，イオンの大きさ（半径）は Ca^{2+} の方が K^+ よりも小さい。これ
は，Ca^{2+} では，原子核中に存在する粒子である陽子の数が K^+ より
｜ **ア** ｜，原子核の ｜ **イ** ｜ 電荷が大きいためである。その結果，Ca^{2+} で
は ｜ **ウ** ｜ が静電気的な引力によって強く原子核に引きつけられる。

ア ｜ 12 ｜
イ ｜ 13 ｜
ウ ｜ 14 ｜

① 少なく ② 多 く ③ 正 ④ 負
⑤ 電 子 ⑥ 陽 子 ⑦ 中性子

b KNO₃(式量 101)の溶解度は，図 1 に示すように，温度による変化が大きい。40 ℃ の KNO₃ の飽和水溶液 164 g を 25 ℃ まで冷却するとき，結晶として析出する KNO₃ の物質量は何 mol か。最も適当な数値を，次の ①〜⑥ のうちから一つ選べ。　15　mol

① 0.26　② 0.38　③ 0.63　④ 1.0　⑤ 1.3　⑥ 1.6

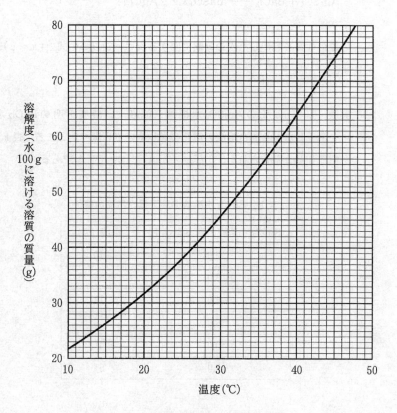

図 1　KNO₃ の溶解度曲線

問 2 水溶液中のイオンの濃度は，電気の通しやすさで測定することができる。硫酸銀 Ag_2SO_4 および塩化バリウム $BaCl_2$ は，水に溶解して電解質水溶液となり電気を通す。一方，Ag_2SO_4 水溶液と $BaCl_2$ 水溶液を混合すると，次の反応によって塩化銀 $AgCl$ と硫酸バリウム $BaSO_4$ の沈殿が生じ，水溶液中のイオンの濃度が減少するため電気を通しにくくなる。

$$Ag_2SO_4 + BaCl_2 \longrightarrow BaSO_4\downarrow + 2\,AgCl\downarrow$$

この性質を利用した次の**実験**に関する次ページ以降の問い(**a ～ c**)に答えよ。

実験 $0.010\,\text{mol/L}$ の Ag_2SO_4 水溶液 $100\,\text{mL}$ に，濃度不明の $BaCl_2$ 水溶液を滴下しながら混合溶液の電気の通しやすさを調べたところ，表1に示す電流(μA)が測定された。ただし，$1\,\mu A = 1 \times 10^{-6}\,A$ である。

表1　$BaCl_2$ 水溶液の滴下量と電流の関係

$BaCl_2$ 水溶液の滴下量(mL)	電流(μA)
2.0	70
3.0	44
4.0	18
5.0	13
6.0	41
7.0	67

a この実験において、Ag_2SO_4 を完全に反応させるのに必要な $BaCl_2$ 水溶液は何 mL か。最も適当な数値を、次の①〜⑤のうちから一つ選べ。必要があれば、下の方眼紙を使うこと。　16　mL

① 3.6　　② 4.1　　③ 4.6　　④ 5.1　　⑤ 5.6

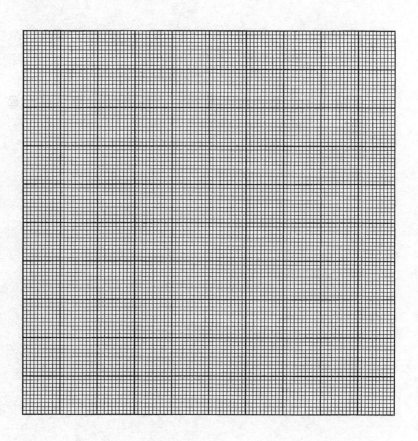

74 2021年度：化学基礎/本試験（第2日程）

b 十分な量の $BaCl_2$ 水溶液を滴下したとき，生成する $AgCl$（式量 143.5）の
沈殿は何 g か。最も適当な数値を，次の①〜④のうちから一つ選べ。
  17 g

① 0.11 ② 0.14 ③ 0.22 ④ 0.29

c 用いた $BaCl_2$ 水溶液の濃度は何 mol/L か。最も適当な数値を，次の①〜
⑥のうちから一つ選べ。 18 mol/L

① 0.20 ② 0.22 ③ 0.24 ④ 0.39 ⑤ 0.44 ⑥ 0.48

第2回
試 行

共通テスト

第2回 試行調査

化学 ……………………… 2

化学基礎 ……………… 26

化学：

解答時間 60 分　配点 100 点

化学基礎：

解答時間　2 科目 60 分

配点　2 科目 100 点

（物理基礎，化学基礎，生物基礎，
地学基礎から 2 科目選択）

化 学
（全 問 必 答）

必要があれば，原子量は次の値を使うこと。
H 1.0　　　　C 12　　　　N 14　　　　O 16

気体は，実在気体とことわりがない限り，理想気体として扱うものとする。

第1問 次の文章(A～C)を読み，問い(問1～7)に答えよ。
〔解答番号　1　～　9　〕（配点　26）

A　カセットコンロ用のガスボンベ(カセットボンベ)は，図1のような構造をしており，アルカン **X** が燃料として加圧，封入されている。気体になった燃料はL字に曲げられた管を通して，吹き出し口から噴出するようになっている。

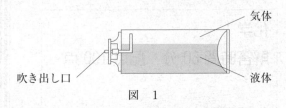

図　1

表1に，5種類のアルカン(**ア**～**オ**)の分子量と性質を示す。ただし，燃焼熱は生成する H_2O が液体である場合の数値である。

表1　アルカンの分子量と性質

アルカン	分子量	1.013×10^5 Paにおける沸点〔℃〕	燃焼熱〔kJ/mol〕	20℃における蒸気圧〔Pa〕
ア	16	-161	891	2.4×10^7
イ	30	-89	1561	3.5×10^6
ウ	44	-42	2219	8.3×10^5
エ	58	-0.5	2878	2.1×10^5
オ	72	36	3536	5.7×10^4

第2回 試行調査：化学　**3**

問 1 カセットボンベの燃料としては，次の条件（**a・b**）を満たすことが望ましい。

   a 20℃，1.013×10^5 Pa 付近において気体であり，加圧により液体になりやすい。

   b 容器の変形や破裂を防ぐため，蒸気圧が低い。

   ア～**オ**のうち，常温・常圧でカセットボンベを使用するとき，燃料として最も適当なアルカン **X** はどれか。次の**①**～**⑤**のうちから一つ選べ。　| 1 |

  ① ア　　　**②** イ　　　**③** ウ　　　**④** エ　　　**⑤** オ

問 2 前問で選んだアルカン **X** の生成熱は何 kJ/mol になるか。次の熱化学方程式を用いて求めよ。

$$C（黒鉛） + O_2（気） = CO_2（気） + 394 \text{ kJ}$$
$$H_2（気） + \frac{1}{2} O_2（気） = H_2O（液） + 286 \text{ kJ}$$

  X の生成熱の値を有効数字2桁で次の形式で表すとき，| 2 | ～ | 4 | に当てはまる数字を，下の**①**～**⓪**のうちから一つずつ選べ。ただし，同じものを繰り返し選んでもよい。

$$\boxed{2} . \boxed{3} \times 10^{\boxed{4}} \text{ kJ/mol}$$

  ① 1　　　**②** 2　　　**③** 3　　　**④** 4　　　**⑤** 5

  ⑥ 6　　　**⑦** 7　　　**⑧** 8　　　**⑨** 9　　　**⓪** 0

B 分子Aが分子Bに変化する反応があり、その化学反応式はA ⟶ Bで表される。1.00 mol/LのAの溶液に触媒を加えて、この反応を開始させ、1分ごとのAの濃度を測定したところ、表2に示す結果が得られた。ただし、測定中は温度が一定で、B以外の生成物はなかったものとする。

表2 Aの濃度と反応速度の時間変化

時間〔min〕	0	1	2	3	4
Aの濃度〔mol/L〕	1.00	0.60	0.36	0.22	0.14
Aの平均濃度 $\bar{c}$〔mol/L〕		0.80	[ ]	0.29	[ ]
平均の反応速度 $\bar{v}$〔mol/(L·min)〕		[ ]	0.24	0.14	0.08

問3 Bの濃度は時間の経過とともにどのように変わるか。Bの濃度変化のグラフとして最も適当なものを、次の①〜⑥のうちから一つ選べ。 5

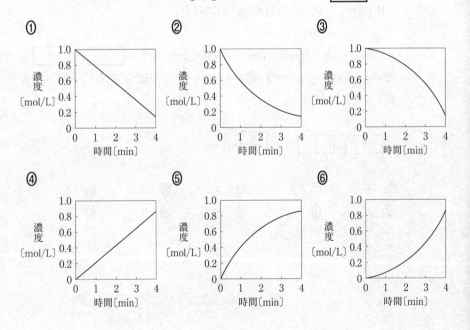

問 4 表2の空欄［　］を補うと，平均濃度 $\overline{c}$ と平均の反応速度 $\overline{v}$ の間には，次の式で表される関係があることがわかった。

$$\overline{v} = k\overline{c}$$

ここで，k は反応速度定数(速度定数)である。この温度での k の値として最も適当なものを，次の①〜⑥のうちから一つ選べ。なお，必要があれば，下の方眼紙を使うこと。　6　／min

① 0.008　　　② 0.03　　　③ 0.08　　　④ 0.3
⑤ 0.5　　　　⑥ 2

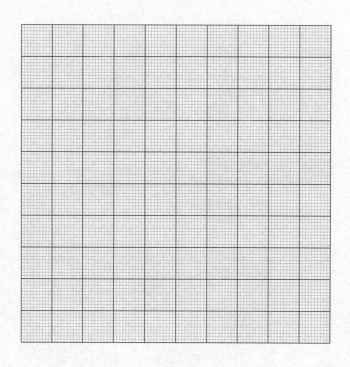

6 第 2 回 試行調査：化学

C 次の問いに答えよ。

問 5 互いに同位体である原子どうしで**異なるもの**を，次の①～⑤のうちから一つ
選べ。 7

① 原子番号   ② 陽子の数   ③ 中性子の数

④ 電子の数   ⑤ 価電子の数

問 6 原子のイオン化エネルギー(第一イオン化エネルギー)が原子番号とともに変化する様子を示す図として最も適当なものを,次の①〜⑥のうちから一つ選べ。 8

①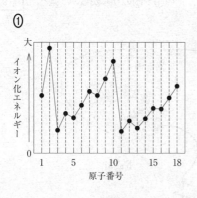

②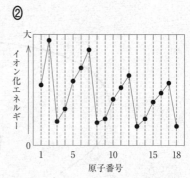

③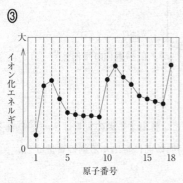

④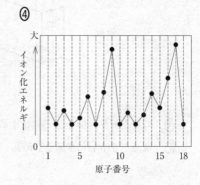

⑤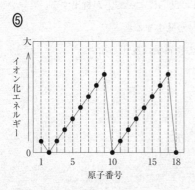

⑥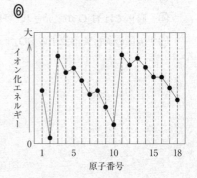

問 7 図 2 に示すように，0.3 mol/L の硫酸銅(Ⅱ) CuSO₄ 水溶液を入れた容器の中で，2 枚の銅板を電極とし，起電力 1.5 V の乾電池を用いて一定の電流 I 〔A〕を時間 t 〔秒〕流したところ，一方の電極上に銅が m 〔g〕析出した。この実験に関する記述として**誤りを含む**ものを，下の①～⑤のうちから一つ選べ。　9

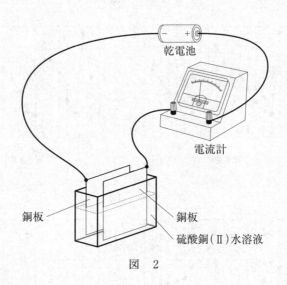

図　2

① 電流を流す時間を $2t$ 〔秒〕にすると，析出する銅の質量は $2m$ 〔g〕になる。
② 電流を $2I$ 〔A〕にすると，時間 t 〔秒〕の間に析出する銅の質量は $2m$ 〔g〕になる。
③ 陰極では $Cu^{2+} + 2e^- \longrightarrow Cu$ の反応によって銅が析出する。
④ 陽極では H_2O が還元されて H_2 が発生する。
⑤ 実験の前後で溶液中の SO_4^{2-} の物質量は変化しない。

第2回 試行調査：化学 **9**

第2問 次の文章（A・B）を読み，問い（問1～6）に答えよ。

〔解答番号 $\boxed{1}$ ～ $\boxed{7}$ 〕（配点 20）

A 二硫化炭素 CS_2 を空気中で燃焼させると，式(1)のように反応した。

$$CS_2 + 3\,O_2 \longrightarrow \boxed{ア} + 2\,\boxed{イ} \tag{1}$$

この生成物**イ**は，(a)亜硫酸ナトリウムと希硫酸との反応でも生成する。

また，CS_2 を水とともに 150 ℃ 以上に加熱すると，式(2)の反応が起こる。

$$CS_2 + 2\,H_2O \longrightarrow CO_2 + 2\,H_2S \tag{2}$$

式(2)の反応では，各原子の酸化数が変化しないので，これは酸化還元反応ではない。

問1 式(1)の $\boxed{ア}$，$\boxed{イ}$ に当てはまる化学式として最も適当なものを，次の①～⑥のうちからそれぞれ一つずつ選べ。ア $\boxed{1}$ イ $\boxed{2}$

① C   ② CO   ③ CO_2

④ S   ⑤ SO_2 ⑥ SO_3

問 2　下線部(a)の反応で，**イ**を発生させて捕集するための装置として最も適当なものを，次の①～⑥のうちから一つ選べ。　3

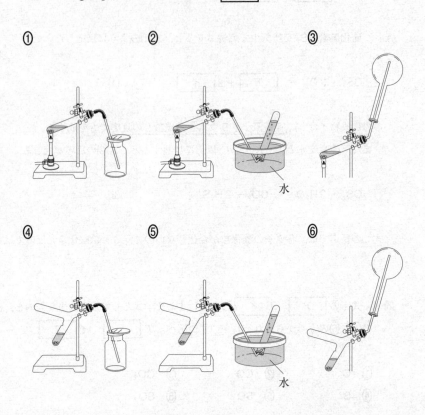

問 3　式(2)の反応と同様に，**酸化還元反応でないもの**を，次の①～④のうちから一つ選べ。　4

① $2Na + 2H_2O \longrightarrow 2NaOH + H_2$
② $CaO + H_2O \longrightarrow Ca(OH)_2$
③ $3NO_2 + H_2O \longrightarrow 2HNO_3 + NO$
④ $CO + H_2O \longrightarrow H_2 + CO_2$

B　ハロゲン化銀のうち，**AgF** は水に溶け，**AgI** はほとんど水に溶けないという
ことに興味をもった生徒が図書館で資料を調べたところ，次のことがわかった。

　一般に，(b)イオン半径は，原子核の正電荷の大きさと電子の数に依存する。
また，イオン半径が大きなイオンでは，原子核から遠い位置にも電子があるの
で，反対の電荷をもつイオンと結合するとき電荷の偏りが起こりやすい。この
ような電荷の偏りの起こりやすさでイオンを分類すると，表1のようになる。

表1　イオンにおける電荷の偏りの起こりやすさ

	偏りが起こりにくい	中間	偏りが起こりやすい
陽イオン	Mg^{2+}, Al^{3+}, Ca^{2+}	Fe^{2+}, Cu^{2+}	Ag^+
陰イオン	OH^-, F^-, SO_4^{2-}, O^{2-}	Br^-	S^{2-}, I^-

　イオンどうしの結合は，陽イオンと陰イオンの間にはたらく強い　ウ　に
加えて，この電荷の偏りの効果によっても強くなる。経験則として，陽イオン
と陰イオンは，電荷の偏りの起こりやすいイオンどうし，もしくは起こりにく
いイオンどうしだと強く結合する傾向がある。そのため，水和などの影響が小
さい場合，(c)化合物を構成するイオンの電荷の偏りの起こりやすさが同程度
であるほど，その化合物は水に溶けにくくなる。たとえば Ag^+ は電荷の偏り
が起こりやすいので，電荷の偏りが起こりやすい I^- とは水に溶けにくい化合
物 **AgI** をつくり，偏りの起こりにくい F^- とは水に溶けやすい化合物 **AgF** を
つくる。

　このような電荷の偏りの起こりやすさにもとづく考え方で，化学におけるさ
まざまな現象を説明することができる。ただし，他の要因のために説明できな
い場合もあるので注意が必要である。

12　第 2 回 試行調査：化学

問 4　下線部(b)に関連して，同じ電子配置であるイオンのうち，イオン半径の最も大きなものを，次の①～④のうちから一つ選べ。　5

①　O^{2-}　　　②　F^-　　　③　Mg^{2+}　　　④　Al^{3+}

問 5　ウ　に当てはまる語として最も適当なものを，次の①～⑤のうちから一つ選べ。　6

①　ファンデルワールス力　　　②　電子親和力
③　水素結合　　　　　　　　　④　静電気力(クーロン力)
⑤　金属結合

問 6　溶解性に関する事実を述べた記述のうち，下線部(c)のような考え方では**説明することができないもの**を，次の①～④のうちから一つ選べ。　7

①　フッ化マグネシウムとフッ化カルシウムは，ともに水に溶けにくい。
②　Al^{3+} を含む酸性水溶液に硫化水素を通じた後に塩基性にしていくと，水酸化アルミニウムの沈殿が生成する。
③　ヨウ化銀と同様に硫化銀は水に溶けにくい。
④　硫酸銅(Ⅱ)と硫酸マグネシウムは，ともに水によく溶ける。

第3問 次の文章（A・B）を読み，問い（問1〜6）に答えよ。

〔解答番号 | 1 | 〜 | 7 | 〕（配点 20）

A 20世紀後半ごろからエネルギー源の主役が石炭から石油にかわった。それに伴って有機化学工業の原料も，石炭由来の化合物 **A** から，石油由来の化合物 **B** やプロペン（プロピレン）にかわっていった。たとえば，アセトアルデヒドは，以前は式(1)の反応で，触媒の存在下で **A** に水を付加してつくられていた。

$$\boxed{A} + H_2O \longrightarrow CH_3CHO \qquad (1)$$

現在は式(2)の反応で，触媒の存在下で **B** を酸化してつくられている。

$$2\boxed{B} + O_2 \longrightarrow 2CH_3CHO \qquad (2)$$

式(2)の反応で用いる触媒と同じ触媒を使った式(3)で示すプロペンの酸化反応では，主に化合物 **C** が生成し，アルデヒド **D** はほとんど生成しない。

$$2CH_2=CH-CH_3 + O_2 \longrightarrow 2\boxed{C} \qquad (3)$$

C と **D** は互いに構造異性体の関係にあり，どちらもカルボニル基 $>C=O$ をもっている。

有機化合物を合成するときの炭素源を，石油から天然ガスにかえる動きもある。天然ガスに含まれるメタン CH_4 や，天然ガスからつくられる合成ガスに含まれる一酸化炭素 CO のような，炭素数1の化合物を原料にした有機工業化学を C 1 化学という。たとえば，触媒の存在下で CO と水素 H_2 を反応させると化合物 **E** ができる。さらに **E** を触媒の存在下で CO と反応させると式(4)のように化合物 **F** が生成する。**F** は，アセトアルデヒドの酸化によっても生成する。

$$\boxed{E} + CO \longrightarrow \boxed{F} \qquad (4)$$

14 第2回 試行調査：化学

問1 AとBに関する記述として**誤りを含むもの**を，次の①〜⑤のうちから一つ選べ。 ☐1

① 炭素原子間の距離は，AよりBのほうが短い。

② Aを臭素水に吹き込むと，臭素の色が消える。

③ Aを構成する原子は，すべて同一直線上にある。

④ Bは常温・常圧で気体である。

⑤ Bは付加重合によって，高分子化合物になる。

問2 CとDに関する記述として**誤りを含むもの**を，次の①〜⑤のうちから一つ選べ。 ☐2

① Cはヨードホルム反応を示す。

② 酢酸カルシウムを乾留（熱分解）するとCが生成する。

③ クメン法ではフェノールとともにCが生成する。

④ Dはフェーリング液を還元する。

⑤ 硫酸酸性の二クロム酸カリウム水溶液で2-プロパノールを酸化するとDが生成する。

問3 EとFに当てはまる化学式として最も適当なものを，次の①〜⑥のうちからそれぞれ一つずつ選べ。E ☐3 F ☐4

① CH_3OH ② C_2H_5OH ③ $HCOOH$

④ CH_3COOH ⑤ C_2H_5COOH ⑥ $HCOOCH_3$

第 2 回 試行調査：化学　**15**

B　学校の授業でアニリンと無水酢酸からアセトアニリドをつくった生徒が，この
　反応を応用すれば，p-アミノフェノールと無水酢酸からかぜ薬の成分であるアセ
　トアミノフェンが合成できるのではないかと考え，理科課題研究のテーマとし
　た。

p-アミノフェノール　　　無水酢酸　　　　　　アセトアミノフェン　　　酢酸
　分子量 109　　　　　　分子量 102　　　　　　分子量 151　　　　　分子量 60

　以下は，この生徒の研究の経過である。

---

　　p-アミノフェノールの性質を調べたところ，次のことがわかった。

　　　・塩酸に溶ける。

　　　・塩化鉄(Ⅲ)水溶液，さらし粉水溶液のいずれでも呈色する。

　　そこで，p-アミノフェノール 2.18 g に無水酢酸 5.00 g を加え，加熱後室温に
　戻したところ，白色固体 X が得られた。(a)X は塩酸に不溶であったが，呈色
　反応を調べたところ，アセトアミノフェンではないと気づいた。

　　文献を調べると，水を加えて反応させるとよい，との情報が得られた。

　　そこで，p-アミノフェノール 2.18 g に水 20 mL と無水酢酸 5.00 g を加えて
　加熱後室温に戻したところ，塩酸に不溶の白色固体 Y が得られた。(b)Y の呈
　色反応の結果から，今度はアセトアミノフェンが得られたと考えた。融点を
　測定すると，文献の値より少し低かった。これは Y が不純物を含むためだと
　考え，Y を精製することにした。(c)Y に水を加えて加熱して完全に溶かし，
　ゆっくりと室温に戻して析出した固体をろ過，乾燥した。得られた固体 Z は
　1.51 g であった。Z の融点は文献の値と一致した。以上のことから，Z は純粋
　なアセトアミノフェンであると結論づけた。

---

16 第2回 試行調査：化学

問 4 下線部(a)と下線部(b)に関連して，この生徒はどのような呈色反応を観察した
か。その観察結果の組合せとして最も適当なものを，次の**①**～**⑥**のうちから一
つ選べ。ただし，選択肢中の○は呈色したことを，×は呈色しなかったことを
表す。 5

	固体 X の呈色反応		固体 Y の呈色反応	
	塩化鉄(Ⅲ)	さらし粉	塩化鉄(Ⅲ)	さらし粉
①	○	×	×	×
②	○	×	×	○
③	×	○	×	×
④	×	○	○	×
⑤	×	×	○	×
⑥	×	×	×	○

問 5 化学反応では，反応物がすべて目的の生成物になるとは限らない。反応物の
物質量と反応式から計算して求めた生成物の物質量に対する，実際に得られた
生成物の物質量の割合を収率といい，ここでは次の式で求められる。

$$収率〔\%〕 = \frac{実際に得られたアセトアミノフェンの物質量〔mol〕}{反応式から計算して求めたアセトアミノフェンの物質量〔mol〕} \times 100$$

この実験で得られた純粋なアセトアミノフェンの収率は何%か。最も適当な数
値を，次の**①**～**⑤**のうちから一つ選べ。 6 %

① 34 　　　**②** 41 　　　**③** 50 　　　**④** 69 　　　**⑤** 72

問 6 下線部(c)の操作の名称と，固体 Z に比べて固体 Y の融点が低かったことに関連する語の組合せとして最も適当なものを，次の①〜⑥のうちから一つ選べ。 7

	操作の名称	関連する語
①	凝析	過冷却
②	凝析	凝固点降下
③	抽出	過冷却
④	抽出	凝固点降下
⑤	再結晶	過冷却
⑥	再結晶	凝固点降下

第4問 次の文章を読み，問い(問1～4)に答えよ。

〔解答番号　1　～　6　〕(配点　19)

私たちが暮らす地球の大気には二酸化炭素 CO_2 が含まれている。(a)CO_2 が水に溶けると，その一部が炭酸 H_2CO_3 になる。

$$CO_2 + H_2O \rightleftharpoons H_2CO_3$$

このとき，H_2CO_3，炭酸水素イオン HCO_3^-，炭酸イオン CO_3^{2-} の間に式(1)，(2)のような電離平衡が成り立っている。ここで，式(1)，(2)における電離定数をそれぞれ K_1，K_2 とする。

$$H_2CO_3 \rightleftharpoons H^+ + HCO_3^- \quad (1)$$
$$HCO_3^- \rightleftharpoons H^+ + CO_3^{2-} \quad (2)$$

式(1)，(2)が H^+ を含むことから，水中の H_2CO_3，HCO_3^-，CO_3^{2-} の割合は pH に依存し，pH を変化させると図1のようになる。

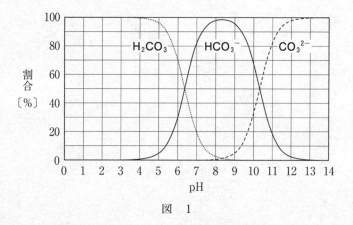

図　1

一方，海水は地殻由来の無機塩が溶けているため，弱塩基性を保っている。しかし，産業革命後は，人口の急増や化石燃料の多用で増加した CO_2 の一部が海水に溶けることによって，(b)海水の pH は徐々に低下しつつある。

宇宙に目を向ければ，(c)ある惑星では大気のほとんどが CO_2 で，大気圧はほぼ 600 Pa，表面温度は最高で 20℃，最低で －140℃ に達する。

問 1 下線部(a)に関連して，$25\,℃$，$1.0 \times 10^5\,Pa$ の地球の大気と接している水 $1.0\,L$ に溶ける CO_2 の物質量は何 mol か。最も適当な数値を，次の①～⑤のうちから一つ選べ。ただし，CO_2 の水への溶解はヘンリーの法則のみに従い，$25\,℃$，$1.0 \times 10^5\,Pa$ の CO_2 は水 $1.0\,L$ に $0.033\,mol$ 溶けるものとする。また，地球の大気は CO_2 を体積で $0.040\,\%$ 含むものとする。 $\boxed{1}$ mol

① 3.3×10^{-2} ② 1.3×10^{-3} ③ 6.5×10^{-4}

④ 1.3×10^{-5} ⑤ 6.5×10^{-6}

問 2 式(2)における電離定数 K_2 に関する次の問い（**a・b**）に答えよ。

a 電離定数 K_2 を次の式(3)で表すとき，$\boxed{2}$ と $\boxed{3}$ に当てはまる最も適当なものを，下の①～⑤のうちからそれぞれ一つずつ選べ。

$$K_2 = [H^+] \times \dfrac{\boxed{2}}{\boxed{3}} \qquad (3)$$

① $[H^+]$ ② $[HCO_3^-]$ ③ $[CO_3^{2-}]$

④ $[HCO_3^-]^2$ ⑤ $[CO_3^{2-}]^2$

b 電離定数の値は数桁にわたるので，K_2 の対数をとって $pK_2(= -\log_{10} K_2)$ として表すことがある。式(3)を変形した次の式(4)と図1を参考に，pK_2 の値を求めると，およそいくらになるか。最も適当な数値を，下の①～⑤のうちから一つ選べ。 $\boxed{4}$

$$-\log_{10} K_2 = -\log_{10}[H^+] - \log_{10}\dfrac{\boxed{2}}{\boxed{3}} \qquad (4)$$

① 6.3 ② 7.3 ③ 8.3

④ 9.3 ⑤ 10.3

20 第 2 回 試行調査：化学

問 3 下線部(b)に関連して，pH が 8.17 から 8.07 に低下したとき，水素イオン濃度はおよそ何倍になるか。最も適当な数値を，次の①〜⑥のうちから一つ選べ。必要があれば常用対数表の一部を抜き出した表 1 を参考にせよ。たとえば，$\log_{10} 2.03$ の値は，表 1 の 2.0 の行と 3 の列が交わる太枠内の数値 0.307 となる。

5 倍

① 0.10　　　　② 0.75　　　　③ 1.0
④ 1.3　　　　⑤ 7.5　　　　⑥ 10

表 1　常用対数表(抜粋，小数第 4 位を四捨五入して小数第 3 位までを記載)

数	0	1	2	3	4	5	6	7	8	9
1.0	0.000	0.004	0.009	0.013	0.017	0.021	0.025	0.029	0.033	0.037
1.1	0.041	0.045	0.049	0.053	0.057	0.061	0.064	0.068	0.072	0.076
1.2	0.079	0.083	0.086	0.090	0.093	0.097	0.100	0.104	0.107	0.111
1.3	0.114	0.117	0.121	0.124	0.127	0.130	0.134	0.137	0.140	0.143
1.4	0.146	0.149	0.152	0.155	0.158	0.161	0.164	0.167	0.170	0.173
1.5	0.176	0.179	0.182	0.185	0.188	0.190	0.193	0.196	0.199	0.201
1.6	0.204	0.207	0.210	0.212	0.215	0.217	0.220	0.223	0.225	0.228
1.7	0.230	0.233	0.236	0.238	0.241	0.243	0.246	0.248	0.250	0.253
1.8	0.255	0.258	0.260	0.262	0.265	0.267	0.270	0.272	0.274	0.276
1.9	0.279	0.281	0.283	0.286	0.288	0.290	0.292	0.294	0.297	0.299
2.0	0.301	0.303	0.305	0.307	0.310	0.312	0.314	0.316	0.318	0.320
2.1	0.322	0.324	0.326	0.328	0.330	0.332	0.334	0.336	0.338	0.340
9.6	0.982	0.983	0.983	0.984	0.984	0.985	0.985	0.985	0.986	0.986
9.7	0.987	0.987	0.988	0.988	0.989	0.989	0.989	0.990	0.990	0.991
9.8	0.991	0.992	0.992	0.993	0.993	0.993	0.994	0.994	0.995	0.995
9.9	0.996	0.996	0.997	0.997	0.997	0.998	0.998	0.999	0.999	1.000

問 4 下線部(c)に関連して，なめらかに動くピストン付きの密閉容器に 20 ℃ で CO_2 を入れ，圧力 600 Pa に保ち，温度を 20 ℃ から −140 ℃ まで変化させた。このとき，容器内の CO_2 の温度 t と体積 V の関係を模式的に表した図として最も適当なものを，次ページの①〜④のうちから一つ選べ。ただし，温度 t と圧力 p において CO_2 がとりうる状態は図2のようになる。なお，図2は縦軸が対数で表されている。 6

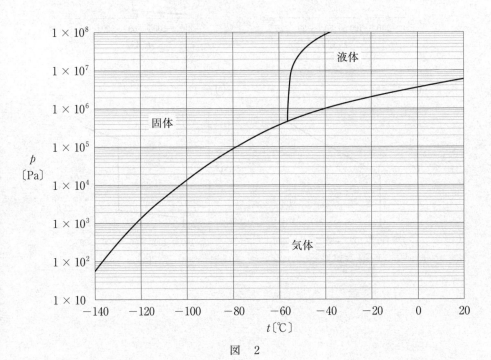

図 2

①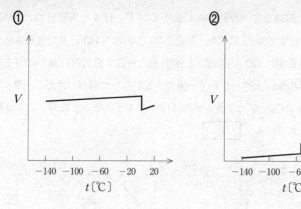

②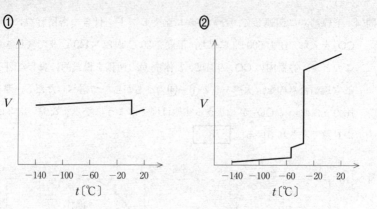

③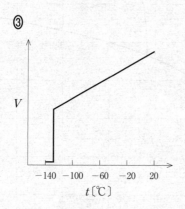

④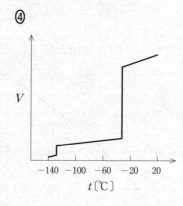

第5問 次の文章を読み，問い(問1〜4)に答えよ。

〔解答番号 １ 〜 ５ 〕（配点 15）

日本料理では，だしを取るのにしばしば昆布が使われる。昆布を煮出すと，うま味成分として知られるグルタミン酸をはじめ，さまざまな栄養成分が溶け出してくる。煮出し汁には，代表的な栄養成分として，グルタミン酸のほか，ヨウ素，アルギン酸がイオンの形で含まれている。アルギン酸の構造式は次のとおりである。

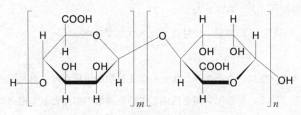

アルギン酸(分子量 約10万)

試料としてグルタミン酸ナトリウム，ヨウ化ナトリウム，アルギン酸ナトリウムを含む水溶液がある。この溶液をビーカーに入れて横からレーザー光を当てたところ，光の通路がよく見えた。この水溶液から，成分を図1のように分離した。

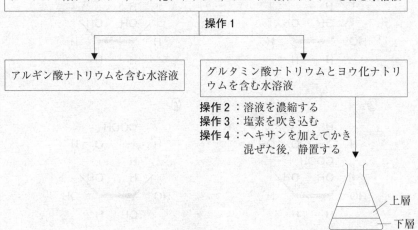

図　1

問1 下線部の混合物からアルギン酸ナトリウムを水溶液として分離する**操作1**で必要となる主な実験器具は何か。最も適当なものを，次の①〜④のうちから一つ選べ。ただし，**操作1**で試料以外に使用してよい物質は，純水のみとする。 1

① ろ紙，ろうと，ろうと台
② セロハン，ビーカー
③ 分液ろうと，ろうと台
④ リービッヒ冷却器，枝付きフラスコ，ガスバーナー

問2 アルギン酸は，カルボキシ基をもつ2種類の単糖が繰り返し脱水縮合した構造をしている。アルギン酸を構成している単糖の構造として適当なものを，次の①〜④のうちから二つ選べ。ただし，解答の順序は問わない。 2 ・ 3

①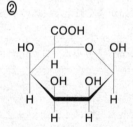

②

③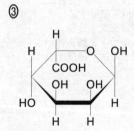

④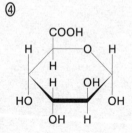

問 3　**操作 4** で，溶液は二層に分かれ，上層は紫色であった。上層に関する記述として最も適当なものを，次の①〜④のうちから一つ選べ。　4

① ヨウ素 I_2 が溶けたヘキサン層である。

② ヨウ化ナトリウムが溶けたヘキサン層である。

③ ヨウ素 I_2 が溶けた水層である。

④ ヨウ化ナトリウムが溶けた水層である。

問 4　グルタミン酸は水溶液中で pH に応じて異なる構造をとり，pH 3 では主に次のような構造をとっている。このことを参考にして，どのような pH の水溶液中でも**主な構造にはならないもの**を，下の①〜④のうちから一つ選べ。　5

$$
\begin{array}{c}
\overset{+}{H_3N} - CH - COO^- \\
| \\
CH_2 \\
| \\
CH_2 \\
| \\
COOH
\end{array}
$$

pH 3 での主な構造

①
$$
\begin{array}{c}
H_2N - CH - COOH \\
| \\
CH_2 \\
| \\
CH_2 \\
| \\
COOH
\end{array}
$$

②
$$
\begin{array}{c}
\overset{+}{H_3N} - CH - COOH \\
| \\
CH_2 \\
| \\
CH_2 \\
| \\
COOH
\end{array}
$$

③
$$
\begin{array}{c}
H_2N - CH - COO^- \\
| \\
CH_2 \\
| \\
CH_2 \\
| \\
COO^-
\end{array}
$$

④
$$
\begin{array}{c}
\overset{+}{H_3N} - CH - COO^- \\
| \\
CH_2 \\
| \\
CH_2 \\
| \\
COO^-
\end{array}
$$

化 学 基 礎

$$\left(\text{解答番号}\quad\boxed{1}\sim\boxed{13}\right)$$

必要があれば，原子量は次の値を使うこと。

H 1.0　　　C 12　　　O 16　　　Na 23　　　Cl 35.5

第1問　次の文章（**A・B**）を読み，問い（**問1～5**）に答えよ。（配点　20）

A　ヒトのからだは，成人で体重の約60 % を水が占めており，体重50 kgの人な
ら約30 Lの水が体内に存在する。こうした水によって，生命活動に必要な電解
質の濃度が維持されている。また，点滴などに用いられている生理食塩水は，塩
化ナトリウムを水に溶かしたもので，ヒトの体液と塩分濃度がほぼ等しい水溶液
であり，10 mLの生理食塩水にはナトリウムイオンが35 mg含まれている。一
方，ヒトは1日あたり約2 Lの水を体外に排出するので，それを食物や(a)飲料
などで補給している。

問1　1.0 Lの生理食塩水に含まれるナトリウムイオンの物質量は何 molか。最も
適当な数値を，次の①～④のうちから一つ選べ。　　$\boxed{1}$　mol

①　0.060　　　　②　0.10　　　　③　0.15　　　　④　0.35

第 2 回 試行調査：化学基礎　**27**

問 2　生理食塩水に関する記述として**誤りを含むもの**を，次の①～④のうちから一つ選べ。　2

①　純粋な水と同じ温度で凍る。

②　硝酸銀水溶液を加えると，白色の沈殿を生じる。

③　ナトリウムイオンと塩化物イオンの数は等しい。

④　黄色の炎色反応を示す。

28 第 2 回 試行調査：化学基礎

問 3 下線部(a)に関連して，図 1 のラベルが貼ってある 3 種類の飲料水 **X〜Z** のい

ずれかが，コップ **I 〜 III** にそれぞれ入っている。どのコップにどの飲料水が

入っているかを見分けるために，BTB(ブロモチモールブルー)溶液と図 2 の

ような装置を用いて実験を行った。その結果を次ページの表 1 に示す。

飲料水 **X**

名称：ボトルドウォーター
原材料名：水(鉱水)

栄養成分(100 mL あたり)
エネルギー　　　　　　　0 kcal
たんぱく質・脂質・炭水化物　　0 g
ナトリウム　　　　　　0.8 mg
カルシウム　　　　　　1.3 mg
マグネシウム　　　　　0.64 mg
カリウム　　　　　　　0.16 mg

pH 値　8.8〜9.4　　硬度　59 mg/L

飲料水 **Y**

名称：ナチュラルミネラルウォーター
原材料名：水(鉱水)

栄養成分(100 mL あたり)
エネルギー　　　　　　　0 kcal
たんぱく質・脂質・炭水化物　　0 g
ナトリウム　　　　0.4〜1.0 mg
カルシウム　　　　0.6〜1.5 mg
マグネシウム　　　0.1〜0.3 mg
カリウム　　　　　0.1〜0.5 mg

pH 値　約7　　硬度　約 30 mg/L

飲料水 **Z**

名称：ナチュラルミネラルウォーター
原材料名：水(鉱水)

栄養成分(100 mL あたり)
たんぱく質・脂質・炭水化物　　0 g
ナトリウム　　　　　　1.42 mg
カルシウム　　　　　　54.9 mg
マグネシウム　　　　　11.9 mg
カリウム　　　　　　　0.41 mg

pH 値　7.2　　硬度　約 1849 mg/L

図　1

表1　実験操作とその結果

	BTB溶液を加えて色を調べた結果	図2の装置を用いて電球がつくか調べた結果
コップⅠ	緑	ついた
コップⅡ	緑	つかなかった
コップⅢ	青	つかなかった

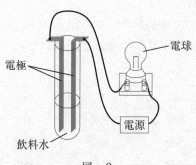

図　2

　コップⅠ～Ⅲに入っている飲料水X～Zの組合せとして最も適当なものを，次の①～⑥のうちから一つ選べ。ただし，飲料水X～Zに含まれる陽イオンはラベルに示されている元素のイオンだけとみなすことができ，水素イオンや水酸化物イオンの量はこれらに比べて無視できるものとする。　3

	コップⅠ	コップⅡ	コップⅢ
①	X	Y	Z
②	X	Z	Y
③	Y	X	Z
④	Y	Z	X
⑤	Z	X	Y
⑥	Z	Y	X

30 第2回 試行調査：化学基礎

B 化学と人間生活に関する次の問いに答えよ。

問 4 次の記述 a ～ c に関連する現象または操作の組合せとして最も適当なものを，下の①～⑧のうちから一つ選べ。 4

a ナフタレンからできている防虫剤を洋服ダンスの中に入れておくと，徐々に小さくなる。

b ティーバッグに湯を注いで，紅茶をいれる。

c ぶどう酒から，アルコール濃度のより高いブランデーがつくられている。

	a	b	c
①	蒸発	抽出	蒸留
②	蒸発	蒸留	ろ過
③	蒸発	蒸留	抽出
④	蒸発	中和	蒸留
⑤	昇華	抽出	ろ過
⑥	昇華	蒸留	抽出
⑦	昇華	抽出	蒸留
⑧	昇華	中和	ろ過

第 2 回 試行調査：化学基礎　**31**

問 5　身近に使われている金属に関する次の a ～ c の文中の空欄　ア　～　ウ　に入る語の組合せとして最も適当なものを，下の①～⑥のうちから一つ選べ。　5

a　　ア　　は，電気をよく通し，導線に使われている。

b　　イ　　は，最も生産量が多く，橋，ビルや機械器具の構造材料に使われている。

c　　ウ　　は，軽く，飲料用缶やサッシ（窓枠）に使われている。

	ア	イ	ウ
①	アルミニウム	銅	鉄
②	アルミニウム	鉄	銅
③	鉄	銅	アルミニウム
④	鉄	アルミニウム	銅
⑤	銅	アルミニウム	鉄
⑥	銅	鉄	アルミニウム

第2問 次の文章を読み，問い(問1〜3)に答えよ。(配点 15)

電気陰性度は，原子が共有電子対を引きつける相対的な強さを数値で表したものである。アメリカの化学者ポーリングの定義によると，表1の値となる。

表1　ポーリングの電気陰性度

原子	H	C	O
電気陰性度	2.2	2.6	3.4

共有結合している原子の酸化数は，電気陰性度の大きい方の原子が共有電子対を完全に引きつけたと仮定して定められている。たとえば水分子では，図1のように酸素原子が矢印の方向に共有電子対を引きつけるので，酸素原子の酸化数は -2，水素原子の酸化数は $+1$ となる。

図 1

同様に考えると，二酸化炭素分子では，図2のようになり，炭素原子の酸化数は $+4$，酸素原子の酸化数は -2 となる。

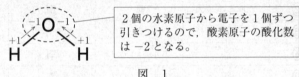

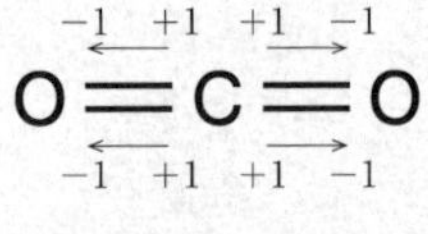

図 2

ところで，過酸化水素分子の酸素原子は，図3のように O−H 結合において共有電子対を引きつけるが，O−O 結合においては，どちらの酸素原子も共有電子対を引きつけることができない。したがって，酸素原子の酸化数はいずれも -1 となる。

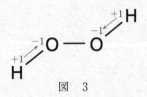

図 3

問 1 H_2O, H_2, CH_4 の分子の形を図 4 に示す。これらの分子のうち，酸化数が +1 の原子を含む無極性分子はどれか。正しく選択しているものを，下の ①〜⑥ のうちから一つ選べ。 6

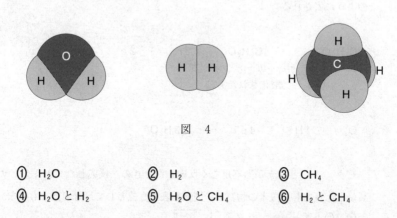

図 4

① H_2O ② H_2 ③ CH_4
④ H_2O と H_2 ⑤ H_2O と CH_4 ⑥ H_2 と CH_4

問 2 エタノールは酒類に含まれるアルコールであり，酸化反応により構造が変化して酢酸となる。

エタノール分子中の炭素原子 A の酸化数と，酢酸分子中の炭素原子 B の酸化数は，それぞれいくつか。最も適当なものを，次の ①〜⑨ のうちから一つずつ選べ。ただし，同じものを繰り返し選んでもよい。

炭素原子 A　 7 　　　炭素原子 B　 8

① +1   ② +2   ③ +3   ④ +4   ⑤ 0
⑥ −1   ⑦ −2   ⑧ −3   ⑨ −4

問 3 清涼飲料水の中には，酸化防止剤としてビタミン C（アスコルビン酸）$C_6H_8O_6$ が添加されているものがある。ビタミン C は酸素 O_2 と反応することで，清涼飲料水中の成分の酸化を防ぐ。このときビタミン C および酸素の反応は，次のように表される。

$$C_6H_8O_6 \longrightarrow C_6H_6O_6 + 2H^+ + 2e^-$$
ビタミン C 　　　ビタミン C が
　　　　　　　酸化されたもの

$$O_2 + 4H^+ + 4e^- \longrightarrow 2H_2O$$

ビタミン C と酸素が過不足なく反応したときの，反応したビタミン C の物質量と，反応した酸素の物質量の関係を表す直線として最も適当なものを，次の ①〜⑤ のうちから一つ選べ。　9

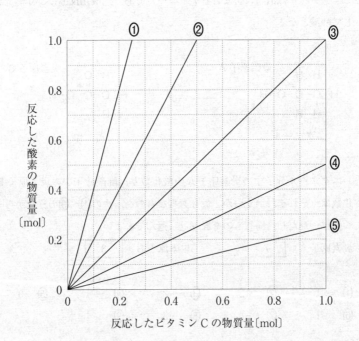

第2回 試行調査：化学基礎 **35**

第3問 学校の授業で，ある高校生がトイレ用洗浄剤に含まれる塩化水素の濃度を中和滴定により求めた。次に示したものは，その実験報告書の一部である。この報告書を読み，問い(**問1〜4**)に答えよ。(配点 15)

　　　「まぜるな危険 酸性タイプ」の洗浄剤に含まれる塩化水素濃度の測定

【目的】

　トイレ用洗浄剤のラベルに「まぜるな危険 酸性タイプ」と表示があった。このトイレ用洗浄剤は塩化水素を約 10 % 含むことがわかっている。この洗浄剤(以下「試料」という)を水酸化ナトリウム水溶液で中和滴定し，塩化水素の濃度を正確に求める。

【試料の希釈】

　滴定に際して，試料の希釈が必要かを検討した。塩化水素の分子量は 36.5 なので，試料の密度を 1 g/cm³ と仮定すると，試料中の塩化水素のモル濃度は約 3 mol/L である。この濃度では，約 0.1 mol/L の水酸化ナトリウム水溶液を用いて中和滴定を行うには濃すぎるので，試料を希釈することとした。試料の希釈溶液 10 mL に，約 0.1 mol/L の水酸化ナトリウム水溶液を 15 mL 程度加えたときに中和点となるようにするには，試料を | **ア** | 倍に希釈するとよい。

【実験操作】

1．試料 10.0 mL を，ホールピペットを用いてはかり取り，その質量を求めた。

2．試料を，メスフラスコを用いて正確に | **ア** | 倍に希釈した。

3．この希釈溶液 10.0 mL を，ホールピペットを用いて正確にはかり取り，コニカルビーカーに入れ，フェノールフタレイン溶液を 2，3 滴加えた。

4．ビュレットから 0.103 mol/L の水酸化ナトリウム水溶液を少しずつ滴下し，赤色が消えなくなった点を中和点とし，加えた水酸化ナトリウム水溶液の体積を求めた。

5．3 と 4 の操作を，さらにあと 2 回繰り返した。

36　第2回　試行調査：化学基礎

【結果】

1．実験操作1で求めた試料 10.0 mL の質量は 10.40 g であった。

2．この実験で得られた滴下量は次のとおりであった。

	加えた水酸化ナトリウム 水溶液の体積〔mL〕
1回目	12.65
2回目	12.60
3回目	12.61
平均値	12.62

3．加えた水酸化ナトリウム水溶液の体積を，平均値 12.62 mL とし，試料中の塩化水素の濃度を求めた。なお，試料中の酸は塩化水素のみからなるものと仮定した。

（中略）

　希釈前の試料に含まれる塩化水素のモル濃度は，2.60 mol/L となった。

4．試料の密度は，結果1より 1.04 g/cm³ となるので，試料中の塩化水素（分子量 36.5）の質量パーセント濃度は　　イ　　% であることがわかった。

（以下略）

問 1 ア に当てはまる数値として最も適当なものを，次の①~⑤のうちから一つ選べ。 10 倍

① 2 　　　② 5 　　　③ 10 　　　④ 20 　　　⑤ 50

問 2 別の生徒がこの実験を行ったところ，水酸化ナトリウム水溶液の滴下量が，正しい量より大きくなることがあった。どのような原因が考えられるか。最も適当なものを，次の①~④のうちから一つ選べ。 11

① 実験操作3で使用したホールピペットが水でぬれていた。

② 実験操作3で使用したコニカルビーカーが水でぬれていた。

③ 実験操作3でフェノールフタレイン溶液を多量に加えた。

④ 実験操作4で滴定開始前にビュレットの先端部分にあった空気が滴定の途中でぬけた。

問 3 イ に当てはまる数値として最も適当なものを，次の①~⑤のうちから一つ選べ。 12 ％

① 8.7 　　　② 9.1 　　　③ 9.5 　　　④ 9.8 　　　⑤ 10.3

38 第2回 試行調査：化学基礎

問 4 この「酸性タイプ」の洗浄剤と，次亜塩素酸ナトリウム NaClO を含む「まぜるな危険 塩素系」の表示のある洗浄剤を混合してはいけない。これは，式(1)のように弱酸である次亜塩素酸 HClO が生成し，さらに式(2)のように次亜塩素酸が塩酸と反応して，有毒な塩素が発生するためである。

$$NaClO + HCl \longrightarrow NaCl + HClO \qquad (1)$$

$$HClO + HCl \longrightarrow Cl_2 + H_2O \qquad (2)$$

式(1)の反応と類似性が最も高い反応は**あ～う**のうちのどれか。また，その反応を選んだ根拠となる類似性は**a**，**b**のどちらか。反応と類似性の組合せとして最も適当なものを，下の**①～⑥**のうちから一つ選べ。│ **13** │

【反応】

あ 過酸化水素水に酸化マンガン(IV)を加えると気体が発生した。

い 酢酸ナトリウムに希硫酸を加えると刺激臭がした。

う 亜鉛に希塩酸を加えると気体が発生した。

【類似性】

a 弱酸の塩と強酸の反応である。

b 酸化還元反応である。

	反応	類似性
①	あ	a
②	あ	b
③	い	a
④	い	b
⑤	う	a
⑥	う	b

共通テスト
第1回 試行調査

化学

第1回
試 行

解答時間 60分
配点 100点

2　第１回 試行調査：化学

化　　学
（全　問　必　答）

必要があれば，原子量は次の値を使うこと。

　　H　1.0　　　　　　C　12　　　　　　O　16　　　　　　Ne　20

実在気体とことわりがない限り，気体は理想気体として扱うものとする。

第1問　次の問い（問1〜4）に答えよ。
　　〔解答番号　1　〜　7　〕

問1　ある元素 X の酸化物 XO_2 は常温・常圧で気体であり，この気体を一定体積
　　とって質量を測定すると 0.64 g であった。一方，そのときと同温・同圧で，
　　同じ体積の気体のネオンの質量は 0.20 g であった。元素 X の原子量はいくら
　　か。最も適当な数値を，次の①〜⑥のうちから一つ選べ。　1

　　①　12　　　　　　②　14　　　　　　③　28　　　　　　④　32
　　⑤　35.5　　　　　⑥　48

第 I 回 試行調査：化学 **3**

問 2 次の熱化学方程式を利用すると，炭素の同素体について，物質のもつエネルギー（化学エネルギー）を比較することができる。同じ質量の黒鉛，ダイヤモンド，フラーレン C_{60} について，物質のもつエネルギーが小さいものから順に正しく並べられたものを，下の①～⑥のうちから一つ選べ。　　2

$C(ダイヤモンド) + O_2(気) = CO_2(気) + 396\ kJ$

$C_{60}(フラーレン) + 60\ O_2(気) = 60\ CO_2(気) + 25930\ kJ$

$C(黒鉛) = C(ダイヤモンド) - 2\ kJ$

① 黒鉛 < ダイヤモンド < フラーレン C_{60}

② 黒鉛 < フラーレン C_{60} < ダイヤモンド

③ ダイヤモンド < 黒鉛 < フラーレン C_{60}

④ ダイヤモンド < フラーレン C_{60} < 黒鉛

⑤ フラーレン C_{60} < 黒鉛 < ダイヤモンド

⑥ フラーレン C_{60} < ダイヤモンド < 黒鉛

問 3 次の熱化学方程式で表される可逆反応 $2NO_2 \rightleftarrows N_2O_4$ がある。

$$2NO_2(気) = N_2O_4(気) + Q \text{ [kJ]}$$

ただし，NO_2 は赤褐色の気体，N_2O_4 は無色の気体である。

温度変化だけによる平衡の移動方向から Q の正負を確かめるため，次の実験を行った。

操作 NO_2 を乾いた試験管に集め，ゴム栓で密封した。図1のように，この試験管を温水と冷水に交互に浸して，気体の色を比較した。

結果 試験管を温水に浸したときのほうが気体の色は濃かった。

図　1

この実験に関する考察として最も適当なものを，次の①～⑤のうちから一つ選べ。 3

① この実験では温度変化だけによる平衡の移動を見ており，$Q > 0$ といえる。

② この実験では温度変化だけによる平衡の移動を見ており，$Q < 0$ といえる。

③ 温度が変わると気体の圧力も変化するので，この実験では温度変化だけによる平衡の移動を見てはいない。したがって，Q の正負は判断できない。

④ 温度が変わると気体の圧力も変化するので，この実験では温度変化だけによる平衡の移動を見てはいない。しかし，圧力変化が平衡の移動に与える影響は，温度変化が平衡の移動に与える影響より小さいことが，色の変化からわかるので，$Q > 0$ といえる。

⑤ 温度が変わると気体の圧力も変化するので，この実験では温度変化だけによる平衡の移動を見てはいない。しかし，圧力変化が平衡の移動に与える影響は，温度変化が平衡の移動に与える影響より小さいことが，色の変化からわかるので，$Q < 0$ といえる。

6 第 I 回 試行調査：化学

問 4 シクロヘキサン 15.80 g にナフタレン 30.0 mg を加えて完全に溶かした。その溶液を氷水で冷却し，よくかき混ぜながら溶液の温度を 1 分ごとに測定したところ，表 1 のようになった。下の問い（ **a・b** ）に答えよ。必要があれば，表 2 の数値と次ページの方眼紙を使うこと。

表　1

時間〔分〕	温度〔℃〕
3	6.89
4	6.58
5	6.30
6	6.08
7	6.18
8	6.19
9	6.18
10	6.17
11	6.16
12	6.15
13	6.14
14	6.12
15	6.11

表　2

	シクロヘキサン	ナフタレン
分子量	84.2	128
融点〔℃〕	6.52	80.5

a この溶液の凝固点を求めると何 ℃ になるか。最も適当な数値を，次の ① ～ ④ のうちから一つ選べ。 　**4**　 ℃

① 6.08 　　　　② 6.19 　　　　③ 6.22 　　　　④ 6.28

第 1 回 試行調査：化学　7

b　a で選んだ溶液の凝固点を用いて，シクロヘキサンのモル凝固点降下を
　求めると，何 K·kg/mol になるか。有効数字 2 桁で次の形式で表すとき，
　　5 ～ 7 に当てはまる数字を，下の ①～⓪ のうちから一つずつ選
　べ。ただし，同じものを繰り返し選んでもよい。

　　　5 . 6 × 10 7 K·kg/mol

　①　1　　　　②　2　　　　③　3　　　　④　4　　　　⑤　5
　⑥　6　　　　⑦　7　　　　⑧　8　　　　⑨　9　　　　⓪　0

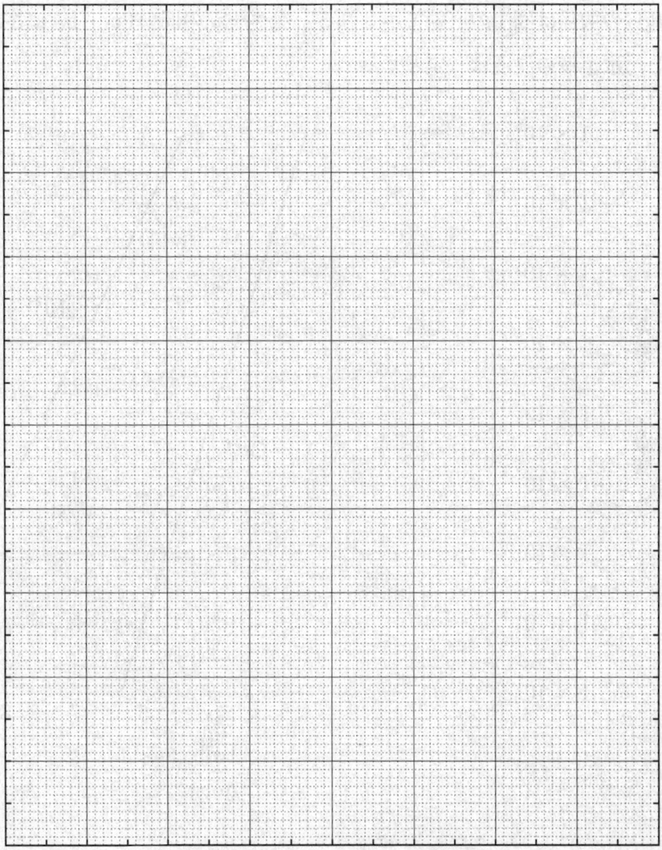

第2問 次の問い(問1〜3)に答えよ。

〔解答番号　1　〜　8　〕

問1　Cr^{3+} と Ni^{2+} を含む強酸性水溶液に塩基を加えていくと，水酸化物の沈殿が生じる。このとき，次式の平衡が成立する。

$Cr(OH)_3 \rightleftarrows Cr^{3+} + 3\,OH^-$　　　$K_{sp} = [Cr^{3+}][OH^-]^3$

$Ni(OH)_2 \rightleftarrows Ni^{2+} + 2\,OH^-$　　　$K'_{sp} = [Ni^{2+}][OH^-]^2$

この二つの溶解度積 K_{sp} と K'_{sp} は水酸化物イオン濃度 $[OH^-]$ を含むので，沈殿が生じているときの水溶液中の金属イオン濃度は pH によって決まる。これらの関係は図1の直線で示される。次ページの問い(a・b)に答えよ。ただし，水溶液の温度は一定とする。

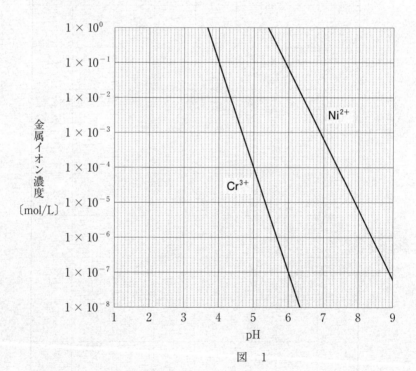

図　1

a Cr³⁺ を含む強酸性水溶液に水酸化ナトリウム水溶液を加えていき，pH が 4 になったとき，Cr(OH)₃ の沈殿が生じた。このとき水溶液中に含まれる Cr³⁺ の濃度として最も適当な数値を，次の①～⑨のうちから一つ選べ。
  □1□ mol/L

① 1.0×10^{-1} ② 1.0×10^{-2} ③ 1.0×10^{-3}
④ 1.0×10^{-4} ⑤ 1.0×10^{-5} ⑥ 1.0×10^{-6}
⑦ 1.0×10^{-7} ⑧ 1.0×10^{-8} ⑨ 1.0×10^{0}

b Cr³⁺ と Ni²⁺ を 1.0×10^{-1} mol/L ずつ含む強酸性水溶液に水酸化ナトリウム水溶液を徐々に加えて，Cr³⁺ を Cr(OH)₃ の沈殿として分離したい。ここでは，水溶液中の Cr³⁺ の濃度が 1.0×10^{-4} mol/L 未満であり，しかも Ni(OH)₂ が沈殿していないときに，Cr³⁺ を分離できたものとする。そのためには pH の範囲をどのようにすればよいか。有効数字 2 桁で次の形式で表すとき，□2□～□5□に当てはまる数字を，下の①～⓪のうちから一つずつ選べ。ただし，同じものを繰り返し選んでもよい。なお，水酸化ナトリウム水溶液を加えても水溶液の体積は変化しないものとする。

□2□．□3□ < pH < □4□．□5□

① 1   ② 2   ③ 3   ④ 4   ⑤ 5
⑥ 6   ⑦ 7   ⑧ 8   ⑨ 9   ⓪ 0

問2 6種類の金属イオン Ag^+, Al^{3+}, Cu^{2+}, Fe^{3+}, K^+, Zn^{2+} のうち、いずれか4種類の金属イオンを含む水溶液アがある。どの金属イオンが含まれているか調べるため、図2のような実験を行った。その結果、4種類の金属イオンを1種類ずつ、沈殿A、沈殿B、沈殿D、およびろ液Eとして分離できた。次ページの問い(a・b)に答えよ。

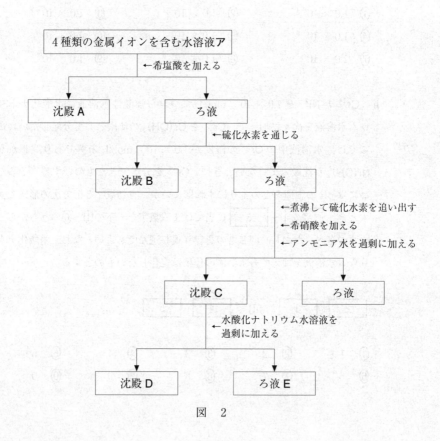

図　2

第 I 回 試行調査：化学　11

a　6種類の金属イオンのうち，水溶液アに含まれていないものを，次の①～⑥のうちから二つ選べ。　6

①　Ag^+　　　　②　Al^{3+}　　　　③　Cu^{2+}

④　Fe^{3+}　　　　⑤　K^+　　　　⑥　Zn^{2+}

b　沈殿Dに含まれている金属イオンを，次の①～⑥のうちから一つ選べ。
　7

①　Ag^+　　　　②　Al^{3+}　　　　③　Cu^{2+}

④　Fe^{3+}　　　　⑤　K^+　　　　⑥　Zn^{2+}

12　第 1 回 試行調査：化学

問 3　身のまわりで利用されている物質に関する記述として，下線部に**誤りを含む**ものを，次の①～⑤のうちから一つ選べ。　8

①　ナトリウムは炎色反応で黄色を呈する元素であるので，その化合物は花火に利用されている。

②　航空機の機体に利用されている軽くて強度が大きいジュラルミンは，アルミニウムを含む合金である。

③　ガラスの原料に使われる炭酸ナトリウムは，アンモニアソーダ法（ソルベー法）によって合成できる。

④　うがい薬に使われるヨウ素には，その気体を冷却すると，液体にならずに固体になる性質がある。

⑤　塩素水に含まれている次亜塩素酸は還元力が強いので，塩素水は殺菌剤として使われている。

第3問　次の問い(問1～4)に答えよ。

〔解答番号 $\boxed{1}$ ～ $\boxed{8}$ 〕

問1　炭素，水素，酸素からなる，ある有機化合物 12 g を完全燃焼させたところ，二酸化炭素 0.60 mol と水 0.80 mol が生成した。この有機化合物として考えられるものを，次の①～⑥のうちから<u>すべて選べ</u>。$\boxed{1}$

① アルコール　　　② エーテル　　　③ アルデヒド

④ ケトン　　　　　⑤ カルボン酸　　⑥ エステル

問 2 次の記述(**ア・イ**)が両方ともに当てはまる化合物の構造式として最も適当なものを，下の①〜⑤のうちから一つ選べ。　2

ア 水素1分子が付加した生成物には，幾何異性体(シス-トランス異性体)が存在する。

イ 水素2分子が付加した生成物には，不斉炭素原子が存在する。

① $CH_3-CH_2-\underset{\underset{CH_3}{|}}{CH}-C{\equiv}C-H$

② $CH_3-\underset{\overset{CH_3}{|}}{CH}-C{\equiv}C-CH_3$

③ $CH_3-CH_2-CH_2-\underset{\overset{CH_3}{|}}{CH}-C{\equiv}C-H$

④ $CH_3-\underset{\overset{CH_3}{|}}{CH}-C{\equiv}C-\underset{\overset{CH_3}{|}}{CH}-CH_3$

⑤ $CH_3-CH_2-\underset{\overset{CH_3}{|}}{CH}-C{\equiv}C-\underset{\overset{CH_3}{|}}{CH}-CH_3$

問 3 分子式 $C_4H_6O_2$ で表されるエステル A を加水分解したところ, 図1のように化合物 B とともに, 不安定な化合物 C を経て, C の異性体である化合物 D が得られた。また, 化合物 D を酸化したところ, 化合物 B に変化した。下の問い(a ・ b)に答えよ。

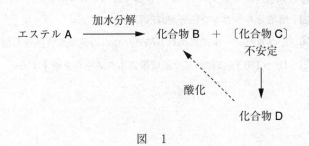

図　1

a　次に示すエステル A の構造式中の ┃ 3 ┃・┃ 4 ┃ に当てはまるものを, 下の①～⑦のうちからそれぞれ一つずつ選べ。

エステル A

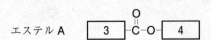

① H−

② CH_3-

③ CH_3-CH_2-

④ $CH_2=CH-$

⑤ $CH_2=C-$
　　　　　｜
　　　　CH_3

⑥ $CH_3-CH=CH-$

⑦ $CH_2=CH-CH_2-$

16 第 I 回 試行調査：化学

b 下線部と同じ変化が起こり，化合物 C を経て化合物 D が得られる反応として最も適当なものを，次の①～⑤のうちから一つ選べ。 $\boxed{5}$

① アセトンにヨウ素と水酸化ナトリウム水溶液を加えて温める。

② 触媒の存在下でアセチレンに水を付加させる。

③ 酢酸カルシウムを熱分解(乾留)する。

④ 2-プロパノールに二クロム酸カリウムの硫酸酸性溶液を加えて温める。

⑤ 160～170 ℃ に加熱した濃硫酸にエタノールを滴下する。

問 4 ある大学の体験入学で，次のような話を聞いた。

　ベンゼン環に官能基を一つもつ物質に置換反応を行うと，オルト(o-)，メタ(m-)，パラ(p-)の位置で反応が起こる可能性がある。どの位置で反応が起こるかは，最初に結合している官能基の影響を強く受ける。たとえば次のように，フェノールをある反応条件でニトロ化すると，おもに o-ニトロフェノールと p-ニトロフェノールが生成し，m-ニトロフェノールは少ししか生成しない。したがって，ベンゼン環に結合したヒドロキシ基は o- や p- の位置で置換反応を起こしやすい官能基といえる。

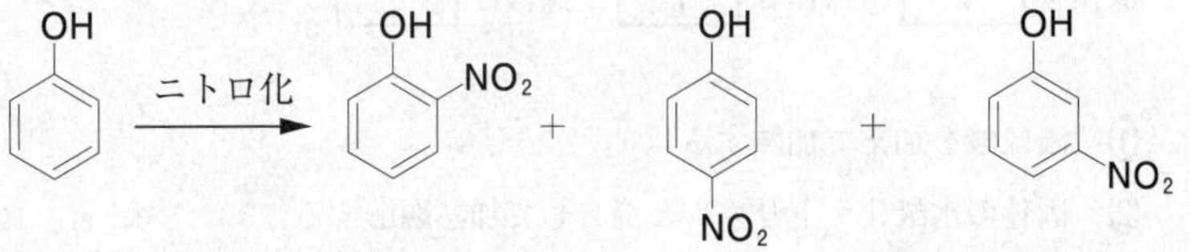

　　　　　o-ニトロフェノール　　p-ニトロフェノール　　m-ニトロフェノール
　　　　　　　　　　　　　　　　　　　　　　　　　　　　（少ししか生成しない）

一般に，o- や p- の位置で置換反応を起こしやすい官能基をもつ物質には次のものがある。

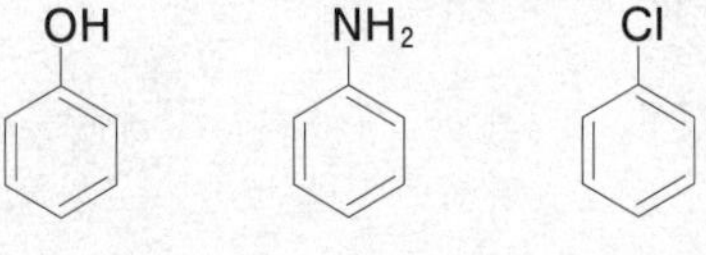

一方，m- の位置で置換反応を起こしやすい官能基をもつ物質には次のものがある。

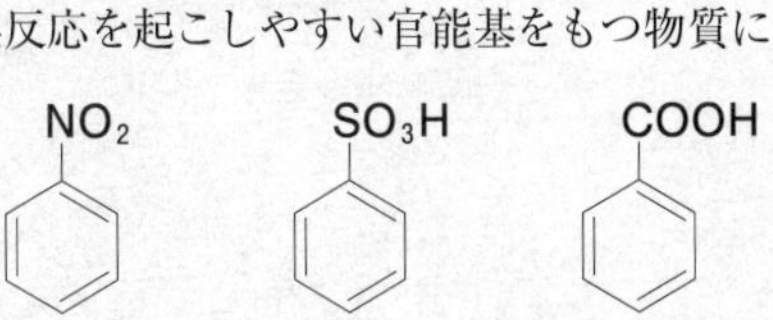

このことを利用すれば，目的の化合物を効率よくつくることができる。

この情報をもとに，除草剤の原料である m-クロロアニリンを，次のようにベンゼンから化合物 A, B を経て効率よく合成する実験を計画した。

操作1～3として最も適当なものを，次の①～⑥のうちからそれぞれ一つずつ選べ。

操作1 6   操作2 7   操作3 8

① 濃硫酸を加えて加熱する。
② 固体の水酸化ナトリウムと混合して加熱融解する。
③ 鉄を触媒にして塩素を反応させる。
④ 光をあてて塩素を反応させる。
⑤ 濃硫酸と濃硝酸を加えて加熱する。
⑥ スズと塩酸を加えて反応させた後，水酸化ナトリウム水溶液を加える。

第４問 次の文章を読み，下の問い（問１～３）に答えよ。

〔解答番号 　1　～　7　〕

COD（化学的酸素要求量）は，水１Ｌに含まれる有機化合物などを酸化するのに必要な過マンガン酸カリウム $KMnO_4$ の量を，酸化剤としての酸素の質量〔mg〕に換算したもので，水質の指標の一つである。ヤマメやイワナが生息できる渓流の水質は COD の値が１ mg/L 以下であり，きれいな水ということができる。

COD の値は，試料水中の有機化合物と過不足なく反応する $KMnO_4$ の物質量から求められる。いま，有機化合物だけが溶けている無色の試料水がある。この試料水の COD の値を求めるために，次の実験操作（**操作１～３**）を行った。なお，操作手順の概略は次ページの図１に示してある。

準　備　試料水と対照実験用の純水を，それぞれ 100 mL ずつコニカルビーカーにとった。

操作１　準備した二つのコニカルビーカーに硫酸を加えて酸性にした後，両方に物質量 n_1〔mol〕の $KMnO_4$ を含む水溶液を加えて振り混ぜ，沸騰水につけて 30 分間加熱した。これにより，試料水中の有機化合物を酸化した。加熱後の水溶液には，未反応の $KMnO_4$ が残っていた。なお，この加熱により $KMnO_4$ の一部が分解した。分解した $KMnO_4$ の物質量は，試料水と純水のいずれも x〔mol〕とする。

操作２　二つのコニカルビーカーを沸騰水から取り出し，両方に還元剤として同量のシュウ酸ナトリウム $Na_2C_2O_4$ 水溶液を加えて振り混ぜた。加えた $Na_2C_2O_4$ と過不足なく反応する $KMnO_4$ の物質量を n_2〔mol〕とする。反応後の水溶液には，未反応の $Na_2C_2O_4$ が残っていた。

操作３　コニカルビーカーの温度を 50～60 ℃ に保ち，$KMnO_4$ 水溶液を用いて，残っていた $Na_2C_2O_4$ を滴定した。滴定で加えた $KMnO_4$ の物質量は，試料水では n_3〔mol〕，純水では n_4〔mol〕だった。

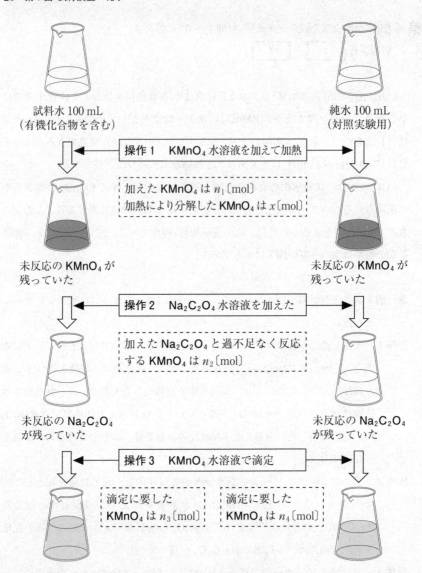

図 1

問 1 $Na_2C_2O_4$ が還元剤としてはたらく反応は，次の電子を含むイオン反応式で表される。

$$\underline{C}_2O_4{}^{2-} \longrightarrow 2\underline{C}O_2 + 2e^-$$

下線を付した原子の酸化数の変化として正しいものを，次の①〜⑤のうちから一つ選べ。　1

① 2 減少　　② 1 減少　　③ 変化なし　　④ 1 増加　　⑤ 2 増加

22 第1回 試行調査:化学

問2 次の文章を読み,下の問い(a・b)に答えよ。

この試料水中の有機化合物と過不足なく反応する $KMnO_4$ の物質量 n 〔mol〕を求めたい。**操作1～3**で,試料水と純水のそれぞれにおいて,加えた $KMnO_4$ の物質量の総量と消費された $KMnO_4$ の物質量の総量は等しい。このことから導かれる式を $n,\ n_1,\ n_2,\ n_3,\ n_4,\ x$ のうちから必要なものを用いて表すと,試料水では $\boxed{\ 2\ }$,純水では $\boxed{\ 3\ }$ となる。これら二つの式から,$n = \boxed{\ 4\ }$ となる。

a $\boxed{\ 2\ }$ ・ $\boxed{\ 3\ }$ に当てはまる式として最も適当なものを,次の①～⑥のうちからそれぞれ一つずつ選べ。

試料水 $\boxed{\ 2\ }$ 純水 $\boxed{\ 3\ }$

① $n_1 + n_2 = n + n_3 - x$ ② $n_1 + n_2 = n + n_3 + x$

③ $n_1 + n_3 = n + n_2 + x$ ④ $n_1 + n_2 = n_4 - x$

⑤ $n_1 + n_2 = n_4 + x$ ⑥ $n_1 + n_4 = n_2 + x$

b $\boxed{\ 4\ }$ に当てはまる式として最も適当なものを,次の①～⑤のうちから一つ選べ。

$n = \boxed{\ 4\ }$

① $n_3 - n_4$ ② $n_1 + n_3 - n_4$

③ $n_2 + n_3 - n_4$ ④ $n_1 + n_2 + n_3 - n_4$

⑤ $n_1 - n_2 + n_3 - n_4$

第 1 回 試行調査：化学 **23**

問 3 次の文章中の 5 ～ 7 に当てはまる数字を，下の①～⓪のうちから一つずつ選べ。ただし，同じものを繰り返し選んでもよい。

過マンガン酸イオン MnO_4^- と酸素 O_2 は，酸性溶液中で次のように酸化剤としてはたらく。

$$MnO_4^- + 8\,H^+ + 5\,e^- \longrightarrow Mn^{2+} + 4\,H_2O$$
$$O_2 + 4\,H^+ + 4\,e^- \longrightarrow 2\,H_2O$$

したがって，$KMnO_4$ 4 mol は，酸化剤としての O_2 5 mol に相当する。

この試料水 100 mL 中の有機化合物と過不足なく反応する $KMnO_4$ の物質量 n は，2.0×10^{-5} mol であった。試料水 1.0 L に含まれる有機化合物を酸化するのに必要な $KMnO_4$ の量を，O_2 の質量〔mg〕に換算して COD の値を求めると，6 . 7 mg/L になる。

① 1   ② 2   ③ 3   ④ 4   ⑤ 5
⑥ 6   ⑦ 7   ⑧ 8   ⑨ 9   ⓪ 0

24 第Ⅰ回 試行調査：化学

第5問 次の文章を読み，下の問い(問1〜4)に答えよ。

〔解答番号 | 1 | 〜 | 4 | 〕

　デンプンのり(デンプンと水を加熱してできるゲル)で紙を貼り合わせる場合の接着のしくみを考えてみよう。

　デンプンはグルコースの縮合重合体である。グルコースは，ア水溶液中で図1のような平衡状態にある。

環状構造(α-グルコース)　　　鎖状構造　　　環状構造(β-グルコース)

図　1

　紙の素材であるセルロースもまた，グルコースの縮合重合体である。紙にデンプンのりを塗って貼り合わせ，しばらくするとはがれなくなる。これは，水が蒸発してデンプン分子とセルロース分子が近づき，分子間に水素結合およびィファンデルワールス力がはたらいて，分子どうしが引き合うようになったことなどによる。これらの力は分子どうしが接触する箇所ではたらき，その箇所が多いほど大きな力となる。デンプンもセルロースも高分子化合物なので，両者が接触する箇所は多い。その結果，双方の分子が大きな力で引き合って，接着現象がもたらされる。

　デンプンは細菌などによって分解されるので，デンプンのりは劣化しやすい。このため，ゥ石油を原料とした合成高分子化合物を使ったのりもつくられている。

問 1 下線部**ア**に関して，グルコースの一部が水溶液中で図1の鎖状構造をとっていることを確認する方法として最も適当なものを，次の①～⑥のうちから一つ選べ。 ☐1

① 臭素水を加えて，赤褐色の脱色を確認する。

② ヨウ素ヨウ化カリウム水溶液(ヨウ素溶液)を加えて，青紫色の呈色を確認する。

③ アンモニア性硝酸銀水溶液を加えて加熱し，銀の析出を確認する。

④ 酢酸と濃硫酸を加えて加熱し，芳香を確認する。

⑤ ニンヒドリン溶液を加えて加熱し，紫色の呈色を確認する。

⑥ 濃硝酸を加えて加熱し，黄色の呈色を確認する。

問 2 下線部**ア**に関して，図1のような平衡状態は，グルコース以外でも見られることがわかっている。このことを参考にして，メタノール CH_3OH とアセトアルデヒド CH_3CHO の混合物中に存在すると考えられる分子を，次の①～⑤のうちから一つ選べ。 ☐2

① CH_3-CH_2-OH

② $HO-CH_2-CH_2-CH_2-OH$

③ $CH_3-\underset{\underset{\textstyle CH_3}{|}}{CH}-O-OH$

④ $CH_3-\underset{\underset{\textstyle OH}{|}}{CH}-O-CH_3$

⑤ $CH_3-\underset{\underset{\textstyle O}{\|}}{C}-O-CH_3$

26 第 I 回 試行調査：化学

問 3 下線部**イ**に関して，ファンデルワールス力が主な要因であるとして**説明する**ことが**できない**現象を，次の①～④のうちから一つ選べ。 3

① 常温・常圧でエチレンは気体だが，ポリエチレンは固体である。

② 1-ブタノールの沸点は，同じ分子式をもつジエチルエーテルの沸点より高い。

③ 常温・常圧で塩素は気体であり，臭素は液体である。

④ 直鎖状のアルカンの沸点は，炭素数が増えるにつれて高くなる。

問 4 下線部**ウ**に関して，水素結合とファンデルワールス力の両方がはたらき，紙を貼り合わせるのりとして適当なものを，次の①～⑥のうちから二つ選べ。 4

① $\begin{array}{c}\left[CH_2-CH_2\right]_n\end{array}$

② $\begin{array}{c}\left[CH_2-\underset{\underset{Cl}{|}}{CH}\right]_n\end{array}$

③ $\begin{array}{c}\left[CH_2-\underset{\underset{CH_3}{|}}{CH}\right]_n\end{array}$

④ $\begin{array}{c}\left[CH_2-\underset{\underset{OH}{|}}{CH}\right]_n\end{array}$

⑤ $\begin{array}{c}\left[CH_2-CH\right]_n\end{array}$ (フェニル基)

⑥ $\begin{array}{c}\left[CH_2-CH\right]_n\end{array}$ (N含有環：H_2C，H_2C，CH_2，$C=O$)

センター試験

本試験

2020

化学 ················· 2
化学基礎 ············· 30

化学：解答時間 60 分　配点 100 点

化学基礎：解答時間　2 科目 60 分
配点　2 科目 100 点
（物理基礎，化学基礎，生物基礎，
地学基礎から 2 科目選択）

化　学

問　題	選　択　方　法
第1問	必　　答
第2問	必　　答
第3問	必　　答
第4問	必　　答
第5問	必　　答
第6問	いずれか1問を選択し，
第7問	解答しなさい。

2020年度：化学／本試験　**3**

必要があれば，原子量は次の値を使うこと。

| H | 1.0 | C | 12 | N | 14 | O | 16 |

Fe　56　　　　Cu　64

気体は，実在気体とことわりがない限り，理想気体として扱うものとする。

第1問　(必答問題)

次の問い(**問1～6**)に答えよ。

〔解答番号　1 ～ 6 〕(配点　24)

問1 F，Cl，Br，I に関する記述として**誤りを含むもの**を，次の**①**～**⑤**のうちから一つ選べ。 1

① 原子は，7個の価電子をもつ。

② 原子が陰イオンになると，半径が大きくなる。

③ 単体の融点や沸点は，原子番号が大きいほど高い。

④ 単体の酸化作用は，原子番号が大きいほど強い。

⑤ 水に対する単体の反応性は，原子番号が大きいほど低い。

問 2 図1は，ある純物質がさまざまな温度 T と圧力 P のもとで，どのような状態をとるかを示した状態図である。ただし，A は三重点であり，B は臨界点で，T_B と P_B はそれぞれ臨界点の温度と圧力である。図1の状態図に関する記述として**誤りを含むもの**を，下の①～⑤のうちから一つ選べ。　2

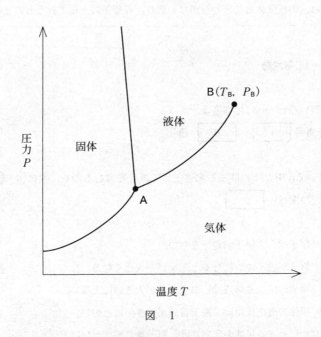

図　1

① 三重点 A では，固体，液体，気体が共存する。
② T_B よりも温度が高く，かつ P_B よりも圧力が高くなると，液体とも気体とも区別がつかなくなる。
③ 液体の沸点は，圧力が高くなると高くなる。
④ 固体が昇華する温度は，圧力が高くなると高くなる。
⑤ 固体の融点は，圧力が高くなると高くなる。

問 3 同じ物質量の H_2 と N_2 のみを密閉容器に入れ，温度 t〔℃〕に保ったところ，混合気体の全圧が P〔Pa〕になった。気体定数を R〔Pa・L/(K・mol)〕としたとき，混合気体の密度 d〔g/L〕を表す式はどれか。正しいものを，次の ①〜⑥ のうちから一つ選べ。ただし，H_2 と N_2 は反応しないものとする。　3　 g/L

① $\dfrac{7.5\,P}{R(t+273)}$　　② $\dfrac{15\,P}{R(t+273)}$　　③ $\dfrac{30\,P}{R(t+273)}$

④ $\dfrac{R(t+273)}{7.5\,P}$　　⑤ $\dfrac{R(t+273)}{15\,P}$　　⑥ $\dfrac{R(t+273)}{30\,P}$

問 4 液体の飽和蒸気圧は，図2に示すような装置を用いて測定できる。大気圧 1.013×10^5 Pa，温度 25 ℃ で次の**実験Ⅰ・Ⅱ**を行った。このとき，化合物 X の液体の飽和蒸気圧は何 Pa になるか。最も適当な数値を，下の①〜⑤のうちから一つ選べ。ただし，ガラス管内にある化合物 X の液体の体積と質量は無視できるものとする。 4 Pa

実験Ⅰ 一端を閉じたガラス管を水銀で満たして倒立させると，管の上部は真空になった。このとき，水銀柱の高さは 760 mm になった（図2，**ア**）。

実験Ⅱ 実験Ⅰののち，ガラス管の下端から上部の空間に少量の化合物 X の液体を注入した。気液平衡に達したとき，水銀柱の高さは 532 mm になった（図2，**イ**）。

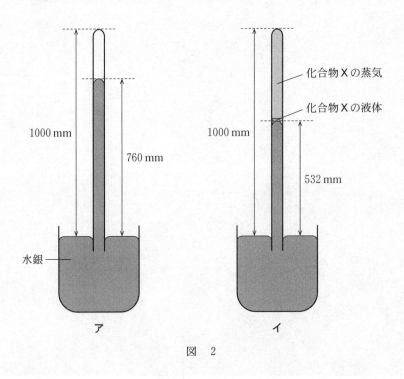

図　2

① 2.3×10^4　　② 3.0×10^4　　③ 5.4×10^4
④ 6.2×10^4　　⑤ 7.1×10^4

問 5 浸透圧から非電解質 Y のモル質量を決定するために，図 3 のように実験を行った。装置内の半透膜は水分子のみを通し，断面積が一定の U 字管の中央に固定されている。次の**実験 I ～ III** の結果から得られる Y のモル質量は何 g/mol か。最も適当な数値を，下の①～⑤のうちから一つ選べ。ただし，気体定数は $R = 8.3 \times 10^3$ Pa・L/(K・mol) である。 5 g/mol

実験 I U 字管の左側には純水を 10 mL 入れ，右側には非電解質 Y が 0.020 g 溶解した 10 mL の水溶液を入れた(図 3，**ア**)。

実験 II 大気圧 1.0133×10^5 Pa，温度 27 ℃ で静置したところ，水溶液の液面は純水の液面よりも高くなった(図 3，**イ**)。

実験 III ピストンを用いて U 字管の右側から空気を入れて，非電解質 Y の水溶液側に圧力をかけ，左右の液面を同じ高さにした。このとき，U 字管の右側の圧力は，1.0153×10^5 Pa になった(図 3，**ウ**)。

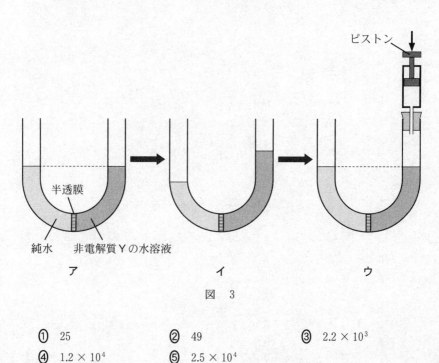

図 3

① 25 ② 49 ③ 2.2×10^3
④ 1.2×10^4 ⑤ 2.5×10^4

問 6 コロイドに関する記述として下線部に**誤りを含むもの**を，次の①～⑤のうちから一つ選べ。 6

① コロイド粒子のブラウン運動は，熱運動している分散媒分子が，コロイド粒子に不規則に衝突するために起こる。

② コロイド溶液で観察できるチンダル現象は，分散質であるコロイド粒子による光の散乱が原因である。

③ デンプンは，分子量が大きく，1分子でコロイド粒子になる。

④ 乾燥した寒天の粉末は，温水に溶かすとゲルになり，これを冷却するとゾルになる。

⑤ 墨汁に加えている膠は，疎水コロイドを凝析しにくくするはたらきをもつ保護コロイドである。

第2問 （必答問題）

次の問い（問1〜5）に答えよ。
〔解答番号　1　〜　7　〕（配点　24）

問1　スチールウール（細い鉄線）1.68 g および酸素と窒素の混合気体を反応容器に入れて密閉した。これを水の入った水槽に入れて，反応容器内でスチールウールを燃焼させ，水槽の水の温度上昇を測定して燃焼に伴う熱量を求めた。反応容器に入れる酸素の物質量を変化させて燃焼させたところ，酸素の物質量と水槽の水の温度上昇の関係は，図1のようになった。このとき，反応容器中のスチールウールと酸素のいずれかがなくなるまでこの燃焼反応が進行し，1種類の物質 A だけが生じたものとする。この実験に関する次ページの問い（a・b）に答えよ。

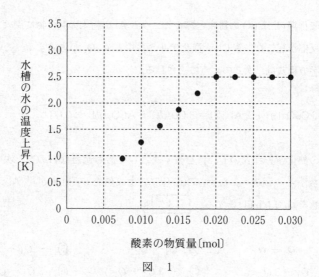

図　1

a Ａとして最も適当なものを，次の①~④のうちから一つ選べ。 ☐1

① Fe ② FeO ③ Fe_3O_4 ④ Fe_2O_3

b Ａの生成熱は何 kJ/mol か。最も適当な数値を，次の①~⑦のうちから一つ選べ。ただし，水槽と外部との熱の出入りはなく，燃焼により発生した熱はすべて水槽の水の温度上昇に使われたものとする。また，水槽の水の温度を 1 K 上昇させるには 4.48 kJ の熱量が必要であるものとする。

☐2 kJ/mol

① 0 ② 280 ③ 373
④ 560 ⑤ 747 ⑥ 840
⑦ 1120

問 2 酸化銅(Ⅱ)CuO の粉末とアルミニウム Al の粉末の混合物に点火すると激しい反応が起こり，銅 Cu と酸化アルミニウム Al_2O_3 が生成する。この反応の熱化学方程式は，次式のように表される。

3 CuO(固) + 2 Al(固) = 3 Cu(固) + Al_2O_3(固) + Q〔kJ〕

この熱化学方程式の Q〔kJ〕を表す式として最も適当なものを，次の①~⑥のうちから一つ選べ。なお，CuO(固)の生成熱を Q_1〔kJ/mol〕，Al_2O_3(固)の生成熱を Q_2〔kJ/mol〕とする。 ☐3 kJ

① $-Q_1 + Q_2$ ② $Q_1 - Q_2$ ③ $-Q_1 + 3Q_2$
④ $Q_1 - 3Q_2$ ⑤ $-3Q_1 + Q_2$ ⑥ $3Q_1 - Q_2$

問 3 ある一定温度において物質 A と物質 B から物質 C が生成する反応を考える。

　この反応の反応速度 v は，A のモル濃度を $[A]$，B のモル濃度を $[B]$，反応速度定数を k とすると，

$$v = k[A]^a[B]^b \quad (a, \ b \text{は一定の指数})$$

と表される。

　次ページの図 2 は，$[B]$ が 0.1 mol/L で一定のときの，C の生成速度と $[A]$ の関係を示す。また，図 3 は，$[A]$ が 1 mol/L で一定のときの，C の生成速度と $[B]$ の関係を示す。$[A]$ と $[B]$ がそれぞれある値のときの C の生成速度を v_0 とする。$[A]$ と $[B]$ をいずれも 2 倍にすると，C の生成速度は v_0 の何倍になるか。最も適当な数値を，次の①～④のうちから一つ選べ。ただし，C の生成速度は，いずれの場合も反応開始直後の生成速度である。　　4　倍

① 2　　　　　② 4　　　　　③ 8　　　　　④ 16

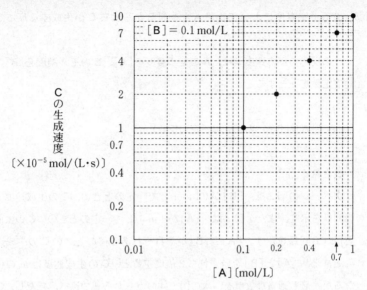

図 2

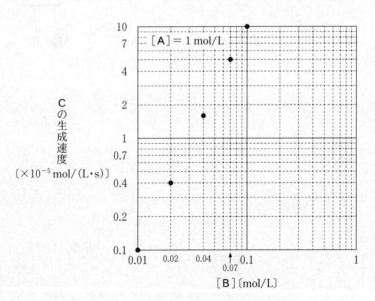

図 3

問 4 気体Ａと気体Ｂから気体Ｃが生成する反応は可逆反応であり，その熱化学方程式は次式のように表される。

$$A(気) + B(気) = C(気) + Q \text{[kJ]}, \quad Q > 0$$

一定の温度と圧力において，ＡとＢを物質量比１：１で混合したとき，Ｃの生成量の時間変化は，図４の破線のようであった。

この実験の反応条件を**条件Ⅰ・Ⅱ**のように変えて同様の実験を行い，Ｃの生成量の時間変化を測定した。その結果を図４に重ねて実線で示したものとして最も適当なものを，次ページの①～⑥のうちから，それぞれ一つずつ選べ。

条件Ⅰ 温度を下げる。 ５
条件Ⅱ 触媒を加える。 ６

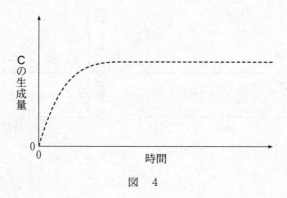

図 ４

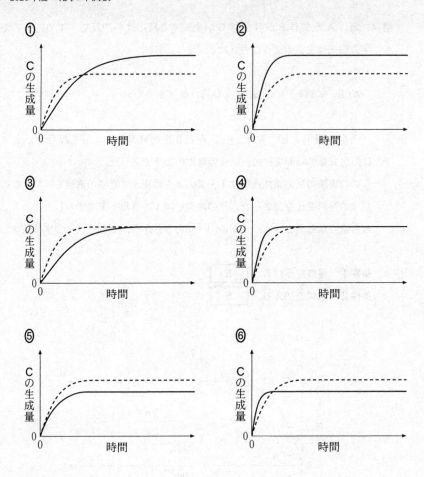

問 5 中和滴定の指示薬として色素分子 HA を用いることを考える。この色素分子は弱酸であり，水中で次のように一部が電離する。

$$HA \rightleftarrows H^+ + A^-$$

この反応の電離定数 K は，1.0×10^{-6} mol/L である。水溶液中で HA は赤色，A^- は黄色を呈するため，この反応の平衡が左辺あるいは右辺のどちらにかたよっているかを，溶液の色で見分けることができる。なお，HA と A^- のモル濃度の比 $\dfrac{[HA]}{[A^-]}$ が 10 以上または 0.1 以下のときに，確実に赤色あるいは黄色であることを見分けられるとする。次ページの図 5 の滴定曲線**ア～エ**のうち，この色素を指示薬として使うことができる中和滴定の滴定曲線はどれか。正しく選択しているものを，次の①～⑥のうちから一つ選べ。 ⬚7

① ア，イ   ② ア，ウ   ③ ア，エ

④ イ，ウ   ⑤ イ，エ   ⑥ ウ，エ

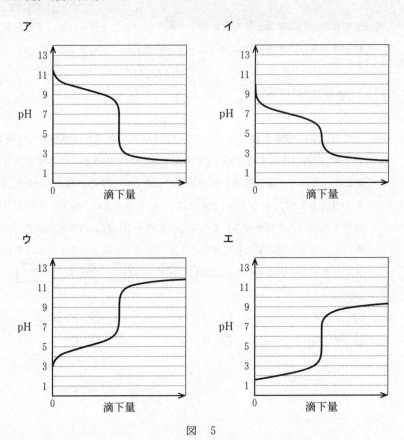

図 5

2020年度：化学/本試験　**17**

第3問　（必答問題）

次の問い（**問1～5**）に答えよ。

〔解答番号 | 1 | ～ | 8 | 〕（配点　23）

問1　無機物質の性質とその利用に関する記述として下線部に**誤りを含むもの**を，次の①～④のうちから一つ選べ。　| 1 |

①　ニクロムは，ニッケルとクロムの合金であり，銅と比べて電気抵抗が小さく，ヘアドライヤーなどに用いられる。

②　アルミニウムは，熱をよく伝え，表面に形成された酸化被膜により内部が保護されるので，調理器具に用いられる。

③　塩化コバルト（Ⅱ）の無水物（無水塩）は，吸湿により色が変化するため，水分の検出に用いられる。

④　ストロンチウムは，炎色反応を示し，その炭酸塩は花火に用いられる。

問2　酸化物に関する記述として**誤りを含むもの**を，次の①～④のうちから一つ選べ。　| 2 |

①　Ag_2O は，$AgNO_3$ 水溶液に $NaOH$ 水溶液を加えると得られる。

②　CuO は，$CuSO_4$ 水溶液に $NaOH$ 水溶液を加えて加熱すると，沈殿として得られる。

③　MnO_2 は，過酸化水素水に加えると還元剤としてはたらき，酸素が発生する。

④　SiO_2 は，塩酸には溶けないが，フッ化水素酸には溶ける。

問 3 Ag$^+$, Al^{3+}, Pb^{2+}, Zn^{2+} の 4 種類の金属イオンを含む水溶液**ア**から, 図 1 に示す**操作 I・II** により各イオンをそれぞれ分離することができた。この実験に関する次ページの問い (**a・b**) に答えよ。

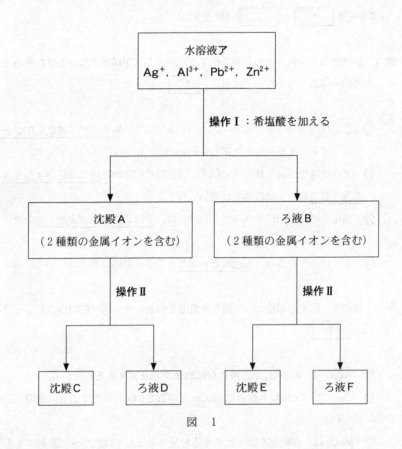

図　1

a 沈殿 A に含まれる 2 種類の金属イオンの組合せとして最も適当なもの
   を，次の①〜⑥のうちから一つ選べ。 ☐ 3

   ① Ag^+, Al^{3+} ② Ag^+, Pb^{2+} ③ Ag^+, Zn^{2+}

   ④ Al^{3+}, Pb^{2+} ⑤ Al^{3+}, Zn^{2+} ⑥ Pb^{2+}, Zn^{2+}

b 操作 II として最も適当なものはどれか。次の①〜④のうちから一つ選べ。
   さらに，沈殿 E およびろ液 F として分離される金属イオンはどれか。それ
   ぞれについて，その下の①〜④のうちから一つずつ選べ。

   操作 II ☐ 4

   ① 過剰のアンモニア水を加える。
   ② 過剰の水酸化ナトリウム水溶液を加える。
   ③ 希硫酸を加える。
   ④ 希硝酸を加える。

   沈殿 E ☐ 5   ろ液 F ☐ 6

   ① Ag^+ ② Al^{3+} ③ Pb^{2+} ④ Zn^{2+}

問 4　図 2 は，単体のカルシウム，およびカルシウム化合物 A〜D の相互関係を示したものである。図中の化合物 A〜D に関する記述として**誤りを含むもの**を，下の①〜④のうちから一つ選べ。　7

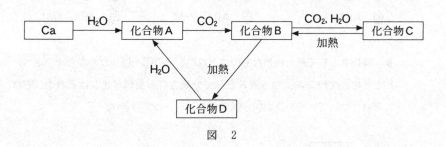

図　2

① 化合物 A は，水に少し溶けて，その水溶液は弱い塩基性を示す。
② 化合物 B は，石灰石や大理石の主成分として，天然に広く存在する。
③ 鍾乳洞の中では，化合物 C の水溶液から化合物 B が析出して，鍾乳石が成長する。
④ 化合物 D は生石灰と呼ばれ，水と反応して発熱するため，発熱剤として使用される。

問 5 ニッケル水素電池は二次電池として自動車などに利用される。この電池は放電時にニッケルの酸化数が＋3から＋2に変化し，その全反応は，

$$NiO(OH) + MH \longrightarrow Ni(OH)_2 + M$$

と表される。ここで，M は水素吸蔵合金である。

　二次電池に蓄えられる電気量は，A·h(アンペア時)を用いて表される。ここで 1 A·h とは，1 A の電流が 1 時間流れたときの電気量である。完全に放電した状態で 6.7 kg の $Ni(OH)_2$ を用いたニッケル水素電池が，1 回の充電で蓄えることのできる最大の電気量は何 A·h か。最も適当な数値を，次の①〜⑥のうちから一つ選べ。なお，$Ni(OH)_2$ の式量は 93，ファラデー定数は 9.65×10^4 C/mol とする。 ⬛ 8 ⬛ A·h

① 2.4×10^2 　　　② 4.8×10^2 　　　③ 9.7×10^2

④ 1.9×10^3 　　　⑤ 3.9×10^3 　　　⑥ 7.7×10^3

22 2020年度：化学/本試験

第4問 （必答問題）

次の問い（**問1～5**）に答えよ。

〔解答番号　[　1　]　～　[　6　]　〕(配点　19)

問1　炭化水素に関する記述として**誤りを含むもの**を，次の①～④のうちから一つ選べ。[　1　]

①　メタンの四つの共有結合の長さは，すべて等しい。

②　炭素原子間の結合距離は，エタンの方がエテン（エチレン）より長い。

③　プロパンの三つの炭素原子は，折れ線状に結合している。

④　炭素数が n であるシクロアルカンの一般式は，C_nH_{2n+2} である。

問2　分子式が $C_9H_nO_2$ で表される化合物 30 mg を完全燃焼させたところ，水 18 mg が生成した。分子式中の n の値として最も適当な数値を，次の①～⑤のうちから一つ選べ。[　2　]

①　8　　　　　②　10　　　　　③　12　　　　　④　14　　　　　⑤　16

問 3 次の化合物ア～ウを，それぞれ同じモル濃度の水溶液にしたとき，酸性の強い順に並べたものを，下の①～⑥のうちから一つ選べ。 3

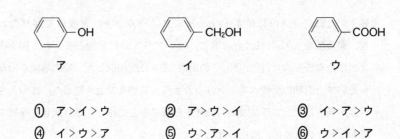

① ア＞イ＞ウ   ② ア＞ウ＞イ   ③ イ＞ア＞ウ
④ イ＞ウ＞ア   ⑤ ウ＞ア＞イ   ⑥ ウ＞イ＞ア

問 4 鏡像異性体（光学異性体）が存在する化合物の分子式として最も適当なものを，次の①～④のうちから一つ選べ。 4

① C_2H_3Cl ② $C_2H_4Cl_2$ ③ C_2H_4BrCl ④ C_3H_8O

問5 酢酸エチルの合成に関する次の実験Ⅰ・Ⅱについて，次ページの問い(a・b)に答えよ。

実験Ⅰ　丸底フラスコに酢酸10 mLとエタノール20 mLを取って混ぜ合わせ，濃硫酸を1.0 mL加えた。次に，このフラスコに沸騰石を入れ，図1のように冷却管を取り付け，80 ℃の湯浴で10分間加熱した。反応溶液を冷却したのち，過剰の炭酸水素ナトリウム水溶液を加えてよく混ぜた。このとき気体が発生した。フラスコ内の液体を分液ろうとに移し，ふり混ぜて静置すると，図2のように二層に分離した。

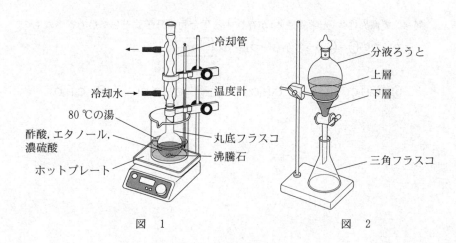

図　1　　　　　　　　　図　2

実験Ⅱ　エステル化の反応のしくみを調べるため，実験Ⅰのエタノールの代わりに，酸素原子が同位体^{18}Oに置き換わったエタノールのみを用いて酢酸エチルを合成した。生成した酢酸エチルの分子量は，実験Ⅰよりも2大きくなった。

a 実験 I に関する記述として**適当でないもの**を，次の①～④のうちから一つ選べ。 5

① 濃硫酸は，エステル化の触媒としてはたらいた。

② 炭酸水素ナトリウム水溶液を加えたとき，二酸化炭素の気体が発生した。

③ 酢酸エチルは，図2の下層として得られた。

④ 得られた酢酸エチルは，果実のような芳香のある液体だった。

b 実験 II に関する次の文章中の ア ・ イ に当てはまる語と数値の組合せとして最も適当なものを，下の①～④のうちから一つ選べ。 6

　得られた結果から，エステル化の反応では下の構造式の ア があらたに形成されることが分かった。また，生成した水の分子量は イ と推定される。

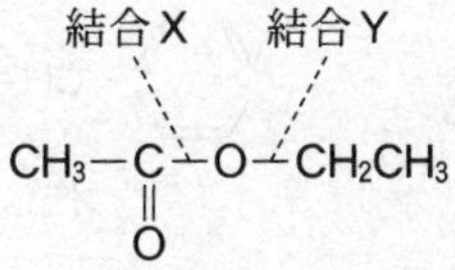

結合X　結合Y

$$CH_3-C-O-CH_2CH_3$$
$$\parallel$$
$$O$$

	ア	イ
①	結合X	18
②	結合X	20
③	結合Y	18
④	結合Y	20

26 2020年度：化学/本試験

第5問 （必答問題）

次の問い（**問1・問2**）に答えよ。
〔解答番号 | 1 | ～ | 3 | 〕（配点 6）

問1 次の高分子化合物（**a・b**）の合成には，下に示した原料（単量体）**ア～カ**のうち，どの二つが用いられるか。その組合せとして最も適当なものを，下の①～⑧のうちから一つずつ選べ。

a ナイロン66 | 1 |

b 合成ゴム（SBR） | 2 |

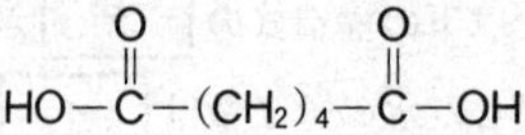

$$HO-\overset{O}{\underset{\|}{C}}-(CH_2)_4-\overset{O}{\underset{\|}{C}}-OH$$
ア

$$CH_2=CH-CH=CH_2$$
イ

$$H_2N-(CH_2)_6-NH_2$$
ウ

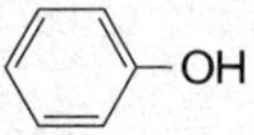

〈ベンゼン環〉$-OH$
エ

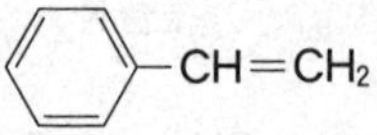

〈ベンゼン環〉$-CH=CH_2$
オ

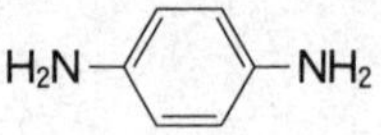

H_2N-〈ベンゼン環〉$-NH_2$
カ

① アとウ   ② アとエ   ③ アとカ   ④ イとエ

⑤ イとオ   ⑥ ウとエ   ⑦ エとオ   ⑧ オとカ

問 2 次のアミノ酸 A, B に関する下の記述の空欄　ア　・　イ　に入る語句の組合せとして最も適当なものを，下の①～⑨のうちから一つ選べ。　3

$$H_2N-\overset{\overset{\displaystyle H}{|}}{\underset{\underset{\displaystyle H}{|}}{C}}-COOH \qquad H_2N-\overset{\overset{\displaystyle NH_2}{|}}{\underset{\underset{\displaystyle H}{|}}{\overset{\displaystyle (CH_2)_4}{|}}}{\underset{\displaystyle H}{C}}-COOH$$

A（等電点　6.0）　　　B（等電点　9.7）

アミノ酸 A は，pH 6.0 において主に　ア　イオンとして存在する。

アミノ酸 B は，pH 7.0 で電気泳動を行った場合，　イ　。

	ア	イ
①	陽	陽極側に移動する
②	陽	移動しない
③	陽	陰極側に移動する
④	双性（両性）	陽極側に移動する
⑤	双性（両性）	移動しない
⑥	双性（両性）	陰極側に移動する
⑦	陰	陽極側に移動する
⑧	陰	移動しない
⑨	陰	陰極側に移動する

第6問 （選択問題）

次の問い（**問1**・**問2**）に答えよ。

〔解答番号　1　・　2　〕（配点　4）

問1 高分子化合物に関する記述として下線部に**誤りを含むもの**を，次の①〜⑤のうちから一つ選べ。　1

① 高密度ポリエチレンは，低密度ポリエチレンに比べて枝分かれが少なく，透明度が低い。

② フェノール樹脂は，ベンゼン環の間をメチレン基 $-CH_2-$ で架橋した構造をもつ。

③ イオン交換樹脂がイオンを交換する反応は，可逆反応である。

④ 二重結合の部分がシス形の構造をもつポリイソプレンは，トランス形の構造をもつものに比べて室温で硬く弾性に乏しい。

⑤ ポリ乳酸は，微生物によって分解される。

問2 次に示す繰り返し単位をもつ合成高分子化合物（平均分子量 1.78×10^4）について元素分析を行ったところ，炭素原子と塩素原子の物質量の比は $3.5:1$ であった。m の値として最も適当な数値を，下の①〜⑥のうちから一つ選べ。　2

$$\left[\begin{array}{c} CH_2-CH \\ | \\ CN \end{array} \right]_m \left[\begin{array}{c} CH_2-CH \\ | \\ Cl \end{array} \right]_n$$

繰り返し単位　　繰り返し単位
の式量 53.0　　の式量 62.5

① 50 　　　　　② 100 　　　　　③ 130

④ 170 　　　　⑤ 200 　　　　　⑥ 250

2020年度：化学/本試験　**29**

第 7 問 （選択問題）

次の問い（**問 1・問 2**）に答えよ。

〔解答番号 □ 1 □ ・ □ 2 □ 〕（配点　4）

問 1　天然高分子化合物の構造に関する記述として下線部に**誤りを含むもの**を，次の①～④のうちから一つ選べ。□ 1 □

① タンパク質の三次構造の形成に関与している結合には，<u>ジスルフィド結合 $-S-S-$</u> がある。

② タンパク質のポリペプチド鎖は，右巻きのらせん構造をとることがあり，<u>この構造を β-シートという。</u>

③ 核酸は，ヌクレオチドの<u>糖部分の $-OH$ とリン酸部分の $-OH$ の間で脱水縮合してできた直鎖状</u>の高分子化合物である。

④ RNA の糖部分はリボースであり，<u>DNA の糖部分とは構造が異なる。</u>

問 2　平均分子量が 8.1×10^3 であるデキストリン $(C_6H_{10}O_5)_n$（繰り返し単位の式量 162）1.0×10^{-3} mol を，アミラーゼ（β-アミラーゼ）で完全に加水分解したところ，マルトースのみが得られた。十分な量のフェーリング液に，得られたマルトースをすべて加えて加熱したとき，生じる酸化銅（Ⅰ）Cu_2O は何 g か。最も適当な数値を，次の①～⑤のうちから一つ選べ。ただし，還元性のある糖 1 mol あたり Cu_2O 1 mol が生じるものとし，反応は完全に進行したものとする。□ 2 □ g

① 1.8　　　② 2.0　　　③ 3.6　　　④ 4.0　　　⑤ 7.2

化 学 基 礎

$\left(\text{解答番号}\boxed{1}\sim\boxed{15}\right)$

必要があれば，原子量は次の値を使うこと。

H 1.0   N 14   O 16   Na 23

第1問 次の問い(問1〜7)に答えよ。(配点　25)

問1　原子およびイオンの電子配置に関する記述として**誤りを含むもの**を，次の ①〜④のうちから一つ選べ。　$\boxed{1}$

① 炭素原子Cの K 殻には，2個の電子が入っている。

② 硫黄原子Sは，6個の価電子をもつ。

③ ナトリウムイオン Na^+ の電子配置は，フッ化物イオン F^- の電子配置と同じである。

④ 窒素原子Nの最外殻電子の数は，リン原子Pの最外殻電子の数と異なる。

問2 周期表の1～18族・第1～第5周期までの概略を図1に示した。図中の太枠で囲んだ領域ア～クに関する記述として**誤りを含むもの**を，下の①～⑤のうちから一つ選べ。 2

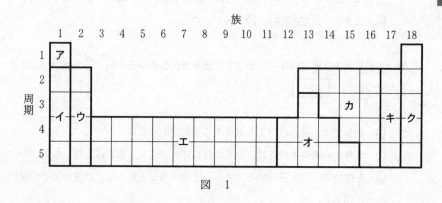

図 1

① アとイとウは，すべて典型元素である。
② エは，すべて遷移元素である。
③ オは，すべて遷移元素である。
④ カは，すべて典型元素である。
⑤ キとクは，すべて典型元素である。

32 2020年度：化学基礎/本試験

問3 分子全体として**極性がない分子**を，次の①～⑤のうちから二つ選べ。ただ
し，解答の順序は問わない。　3 　・　4

① 水 H_2O　　　　　② 二酸化炭素 CO_2　　　③ アンモニア NH_3

④ エタノール C_2H_5OH　　⑤ メタン CH_4

問4 純物質の状態に関する記述として**誤りを含むもの**を，次の①～④のうちから
一つ選べ。　5

① 液体では，沸点以下でも液面から蒸発がおこる。

② 気体から液体を経ることなく直接固体へ変化する物質は存在しない。

③ 気体では，一定温度であっても，空間を飛びまわる速さが速い分子や遅い
分子がある。

④ 分子結晶では，分子の位置はほぼ固定されているが，分子は常温でも常に
熱運動(振動)をしている。

問5 水道水を蒸留するために，次の**手順Ⅰ・Ⅱ**により，図2のように装置を組み立てた。

手順Ⅰ 蒸留で得られる成分の沸点を正しく確認するために，穴をあけたゴム栓に通した温度計を枝付きフラスコに取り付け，温度計の下端部（球部）の位置を調節した。

手順Ⅱ 留出液（蒸留水）を得るために，受け器の三角フラスコを持ち上げてアダプターの先端を差し込んで，三角フラスコの下に台を置いた。

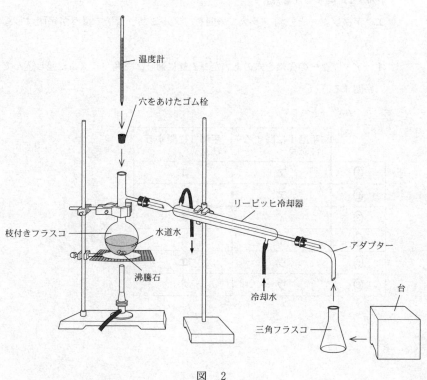

図 2

手順Ⅰに関する注意点（**ア～ウ**）および**手順Ⅱ**に関する注意点（**エ・オ**）について，最も適当なものの組合せを，下の①～⑥のうちから一つ選べ。 | 6 |

【**手順Ⅰ**に関する注意点】

ア 温度計の下端部を，水道水の中に差し込む。

イ 温度計の下端部を，水道水の液面にできるだけ近づける。

ウ 温度計の下端部を，枝付きフラスコの枝の付け根の高さに合わせる。

【**手順Ⅱ**に関する注意点】

エ アダプターと三角フラスコの間を，アルミニウム箔で覆うが密閉はしない。

オ アダプターの先端を穴のあいたゴム栓に通し，三角フラスコに差し込んで密閉する。

	手順Ⅰに関する 注意点	手順Ⅱに関する 注意点
①	ア	エ
②	ア	オ
③	イ	エ
④	イ	オ
⑤	ウ	エ
⑥	ウ	オ

問 6 ある量の塩化カルシウム $CaCl_2$ と臭化カルシウム $CaBr_2$ を完全に溶かした水溶液に，十分な量の硫酸ナトリウム Na_2SO_4 水溶液を加えると 8.6 g の硫酸カルシウム二水和物 $CaSO_4 \cdot 2H_2O$（式量 172）の沈殿が得られた。水溶液中の臭化物イオンの物質量が 0.024 mol であったとすると，溶かした $CaCl_2$ の物質量は何 mol か。最も適当な数値を，次の①～⑤のうちから一つ選べ。ただし，水溶液中のカルシウムイオンはすべて $CaSO_4 \cdot 2H_2O$ として沈殿したものとする。 | 7 | mol

① 0.002　　② 0.019　　③ 0.026　　④ 0.038　　⑤ 0.051

問 7 生活に関わる物質の記述として下線部に誤りを含むものを，次の①～④のうちから一つ選べ。 | 8 |

① 二酸化ケイ素は，ボーキサイトの主成分であり，ガラスやシリカゲルの原料として使用される。

② 塩素は，殺菌作用があるので，浄水場で水の消毒に使用されている。

③ ポリエチレンは，炭素と水素だけからなる高分子化合物で，ポリ袋などに用いられる。

④ 白金は，空気中で化学的に変化しにくく，宝飾品に用いられる。

36 2020年度：化学基礎/本試験

第2問 次の問い（問1～6）に答えよ。（配点 25）

問1 塩素 Cl には質量数が 35 と 37 の同位体が存在する。分子を構成する原子の質量数の総和を M とすると，二つの塩素原子から生成する塩素分子 Cl_2 には，M が 70，72，および 74 のものが存在することになる。天然に存在するすべての Cl 原子のうち，質量数が 35 のものの存在比は 76 %，質量数が 37 のものの存在比は 24 % である。

これらの Cl 原子 2 個から生成する Cl_2 分子のうちで，M が 70 の Cl_2 分子の割合は何%か。最も適当な数値を，次の①～⑥のうちから一つ選べ。

| 9 | %

① 5.8   ② 18   ③ 24

④ 36   ⑤ 58   ⑥ 76

問2 モル濃度が 0.25 mol/L の硝酸ナトリウム $NaNO_3$ 水溶液が 200 mL ある。この水溶液に $NaNO_3$ を加え，水で希釈することにより，0.12 mol/L の $NaNO_3$ 水溶液 500 mL を調製したい。加える $NaNO_3$ の質量は何 g か。最も適当な数値を，次の①～⑤のうちから一つ選べ。 | 10 | g

① 0.85   ② 5.1   ③ 6.0   ④ 9.4   ⑤ 15

問 3 水溶液 A 150 mL をビーカーに入れ，水溶液 B をビュレットから滴下しながら pH の変化を記録したところ，図 1 の曲線が得られた。水溶液 A および B として最も適当なものを，下の ①〜⑨ のうちから一つずつ選べ。
A ☐11 ・B ☐12

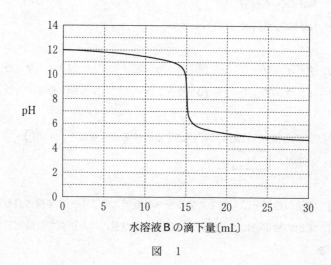

図　1

① 0.10 mol/L 塩酸

② 0.010 mol/L 塩酸

③ 0.0010 mol/L 塩酸

④ 0.10 mol/L 酢酸水溶液

⑤ 0.010 mol/L 酢酸水溶液

⑥ 0.0010 mol/L 酢酸水溶液

⑦ 0.10 mol/L 水酸化ナトリウム水溶液

⑧ 0.010 mol/L 水酸化ナトリウム水溶液

⑨ 0.0010 mol/L 水酸化ナトリウム水溶液

問 4 次に示す 0.1 mol/L 水溶液**ア～ウ**を pH の大きい順に並べたものはどれか。最も適当なものを，下の①～⑥のうちから一つ選べ。　13

　ア　NaCl 水溶液
　イ　NaHCO₃ 水溶液
　ウ　NaHSO₄ 水溶液

① **ア** > **イ** > **ウ**　　② **ア** > **ウ** > **イ**　　③ **イ** > **ア** > **ウ**
④ **イ** > **ウ** > **ア**　　⑤ **ウ** > **ア** > **イ**　　⑥ **ウ** > **イ** > **ア**

問 5 化学電池(電池)に関する記述として**誤りを含むもの**を，次の①～④のうちから一つ選べ。　14

① 電池の放電では，化学エネルギーが電気エネルギーに変換される。
② 電池の放電時には，負極では還元反応が起こり，正極では酸化反応が起こる。
③ 電池の正極と負極との間に生じる電位差を，電池の起電力という。
④ 水素を燃料として用いる燃料電池では，発電時(放電時)に水が生成する。

問 6 金属の溶解を伴う反応に関する記述として**正しいもの**を，次の①～④のうちから一つ選べ。　15

① 硝酸銀水溶液に鉄くぎを入れると，鉄が溶け，銀が析出する。
② 硫酸銅(Ⅱ)水溶液に亜鉛板を入れると，亜鉛が溶け，水素が発生する。
③ 希硝酸に銅板を入れると，銅が溶け，水素が発生する。
④ 濃硝酸にアルミニウム板を入れると，アルミニウム板が溶け続ける。

2019

本試験

化学 ………………………………… 2
化学基礎 ……………………………… 29

化学：解答時間 60 分　配点 100 点

化学基礎：解答時間　2 科目 60 分
配点　2 科目 100 点
（物理基礎，化学基礎，生物基礎，
地学基礎から 2 科目選択）

化 学

問　題	選　択　方　法
第 1 問	必　　　答
第 2 問	必　　　答
第 3 問	必　　　答
第 4 問	必　　　答
第 5 問	必　　　答
第 6 問	いずれか 1 問を選択し，解答しなさい。
第 7 問	

2019年度：化学/本試験 **3**

必要があれば，原子量は次の値を使うこと。

| H | 1.0 | | C | 12 | | N | 14 | | O | 16 |
| S | 32 | | Cr | 52 | | Cu | 64 | | Ag | 108 |

気体は，実在気体とことわりがない限り，理想気体として扱うものとする。

第1問 （必答問題）

次の問い（**問1～6**）に答えよ。

〔解答番号 1 ～ 7 〕（配点 24）

問1 次の記述（**a・b**）に当てはまるものを，下の①～⑤のうちから一つずつ選べ。ただし，同じものを選んでもよい。

a 共有結合をもたない物質 1

b 固体状態で電気をよく通す物質 2

① 塩化カリウム ② 黒 鉛 ③ 硝酸カリウム
④ ポリエチレン ⑤ ヨウ素

問 2 図1の立方体はダイヤモンドの単位格子を示しており,炭素原子は立方体の各頂点8か所,各面心6か所,および内部4か所にある。単位格子の1辺の長さを a〔cm〕,炭素のモル質量を M〔g/mol〕,アボガドロ定数を N_A〔/mol〕としたとき,ダイヤモンドの密度 d〔g/cm³〕を表す式として正しいものを,下の①~⑥のうちから一つ選べ。 3 g/cm³

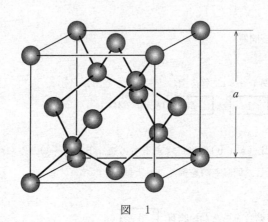

図 1

① $\dfrac{6MN_A}{a^3}$ ② $\dfrac{6M}{a^3 N_A}$ ③ $\dfrac{8MN_A}{a^3}$

④ $\dfrac{8M}{a^3 N_A}$ ⑤ $\dfrac{18MN_A}{a^3}$ ⑥ $\dfrac{18M}{a^3 N_A}$

問 3　分子間にはたらく力に関する記述として下線部に**誤りを含むもの**を，次の①～④のうちから一つ選べ。 4

① Ne の沸点は Ar よりも低い。これは，Ne と Ne の間のファンデルワールス力が，Ar と Ar の間より強いためである。

② H_2S の沸点は同程度の分子量をもつ F_2 よりも高い。これは，H_2S は極性分子であり，H_2S 分子間に静電気的な引力がはたらくためである。

③ 氷の密度は液体の水よりも小さい。これは，水素結合により H_2O 分子が規則的に配列することで，氷の結晶がすき間の多い構造になるためである。

④ HF の沸点は HBr よりも高い。これは，HF 分子間に水素結合が形成されるためである。

問 4 揮発性の純物質Aの分子量を求めるための実験を行った。内容積が 500 mL の容器にAの液体を約 2 g 入れ，小さな穴をあけたアルミニウム箔で口をふさいだ。これを，図2のように 87 ℃ の温水に浸し，Aを完全に蒸発させて容器内を 87 ℃ のAの蒸気のみで満たした。その後，この容器を冷却したところ，容器内のAの蒸気はすべて液体になり，その液体の質量は 1.4 g であった。Aの分子量はいくらか。最も適当な数値を，下の①～⑤のうちから一つ選べ。ただし，大気圧は 1.0×10^5 Pa であり，気体定数は $R = 8.3 \times 10^3$ Pa・L/(K・mol) とする。 5

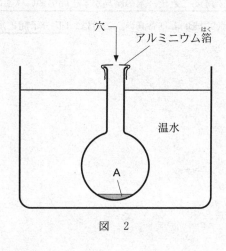

図 2

① 20　　② 63　　③ 84　　④ 110　　⑤ 120

問 5 溶解に関する記述として**誤りを含むもの**を，次の①～⑤のうちから一つ選べ。 6

① 固体の臭化ナトリウムを水に入れると，ナトリウムイオンと臭化物イオンはそれぞれ水分子に囲まれた水和イオンとなって溶解する。

② 多くの水溶性の固体の水に対する溶解度は，水温が高くなるほど大きくなる。

③ 塩化水素を水に溶かすと，H−Cl 間の結合が切れて電離する。

④ エタノールは，極性溶媒である水に溶ける。

⑤ 四塩化炭素は，無極性溶媒であるヘキサンに溶けない。

問 6 酸素は，圧力 1.0×10^5 Pa のもとで，40 ℃の水 1.0 L に 1.0×10^{-3} mol 溶解し，平衡に達する。2.0×10^5 Pa の酸素が，40 ℃の水 10 L に接して溶解平衡にあるとき，この水に溶けている酸素の質量は何 g か。最も適当な数値を，次の①～⑥のうちから一つ選べ。 7 g

① 0.016   ② 0.032   ③ 0.064

④ 0.16   ⑤ 0.32   ⑥ 0.64

第2問 （必答問題）

次の問い（問1～5）に答えよ。
〔解答番号 | 1 | ～ | 6 |〕（配点 24）

問1 図1は，構造式 H－O－O－H で示される過酸化水素 H_2O_2 1 mol が水素 H_2 と酸素 O_2 から生成する反応に関するエネルギーの関係を示している。ここで，図中の**ア**，**イ**はこの反応における反応物あるいは生成物である。**ア**，**イ**に当てはまる物質，および H_2O_2(気)中の O－H 結合 1 mol あたりの結合エネルギーの数値の組合せとして最も適当なものを，次ページの①～⑥のうちから一つ選べ。ただし，H_2O_2(気)の生成熱を 136 kJ/mol とし，結合エネルギーは下の表1に示す値を使うこと。| 1 |

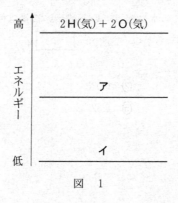

図　1

表　1

H_2(気)の結合エネルギー	436 kJ/mol
O_2(気)の結合エネルギー	498 kJ/mol
H_2O_2(気)中の O－O の結合エネルギー	144 kJ/mol

	ア	イ	H_2O_2(気)中の O−H の結合エネルギー〔kJ/mol〕
①	H_2O_2(気)	H_2(気) + O_2(気)	327
②	H_2O_2(気)	H_2(気) + O_2(気)	463
③	H_2O_2(気)	H_2(気) + O_2(気)	926
④	H_2(気) + O_2(気)	H_2O_2(気)	327
⑤	H_2(気) + O_2(気)	H_2O_2(気)	463
⑥	H_2(気) + O_2(気)	H_2O_2(気)	926

問 2 水溶液中で化合物 A が化合物 B に変化する反応は可逆反応 A $\rightleftarrows$ B であり，十分な時間が経過すると平衡状態になる。この反応では，正反応 A $\longrightarrow$ B の反応速度 v_1 は，反応速度定数(速度定数)を k_1，A のモル濃度を [A]とすると，

$$v_1 = k_1[\text{A}]$$

と表される。また，逆反応 B $\longrightarrow$ A の反応速度 v_2 は，反応速度定数を k_2，B のモル濃度を[B]とすると，

$$v_2 = k_2[\text{B}]$$

と表される。

ある温度において 1.2 mol の A を水に溶かして 1.0 L の溶液とし，A $\rightleftarrows$ B の可逆反応が平衡状態になったとき，A のモル濃度は何 mol/L になるか。最も適当な数値を，次の①～⑤のうちから一つ選べ。ただし，この反応では，水溶液の体積と温度は変化しないものとし，$k_1 = 5.0$ /s，$k_2 = 1.0$ /s とする。

| 2 | mol/L

① 0.20   ② 0.40   ③ 0.60   ④ 0.80   ⑤ 1.0

問 3 水溶液中での塩化銀の溶解度積(25 ℃)を K_{sp} とするとき, [Ag$^+$]と $\dfrac{K_{sp}}{[\text{Ag}^+]}$ との関係は図 2 の曲線で表される。硝酸銀水溶液と塩化ナトリウム水溶液を, 表 2 に示す**ア〜オ**のモル濃度の組合せで同体積ずつ混合した。25 ℃ で十分な時間をおいたとき, 塩化銀の沈殿が生成するのはどれか。すべてを正しく選択しているものを, 次ページの①〜⑤のうちから一つ選べ。 3

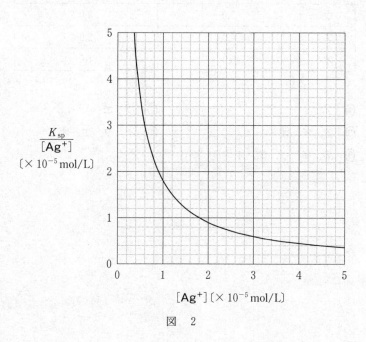

図 2

12   2019年度：化学/本試験

表　2

	硝酸銀水溶液のモル濃度〔× 10^{-5} mol/L〕	塩化ナトリウム水溶液のモル濃度〔× 10^{-5} mol/L〕
ア	1.0	1.0
イ	2.0	2.0
ウ	3.0	3.0
エ	4.0	2.0
オ	5.0	1.0

① ア   ② ウ，エ

③ ア，イ，オ   ④ イ，ウ，エ，オ

⑤ ア，イ，ウ，エ，オ

問 4 図 3 に示すように,粗銅板を陽極,純銅板を陰極として,電解液に硫酸銅(Ⅱ) $CuSO_4$ の硫酸酸性水溶液を用いた装置で電気分解を行ったところ,陽極の下に陽極泥が生じた。この実験に関する下の問い(**a**・**b**)に答えよ。ただし,この電気分解の間,電極での気体の発生はないものとする。

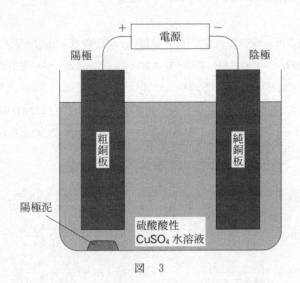

図 3

a 粗銅板中の不純物が,亜鉛 Zn,金 Au,銀 Ag,鉄 Fe,ニッケル Ni であるとき,これらの金属のうち,電気分解後にイオンとして水溶液中に存在するものはどれか。すべてを正しく選択しているものを,次の①~⑤のうちから一つ選べ。| 4 |

① Zn 　　② Fe, Ni 　　③ Zn, Fe, Ni
④ Ag, Fe, Ni 　　⑤ Zn, Au, Ag

b この電気分解により,陰極に 0.384 g の銅を析出させるには,0.965 A の電流を何秒間流せばよいか。最も適当な数値を,次の①~⑤のうちから一つ選べ。ただし,ファラデー定数は 9.65×10^4 C/mol とする。| 5 |秒間

① 6.0×10^2 　　② 1.2×10^3 　　③ 1.0×10^4
④ 3.8×10^4 　　⑤ 7.7×10^4

問 5 硝酸アンモニウム NH_4NO_3 の水への溶解の熱化学方程式は，次式のように表される。

$$NH_4NO_3(固) + aq = NH_4NO_3\,aq - 26\ kJ$$

熱の出入りのない容器（断熱容器）に 25 ℃ の水 V〔mL〕を入れ，同温度の NH_4NO_3 を m〔g〕溶解して均一な水溶液とした。このときの水溶液の温度〔℃〕を表す式として正しいものを，次の①～⑥のうちから一つ選べ。ただし，水の密度を d〔g/cm³〕，この水溶液の比熱を c〔J/(g・K)〕，NH_4NO_3 のモル質量を M〔g/mol〕とする。また，溶解熱はすべて水溶液の温度変化に使われたものとする。 $\boxed{6}$ ℃

① $25 + \dfrac{2.6 \times 10^4\,m}{c(Vd + m)M}$ ② $25 - \dfrac{2.6 \times 10^4\,m}{c(Vd + m)M}$

③ $25 + \dfrac{2.6 \times 10^4\,m}{cVdM}$ ④ $25 - \dfrac{2.6 \times 10^4\,m}{cVdM}$

⑤ $25 + \dfrac{2.6 \times 10^4\,M}{c(Vd + m)m}$ ⑥ $25 - \dfrac{2.6 \times 10^4\,M}{c(Vd + m)m}$

2019年度：化学/本試験　**15**

第3問　（必答問題）

次の問い（**問1～5**）に答えよ。
〔解答番号　1　～　6　〕（配点　23）

問1　身のまわりの無機物質に関する記述として下線部に**誤りを含むもの**を，次の
①～⑤のうちから一つ選べ。　1

①　アルゴンは，反応性に乏しく，電球や放電管に封入されている。

②　斜方硫黄，単斜硫黄，ゴム状硫黄は，互いに同素体の関係にある。

③　リンを乾燥空気中で燃やすと，十酸化四リンが生じる。

④　ケイ砂や粘土などを高温で焼き固めてつくられた固体材料は，セラミック
ス（窯業製品）と呼ばれる。

⑤　銑鉄は，鋳物に使われ，鋼に比べて含まれる炭素の割合が低い。

問2　アルカリ金属 Li，Na とアルカリ土類金属 Ca，Ba の四つの元素に共通する
記述として**誤りを含むもの**を，次の①～④のうちから一つ選べ。　2

①　陽イオンになりやすい元素である。

②　単体は，常温の水と反応する。

③　炎色反応を示す。

④　炭酸塩は，水によく溶ける。

問 3 錯イオンに関する記述として下線部に**誤りを含むもの**を，次の①～⑤のうちから一つ選べ。 3

① 水酸化銅(Ⅱ) $Cu(OH)_2$ に過剰のアンモニア水を加えると，$[Cu(NH_3)_4]^{2+}$ が生成して<u>深青色の水溶液</u>になる。

② 酸化銀 Ag_2O に過剰のアンモニア水を加えると，$\underline{[Ag(NH_3)_2]^+}$ が生成して無色の水溶液になる。

③ $[Fe(CN)_6]^{4-}$ を含む水溶液に $\underline{Fe^{3+}}$ を含む水溶液を加えると，濃青色の沈殿が生じる。

④ $[Zn(NH_3)_4]^{2+}$ の四つの配位子は，<u>正方形の配置</u>をとる。

⑤ $[Fe(CN)_6]^{3-}$ の六つの配位子は，<u>正八面体形の配置</u>をとる。

問 4 図1に示すアンモニアから硝酸を製造する方法(オストワルト法)について，下の問い(a・b)に答えよ。

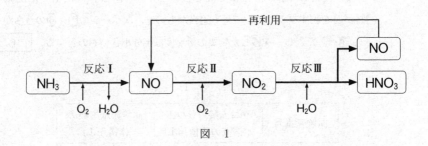

図 1

a 図1の反応と物質に関する記述として正しいものを，次の①〜⑤のうちから一つ選べ。 4

① 反応Ⅰ〜Ⅲの中で触媒を利用するのは，反応Ⅱのみである。
② 反応Ⅲでは，二酸化窒素の酸化と還元が起こる。
③ 一酸化窒素は，水に溶けやすい気体である。
④ 二酸化窒素は，無色の気体である。
⑤ 硝酸は，光や熱による分解が起こりにくい。

b オストワルト法の全反応と一酸化窒素の再利用が完全に進み，それ以外の反応が起こらないとすると，6 mol のアンモニアから生成する硝酸の物質量は何 mol か。最も適当な数値を，次の①〜⑤のうちから一つ選べ。 5 mol

① 2　　② 3　　③ 4　　④ 6　　⑤ 12

18 2019年度：化学/本試験

問 5 クロム酸カリウムと硝酸銀との沈殿反応を調べるため，11 本の試験管を使い，0.10 mol/L のクロム酸カリウム水溶液と 0.10 mol/L の硝酸銀水溶液を，それぞれ表1に示した体積で混ぜ合わせた。各試験管内に生じた沈殿の質量〔g〕を表すグラフとして最も適当なものを，次ページの①～⑥のうちから一つ選べ。ただし，沈殿した物質の溶解度は十分小さいものとする。　　6

表　1

試験管番号	クロム酸カリウム水溶液の体積〔mL〕	硝酸銀水溶液の体積〔mL〕
1	1.0	11.0
2	2.0	10.0
3	3.0	9.0
4	4.0	8.0
5	5.0	7.0
6	6.0	6.0
7	7.0	5.0
8	8.0	4.0
9	9.0	3.0
10	10.0	2.0
11	11.0	1.0

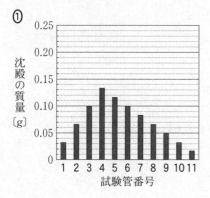
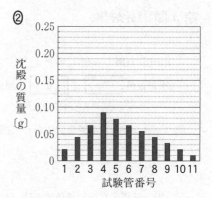
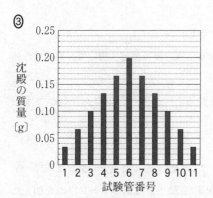
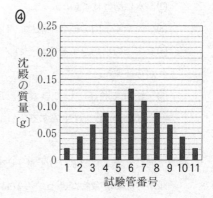
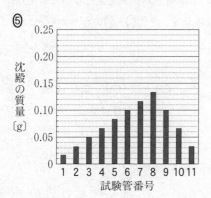
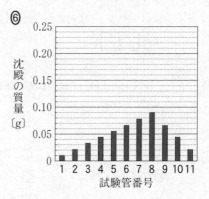

20　2019年度：化学/本試験

第4問　(必答問題)

次の問い(問1～5)に答えよ。
〔解答番号　1　～　6　〕(配点　19)

問1　ベンゼンに関する記述として**誤りを含むもの**を，次の①～⑤のうちから一つ
選べ。　1

① 常温・常圧で無色の液体である。

② 水に溶けにくい。

③ 炭素原子間の結合距離は，すべて等しい。

④ 二つの水素原子をそれぞれメチル基に置き換えた化合物には，構造異性体
が存在する。

⑤ 鉄粉を触媒にして塩素を反応させると，ヘキサクロロシクロヘキサン
$C_6H_6Cl_6$ がおもに生成する。

問2　同じ分子式 $C_4H_{10}O$(分子量 74)をもつ 1-ブタノールとメチルプロピルエーテ
ルからなる混合物がある。この混合物 3.7 g に十分な量のナトリウムを加えた
ところ，0.015 mol の水素が発生した。混合物中の 1-ブタノールの含有率(質
量パーセント)は何%か。最も適当な数値を，下の①～⑥のうちから一つ選
べ。　2　%

$$CH_3-CH_2-CH_2-CH_2-OH \qquad CH_3-O-CH_2-CH_2-CH_3$$
1-ブタノール　　　　　　　　　　メチルプロピルエーテル

① 15　　　　　　　　② 30　　　　　　　　③ 40

④ 60　　　　　　　　⑤ 70　　　　　　　　⑥ 85

問3 下の五つの芳香族化合物の中には，次式のような還元反応の反応物と生成物の関係にあるものが二組ある。それぞれの還元反応の生成物として適当なものを，下の①～⑤のうちから二つ選べ。ただし，解答の順序は問わない。
　3 ・ 4

反応物 ──還元反応──→ 生成物

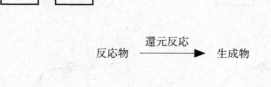

問4 次の化合物Aの構造異性体のうち，カルボニル基をもつものはいくつあるか。正しい数を，下の①～⑤のうちから一つ選べ。　5

化合物A

① 1　　② 2　　③ 3　　④ 4　　⑤ 5

問 5 図1に示す装置A〜Cのいずれかを用いて,酢酸ナトリウムの無水物(無水塩)と水酸化ナトリウムの混合物を試験管中で加熱し,生成した化合物を捕集したい。この化合物と装置の組合せとして最も適当なものを,下の①〜⑥のうちから一つ選べ。| 6 |

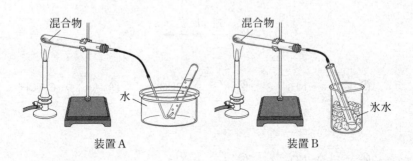

図　1

	化合物	装　置
①	アセトン	A
②	アセトン	B
③	アセトン	C
④	メタン	A
⑤	メタン	B
⑥	メタン	C

第5問 (必答問題)

次の問い(問1・問2)に答えよ。
〔解答番号 [1]・[2] 〕(配点 5)

問1 平均分子量がM_AとM_Bである合成高分子化合物AとBがある。図1は，AとBの分子量分布であり，どちらも分子量Mの分子の数が最も多い。M_A，M_B，Mの関係として最も適当なものを，下の①～⑦のうちから一つ選べ。
[1]

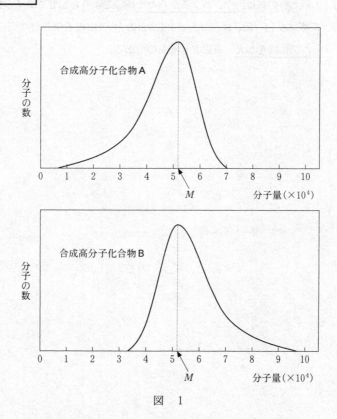

図 1

① $M = M_A = M_B$ ② $M < M_A = M_B$ ③ $M_A = M_B < M$
④ $M < M_A < M_B$ ⑤ $M_A < M_B < M$ ⑥ $M_A < M < M_B$
⑦ $M_B < M < M_A$

問 2 高分子化合物に関する記述として下線部に**誤りを含むもの**を，次の①～④のうちから一つ選べ。 2

① アセテート繊維は，トリアセチルセルロースの一部の<u>エステル結合を加水分解して</u>つくられる。

② セロハンは，セルロースに化学反応させてつくったビスコースから，薄膜状に<u>セルロースを再生させて</u>つくられる。

③ 木綿（綿）の糸は，<u>タンパク質からなる</u>繊維をより合わせてつくられる。

④ 天然ゴム（生ゴム）は，ゴムノキ（ゴムの木）の樹皮を傷つけて得られた<u>ラテックスに酸を加え</u>，凝固させたものである。

第6問 （選択問題）

次の問い（問1・問2）に答えよ。

〔解答番号 □1□・□2□〕（配点　5）

問1　ホルムアルデヒドを原料として用いない合成高分子はどれか。最も適当なものを，次の①〜⑤のうちから一つ選べ。　□1□

①　アクリル繊維　　②　尿素樹脂　　③　ビニロン
④　フェノール樹脂　⑤　メラミン樹脂

問2　次の高分子化合物 A は両端にカルボキシ基をもち，テレフタル酸とエチレングリコールを適切な物質量の比で縮合重合させることによって得られた。1.00 g の A には 1.2×10^{19} 個のカルボキシ基が含まれていた。A の平均分子量はいくらか。最も適当な数値を，下の①〜⑥のうちから一つ選べ。ただし，アボガドロ数を 6.0×10^{23} とする。　□2□

$$\text{HO}-\left[\underset{\text{O}}{\text{C}}-\bigcirc-\underset{\text{O}}{\text{C}}-\text{O}-(\text{CH}_2)_2-\text{O}-\underset{\text{O}}{\text{C}}-\bigcirc-\underset{\text{O}}{\text{C}}\right]_n-\text{OH}$$

高分子化合物 A

①　2.5×10^4　　　②　5.0×10^4　　　③　1.0×10^5
④　2.5×10^5　　　⑤　5.0×10^5　　　⑥　1.0×10^6

26 2019年度：化学/本試験

第7問 （選択問題）

次の問い（問1・問2）に答えよ。

〔解答番号 1 ・ 2 〕（配点 5）

問1 二糖類に関する記述として下線部に**誤りを含むもの**を，次の①〜⑤のうちから一つ選べ。 1

① 二糖は，単糖2分子が脱水縮合したもので，この反応でできたC−O−Cの構造を<u>グリコシド結合</u>という。

② スクロースとマルトースは，<u>互いに異性体</u>である。

③ スクロースを加水分解して得られる，2種類の単糖の等量混合物を，<u>転化糖</u>という。

④ マルトースの水溶液は，<u>還元性</u>を示す。

⑤ 1分子のラクトースを加水分解すると，<u>2分子のグルコース</u>になる。

2019年度：化学/本試験　**27**

問 2　ジペプチド A は，図 1 に示すアスパラギン酸，システイン，チロシンの 3
種類のアミノ酸のうち，同種あるいは異種のアミノ酸が脱水縮合した化合物で
ある。ジペプチド A を構成しているアミノ酸の種類を決めるために，アスパ
ラギン酸，システイン，チロシン，ジペプチド A の成分元素の含有率を質量
パーセント〔%〕で比較したところ，図 2 のようになった。ジペプチド A を構
成しているアミノ酸の組合せとして最も適当なものを，次ページの ①〜⑥ のう
ちから一つ選べ。　 2

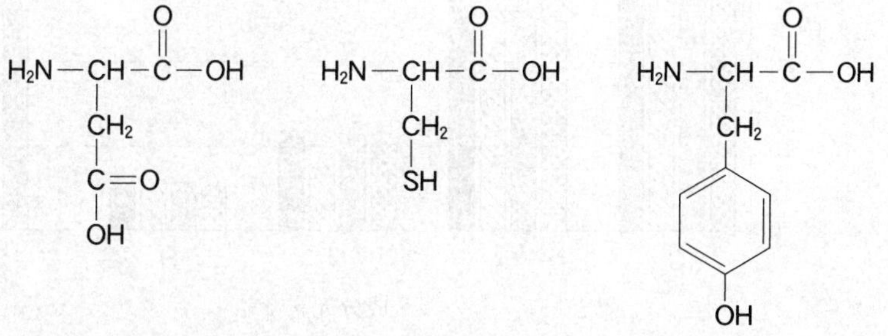

$$H_2N-CH-C-OH$$

アスパラギン酸
（分子量 133）

システイン
（分子量 121）

チロシン
（分子量 181）

図　1

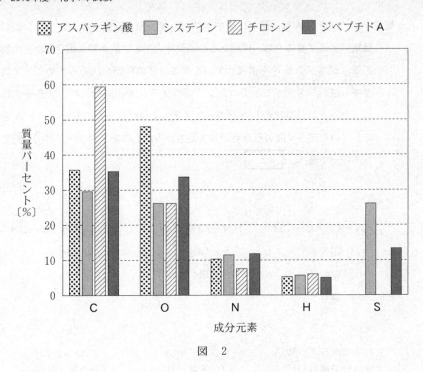

図 2

① アスパラギン酸とアスパラギン酸 ② アスパラギン酸とシステイン
③ アスパラギン酸とチロシン   ④ システインとシステイン
⑤ システインとチロシン   ⑥ チロシンとチロシン

2019年度：化学基礎/本試験　**29**

化 学 基 礎

$\left(\text{解答番号}\ \boxed{1}\ \sim\ \boxed{16}\ \right)$

必要があれば，原子量は次の値を使うこと。

H　1.0　　　　C　12　　　　N　14　　　　O　16
Ni　59

第1問　次の問い(問1〜7)に答えよ。(配点　25)

問1　次のように表される原子Aに関する記述として**誤りを含むもの**を，下の①〜④のうちから一つ選べ。　$\boxed{1}$

$$_{9}^{19}\text{A}$$

① 最外殻には，7個の電子が存在する。

② 原子核には，9個の陽子が含まれる。

③ 原子核には，9個の中性子が含まれる。

④ 質量数は，19である。

30 2019年度：化学基礎/本試験

問 2 次の分離操作**ア・イ**の名称として最も適当なものを，下の①~⑤のうちから一つずつ選べ。**ア** 2 **イ** 3

ア 固体が直接気体になる変化を利用して，混合物から目的の物質を分離する。

イ 溶媒に対する物質の溶けやすさの違いを利用して，混合物から目的の物質を溶媒に溶かし出して分離する。

① 吸 着　② 抽 出　③ 再結晶　④ 昇華法(昇華)　⑤ 蒸 留

問 3 ニッケル Ni を含む合金 6.0 g から，すべての Ni を酸化ニッケル(Ⅱ) NiO として得た。この NiO の質量が 1.5 g であるとき，元の合金中の Ni の含有率(質量パーセント)は何%か。最も適当な数値を，次の①~⑥のうちから一つ選べ。 4 ％

① 5.5　② 7.8　③ 10　④ 16　⑤ 20　⑥ 25

問 4 実験室で塩素 Cl_2 を発生させたところ，得られた気体には，不純物として塩化水素 HCl と水蒸気が含まれていた。図1に示すように，二つのガラス容器（洗気びん）に濃硫酸および水を別々に入れ，順次この気体を通じることで不純物を取り除き，Cl_2 のみを得た。これらのガラス容器に入れた液体 A と液体 B，および気体を通じたことによるガラス容器内の水の pH の変化の組合せとして最も適当なものを，下の①～④のうちから一つ選べ。ただし，濃硫酸は気体から水蒸気を除くために用いた。　5

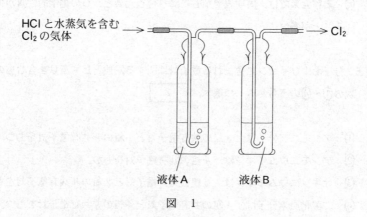

図　1

	液体 A	液体 B	ガラス容器内の水の pH
①	濃硫酸	水	大きくなる
②	濃硫酸	水	小さくなる
③	水	濃硫酸	大きくなる
④	水	濃硫酸	小さくなる

32 2019年度：化学基礎/本試験

問5 元素および原子の性質に関する記述として**誤りを含むもの**を，次の①〜④の
うちから一つ選べ。 6

① イオン化エネルギーが大きい原子ほど，陽イオンになりやすい。

② 周期表の第2周期の元素の電気陰性度は，希(貴)ガスを除き，右側のもの
ほど大きい。

③ ハロゲンの原子は，1価の陰イオンになりやすい。

④ 遷移元素では，周期表で左右に隣り合う元素どうしの化学的性質が似てい
ることが多い。

問6 分子およびイオンに含まれる電子対に関する記述として**誤りを含むもの**を，
次の①〜④のうちから一つ選べ。 7

① アンモニア分子は，3組の共有電子対と1組の非共有電子対をもつ。

② アンモニウムイオンは，4組の共有電子対をもつ。

③ オキソニウムイオンは，2組の共有電子対と2組の非共有電子対をもつ。

④ 二酸化炭素分子は，4組の共有電子対と4組の非共有電子対をもつ。

問 7　イオンからなる身のまわりの物質に関する次の記述（**a ～ c**）に当てはまるものを，下の①～⑤のうちから一つずつ選べ。

a　水に溶けると塩基性を示し，ベーキングパウダー（ふくらし粉）に主成分として含まれる。　　8

b　水にも塩酸にもきわめて溶けにくく，胃のＸ線（レントゲン）撮影の造影剤に用いられる。　　9

c　水に溶けると中性を示し，乾燥剤に用いられる。　　10

① 塩化カルシウム
② 炭酸水素ナトリウム
③ 炭酸ナトリウム
④ 炭酸カルシウム
⑤ 硫酸バリウム

第 2 問 次の問い(**問 1 ~ 6**)に答えよ。(配点　25)

問 1 物質の量に関する記述として**誤りを含むもの**を，次の①~④のうちから一つ選べ。 $\boxed{11}$

① CO と N_2 を混合した気体の質量は，混合比にかかわらず，同じ体積・圧力・温度の NO の気体の質量よりも小さい。

② モル濃度が $0.10\ \text{mol/L}$ である $CaCl_2$ 水溶液 $2.0\ \text{L}$ 中に含まれる Cl^- の物質量は，$0.40\ \text{mol}$ である。

③ $H_2O\ 18\ \text{g}$ と $CH_3OH\ 32\ \text{g}$ に含まれる水素原子の数は等しい。

④ 炭素(黒鉛)が完全燃焼すると，燃焼に使われた O_2 と同じ物質量の気体が生じる。

問 2 0.020 mol の亜鉛 Zn に濃度 2.0 mol/L の塩酸を加えて反応させた。このとき，加えた塩酸の体積と発生した水素の体積の関係は図 1 のようになった。ここで，発生した水素の体積は 0 ℃，1.013×10^5 Pa の状態における値である。図中の体積 V_1〔L〕と V_2〔L〕はそれぞれ何 L か。V_1 と V_2 の数値の組合せとして最も適当なものを，下の①～⑥のうちから一つ選べ。 12

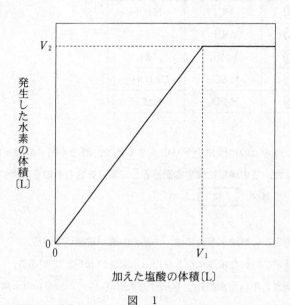

図 1

	V_1〔L〕	V_2〔L〕
①	0.020	0.90
②	0.020	0.45
③	0.020	0.22
④	0.010	0.90
⑤	0.010	0.45
⑥	0.010	0.22

問 3 酸 A と塩基 B を過不足なく中和して得られた正塩の水溶液は，塩基性を示した。酸 A と塩基 B の組合せとして正しいものを，次の①～⑤のうちから一つ選べ。 13

	酸 A	塩基 B
①	HCl	NaOH
②	HCl	NH_3
③	HNO_3	NH_3
④	H_2SO_4	$Ca(OH)_2$
⑤	H_3PO_4	NaOH

問 4 0.10 mol/L の水酸化ナトリウム水溶液で，濃度不明の酢酸水溶液 20 mL を滴定した。この滴定に関する記述として**誤りを含むもの**を，次の①～④のうちから一つ選べ。 14

① 滴定前の酢酸水溶液では，一部の酢酸が電離している。

② 滴定に用いた水酸化ナトリウム水溶液の pH は 13 である。

③ 滴定に用いた水酸化ナトリウム水溶液は，5.0 mol/L の水酸化ナトリウム水溶液を正確に 10 mL 取り，これを 500 mL に希釈して調製した。

④ 中和に要する水酸化ナトリウム水溶液の体積が 10 mL であったとき，もとの酢酸水溶液の濃度は 0.20 mol/L である。

2019年度：化学基礎/本試験　37

問 5　実験の安全に関する記述として**適当でないもの**を，次の①〜⑤のうちから一つ選べ。　15

① 薬品のにおいをかぐときは，手で気体をあおぎよせる。

② 硝酸が手に付着したときは，直ちに大量の水で洗い流す。

③ 濃塩酸は，換気のよい場所で扱う。

④ 濃硫酸を希釈するときは，ビーカーに入れた濃硫酸に純水を注ぐ。

⑤ 液体の入った試験管を加熱するときは，試験管の口を人のいない方に向ける。

問 6　酸化と還元に関する記述として下線部に**誤りを含むもの**を，次の①〜④のうちから一つ選べ。　16

① 臭素と水素が反応して臭化水素が生成するとき，<u>臭素原子の酸化数は増加</u>する。

② 希硫酸を電気分解すると，<u>水素イオンが還元されて</u>，気体の水素が発生する。

③ ナトリウムが水と反応すると，<u>ナトリウムが酸化されて</u>，水酸化ナトリウムが生成する。

④ 鉛蓄電池の放電では，<u>PbO_2 が還元され</u>，硫酸イオンと反応して $PbSO_4$ が生成する。

2018

本試験

化学 ……………………………… 2
化学基礎 ……………………… 22

化学：解答時間 60 分　配点 100 点

化学基礎：解答時間　2 科目 60 分
配点　2 科目 100 点
$\left(\begin{array}{l}物理基礎，化学基礎，生物基礎，\\地学基礎から 2 科目選択\end{array}\right)$

化　学

問　題	選　択　方　法
第1問	必　　答
第2問	必　　答
第3問	必　　答
第4問	必　　答
第5問	必　　答
第6問	いずれか1問を選択し，解答しなさい。
第7問	

2018年度：化学/本試験　3

必要があれば，原子量は次の値を使うこと。

H	1.0	C	12	N	14	O	16
Mg	24	S	32	Mn	55	Ni	59

実在気体とことわりがない限り，気体は理想気体として扱うものとする。

第1問　（必答問題）

次の問い（**問1～6**）に答えよ。

〔解答番号　1　～　6　〕（配点　24）

問1　表1に示す陽子数，中性子数，電子数をもつ原子または単原子イオン**ア～カ**の中で，陰イオンのうち質量数が最も大きいものを，下の**①～⑥**のうちから一つ選べ。　1

表　1

	陽子数	中性子数	電子数
ア	16	18	18
イ	17	18	18
ウ	17	20	17
エ	19	20	18
オ	19	22	19
カ	20	20	18

① ア　　② イ　　③ ウ　　④ エ　　⑤ オ　　⑥ カ

問 2 天然に存在する典型元素と遷移元素に関する記述として**誤りを含むもの**を，次の①～⑤のうちから一つ選べ。 2

① アルカリ土類金属は，すべて遷移元素である。
② 典型元素には，両性元素が含まれる。
③ 遷移元素は，すべて金属元素である。
④ 典型元素では，周期表の左下に位置する元素ほど陽性が強い。
⑤ 遷移元素には，複数の酸化数をとるものがある。

問 3 ある金属単体は図1のように，層Aと層Bの2層の繰り返しによって形成される六方最密構造（六方最密充填）の結晶格子をとる。図1の単位格子（灰色部分）に含まれる金属原子の数はいくつか。正しい数を，下の①～⑥のうちから一つ選べ。 3 個

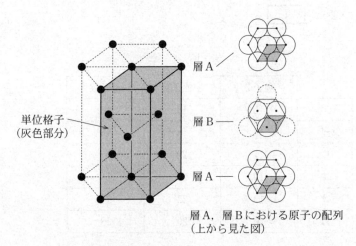

図 1

① 1 ② 2 ③ 3
④ 4 ⑤ 5 ⑥ 6

問 4 図2は，水の温度と蒸気圧との関係を示したグラフである。外圧(液体に接する気体の圧力)が変化したときの，水の沸点を表すグラフとして最も適当なものを，下の①〜⑥のうちから一つ選べ。 4

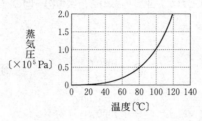

図 2

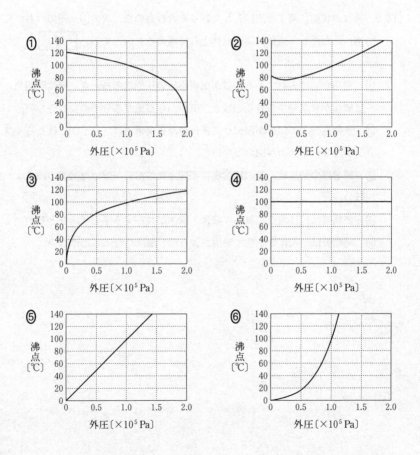

6 2018年度：化学/本試験

問 5 溶媒 1 kg に溶けている溶質の量を物質量〔mol〕で表した濃度は，質量モル濃度〔mol/kg〕とよばれる。ある溶液のモル濃度が C〔mol/L〕，密度が d〔g/cm^3〕，溶質のモル質量が M〔g/mol〕であるとき，この溶液の質量モル濃度を求める式はどれか。正しいものを，次の①～⑤のうちから一つ選べ。

$\boxed{5}$ mol/kg

① $\dfrac{C}{1000\,d}$ ② $\dfrac{1000\,CM}{d}$ ③ $\dfrac{CM}{10\,d}$

④ $\dfrac{C}{1000\,d - CM}$ ⑤ $\dfrac{1000\,C}{1000\,d - CM}$

問 6 物質の状態に関する記述として**誤りを含むもの**を，次の①～⑤のうちから一つ選べ。ただし，気体は実在気体として考えるものとする。 $\boxed{6}$

① 密閉容器に入れてある物質が気液平衡の状態にあるとき，単位時間当たりに液体から蒸発する分子の数と，気体から凝縮する分子の数は等しい。

② 無極性分子の気体が凝縮して液体になる現象には，分子間にはたらくファンデルワールス力が関わっている。

③ 純溶媒の沸点は，その純溶媒に不揮発性の溶質が溶けた溶液の沸点よりも低い。

④ 純物質は，三重点で気体・液体・固体が共存する平衡状態をとる。

⑤ 純物質は，液体の状態で凝固点より低い温度になることはない。

第2問 （必答問題）

次の問い（**問1～5**）に答えよ。
〔解答番号 　1　 ～ 　6　 〕（配点　24）

問1 C（黒鉛）がC（気）に変化するときの熱化学方程式を次に示す。

C（黒鉛）＝ C（気）＋ Q〔kJ〕

次の三つの熱化学方程式を用いて Q を求めると，何kJになるか。最も適当
な数値を，下の**①～⑥**のうちから一つ選べ。　1　 kJ

C（黒鉛）＋ O_2（気）＝ CO_2（気）＋ 394 kJ

O_2（気）＝ 2 O（気）－ 498 kJ

CO_2（気）＝ C（気）＋ 2 O（気）－ 1608 kJ

① 　－1712　　　　② 　－716　　　　③ 　－218

④ 　　218　　　　⑤ 　　716　　　　⑥ 　1712

問 2 物質 A と B は次式のように反応して物質 C を生成する。

A + B ⟶ C

この反応の反応速度 v は，反応速度定数を k，A と B のモル濃度をそれぞれ [A]，[B] とすると，$v = k[\text{A}][\text{B}]$ で表される。

濃度がともに 0.040 mol/L の A と B の水溶液を同体積ずつ混合して，温度一定のもとで反応時間と C の濃度の関係を調べたところ図 1 のようになり，最終的に C の濃度は 0.020 mol/L になった。

同様の実験を A の水溶液の濃度のみを 2 倍に変えて行ったとき，反応開始直後の反応速度と最終的な C の濃度の組合せとして最も適当なものを，下の ①～⑥ のうちから一つ選べ。　2

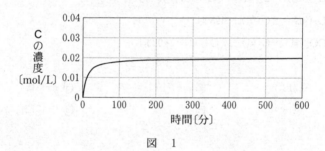

図　1

	反応開始直後の反応速度	最終的な C の濃度〔mol/L〕
①	増加した	0.040
②	変化しなかった	0.040
③	増加した	0.020
④	変化しなかった	0.020
⑤	増加した	0.010
⑥	変化しなかった	0.010

問 3 濃度不明の水酸化バリウム水溶液のモル濃度を求めるために，その 50 mL をビーカーにとり，水溶液の電気の通しやすさを表す電気伝導度を測定しながら，0.10 mol/L の希硫酸で滴定した。イオンの濃度により電気伝導度が変化することを利用して中和点を求めたところ，中和に要した希硫酸の体積は 25 mL であった。この実験結果に関する次の問い（**a・b**）に答えよ。ただし，滴定中に起こる電気分解は無視できるものとする。

a 希硫酸の滴下量に対する電気伝導度の変化の組合せとして最も適当なものを，次の①～⑥のうちから一つ選べ。 3

	希硫酸の滴下量が 0 mL から 25 mL までの電気伝導度	希硫酸の滴下量が 25 mL 以上のときの電気伝導度
①	変化しなかった	減少した
②	変化しなかった	増加した
③	減少した	変化しなかった
④	減少した	増加した
⑤	増加した	変化しなかった
⑥	増加した	減少した

b 水酸化バリウム水溶液のモル濃度は何 mol/L か。最も適当な数値を，次の①～⑥のうちから一つ選べ。 4 mol/L

①　0.025　　　　②　0.050　　　　③　0.10

④　0.25　　　　⑤　0.50　　　　⑥　1.0

問 4 図 2 はメタノールを用いた燃料電池の模式図である。この燃料電池の両極で起こる化学反応は下の式で示される。

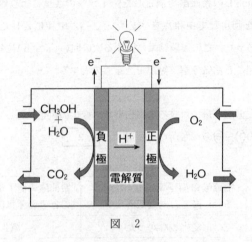

図 2

負 極：$CH_3OH + H_2O \longrightarrow CO_2 + 6H^+ + 6e^-$

正 極：$O_2 + 4H^+ + 4e^- \longrightarrow 2H_2O$

この燃料電池を作動させたところ、0.30 A の電流が 19300 秒間流れた。このとき燃料として消費されたメタノールの物質量は何 mol か。最も適当な数値を、次の①〜⑥のうちから一つ選べ。ただし、メタノールが電解質を透過することはなく、消費されたメタノールはすべて二酸化炭素に酸化されたものとする。また、ファラデー定数は 9.65×10^4 C/mol とする。　5　mol

① 0.0060　　② 0.010　　③ 0.015
④ 0.060　　⑤ 0.10　　⑥ 0.15

問 5　水溶液中では，アンモニア NH_3 は塩基としてはたらき，その一部が式(1)のように電離して平衡状態になる。一方，アンモニウムイオン NH_4^+ は酸としてはたらき，式(2)のように反応してオキソニウムイオン H_3O^+ を生じる。

$$NH_3 + H_2O \rightleftharpoons NH_4^+ + OH^- \qquad (1)$$
$$NH_4^+ + H_2O \rightleftharpoons H_3O^+ + NH_3 \qquad (2)$$

式(2)の平衡定数 K は，

$$K = \frac{[H_3O^+][NH_3]}{[NH_4^+][H_2O]}$$

で表され，$K[H_2O]$ を $K_a[mol/L]$ とし，H_3O^+ を H^+ と略記すると，

$$K_a = \frac{[H^+][NH_3]}{[NH_4^+]}$$

となる。NH_3 の電離定数 $K_b[mol/L]$ を求める式として正しいものを，次の①～⑥のうちから一つ選べ。ただし，水のイオン積を $K_w[(mol/L)^2]$ とする。
　　　 6 　 mol/L

① $\sqrt{K_a K_w}$ 　　　　　 ② $\sqrt{\dfrac{K_w}{K_a}}$ 　　　　　 ③ $\sqrt{\dfrac{K_a}{K_w}}$

④ $K_a K_w$ 　　　　　 ⑤ $\dfrac{K_w}{K_a}$ 　　　　　 ⑥ $\dfrac{K_a}{K_w}$

第3問 （必答問題）

次の問い（**問1～5**）に答えよ。

〔解答番号　1　～　6　〕（配点　23）

問1　身近な無機物質に関する記述として下線部に**誤りを含むもの**を，次の①～⑤のうちから一つ選べ。　1

① 宝石のルビーやサファイアは，微量の不純物を含んだ酸化マグネシウムの結晶である。

② 塩化カルシウムは，水に溶解すると溶液の凝固点が下がるので，道路の凍結防止に用いられる。

③ 酸化チタン(Ⅳ)は，建物の外壁や窓ガラスの表面に塗布されていると，光触媒としてはたらき，有機物の汚れが分解される。

④ 高純度の二酸化ケイ素からなるガラスは，繊維状にして光ファイバーに利用されている。

⑤ 酸化亜鉛の粉末は白色であり，絵の具や塗料に用いられる。

問2　ハロゲンの単体および化合物に関する記述として**誤りを含むもの**を，次の①～⑤のうちから一つ選べ。　2

① フッ素は，ハロゲンの単体の中で，水素との反応性が最も高い。

② フッ化水素酸は，ガラスを腐食する。

③ 塩化銀は，アンモニア水に溶ける。

④ 次亜塩素酸は，塩素がとりうる最大の酸化数をもつオキソ酸である。

⑤ ヨウ化カリウム水溶液にヨウ素を溶かすと，その溶液は褐色を呈する。

問 3 塩化ナトリウムと濃硫酸が反応したときに発生する気体を A とし，硫化鉄（Ⅱ）と希硫酸が反応したときに発生する気体を B とする。A と B に**共通する性質**として最も適当なものを，次の①〜④のうちから一つ選べ。 3

① 無色・無臭の気体である。
② 気体を Pb^{2+} を含む水溶液に通じると，沈殿反応を起こす。
③ 気体が水に溶けると，濃度によらず，ほぼ完全に電離する。
④ 気体を溶かした水溶液は，鉄を不動態にする。

問 4 次の（**a・b**）に述べた元素**ア**と**イ**は，Ca，Cl，Mg，N，Na，O のいずれかである。**ア**と**イ**に当てはまる元素として最も適当なものを，下の①〜⑥のうちから一つずつ選べ。**ア** 4 ・**イ** 5

a 標準状態では，**ア**の単体は気体である。一方，周期表で**ア**の一つ下に位置する同族元素の単体は，同素体をもつ固体であり，その中には空気中で自然発火するものがある。

b **イ**の硫酸塩は水によく溶けるが，**イ**の水酸化物は溶けにくい。一方，周期表で**イ**の一つ下に位置する同族元素の硫酸塩は水に溶けにくいが，その水酸化物は**イ**の水酸化物と比べて水に溶けやすい。

① Ca　　② Cl　　③ Mg　　④ N　　⑤ Na　　⑥ O

問 5 金属 M の硫酸塩 MSO$_4$·n H$_2$O について，水和水の数 n と金属 M を推定したい。MSO$_4$·n H$_2$O を 4.82 g とり，温度を 20 ℃ から 400 ℃ まで上昇させながら質量の変化を記録したところ，段階的に水和水が失われたことを示す図 1 の結果を得た。加熱前の化学式 MSO$_4$·n H$_2$O として最も適当なものを，下の①～⑥のうちから一つ選べ。ただし，図 1 中の n と m は 7 以下の整数であり，300 ℃ 以上で硫酸塩は完全に無水物(無水塩) MSO$_4$ に変化したものとする。

\boxed{6}

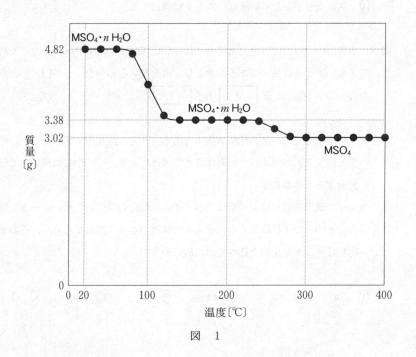

図　1

① MgSO$_4$·5 H$_2$O　　　② MgSO$_4$·7 H$_2$O
③ MnSO$_4$·4 H$_2$O　　　④ MnSO$_4$·5 H$_2$O
⑤ NiSO$_4$·4 H$_2$O　　　⑥ NiSO$_4$·7 H$_2$O

第 4 問 （必答問題）

次の問い（問 1 ～ 5 ）に答えよ。
〔解答番号 $\boxed{1}$ ～ $\boxed{6}$ 〕（配点 19）

問 1 化合物 A と B を構成する原子について，指定する原子の数が同じである化合物の組合せとして正しいものを，次の①～④のうちから一つ選べ。 $\boxed{1}$

	指定する原子	化合物 A	化合物 B
①	炭素原子	1-プロパノール	2-メチル-2-プロパノール
②	不斉炭素原子	1-ブタノール	2-ブタノール
③	不飽和結合を形成する炭素原子	1,3-ブタジエン	シクロヘキセン
④	水素原子	1-ペンテン	シクロペンタン

問 2 幾何異性体（シス-トランス異性体）が存在する化合物として正しいものを，次の分子式①～⑤のうちから一つ選べ。 $\boxed{2}$

① C_2HCl_3

② $C_2H_2Cl_2$

③ $C_2H_2Cl_4$

④ C_2H_3Cl

⑤ $C_2H_3Cl_3$

問 3 アセトンに関する記述として**誤りを含むもの**を，次の①〜⑤のうちから一つ選べ。　3

① 常温・常圧で液体である。

② 水と任意の割合で混じりあう。

③ 2-プロパノールの酸化により得られる。

④ フェーリング液を加えて加熱すると，赤色沈殿を生じる。

⑤ ヨウ素と水酸化ナトリウム水溶液を加えて加熱すると，黄色沈殿を生じる。

問 4 分子式が $C_{10}H_nO$ で表される不飽和結合をもつ直鎖状のアルコール A を一定質量取り，十分な量のナトリウムと反応させたところ，0.125 mol の水素が発生した。また，同じ質量の A に，触媒を用いて水素を完全に付加させたところ，0.500 mol の水素が消費された。このとき，A の分子式中の n の値として最も適当な数値を，次の①〜⑤のうちから一つ選べ。　4

① 14 ② 16 ③ 18
④ 20 ⑤ 22

問 5 サリチル酸からアセチルサリチル酸を合成する実験を行った。乾いた試験管にサリチル酸 1.0 g，化合物 A 2.0 g，濃硫酸数滴を入れ，この試験管を振り混ぜながら温めた。その後，試験管の内容物を冷水に加え，沈殿をろ過し，アセチルサリチル酸の白色固体を得た。この実験に関する下の問い（**a・b**）に答えよ。

$$\text{サリチル酸} \quad \xrightarrow{\text{化合物A，H}_2\text{SO}_4} \quad \text{アセチルサリチル酸}$$

a 化合物 A として最も適当なものを，次の①～⑥のうちから一つ選べ。 5

① メタノール   ② エタノール   ③ ホルムアルデヒド

④ アセトアルデヒド   ⑤ 無水酢酸   ⑥ 無水フタル酸

b 得られたアセチルサリチル酸の白色固体に未反応のサリチル酸が混ざっていないことを確認したい。未反応のサリチル酸の検出に用いる溶液として最も適当なものを，次の①～⑤のうちから一つ選べ。 6

① 塩化鉄（Ⅲ）水溶液   ② フェノールフタレイン溶液

③ 炭酸水素ナトリウム水溶液   ④ 水酸化ナトリウム水溶液

⑤ 酢酸水溶液

第5問 （必答問題）

次の問い（問1・問2）に答えよ。
〔解答番号 | 1 | ・ | 2 | 〕（配点 5）

問1 合成高分子化合物の構造と合成法に関する記述として**誤りを含むもの**を，次の①～④のうちから一つ選べ。 | 1 |

① ビニロンは，ポリビニルアルコールのアセタール化によって合成される。

② ポリ酢酸ビニルは，カルボキシ基をもつ。

③ ポリ塩化ビニルは，付加重合によって合成される。

④ ポリエチレンテレフタラートは，エステル結合をもつ。

問2 高分子化合物の性質に関する記述として**誤りを含むもの**を，次の①～④のうちから一つ選べ。 | 2 |

① ポリエチレンのうち結晶性が低いものは，結晶性が高いものと比べて透明で軟らかい性質を有している。

② タンパク質には，水に溶けやすいものと水に溶けにくいものがある。

③ アミロース水溶液は，ヨウ素デンプン反応を示さない。

④ 高分子化合物の多くは電気を通さないが，ヨウ素などのハロゲンを添加することで金属に近い電気伝導性を示すものがある。

第6問 （選択問題）

次の問い（**問1**・**問2**）に答えよ。
〔解答番号 1 ・ 2 〕（配点 5）

問1 熱硬化性樹脂であるものを，次の①〜⑤のうちから一つ選べ。 1

① 尿素樹脂 ② ポリ塩化ビニル ③ ポリエチレン

④ ポリスチレン ⑤ メタクリル樹脂（ポリメタクリル酸メチル）

問2 飽和脂肪族ジカルボン酸 $HOOC-(CH_2)_x-COOH$ とヘキサメチレンジアミン $H_2N-(CH_2)_6-NH_2$ を縮合重合させて，図1に示す直鎖状の高分子を得た。この高分子の平均重合度 n は 100，平均分子量は 2.82×10^4 であった。1分子のジカルボン酸に含まれるメチレン基 $-CH_2-$ の数 x はいくつか。最も適当な数値を，下の①〜⑤のうちから一つ選べ。 2

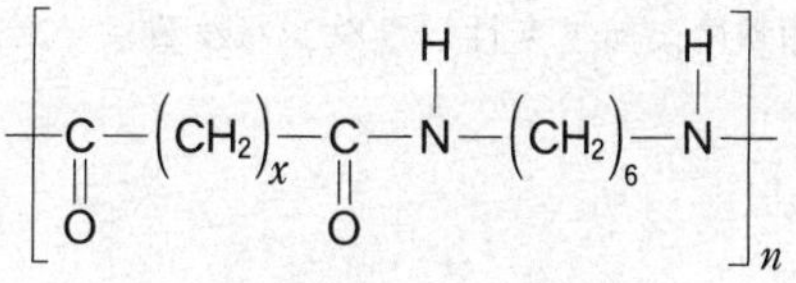

図 1

① 4 ② 6 ③ 8 ④ 10 ⑤ 12

20 2018年度：化学/本試験

第 7 問 （選択問題）

次の問い（**問1**・**問2**）に答えよ。

〔解答番号 | 1 | ・ | 2 | 〕（配点 5）

問1 タンパク質に関する記述として**誤りを含むもの**を，次の①～⑤のうちから一つ選べ。 | 1 |

① ポリペプチド鎖がつくるらせん構造（α-ヘリックス構造）では，$\diagup \mathrm{C=O} \cdots \mathrm{H-N} \diagdown$ の水素結合が形成されている。

② ポリペプチド鎖にある二つのシステインは，ジスルフィド結合（S-S結合）をつくることができる。

③ 加水分解したとき，アミノ酸のほかに糖類やリン酸などの物質も同時に得られるタンパク質を，複合タンパク質という。

④ 繊維状タンパク質では，複数のポリペプチドの鎖が束（束状）になっている。

⑤ 一般に，加熱によって変性したタンパク質は，冷却すると元の構造に戻る。

問 2 スクロース水溶液にインベルターゼ(酵素)を加えたところ,図1に示す反応により**一部のスクロース**が単糖に加水分解された。この水溶液には,還元性を示す糖類が 3.6 mol,還元性を示さない糖類が 4.0 mol 含まれていた。もとのスクロース水溶液に含まれていたスクロースの物質量は何 mol か。最も適当な数値を,下の①〜⑤のうちから一つ選べ。 $\boxed{2}$ mol

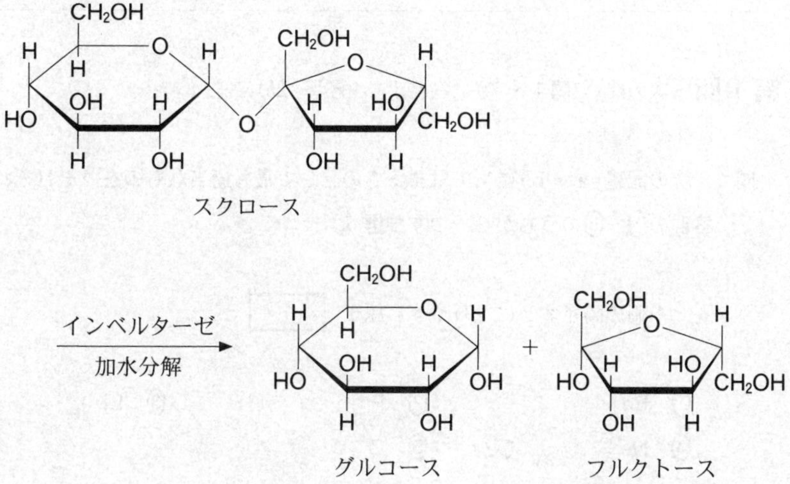

スクロース

インベルターゼ
加水分解

グルコース ＋ フルクトース

図　1

① 3.6 ② 4.0 ③ 5.6
④ 5.8 ⑤ 7.6

化 学 基 礎

$$\left(\text{解答番号} \quad \boxed{1} \sim \boxed{16}\right)$$

必要があれば，原子量は次の値を使うこと。

H　1.0　　　　　　C　12　　　　　　O　16

第1問　次の問い(問1〜7)に答えよ。(配点　25)

問1　次の記述(**a**・**b**)に当てはまるものとして最も適当なものを，それぞれの解答群の①〜⑤のうちから一つずつ選べ。

a　1価の陽イオンになりやすい原子　　　　　　　　　　　　　　　　$\boxed{1}$

① Be　　　　　　　② F　　　　　　　③ Li

④ Ne　　　　　　　⑤ O

b　共有結合の結晶であるものの組合せ　　　　　　　　$\boxed{2}$

① ダイヤモンドとケイ素

② ドライアイスとヨウ素

③ 塩化アンモニウムと氷

④ 銅とアルミニウム

⑤ 酸化カルシウムと硫酸カルシウム

問 2　ホウ素原子の電子配置の模式図として最も適当なものを，次の①〜⑥のうちから一つ選べ。　3

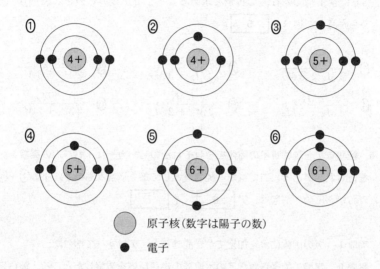

問 3　電子の総数が N_2 と同じものを，次の①〜⑤のうちから一つ選べ。　4

① H_2O　　　② CO　　　③ OH^-
④ O_2　　　⑤ Mg^{2+}

24 2018年度：化学基礎/本試験

問 4 原子 X および Z からなり，化学式が X_2Z_3 で表される物質がある。X および Z のモル質量がそれぞれ M_X〔g/mol〕および M_Z〔g/mol〕であるとき，物質 X_2Z_3 5 g に含まれている X の質量を求める式として正しいものを，次の①～⑥のうちから一つ選べ。　　5　　g

① $\dfrac{2M_X}{2M_X + 3M_Z}$　　　② $\dfrac{5M_X}{2M_X + 3M_Z}$　　　③ $\dfrac{10M_X}{2M_X + 3M_Z}$

④ $\dfrac{2M_X}{3M_X + 2M_Z}$　　　⑤ $\dfrac{5M_X}{3M_X + 2M_Z}$　　　⑥ $\dfrac{10M_X}{3M_X + 2M_Z}$

問 5 純物質アと純物質イの固体をそれぞれ別のビーカーに入れ，次の**実験Ⅰ～Ⅲ**を行った。アとイに当てはまる純物質として最も適当なものを，下の①～⑥のうちから一つずつ選べ。ア　　6　　・イ　　7

実験Ⅰ　アの固体に水を加えてかき混ぜると，アはすべて溶けた。

実験Ⅱ　実験Ⅰで得られたアの水溶液の炎色反応を観察したところ，黄色を示した。また，アの水溶液に硝酸銀水溶液を加えると，白色沈殿が生じた。

実験Ⅲ　イの固体に水を加えてかき混ぜてもイは溶けなかったが，続けて塩酸を加えると気体の発生を伴ってイが溶けた。

① 硝酸カリウム　　　② 硝酸ナトリウム　　　③ 炭酸カルシウム

④ 硫酸バリウム　　　⑤ 塩化カリウム　　　⑥ 塩化ナトリウム

問 6 1.013×10^5 Pa のもとでの水の状態変化に関する記述として**誤りを含むもの**を，次の①～⑤のうちから一つ選べ。 8

① ポリエチレン袋に少量の水を入れ，できるだけ空気を除いて密封し電子レンジで加熱し続けたところ，袋がふくらんだ。

② 氷水を入れたガラスコップを湿度が高く暖かい部屋に置いておいたところ，コップの外側に水滴がついた。

③ 氷を加熱し続けたところ，0 ℃で氷が融解しはじめ，すべての氷が水になるまで温度は一定に保たれた。

④ 水を加熱し続けたところ，100 ℃で沸騰しはじめた。

⑤ 水を冷却してすべてを氷にしたところ，その氷の体積はもとの水の体積よりも小さくなった。

問 7 物質の用途に関する記述として**誤りを含むもの**を，次の①～⑤のうちから一つ選べ。 9

① 塩化ナトリウムは，塩素系漂白剤の主成分として利用されている。

② アルミニウムは，1円硬貨や飲料用の缶の材料として用いられている。

③ 銅は，電線や合金の材料として用いられている。

④ ポリエチレンテレフタラートは，飲料用ボトルに用いられている。

⑤ メタンは，都市ガスに利用されている。

26 2018年度：化学基礎/本試験

第2問　次の問い（問1～7）に答えよ。（配点　25）

問1　180 g の水に関する記述として**誤りを含むもの**を，次の①～④のうちから一つ選べ。ただし，アボガドロ数（6.02×10^{23}）を N とする。 ⬚10⬚

① 水素原子の数は，10 N である。

② 原子核の数は，30 N である。

③ 共有結合に使われている電子の数は，40 N である。

④ 非共有電子対の数は，20 N である。

問2　0 ℃，1.013×10^5 Pa において，体積比 2：1 のメタンと二酸化炭素からなる混合気体 1.0 L の質量は何 g か。最も適当な数値を，次の①～⑤のうちから一つ選べ。 ⬚11⬚ g

①　0.71　　　　②　1.1　　　　③　1.5

④　2.0　　　　⑤　2.2

問 3 モル濃度が最も高い酸または塩基の水溶液を，次の①～④のうちから一つ選べ。 | 12 |

	酸または塩基の水溶液	溶質のモル質量〔g/mol〕	質量パーセント濃度〔%〕	密　度〔g/cm³〕
①	塩　酸	36.5	36.5	1.2
②	水酸化ナトリウム水溶液	40.0	40.0	1.4
③	水酸化カリウム水溶液	56.0	56.0	1.5
④	硝　酸	63.0	63.0	1.4

問 4 身近な物質の pH に関する記述として**誤りを含むもの**を，次の①～④のうちから一つ選べ。 | 13 |

① 炭酸水の pH は，血液の pH より小さい。

② 食酢の pH は，牛乳の pH より小さい。

③ レモンの果汁の pH は，水道水の pH より小さい。

④ セッケン水の pH は，食塩水の pH より小さい。

問 5 0.10 mol/L の NaHCO₃ 水溶液 25 mL を 0.10 mol/L の塩酸で滴定したときの滴定曲線として最も適当なものを，次の①～⑤のうちから一つ選べ。　14

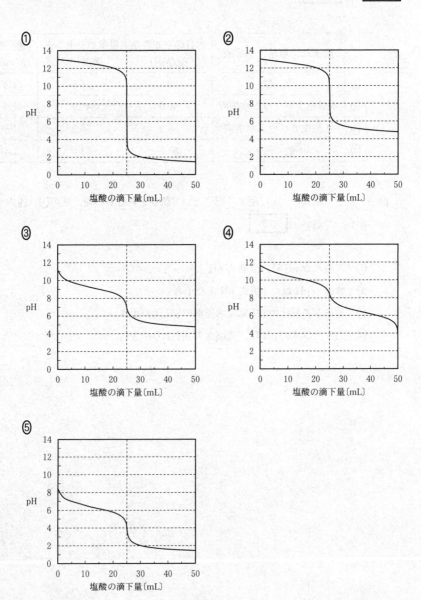

問 6 次の反応ア〜オのうち酸化還元反応はどれか。正しく選択しているものを，下の①〜⑥のうちから一つ選べ。 15

ア $CH_3COONa + HCl \longrightarrow CH_3COOH + NaCl$

イ $2\,CO + O_2 \longrightarrow 2\,CO_2$

ウ $Cu(OH)_2 + H_2SO_4 \longrightarrow CuSO_4 + 2\,H_2O$

エ $Mg + 2\,H_2O \longrightarrow Mg(OH)_2 + H_2$

オ $NH_3 + HNO_3 \longrightarrow NH_4NO_3$

① ア，ウ   ② イ，エ   ③ イ，オ

④ ア，ウ，エ   ⑤ ア，ウ，オ   ⑥ イ，エ，オ

問 7 身のまわりの電池に関する記述として下線部に誤りを含むものを，次の①〜④のうちから一つ選べ。 16

① アルカリマンガン乾電池は，正極に MnO_2，負極に Zn を用いた電池であり，日常的に広く使用されている。

② 鉛蓄電池は，電解液に希硫酸を用いた電池であり，自動車のバッテリーに使用されている。

③ 酸化銀電池(銀電池)は，正極に Ag_2O を用いた電池であり，一定の電圧が長く持続するので，腕時計などに使用されている。

④ リチウムイオン電池は，負極に Li を含む黒鉛を用いた一次電池であり，軽量であるため，ノート型パソコンや携帯電話などの電子機器に使用されている。

2017

本試験

化学 ································· 2
化学基礎 ······················ 28

化学：解答時間 60 分　配点 100 点

化学基礎：解答時間　2 科目 60 分
配点　2 科目 100 点
(物理基礎，化学基礎，生物基礎，)
(地学基礎から 2 科目選択　　　　)

化　学

問　題	選　択　方　法
第1問	必　　答
第2問	必　　答
第3問	必　　答
第4問	必　　答
第5問	必　　答
第6問	いずれか1問を選択し，解答しなさい。
第7問	

2017年度：化学/本試験　**3**

必要があれば，原子量は次の値を使うこと。

| H | 1.0 | C | 12 | N | 14 | O | 16 |

S　32　　　　Cl　35.5　　　　Mn　55　　　　Cu　64

Zn　65

実在気体とことわりがない限り，気体は理想気体として扱うものとする。

第 1 問　（必答問題）

次の問い（**問 1 ～ 6**）に答えよ。

〔解答番号　1　～　8　〕（配点　24）

問 1　次の（**a・b**）に当てはまるものを，それぞれの解答群の**①**～**⑤**のうちから一つずつ選べ。

　　a　固体が分子結晶のもの　　1

　　　① 黒　鉛　　　　② ケイ素　　　　③ ミョウバン
　　　④ ヨウ素　　　　⑤ 白　金

　　b　分子が非共有電子対を 4 組もつもの　　2

　　　① 塩化水素　　　② アンモニア　　　③ 二酸化炭素
　　　④ 窒　素　　　　⑤ メタン

問 2 図1のような面心立方格子の結晶構造をもつ金属の原子半径を r [cm] とする。この金属結晶の単位格子一辺の長さ a [cm] を表す式として最も適当なものを，下の①～⑥のうちから一つ選べ。 3 cm

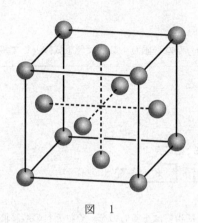

図 1

① $\dfrac{4\sqrt{3}}{3}r$ ② $2\sqrt{2}\,r$ ③ $4r$

④ $\dfrac{2\sqrt{3}}{3}r$ ⑤ $\sqrt{2}\,r$ ⑥ $2r$

問3 気体に関する次の文章中の ア ～ ウ に当てはまる記号および語の組合せとして正しいものを，下の①～⑧のうちから一つ選べ。 4

気体分子は熱運動によって空間を飛び回っている。図2は温度 T_1(実線)と温度 T_2(破線)における，気体分子の速さとその速さをもつ分子の数の割合との関係を示したグラフである。ここで T_1 と T_2 の関係は T_1 ア T_2 である。変形しない密閉容器中では，単位時間に気体分子が容器の器壁に衝突する回数は，分子の速さが大きいほど イ なる。これは，温度を T_1 から T_2 へと変化させたときに，容器内の圧力が ウ なる現象と関連している。

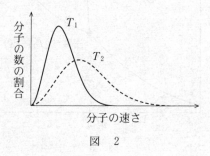

図 2

	ア	イ	ウ
①	>	多く	低く
②	>	多く	高く
③	>	少なく	低く
④	>	少なく	高く
⑤	<	多く	低く
⑥	<	多く	高く
⑦	<	少なく	低く
⑧	<	少なく	高く

問 4 図3は温度と圧力に応じて，二酸化炭素がとりうる状態を示す図である。ここで，A，B，Cは固体，液体，気体のいずれかの状態を表す。臨界点以下の温度と圧力において，下の(**a**・**b**)それぞれの条件のもとで，気体の二酸化炭素を液体に変える操作として最も適当なものを，それぞれの解答群の①〜④のうちから一つずつ選べ。ただし，T_TとP_Tはそれぞれ三重点の温度と圧力である。

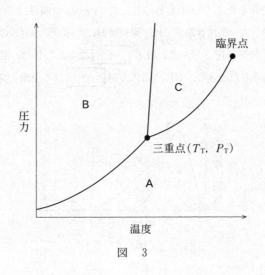

図　3

a 温度一定の条件　[5]

① T_Tより低い温度で，圧力を低くする。
② T_Tより低い温度で，圧力を高くする。
③ T_Tより高い温度で，圧力を低くする。
④ T_Tより高い温度で，圧力を高くする。

b 圧力一定の条件　[6]

① P_Tより低い圧力で，温度を低くする。
② P_Tより低い圧力で，温度を高くする。
③ P_Tより高い圧力で，温度を低くする。
④ P_Tより高い圧力で，温度を高くする。

問 5 ピストン付きの密閉容器に窒素と少量の水を入れ，27 ℃ で十分な時間静置したところ，圧力が 4.50×10^4 Pa で一定になった。密閉容器の容積が半分になるまで圧縮して 27 ℃ で十分な時間静置すると，容器内の圧力は何 Pa になるか。最も適当な数値を，次の①〜⑦のうちから一つ選べ。ただし，密閉容器内に液体の水は常に存在し，その体積は無視できるものとする。また，窒素は水に溶解しないものとし，27 ℃ の水の蒸気圧は 3.60×10^3 Pa とする。

　　　7 　Pa

① 2.25×10^4 　　② 2.43×10^4 　　③ 4.14×10^4 　　④ 5.40×10^4

⑤ 8.28×10^4 　　⑥ 8.64×10^4 　　⑦ 9.00×10^4

問 6 モル質量 M〔g/mol〕の非電解質の化合物 x〔g〕を溶媒 10 mL に溶かした希薄溶液の凝固点は，純溶媒の凝固点より Δt〔K〕低下した。この溶媒のモル凝固点降下が K_f〔K・kg/mol〕のとき，溶媒の密度 d〔g/cm³〕を表す式として最も適当なものを，次の①〜⑥のうちから一つ選べ。　8 　g/cm³

① $\dfrac{M \Delta t}{100\, x K_f}$ 　　② $\dfrac{100\, x K_f}{M \Delta t}$ 　　③ $\dfrac{100\, K_f M}{x \Delta t}$

④ $\dfrac{x \Delta t}{100\, K_f M}$ 　　⑤ $\dfrac{10000\, x K_f}{M \Delta t}$ 　　⑥ $\dfrac{M \Delta t}{10000\, x K_f}$

8 2017年度：化学/本試験

第2問 （必答問題）

次の問い（**問1～6**）に答えよ。

〔解答番号 | 1 | ～ | 7 | 〕（配点 24）

問1 NH_3（気）1 mol 中の $N-H$ 結合をすべて切断するのに必要なエネルギーは何 kJ か。最も適当な数値を，下の①～⑥のうちから一つ選べ。ただし，$H-H$ および $N≡N$ の結合エネルギーはそれぞれ 436 kJ/mol，945 kJ/mol であり，NH_3（気）の生成熱は次の熱化学方程式で表されるものとする。 | 1 | kJ

$$\frac{3}{2}H_2（気）+ \frac{1}{2}N_2（気）= NH_3（気）+ 46\ kJ$$

① 360   ② 391   ③ 1080

④ 1170   ⑤ 2160   ⑥ 2350

問2 次の熱化学方程式で表される可逆反応 $2NO_2 \rightleftharpoons N_2O_4$ が，ピストン付きの密閉容器中で平衡状態にある。

$$2NO_2（気）= N_2O_4（気）+ 57\ kJ$$

この反応に関する記述として**誤りを含むもの**を，次の①～⑤のうちから一つ選べ。 | 2 |

① 正反応は発熱反応である。

② 圧力一定で加熱すると，NO_2 の分子数が増加する。

③ 温度一定で体積を半分に圧縮すると，NO_2 の分子数が増加する。

④ 温度，体積一定で NO_2 を加えて NO_2 の濃度を増加させると，N_2O_4 の濃度も増加する。

⑤ 平衡状態では，正反応と逆反応の反応速度は等しい。

問 3 ある濃度の過酸化水素水 100 mL に，触媒としてある濃度の塩化鉄(III)水溶液を加え 200 mL とした。発生した酸素の物質量を，時間を追って測定したところ，反応初期と反応全体では，それぞれ，図 1 と図 2 のようになり，過酸化水素は完全に分解した。この結果に関する次ページの問い(**a**・**b**)に答えよ。ただし，混合水溶液の温度と体積は一定に保たれており，発生した酸素は水に溶けないものとする。

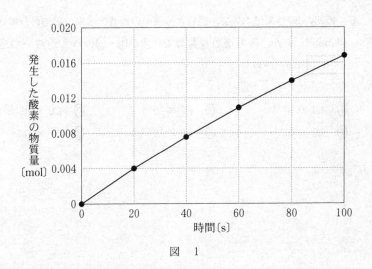

図　1

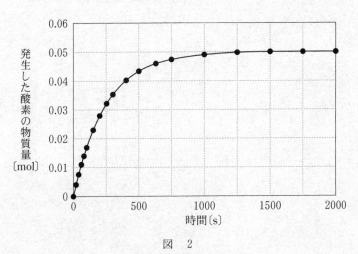

図　2

a 混合する前の過酸化水素水の濃度は何 mol/L か。最も適当な数値を，次の①～⑥のうちから一つ選べ。　　3　　mol/L

① 0.050　　　　　② 0.10　　　　　③ 0.20

④ 0.50　　　　　⑤ 1.0　　　　　　⑥ 2.0

b 最初の 20 秒間において，混合水溶液中の過酸化水素の平均の分解速度は何 mol/(L·s) か。最も適当な数値を，次の①～⑥のうちから一つ選べ。　　4　　mol/(L·s)

① 4.0×10^{-4}　　　② 1.0×10^{-3}　　　③ 2.0×10^{-3}

④ 4.0×10^{-3}　　　⑤ 1.0×10^{-2}　　　⑥ 2.0×10^{-2}

問 4 0.1 mol/L の酢酸水溶液 100 mL と，0.1 mol/L の酢酸ナトリウム水溶液 100 mL を混合した。この混合水溶液に関する次の記述（ **a ～ c** ）について，正誤の組合せとして正しいものを，下の①～⑧のうちから一つ選べ。 5

a 混合水溶液中では，酢酸ナトリウムはほぼ全て電離している。

b 混合水溶液中では，酢酸分子と酢酸イオンの物質量はほぼ等しい。

c 混合水溶液に少量の希塩酸を加えても，水素イオンと酢酸イオンが反応して酢酸分子となるので，pH はほとんど変化しない。

	a	b	c
①	正	正	正
②	正	正	誤
③	正	誤	正
④	正	誤	誤
⑤	誤	正	正
⑥	誤	正	誤
⑦	誤	誤	正
⑧	誤	誤	誤

問 5 図3のように，陽イオン交換膜で仕切られた電気分解実験装置に塩化ナトリウム水溶液を入れ，電気分解を行った。陽極と陰極で発生する気体と，陽イオン交換膜を通過するイオンの組合せとして正しいものを，下の①〜⑥のうちから一つ選べ。 6

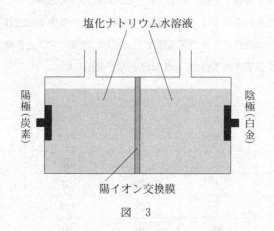

図 3

	陽極で発生する気体	陰極で発生する気体	陽イオン交換膜を通過するイオン
①	水 素	塩 素	ナトリウムイオン
②	水 素	塩 素	塩化物イオン
③	水 素	塩 素	水酸化物イオン
④	塩 素	水 素	ナトリウムイオン
⑤	塩 素	水 素	塩化物イオン
⑥	塩 素	水 素	水酸化物イオン

問 6 酸化還元反応に関する次の文章中の，ア・イに当てはまる語と数値の組合せとして最も適当なものを，下の①～⑥のうちから一つ選べ。 7

二酸化硫黄は，硫化水素と反応するときは ア としてはたらく。0 ℃，1.013×10^5 Pa で 14 mL の二酸化硫黄を 0.010 mol/L の硫化水素水溶液 200 mL に少しずつ通じて，二酸化硫黄を完全に反応させると，硫黄と水のみが生成した。このとき残った硫化水素の物質量は イ mol である。

	ア	イ
①	酸化剤	6.3×10^{-4}
②	酸化剤	7.5×10^{-4}
③	酸化剤	1.4×10^{-3}
④	還元剤	6.3×10^{-4}
⑤	還元剤	7.5×10^{-4}
⑥	還元剤	1.4×10^{-3}

14 2017年度：化学/本試験

第3問 （必答問題）

次の問い（問1～6）に答えよ。
〔解答番号 | 1 | ～ | 7 | 〕（配点 24）

問1 身近な無機物質に関する記述として**誤りを含むもの**を，次の①～⑦のうちから二つ選べ。ただし，解答の順序は問わない。 | 1 | ・ | 2 |

① 電池などに利用されている鉛がとりうる最大の酸化数は，+2である。

② 粘土は，陶磁器やセメントの原料の一つとして利用されている。

③ ソーダ石灰ガラスは，原子の配列に規則性がないアモルファスであり，窓ガラスなどに利用されている。

④ 酸化アルミニウムなどの高純度の原料を，精密に制御した条件で焼き固めたものは，ニューセラミックス（ファインセラミックス）と呼ばれる。

⑤ 銅は，湿った空気中では，緑青と呼ばれるさびを生じる。

⑥ 次亜塩素酸塩は，強い還元作用をもつため，殺菌剤や漂白剤として利用されている。

⑦ 硫酸バリウムは，水に溶けにくく，胃や腸のX線撮影の造影剤として利用されている。

問 2 遷移元素の単体や化合物を用いた触媒反応に関する記述として，下線部に誤りを含むものを，次の①～⑤のうちから一つ選べ。 3

① 鉄粉を触媒としてベンゼンに塩素を作用させると，芳香族化合物の原料として有用なクロロベンゼンが得られる。

② 化学工業の基本物質の一つであるアンモニアは，四酸化三鉄を主成分とする触媒を用いて，窒素と水素とを常圧で直接反応させるハーバー・ボッシュ法で工業的に得られる。

③ 酸化バナジウム（Ⅴ）を主成分とする触媒を用いて二酸化硫黄を酸化し，生じた三酸化硫黄を濃硫酸に吸収させて発煙硫酸とし，これを希硫酸で薄めると濃硫酸が得られる。

④ 硝酸は，触媒に白金を用い，アンモニアを酸化して窒素酸化物とする反応過程を経るオストワルト法で工業的に得られる。

⑤ 自動車の排ガス中の主な有害成分は，ロジウム，パラジウム，白金を含む触媒により，二酸化炭素，窒素，水に変化する。

問 3 気体 A に，わずかな量の気体 B が不純物として含まれている。液体 C にこの混合気体を通じて気体 B を取りのぞき，気体 A を得たい。気体 A，B および液体 C の組合せとして適当でないものを，次の①～⑤のうちから一つ選べ。 4

	気体 A	気体 B	液体 C
①	一酸化炭素	塩化水素	水
②	酸　素	二酸化炭素	石灰水
③	窒　素	二酸化硫黄	水酸化ナトリウム水溶液
④	塩　素	水蒸気	濃硫酸
⑤	二酸化窒素	一酸化窒素	水

16 2017年度：化学/本試験

問 4 銅と亜鉛の合金である黄銅 20.0 g を酸化力のある酸で完全に溶かし，水溶液にした。この溶液が十分な酸性であることを確認した後，過剰の硫化水素を通じたところ，純粋な化合物の沈殿 19.2 g が得られた。この黄銅中の銅の含有率（質量パーセント）は何％か。最も適当な数値を，次の①〜⑧のうちから一つ選べ。 **5** ％

① 4.0   ② 7.7   ③ 13   ④ 36
⑤ 38   ⑥ 61   ⑦ 64   ⑧ 96

問 5 酸化マンガン（Ⅳ）1.74 g がすべて濃塩酸と反応したときに生じる無極性分子の気体の体積は，0 ℃，1.013×10^5 Pa で何 L か。最も適当な数値を，次の①〜⑧のうちから一つ選べ。 **6** L

① 0.22   ② 0.45   ③ 0.67   ④ 0.90
⑤ 1.1   ⑥ 1.3   ⑦ 2.2   ⑧ 4.5

問6 図1に示すように，シャーレに食塩水で湿らせたろ紙を敷き，この上に表面を磨いた金属板 A〜C を並べた。次に，検流計（電流計）の黒端子と白端子をそれぞれ異なる金属板に接触させ，検流計を流れた電流の向きを記録すると，表1のようになった。金属板 A〜C の組合せとして最も適当なものを，次ページの①〜⑥のうちから一つ選べ。| 7 |

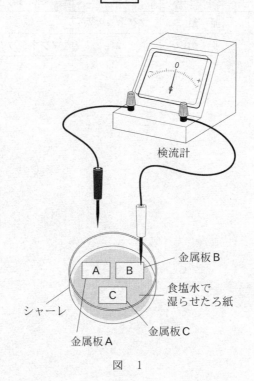

図 1

表 1

黒端子側の 金属板	白端子側の 金属板	検流計を流れた 電流の向き
A	B	B から A
B	C	B から C
A	C	A から C

	金属板 A	金属板 B	金属板 C
①	銅	亜 鉛	マグネシウム
②	銅	マグネシウム	亜 鉛
③	マグネシウム	亜 鉛	銅
④	マグネシウム	銅	亜 鉛
⑤	亜 鉛	マグネシウム	銅
⑥	亜 鉛	銅	マグネシウム

2017年度：化学/本試験　**19**

第4問　(必答問題)

次の問い(**問1 ～ 5**)に答えよ。

〔解答番号　1　～　9　〕(配点　19)

問1　エチレン(エテン)とアセチレンに共通する記述として**誤っているもの**を，次の①～⑤のうちから一つ選べ。　1

① 水が付加するとエタノールが生成する。

② 重合して高分子化合物を生成する。

③ 触媒とともに十分な量の水素と反応させるとエタンが生成する。

④ すべての原子が同じ平面上にある。

⑤ 水上置換で捕集できる。

問2　分子式が $C_5H_{10}O_2$ のエステル A を加水分解すると，還元作用を示すカルボン酸 B とともにアルコール C が得られた。C の構造異性体であるアルコールは，C 自身を含めていくつ存在するか。正しい数を，次の①～⑥のうちから一つ選べ。　2

① 1　　　② 2　　　③ 3　　　④ 4　　　⑤ 5　　　⑥ 6

問3 図1は，ベンゼンから p-ヒドロキシアゾベンゼンを合成する反応経路を示したものである。化合物 A～D として最も適当なものを，下の①～⑧のうちから一つずつ選べ。ただし，同じものを選んでもよい。 3 ～ 6

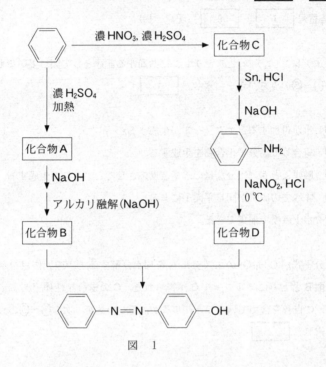

図 1

化合物 A 3   化合物 B 4   化合物 C 5   化合物 D 6

① ナトリウムフェノキシド C_6H_5ONa
② フェノール C_6H_5OH
③ ベンゼンスルホン酸 $C_6H_5SO_3H$
④ ベンゼンスルホン酸ナトリウム $C_6H_5SO_3Na$
⑤ アニリン塩酸塩 $C_6H_5NH_3Cl$
⑥ アニリン $C_6H_5NH_2$
⑦ ニトロベンゼン $C_6H_5NO_2$
⑧ 塩化ベンゼンジアゾニウム $C_6H_5N_2Cl$

問 4 化合物 A は，ブタンと塩素の混合気体に光をあてて得られた生成物の一つであり，ブタン分子の水素原子 1 個以上が同数の塩素原子で置換された構造をもつ。ある量の化合物 A を完全燃焼させたところ，二酸化炭素が 352 mg，水が 126 mg 生成した。化合物 A は 1 分子あたり何個の塩素原子をもつか。正しい数を，次の①~⑥のうちから一つ選べ。ただし，化合物 A のすべての炭素と水素は，それぞれ二酸化炭素と水になるものとする。 7 個

① 1   ② 2   ③ 3   ④ 4   ⑤ 5   ⑥ 6

22 2017年度：化学/本試験

問 5 界面活性剤に関する次の**実験 I・II**について，下の問い(**a・b**)に答えよ。

実験 I ビーカーにヤシ油(油脂)をとり，水酸化ナトリウム水溶液とエタノールを加えた後，均一な溶液になるまで温水中で加熱した。この溶液を飽和食塩水に注ぎよく混ぜると，固体が生じた。この固体をろ過により分離し，乾燥した。

実験 II **実験 I**で得られた固体の0.5 % 水溶液5 mLを，試験管**ア**に入れた。これとは別に，硫酸ドデシルナトリウム(ドデシル硫酸ナトリウム)の0.5 % 水溶液を5 mLつくり，試験管**イ**に入れた。試験管**ア・イ**のそれぞれに1 mol/Lの塩化カルシウム水溶液を1 mLずつ加え，試験管内の様子を観察した。

a **実験 I**で飽和食塩水に溶液を注いだときに固体が生じたのは，どのような反応あるいは現象か。最も適当なものを，次の①〜⑥のうちから一つ選べ。

　　　8

① 中　和　　　　② 水　和　　　　③ けん化
④ 乳　化　　　　⑤ 浸　透　　　　⑥ 塩　析

b **実験 II**で観察された試験管**ア・イ**内の様子の組合せとして最も適当なものを，次の①〜⑥のうちから一つ選べ。　　　9

	試験管**ア**内の様子	試験管**イ**内の様子
①	均一な溶液であった	油状物質が浮いた
②	均一な溶液であった	白濁した
③	油状物質が浮いた	均一な溶液であった
④	油状物質が浮いた	白濁した
⑤	白濁した	均一な溶液であった
⑥	白濁した	油状物質が浮いた

第 5 問 (必答問題)

次の問い(**問1・問2**)に答えよ。

〔解答番号 | 1 | ・ | 2 | 〕(配点 4)

問 1 単量体と，その**単量体が脱水縮合した構造**をもつ高分子化合物の組合せとして**誤っているもの**を，次の①~④のうちから一つ選べ。 | 1 |

	単量体	高分子化合物
①	カプロラクタム(ε-カプロラクタム)	ナイロン6
②	尿素とホルムアルデヒド	尿素樹脂
③	グルコース	デンプン
④	エチレングリコールとテレフタル酸	ポリエチレンテレフタラート

問 2 高分子化合物に関する記述として**誤りを含むもの**を，次の①~④のうちから一つ選べ。 | 2 |

① 共重合体は，2種類以上の単量体が重合することで得られる。

② 合成高分子の平均分子量は，分子数の最も多い高分子の分子量で表される。

③ 水中に分散したデンプンは，分子1個でコロイド粒子となる。

④ DNA と RNA に共通する塩基は，3種類ある。

24 2017年度：化学/本試験

第6問 （選択問題）

次の問い（**問1・問2**）に答えよ。

〔解答番号 1 ・ 2 〕（配点 5）

問1 重合体と，それを合成するために用いる単量体の組合せとして**誤っている**ものを，次の①～④のうちから一つ選べ。 1

	重合体	単量体
①	$\begin{bmatrix} & F & F & \\ - & \overset{\displaystyle F}{\underset{\displaystyle F}{C}} & \overset{\displaystyle F}{\underset{\displaystyle F}{C}} & - \end{bmatrix}_n$	$F_2C{=}CF_2$
②	$\begin{bmatrix} -CH_2-CH- \\ \quad\quad CH_3 \end{bmatrix}_n$	$H_2C{=}CHCH_3$
③	$\begin{bmatrix} -CH_2-\underset{\displaystyle CH_3}{C}{=}CH-CH_2- \end{bmatrix}_n$	$CH_3-\underset{\displaystyle CH_3}{C}{=}CH-CH_3$
④	----CH-CH₂-CH-CH₂---- （フェニル基） ----CH-CH₂---- （フェニル基）	HC=CH₂ （フェニル基）　HC=CH₂（パラ二置換ベンゼン環）HC=CH₂

問 2 図1に示すポリ乳酸は，生分解性高分子の一種であり，自然界では微生物によって最終的に水と二酸化炭素に分解される。ポリ乳酸 $6.0\,g$ が完全に分解されたとき，発生する二酸化炭素の $0\,℃$，$1.013 \times 10^5\,Pa$ における体積は何 L か。最も適当な数値を，下の①～⑤のうちから一つ選べ。ただし，ポリ乳酸は，図1に示す繰り返し単位（式量 72）のみからなるものとする。　<u>　2　</u> L

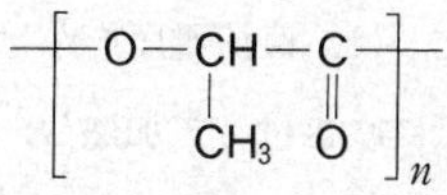

$$\begin{bmatrix} O-CH-C \\ \quad\;\; CH_3 \;\; O \end{bmatrix}_n$$

図　1

① 1.9 　　② 3.7 　　③ 5.6 　　④ 7.5 　　⑤ 9.3

第7問　(選択問題)

次の問い(問1・問2)に答えよ。
〔解答番号　1 ・ 2 〕(配点　5)

問1　次の3種類のジペプチドA〜Cの水溶液を，図1のようにpH 6.0の緩衝液で湿らせたろ紙に別々につけ，直流電圧をかけて電気泳動を行った。泳動後にニンヒドリン溶液をろ紙に吹き付けて加熱し，ジペプチドA〜Cを発色させたところ，陰極側へ移動したもの，ほとんど移動しなかったもの，陽極側へ移動したものがあった。その組合せとして最も適当なものを，次ページの①〜⑥のうちから一つ選べ。 1

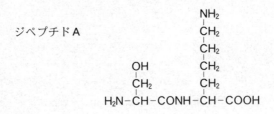

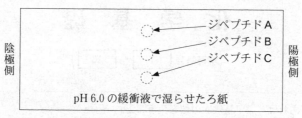

図　1

	陰極側へ移動したジペプチド	ほとんど移動しなかったジペプチド	陽極側へ移動したジペプチド
①	A	B	C
②	A	C	B
③	B	A	C
④	B	C	A
⑤	C	A	B
⑥	C	B	A

問2　ある量のマルトース（分子量342）を酸性水溶液中で加熱し，すべてを単糖Aに分解した。冷却後，炭酸ナトリウムを加えて中和した溶液に，十分な量のフェーリング液を加えて加熱したところ Cu_2O の赤色沈殿 14.4 g が得られた。もとのマルトースの質量として最も適当な数値を，次の①〜⑤のうちから一つ選べ。ただし，単糖Aとフェーリング液との反応では，単糖A 1 mol あたり Cu_2O 1 mol の赤色沈殿が生じるものとする。　2　g

①　4.28　　②　8.55　　③　17.1　　④　34.2　　⑤　51.3

化 学 基 礎

（解答番号 1 ～ 16 ）

必要があれば，原子量は次の値を使うこと。				
H	1.0	He	4.0	C	12	O	16
Na	23	Cl	35.5	Ca	40		

第1問 次の問い（問1～7）に答えよ。（配点 25）

問1 同素体に関する記述として**誤りを含むもの**を，次の①～⑤のうちから一つ選べ。 1

① ダイヤモンドは炭素の同素体の一つである。

② 炭素の同素体には電気を通すものがある。

③ 黄リンはリンの同素体の一つである。

④ 硫黄の同素体にはゴムに似た弾性をもつものがある。

⑤ 酸素には同素体が存在しない。

問2 中性子の数が最も多い原子を，次の①～⑥のうちから一つ選べ。 2

① ^{38}Ar ② ^{40}Ar ③ ^{40}Ca

④ ^{37}Cl ⑤ ^{39}K ⑥ ^{40}K

問3 単結合のみからなる分子を，次の①～⑥のうちから一つ選べ。 3

① N_2 ② O_2 ③ H_2O

④ CO_2 ⑤ C_2H_2 ⑥ C_2H_4

2017年度：化学基礎/本試験　29

問 4　結晶の種類と分子の形に関する次の問い(**a・b**)に答えよ。

　a　結晶がイオン結晶で**ない**ものを，次の①～⑥のうちから一つ選べ。
　　　4

　　①　二酸化ケイ素　　　②　硝酸ナトリウム　　　③　塩化銀
　　④　硫酸アンモニウム　⑤　酸化カルシウム　　　⑥　炭酸カルシウム

　b　分子が直線形であるものを，次の①～④のうちから一つ選べ。　5

　　①　メタン　　　　　　　　　②　水
　　③　二酸化炭素　　　　　　　④　アンモニア

問 5　1種類の分子のみからなる物質の大気圧下での三態に関する記述として**誤り
を含むもの**を，次の①～⑤のうちから一つ選べ。　6

　①　気体の状態より液体の状態のほうが分子間の平均距離は短い。
　②　液体中の分子は熱運動によって相互の位置を変えている。
　③　大気圧が変わっても沸点は変化しない。
　④　固体を加熱すると，液体を経ないで直接気体に変化するものがある。
　⑤　液体の表面では常に蒸発が起こっている。

問 6 乾いた丸底フラスコにアンモニアを一定量捕集した後，図1のような装置を組み立てた。ゴム栓に固定したスポイト内の水を丸底フラスコの中に少量入れたところ，ビーカー内の水がガラス管を通って丸底フラスコ内に噴水のように噴き上がった。この実験に関する記述として**誤りを含むもの**を，下の①～⑥のうちから一つ選べ。　7

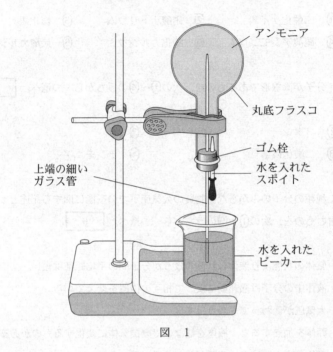

図　1

① アンモニアを丸底フラスコに捕集するときには上方置換法を用いる。
② ゴム栓がゆるんですき間があると，水が噴き上がらないことがある。
③ 丸底フラスコ内のアンモニアの量が少ないと，噴き上がる水の量が少なくなる。
④ 内側が水でぬれた丸底フラスコを用いると，水が噴き上がらないことがある。
⑤ ビーカーの水にBTB（ブロモチモールブルー）溶液を加えておくと，噴き上がった水は青くなる。
⑥ アンモニアの代わりにメタンを用いても，水が噴き上がる。

問 7 日常生活に関連する物質の記述として下線部に**誤りを含むもの**を，次の①～⑥のうちから一つ選べ。 8

① アルミニウムの製造に必要なエネルギーは，鉱石から製錬するより，リサイクルする方が節約できる。

② 油で揚げたスナック菓子の袋に窒素が充填されているのは，油が酸化されるのを防ぐためである。

③ 塩素が水道水に加えられているのは，pH を調整するためである。

④ プラスチックの廃棄が環境問題を引き起こすのは，ほとんどのプラスチックが自然界で分解されにくいからである。

⑤ 雨水には空気中の二酸化炭素が溶けているため，大気汚染の影響がなくてもその pH は 7 より小さい。

⑥ 一般の洗剤には，水になじみやすい部分と油になじみやすい部分とをあわせもつ分子が含まれる。

32 2017年度：化学基礎/本試験

第2問 次の問い（問1～7）に答えよ。（配点 25）

問1 物質の量に関する記述として**誤りを含むもの**を，次の①～④のうちから一つ選べ。 9

① 0 ℃，1.013×10^5 Pa において，4 L の水素は 1 L のヘリウムより軽い。

② 16 g のメタンには水素原子が 4.0 mol 含まれている。

③ 水 100 g に塩化ナトリウム 25 g を溶かした水溶液の質量パーセント濃度は 20 % である。

④ 水酸化ナトリウム 4.0 g を水に溶かして 100 mL とした水溶液のモル濃度は 1.0 mol/L である。

問 2 物質 A は，図 1 に示すように，棒状の分子が水面に直立してすき間なく並び，一層の膜(単分子膜)を形成する。物質 A の質量が w [g] のとき，この膜の全体の面積は X [cm^2] であった。物質 A のモル質量を M [g/mol]，アボガドロ定数を N_A [/mol] としたとき，分子 1 個の断面積 s [cm^2] を表す式として正しいものを，下の①～⑥のうちから一つ選べ。 10 cm^2

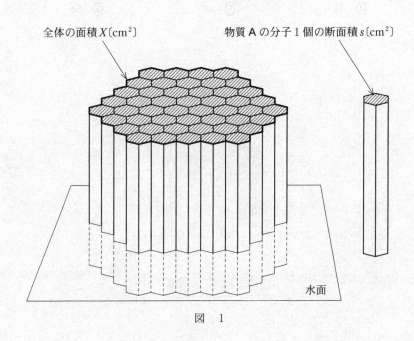

図 1

① $\dfrac{XN_A}{wM}$ ② $\dfrac{XM}{wN_A}$ ③ $\dfrac{Xw}{MN_A}$

④ $\dfrac{XwM}{N_A}$ ⑤ $\dfrac{XwN_A}{M}$ ⑥ $\dfrac{XMN_A}{w}$

問 3 トウモロコシの発酵により生成したエタノール C_2H_5OH を完全燃焼させたところ，44 g の二酸化炭素が生成した。このとき燃焼したエタノールの質量は何 g か。最も適当な数値を，次の①～⑥のうちから一つ選べ。　11　g

① 22　　　　② 23　　　　③ 32

④ 44　　　　⑤ 46　　　　⑥ 64

問 4 ある物質の水溶液をホールピペットではかりとり，メスフラスコに移して，定められた濃度に純水で希釈したい。次の問い（a・b）に答えよ。

a ホールピペットの図として正しいものを，次の①～⑤のうちから一つ選べ。 12

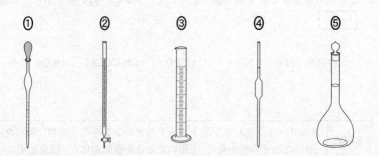

b このとき行う操作Ⅰ・Ⅱの組合せとして最も適当なものを，下の①～④のうちから一つ選べ。 13

操作Ⅰ
A ホールピペットは，洗浄後，内部を純水ですすぎそのまま用いる。
B ホールピペットは，洗浄後，内部をはかりとる水溶液ですすぎそのまま用いる。

操作Ⅱ
C 純水は，液面の上端がメスフラスコの標線に達するまで加える。
D 純水は，液面の底面がメスフラスコの標線に達するまで加える。

	操作Ⅰ	操作Ⅱ
①	A	C
②	A	D
③	B	C
④	B	D

問 5 次に示す化合物群のいずれかを用いて調製された 0.01 mol/L 水溶液 A〜C がある。各水溶液 100 mL ずつを別々のビーカーにとり，指示薬としてフェノールフタレインを加え，0.1 mol/L 塩酸または 0.1 mol/L NaOH 水溶液で中和滴定を試みた。次に指示薬をメチルオレンジに変えて同じ実験を行った。それぞれの実験により，下の表 1 の結果を得た。水溶液 A〜C に入っていた化合物の組合せとして最も適当なものを，下の①〜⑧のうちから一つ選べ。 14

化合物群：NH_3　　KOH　　$Ca(OH)_2$　　CH_3COOH　　HNO_3

表　1

水溶液	フェノールフタレインを用いたときの色の変化	メチルオレンジを用いたときの色の変化	中和に要した液量〔mL〕
A	赤から無色に，徐々に変化した	黄から赤に，急激に変化した	10
B	赤から無色に，急激に変化した	黄から赤に，急激に変化した	20
C	無色から赤に，急激に変化した	赤から黄に，徐々に変化した	10

	A に入っていた化合物	B に入っていた化合物	C に入っていた化合物
①	KOH	$Ca(OH)_2$	CH_3COOH
②	KOH	$Ca(OH)_2$	HNO_3
③	KOH	NH_3	CH_3COOH
④	KOH	NH_3	HNO_3
⑤	NH_3	$Ca(OH)_2$	CH_3COOH
⑥	NH_3	$Ca(OH)_2$	HNO_3
⑦	NH_3	KOH	CH_3COOH
⑧	NH_3	KOH	HNO_3

問 6 MnO_4^- は，中性または塩基性水溶液中では酸化剤としてはたらき，次の反応式のように，ある 2 価の金属イオン M^{2+} を酸化することができる。

$$MnO_4^- + a\,H_2O + b\,e^- \longrightarrow MnO_2 + 2\,a\,OH^-$$

$$M^{2+} \longrightarrow M^{3+} + e^-$$

これらの反応式から電子 e^- を消去すると，反応全体は次のように表される。

$$MnO_4^- + c\,M^{2+} + a\,H_2O \longrightarrow MnO_2 + c\,M^{3+} + 2\,a\,OH^-$$

これらの反応式の係数 b と c の組合せとして正しいものを，次の①~⑥のうちから一つ選べ。 $\boxed{15}$

	b	c
①	2	1
②	2	2
③	2	3
④	3	1
⑤	3	2
⑥	3	3

問 7 濃度が不明の塩酸 25 mL と炭酸カルシウム $CaCO_3$ が反応して二酸化炭素を発生した。この反応は次の化学反応式で表される。

$$CaCO_3 + 2\,HCl \longrightarrow CaCl_2 + H_2O + CO_2$$

炭酸カルシウムの質量と発生した二酸化炭素の物質量の関係は図2のようになった。反応に用いた塩酸の濃度は何 mol/L か。最も適当な数値を，下の①～⑥のうちから一つ選べ。 16 mol/L

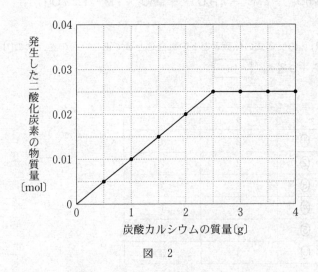

図 2

| ① 0.20 | ② 0.50 | ③ 1.0 |
| ④ 2.0 | ⑤ 10 | ⑥ 20 |

NOTE

||||||||||||||||| NOTE |||||||||||||||||||||||||||||||||||||||||||||||||||||||||||||||||||||||||||||||||||||||||||||||||||||||||

理科 ① 解 答 用 紙

注意事項
1 左右の解答欄で同一の科目を解答してはいけません。
2 訂正は、消しゴムできれいに消し、消しくずを残してはいけません。
3 所定欄以外にはマークしたり、記入したりしてはいけません。
4 汚したり、折り曲げたりしてはいけません。

・下の解答欄で解答する科目を、1科目だけマークしなさい。
・解答科目欄が無マーク又は複数マークの場合は、0点となります。

解答科目欄	
物 理 基 礎	〇
化 学 基 礎	〇
生 物 基 礎	〇
地 学 基 礎	〇

・下の解答欄で解答する科目を、1科目だけマークしなさい。
・解答科目欄が無マーク又は複数マークの場合は、0点となります。

解答科目欄	
物 理 基 礎	〇
化 学 基 礎	〇
生 物 基 礎	〇
地 学 基 礎	〇

理 科 ② 解 答 用 紙

注意事項
1 訂正は、消しゴムできれいに消し、消しくずを残してはいけません。
2 所定欄以外にはマークしたり、記入したりしてはいけません。
3 汚したり、折りまげたりしてはいけません。

- ・1科目だけマークしなさい。
- ・解答科目欄が無マーク又は複数マークの場合は、0点となります。

解答科目欄	
物 理	◯
化 学	◯
生 物	◯
地 学	◯

2024